普通高等教育“十三五”规划教材

非线性发展方程及其孤立波解

郭玉翠　编著

U0290989

北京邮电大学出版社
www.buptpress.com

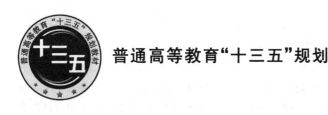

内容简介

本书主要研究有孤立波解的非线性发展方程的各种求解方法，如反散射变换方法、Bäcklund 变换方法、Darboux 变换方法、相似约化方法、Hirota 双线性方法以及若干种函数变换方法等。此外还介绍了有物理背景的非线性偏微分方程孤立波解形成的机理和非线性偏微分方程可积性的一些知识。本书可以作为应用数学、应用物理以及与非线性科学相关研究方向研究生的教材或参考书，也可作为高年级大学生、从事非线性科学研究的科研人员和教师的学习和科研参考用书。

图书在版编目（CIP）数据

非线性发展方程及其孤立波解 / 郭玉翠编著. -- 北京 : 北京邮电大学出版社, 2018.1

ISBN 978-7-5635-5311-2

Ⅰ. ①非…　Ⅱ. ①郭…　Ⅲ. ①孤立子—非线性方程—发展方程—数值计算　Ⅳ. ①O175.26 ②O572.3

中国版本图书馆 CIP 数据核字（2017）第 263800 号

书　　　名：非线性发展方程及其孤立波解

著作责任者：郭玉翠　编著

责 任 编 辑：刘　颖

出 版 发 行：北京邮电大学出版社

社　　　址：北京市海淀区西土城路 10 号（邮编：100876）

发　行　部：电话：010-62282185　传真：010-62283578

E-mail：publish@bupt.edu.cn

经　　　销：各地新华书店

印　　　刷：保定市中画美凯印刷有限公司

开　　　本：787 mm×1 092 mm　1/16

印　　　张：17.75

字　　　数：440 千字

版　　　次：2018 年 1 月第 1 版　2018 年 1 月第 1 次印刷

ISBN 978-7-5635-5311-2　　定　价：39.00 元

· 如有印装质量问题，请与北京邮电大学出版社发行部联系 ·

序

本书是研究非线性偏微分方程(又称非线性发展方程或非线性数学物理方程)解法和理论的入门书,可供应用数学、应用物理以及非线性科学相关方向的研究生作为教科书和参考书,也可供从事非线性科学研究的科研人员和教师朋友作为参考用书。本书特别强调概念清楚、推导严谨、说理透彻、逻辑性强。非线性偏微分方程研究的热潮兴起于20世纪60年代,至今只有四五十年的发展时间,相应于数学的其他分支,可谓是非常年轻的学科。虽然国内外已经有一批很好的著作出版,但其中有些起点偏高,初学者不容易看懂。同时又因为非线性偏微分方程的研究属于交叉学科,物理学家、数学家和工程学科的科学家们都在研究和关注这个问题,但他们的角度不同,有些著作专业倾向性很强,初学者理解起来非常有难度。本书的目标是具有大学数学、大学物理基础的人可以看懂。本书在附录中尽可能简明地介绍一些辅助学习的内容,以帮助读者更好地理解正文内容。

在编写本书的过程中,作者对自己的要求是尽量使已有理论系统和完整,目的是使这个方向的初学者在入门时不要感到无从下手和为某一个基本概念而多次跑图书馆查找各种资料——这些都是作者和研究生们亲身经历过的。这里尽我们的努力把已有结果整理出来,与大家分享。在这里先向我所有引用资料的作者致谢和致敬,其中包括许多国外的作者。书中也包括本书作者和研究生的一些工作以及北京邮电大学其他教授和研究生的部分工作,在这里谨向他们,特别是我的历届研究生表示谢意。书稿的大部分内容作为北京邮电大学研究生学位课程“应用偏微分方程”的教材,已经使用过十余年,感谢选学这门课程的历届研究生同学,是他们的热情和求知欲激励我在这个领域不断探索,努力实践,立志为这些初入此道的学子们写一本他们需要的书。初衷和愿望是好的,时间和心血也花费了,但是由于本人水平有限,不足乃至错误可能还是存在,希望读者朋友不吝赐教,以使本书更加完善。

本书的研究对象是非线性偏微分方程，由于这些偏微分方程来源于物理和一些分支学科，具有鲜明的物理意义，因此又称为非线性数学物理方程，其中含有广义时间变量的又称为非线性发展方程。大家知道，数学物理方程就是物理学中的数学方程，包括代数方程、函数方程、常微分方程、偏微分方程、积分方程、微分积分方程、差分方程等。通常在大学里开设的数学物理方程（或称数学物理方法）研究线性偏微分方程及其解法，本书的重点是研究有物理背景的非线性偏微分方程的解法及相关理论。

含有时空变量的非线性偏微分方程（或称非线性发展方程）的数学形式通常可以表示为

$$P(x,u,u_x,u_t,u_{xx},u_{xt},u_{tt},\cdots)=0$$

其中，$u=u(x,t)$是系统的目标物理量，即未知函数；x 表示空间坐标，有时可能是二维(x,y)、三维(x, y, z)甚至是多维$(x_1,x_2,\cdots,x_n)$的；t 是时间坐标（有时在建立数学模型时，经过了坐标变换，因此可能是广义的时间坐标）。u_x,u_t，u_{xx},u_{tt}分别表示对坐标 x 和 t 的一阶和二阶偏导数。所谓非线性偏微分方程，是指在偏微分方程中含有未知函数和（或）未知函数导数的高次项，而不能写成如下线性形式（以两个自变量的二阶线性微分方程为例）

$$A(x,y)u_{xx}+2B(x,y)u_{xy}+C(x,y)u_{yy}+D(x,y)u_x+E(x,y)u_y+F(x,y)u=f(x,y)$$

的偏微分方程，目前引入的有物理意义的非线性偏微分方程有百余种，典型且具有代表性的有 KdV 方程

$$u_t+uu_x-\mu u_{xxx}=0$$

Sine-Gordon 方程

$$u_{xx}-u_{tt}=\sin u$$

非线性 Schrodinger 方程

$$\mathrm{i}u_t+u_{xx}+\beta u|u|^2=0$$

等等。这些方程的形式虽然简单，但是本质却与线性微分方程有很大的不同，比如，对于线性方程而言的解的唯一性、单值性、有界性和解的叠加原理等性质，对非线性方程均可能不复存在。因此，非线性方程不存在一般理论和求解方法。但有许多非线性偏微分方程都具有一类很有意义的解——孤立波解。

非线性发展方程本身的物理背景和孤立波解的特殊性质使非线性发展方

程的求解和孤立波理论作为非线性科学的一个分支，成为当前科学发展的前沿和热点问题。

一个系统，如果输出与输入不成正比，则它就是非线性的。例如，弹簧的受力伸长(产生位移)，当位移较小时，力与位移成正比，力与位移的关系为线性关系，即 Hooke 定律 $F=kx$，当位移很大时，胡克定律失效，弹簧变为非线性振子；又如单摆，仅当其角位移很小时，其行为才是线性的；而一个介电晶体，当其输入光强不再与输出光强成正比时，就成为非线性介电晶体。实际上，自然科学或社会科学几乎所有的已知系统，当输入足够大时，都是非线性的。因此，非线性系统远比线性系统多得多。可以说，客观世界本来就是非线性的，线性只是一种近似。描述这些非线性系统行为的方程就可能是非线性偏微分方程。认识、研究并且利用非线性现象是科学发展的必然。计算机的发展使许多过去人工不可能解决的一些问题得以解决，因此，从某种意义上说，非线性科学也是伴随着计算机科学的发展而发展起来的。

本书主要研究非线性发展方程的解法、孤立子理论及其应用。

数学上把具有下列性质的非线性偏微分方程的解称为孤立波解：

(1) 向单方向传播的行波，即形式为 $\varphi(x-at)$ 或 $\psi(x+at)$ 的解；

(2) 分布在空间的一个小区域内，即 $\lim\limits_{x\to\pm\infty} u\to 0$(有时是 $\lim\limits_{x\to\pm\infty} u_x\to 0$ 及 $\lim\limits_{x\to\pm\infty} u_{xx}\to 0$ 等)；

(3) 波的形状不随时间演变而发生变化；

(4) 孤立波之间的相互作用具有类似粒子一样的弹性碰撞(一般又将具有这一性质的孤立波叫孤立子)。

常见的孤立波有以下四种：钟型〔图(a)〕、反钟型〔图(b)〕、扭结型〔图(c)〕和反扭结型〔图(d)〕。

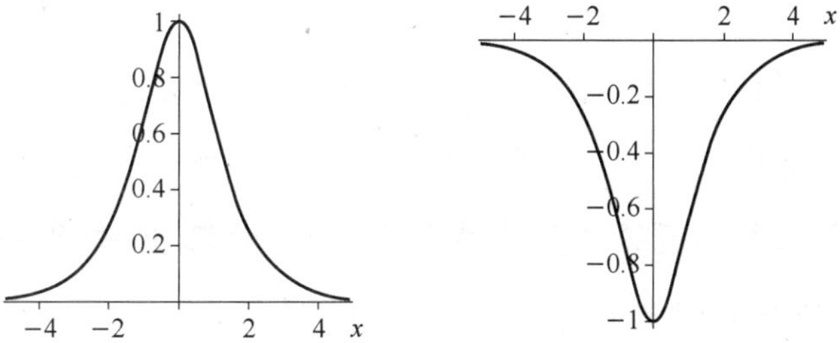

(a) (b)

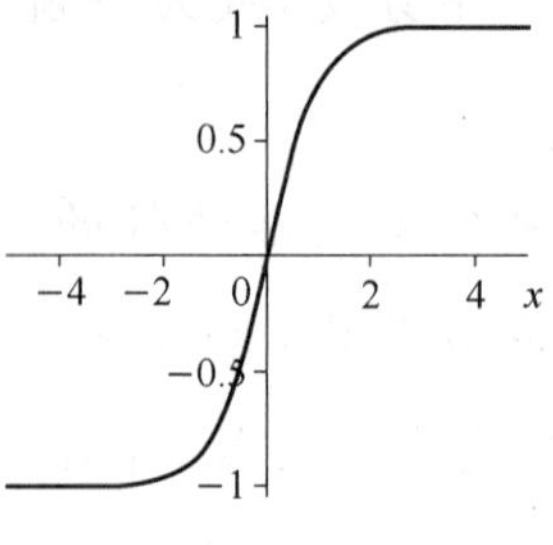

(c)

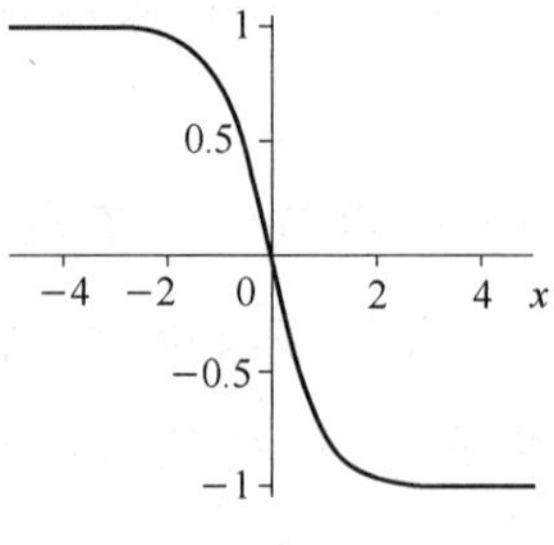

(d)

用数学方法研究实际问题的基本步骤如下：首先将实际问题简化，形成物理模型；然后将物理模型定量化，即建立数学模型——非线性偏微分方程；再后便是求解这个偏微分方程，找出满足偏微分方程，有时还需满足某些特定条件的解；最后是对所得结果进行分析，用来解释自然现象和指导实践，即解决实际问题。

从物理模型到数学模型大致要经过以下步骤：(1)建立空间和时间坐标系，不同的问题选用不同的坐标系；(2)选择表征所研究物理过程的一个或几个物理量及其坐标，这是非常重要的一步，有时表征物理量的选择就是建立一门新学科的起点；(3)找出(包括假设、猜想和运用已有)有关物理过程遵循的定律，即物理公理，这是问题的难点，所以在大学数学物理方程(法)中建立数学模型时，只是涉及了一些简单的物理过程，通过它们来讲述将物理模型进行定量化处理的一般方法。对于复杂的物理过程，只是写出数学模型，不加推导。在本书中，我们将更加注重物理模型到数学模型的推导，因为研究数学物理问题，不能抛开物理图像去单纯考虑数学问题，物理图像和几何图像常常扮演简单明了而又能深刻认识数学问题的钥匙的角色。

一旦将物理模型建成数学模型后，就是寻求合适的方法来求解这个非线性偏微分方程，这是本书研究的重点。随着科学的不断发展，非线性偏微分方程的求解受到越来越多的重视，从天文学、物理学、力学、地球科学到生命科学和各类工程技术科学领域都出现大量的非线性偏微分方程。尤其是在物理学的各个分支领域，如流体力学、非线性光学、等离子体理论和量子场论中遇到非线性偏微分方程，有很多都有孤立波形式的解。19世纪30年代英国科学家J. S. Russel最先注意到水波中的非线性现象。20世纪60年代以来，非线性科学得到了飞速发展，在非线性偏微分方程的求解方面也取得了许多成果。本书将较详细地讨论其中一些重要和典型的方法。由于非线性数学物理方程本身的复杂性,其求解没有一般的方法,各种方法的基本思想都是通过变换或分解,将复杂的方程简化。这些变换和分解的形式是多种多样的,有时需要从数学上和物理上加以猜想和试探。各种猜想和试探本身也许并不具有普遍意义,但每种猜想和试探的思想却具有普遍意义,在这里数学技巧和物理直观将尽可能得到完美体现。

非线性偏微分方程作为学科,发展的时间不长,但涉及的内容非常广泛,由于作者水平有限,不足乃至错误在所难免,再次肯请各位师友和读者赐教。

郭玉翠

[illegible]中一些重要和典型的方法，但由于非线性数学物理方程本身的复杂性，其求解没有一般的方法，各种方法都[illegible]

[illegible]

[illegible]

[illegible]

[illegible]

[illegible]

前　言

2008年3月由清华大学出版社出版的《非线性偏微分方程引论》首次与读者见面。近十年来，非线性科学在发展中确立了自己的科学地位，作为研究非线性偏微分方程及其孤立波解经典理论和方法的《非线性偏微分方程引论》仍然不可多得。当然我们必须顾及学科的最新发展，于是在北京邮电大学研究生院“2016年研究生教育教学改革与研究项目”的支持下，由北京邮电大学出版社出版本书的新版本，书名改为《非线性发展方程及其孤立波解》。本书与清华大学出版社出版的《非线性偏微分方程引论》的不同之处在于：

(1) 根据非线性偏微分方程各种解法的使用和发展情况，我们将清华大学出版社版《非线性偏微分方程引论》中的第6章第2节“Darboux变换方法”和第6章第1节“Hirota双线性方法”在增加了新的内容之后，分别单独成章为“第4章 Darboux变换”和“第6章 Hirota双线性方法”，除了讲述两种方法的基本应用之外，还讲述了它们的拓展应用。

(2) 在本书的“第7章 特殊变换方法”中，增加了“Wronskian行列式法”一节，因为求解孤子方程解析n孤子解时，Wronskian行列式法克服了双线性方法和反散射变换方法在行列式微分求导时的难题，可以直接验证解。因此成为应用广泛且十分高效的求解非线性偏微分方程的方法。

(3) 删除了清华大学出版社出版的《非线性偏微分方程引论》中“群的概念及其在微分方程中的应用简介”一节，因为我们虽然在“相似约化”方法中应用了群的表示方法，但并未涉及群的概念与原理，即原来的这部分内容与其他内容联系不大，为了节省篇幅，在本书中删除了这部分内容。

(4) 将清华大学出版社出版的《非线性偏微分方程引论》中的“第4章 可积性与Painlevé性质”和“第5章 相似变换与相似解”合并为现在的“第5章 Painlevé性质与相似约化”，使得结构更加紧凑，便于两项内容联系性地理解。

清华大学出版社出版的《非线性偏微分方程引论》一直在北京邮电大学研究生学位课“应用非线性偏微分方程”的课上作为教材使用，选修这门课的同学们为本书修订内容的选定做出了积极的贡献，这里特别感谢杜仲、管乐阳、马腾滕、王晓坡、陈寅楠等同学。特别感谢北京邮电大学刘文军副教授对本书修订提出的宝贵意见和建议。

“深入浅出，使学生感到不难学”一直是笔者在教学过程中和教材编写中所追求的朴素目标。为了达成这一目标，对内容透彻地理解，然后用逻辑性的结构形式和语言形式把它们表示出来就成了本书的重要目标，但由于本人水平有限，可能还存在很多暂未发现的瑕疵，欢迎各位同行、读者批评指正。

郭玉翠

目　　录

第1章　典型方程及其孤立波解

“非线性偏微分方程”研究作为数学模型描述出现在物理学、化学、信息科学、生命科学、空间科学、地理科学和环境科学等领域中的非线性偏微分方程的解法以及解的性质等问题，是非线性科学的重要组成部分。“非线性偏微分方程”所用方法和手段是“数学”的，因此常被称为“非线性数学物理方程或非线性发展方程”。是学科交叉性、融合性很强的一门学科。

关于非线性偏微分方程的研究在19世纪末已经开始，但由于其本身的复杂性，似乎每一个方程都有各自不同的解法，很难有共同的方法和技术来求解，所以被认为是一种个性极强，很难处理的问题。这种局面发生根本性的变化是从20世纪60年代开始的。这时发现了许多不同的偏微分方程有某些共同的性质，有共同的求解方法和性质相似的解。这就使得“非线性偏微分方程”成为研究非线性现象共性的一门新兴的交叉学科。今天，非线性偏微分方程的研究已经渗透到自然科学、工程科学、数学和社会科学的几乎每个学科门类。

目前发现的具有物理意义的非线性偏微分方程有几百种，大量新的非线性偏微分方程还在不断地从各个学科中涌现。这些方程大致分为两类：一类是可积和弱不可积的系统，这些方程都具有一些比较好的性质，比如可以用反散射法(IST)求解，具有孤立波和类孤立波解，存在Bäcklund变换、Darboux变换、Hirota双线性形式、Painlevé性质和无穷多守恒律等，其中孤立波形式的解由于得到广泛应用而备受关注；另一类是不可积系统，都存在一定的耗散结构，其解可能出现混沌现象。本书主要研究第一类方程，而本章介绍几种典型方程和它们的孤立波形式的解。

1.1　历史回顾

孤立子(Soliton)是具有弹性散射性质的孤立波(Solitary Wave)，起源于英国著名科学家、造船工程师John Scott Russel在运河河道中观察到的奇特现象。1844年9月，Russel在英国科学促进协会第十四届会议(Fourteenth Meeting of the British Assoc. for the Advancement of Science)上以“论波动”(On Waves)为题所作的报告中谈到自己的一次不寻常的发现，他描述道：

“I was observing the motion of a boat which was rapidly drawn along a narrow channel by a pair of horses. When the boat suddenly stopped, not so the mass of water in the channel which it had put in motion; it accumulated round the prow of the vessel in a state of violent agitation, then suddenly leaving it behind rolled forward with great velocity, assuming the form of a large solitary elevation, a rounded, smooth and well-defined heap of water, which continued its course along the channel apparently without change of form or diminution of speed. I followed it on horseback, and overtook it still rolling on at a rate of some eight or nine miles an hour. preserving its original figure some thirty feet long and a foot to a foot and a half in height. Its height gradually diminished, and after a chase of one or two miles I lost it in the windings of the channel. Such, in the month of August 1834, was my first chance interview with that singular and beautiful phenomenon which I have called the Wave of Translation."

"我正在观察一条船的运动,这条船由两匹马拉着,沿着狭窄的河道迅速前进着,突然船停了下来,河道内被船体带动的水团并不停止,它们积聚在船头周围激烈地扰动着。然后水浪呈现一个滚圆而又平滑、轮廓分明的巨大孤立波峰,它以很快的速度向前滚动,急速地离开了船头。在行进中它们的形状和速度并没有明显改变。我骑在马上紧跟着观察,它以每小时八九英里(1 英里=1.609 344 千米)的速度滚滚向前,并保持长约 3 英尺(1 英尺=0.304 8 米),高 1~1.5 英尺的原始形状。渐渐地它的高度下降了,当我跟踪 1~2 英里后,它终于消失在逶迤的河道之中。这就是我在 1834 年 8 月第一次偶然遇见的奇特而美丽的景象。"

Russel 当时认识到他所发现的孤立的耸起的水峰不是通常的水波。通常的水波一部分在水面之上,另一部分在水面之下。而孤立波清清楚楚地是一个完整的全部位于水面之上的波。孤立波也不同于那种在波前有奇异性的冲击波。因为它具有滚圆而光滑的波形。即孤立波处处正则,没有奇异性。此外,它与任何一种由通常的平面波组成的波包都不相同。这是由于它实际上表现为流体力学的一个稳定解。尽管 Russel 对孤立波的研究有很多真知灼见,但在当时科学界并未产生太大影响,因为没有建立具有说服力的数学模型。

直到 60 多年后的 1895 年,荷兰著名数学家 D. Korteweg 和他的学生 G. de Vries 研究浅水波的运动,在长波近似和小振幅的假定下,求得了单向运动的浅水波运动方程,即著名的 KdV 方程

$$\frac{\partial\eta}{\partial t}=\frac{3}{2}\sqrt{\frac{g}{l}}\frac{\partial}{\partial x}\left(\frac{2}{3}\alpha\eta+\frac{1}{2}\eta^2+\frac{\sigma}{3}\frac{\partial^2\eta}{\partial x^2}\right) \tag{1.1.1}$$

其中,$\eta=\eta(x,t)$是高于平衡水平面的波峰高度,x 是平衡水面上沿波传播方向上的坐标,t 表示时间,l 为水深,g 为重力加速度,α 是与液体均匀运动有关的常数,σ 是由

$$\sigma=\frac{1}{3}l^3-\frac{Tl}{\rho g}$$

定义的常数,T 是毛细现象的表面张力,ρ 是流体的密度。

作数学变换 $t'=\frac{1}{2}\sqrt{\frac{g}{l\sigma}}t$, $x'=-\frac{1}{\sqrt{\sigma}}x$, $u=\pm\frac{1}{2}\eta-\frac{1}{3}\alpha$, 通过运算,并去掉变量上的"′"号,得到

$$u_t\pm 6uu_x+u_{xxx}=0 \tag{1.1.2}$$

这就是 KdV 方程的一般形式。

Korteweg 和 de Vries 从方程(1.1.1)或方程(1.1.2)中求出了具有形状不变的脉冲状孤立波解(如图 1.1.1),与 Russel 所发现的孤立波现象一致。

$$u(x,t)=\frac{1}{2}c\,\mathrm{sech}^2\left[\frac{1}{2}\sqrt{c}(x-ct+x_0)\right] \tag{1.1.3}$$

其中,$c>0$ 为孤立波的传播速度,与波动本身的性质有关(与波动有关的一些概念和性质见附录 C),x_0 为任意常数。

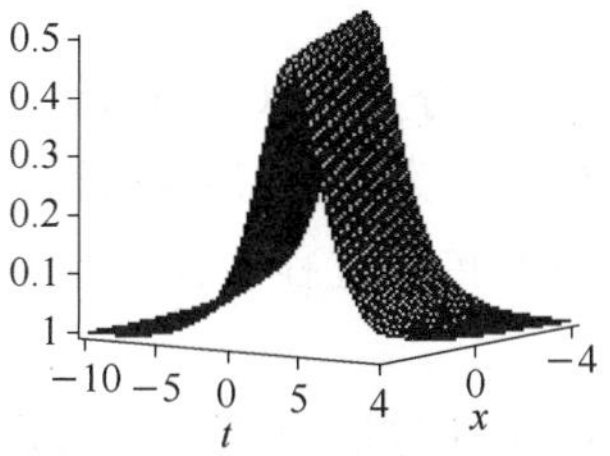

图 1.1.1

从式(1.1.3)可见,孤立波的传播速度 c 与振幅成正比,所以较大的孤立波比较小的孤立波运动得快。如果较小的孤立波在前,较大的孤立波在后,那么后者必将赶上前者。两个孤立波就不可避免地发生重叠或碰撞。当时的问题是:孤立波是不是稳定的波?两个孤立波相互碰撞的结果将会怎样呢?是否变形?这些问题长期没能得到解决。有人认为孤立波是非线性波(非线性偏微分方程的解),它们的重叠不会像线性波那样,是简单的位移相加,碰撞后两个孤立波的形状很可能会遭到破坏,甚至会四分五裂,支离破碎。另外一个问题是:除了流体力学外,其他领域还有没有孤立波?

1952 年,Enrico Fermi(原子弹之父)领导的科学家小组(John Pasta and Stan Ulam)用数值方法计算了用非线性弹簧联结的 64 个质点组成的弦(称为谐振子)的振动,其目的是从数值实验上验证统计力学中的能量均分定理。他们对少数质点进行激发,按照能量均分定理,由于弱的非线性相互作用,经过较长时间以后,初始的激发能量应该涨落均衡地分布到每个质点上。然而计算结果令人意外,发现经过几万周期的长时间实验后,几乎全部能量又回到初始分布状态,即绝大部分能量又集中到原先那几个初态能量不为零的谐振子上。这个结果预示着非线性系统可能出现孤立波。这就是著名的 FPU 实验。后来 Toda 考虑晶体的非线性振动,近似模拟这种情况,终于得到孤立波解。从而使 FPU 实验问题得到正确解答。因此可以设想其他领域也可能存在孤立波。

1965 年美国 Princeton(普林斯顿)大学两位应用数学家 M. D. Kruskal 和 N. Zabusky 通过数值模拟方法深入研究了等离子体中孤立波碰撞的非线性相互作用过程,得到了孤立波在碰撞后保持其波形和速度不变这一重要结果。于是彻底解除了从前对孤立波稳定性的怀疑。

Kruskal 和 Zabusky 根据孤立波具有类似于粒子碰撞后的弹性性质,将其称为孤立子(Soliton)。此后,科学家对孤立子的研究兴趣和热情便一发不可收。迄今为止,在许多科学领域发现了孤立子运动形态。如激光在介质中的自聚焦,等离子体中的声波和电磁波,液晶体中畴壁的运动,流体中的涡旋,晶体的位错,超导体中的磁通量,神经系统中信号的传递等。还应当指出,推动孤立子研究的重要原因之一是孤立子在大容量、高速度的光纤通信中得到的应用。有的实验室(如美国新泽西州贝尔实验室)早在 20 世纪末就使用孤立波来改进信号传输系统,提高其传输率。因为人工产生的光脉冲型孤立子具有在传输中不损失波形,不改变速度,保真度高,保密性好等特点。从那时起,光孤子通信已经发展成为一个学科。

在数学上,孤立子理论的进展体现在发现了一大批具有孤立子解的非线性偏微分方程,而且已经逐渐建立起较为系统的数学和物理的偏微分方程与孤立子理论,其主要内容概括如下：

(1) 孤立子是某些非线性偏微分方程（如 KdV 方程，Sine-Gordon 方程，非线性 Schrödinger 方程等）所具有的在空间不弥散的特定的波动解。这些方程中的非线性项和色散效应之间的巧妙平衡导致孤立波在传播过程中保持形状不变，其能量始终集中在狭小的空间范围。

(2) 两个孤立子相互作用出现弹性散射现象。①它们在相互碰撞时保持稳定，波形和波速在碰撞后能恢复到原状；②孤立子具有许多粒子所具有的其他特性，如具有能量、动量、质量这些粒子属性；③孤立子在外力作用下的运动服从牛顿第二定律，因此孤立子兼有波动和粒子的双重属性（与光一样）。

(3) 不同类型的具有孤立子解的非线性发展方程，其孤立子解的波形和特性互异，这就呈现出丰富多彩的孤立子形态（如钟型、纽结型等）。

(4) 除了一维的孤立子，还有二维空间的涡旋解，三维空间的磁单极解等。

(5) 孤立子的性态和行为是十分生动和异常复杂的。如孤立子的产生和湮灭；异相孤立子的相互排斥；同相孤立子的相互吸引、往返穿行；非传播孤立子的纵向静止；多维孤立子的坍塌；光通信中的孤立子串或孤立子解群的相互作用等。

(6) 具有孤立子解的方程存在无穷多守恒率。因此，孤立子方程是完全可积的无限自由度的 Hamilton 系统。

(7) 为了求解 KdV 方程一类的非线性偏微分方程，发展了逆散射方法（Inverse Scattering Method）、Backlund 变换方法、数值方法、符号运算等数学物理方法。深入研究非线性发展方程的代数几何性质时，用到了较高深的对称方法和代数工具。在高维孤立子理论中，将会用到很多微分几何的理论和方法。因此，孤立子理论是现代应用数学和数学物理的一个重要组成部分。

(8) 推进孤立子理论不断深入的原因之一是其巨大的应用潜力，除了前文提到的光孤子通信理论外，在生物过程中孤立子的激发占有重要地位。现在人们已经十分重视研究在化学和其他局部作用中激发起来的孤立子。

(9) 科学家们还运用孤立子理论解释经典理论不能很好地解释的一些问题。例如，通过激光光束在非线性介质中自聚焦产生的孤立子的行为特性，可以成功地解释激光打靶中形成的密度坑与红外线的外移等问题。

总之，孤立子的非凡性质及其与数学描述有关的极其丰富的结构、其深刻的物理根源和正在开拓的广阔的应用领域，都向人们施展着越来越大的科学魅力。

1.2 孤立波——非线性会聚和色散现象的巧妙平衡

研究表明，孤立波是非线性效应和色散效应相互间巧妙平衡的结果。下面我们依次来分析波动中的非线性效应和色散效应，再来研究它们的平衡，即产生孤立波需要什么条件。

1.2.1 波动中的非线性会聚现象

波动中的非线性会聚效应在生活中随处可见，微风吹拂，水面只掀起层层碎浪；劲风吹来，浪尖则卷起浪花，这就是一种非线性会聚效应。这是因为在劲风的推动下，在水浪的不同高度上有不同的前进速度。同样的情况可以出现在海滩边。远处传来的海浪越接近海岸，浪尖越高，终于在离海岸不远处卷起了浪花。这是因为海滩对水浪运动产生某种阻力，海浪的较低部分受到的阻滞力较大，而较高的部分受到的阻滞力较小。由此可见，当一个水浪的不同部分有不同的行进速度时，将会出现会聚效应。特别是当水浪高处速度大，低处速度小，水浪会在前进中越来越前倾，于是在某一时刻波前出现坍塌，卷起浪花，如图 1.2.1 所示。

下面用数学模型来说明波动中的会聚现象。已知介质中的波动是随时间传播的扰动，设波动介质是由相互间没有作用的粒子组成，为了简单，研究一维情况，设在 t 时刻，介质 x 处的粒子密度为 $n(x,t)$，由于粒子既不会产生，也不会消灭，故有

$$\frac{\mathrm{d}n}{\mathrm{d}t}=0 \tag{1.2.1}$$

写成全导数形式：

$$\frac{\partial n}{\partial t}+\frac{\partial n}{\partial x}\frac{\mathrm{d}x}{\mathrm{d}t}=0 \tag{1.2.2}$$

由于$\frac{\mathrm{d}x}{\mathrm{d}t}=v$ 是粒子的移动速度，故式(1.2.2)可以写成

$$\frac{\partial n}{\partial t}+v\,\frac{\partial n}{\partial x}=0 \tag{1.2.3}$$

在一般情况下，速度是坐标与时间的复杂函数，然而如果 $v=v_0$ 是常数，方程(1.2.3)是一阶线性偏微分方程，具有行波解(一阶线性偏微分方程的解法见附录 B)

$$n(x,t)=F(x-v_0t) \tag{1.2.4}$$

这时，介质的移动速度 v_0 也就是波速。而在初始时刻 $t=0$ 介质中出现的扰动，即波动

$$n(x,0)=F(x) \tag{1.2.5}$$

将在传播中保持不变，波动将以速度 v_0 无畸变地沿着 x 方向前进。

然而在非线性情况下，方程(1.2.3)的解将是很复杂的。例如，波动的速度 v 可能与介质的密度 n 有关，即 $v=v(n)$，在这种情况下，一次近似($v(n)$仍按常数对待，$v=v_0+\cdots$)的形式为

$$n(x,t)=F[x-v(n)t] \tag{1.2.6}$$

方程(1.2.6)所描述的行波，波的各个部分具有不同的运动速度，特别是当$\frac{\mathrm{d}v}{\mathrm{d}n}>0$ 时，波速随密度增大而增大。因此可以想象，随着波的传播，波包的前沿会越来越陡，意味着形成了某种会聚效应，随着行进中波包越来越前倾，于是在某一时刻会发生类似于图 1.2.1 的波形坍塌现象。

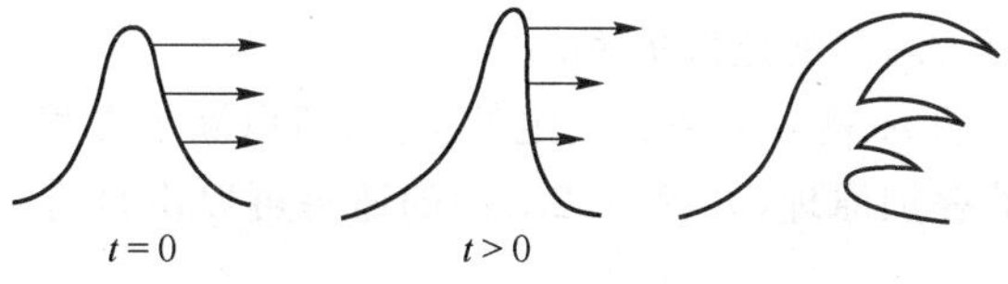

图 1.2.1

1.2.2 波动中的色散

波动在传播过程中往往存在色散现象。一个频率为 ω,沿着 x 方向传播的平面波 $u(x,t)$ 可以表示为

$$u(x,t)=A\exp[\mathrm{i}(kx-\omega t)] \tag{1.2.7}$$

其中,$k=\dfrac{2\pi}{\lambda}$,λ 为波长。在多维情况下,应写成矢量 $\boldsymbol{k}$,矢量指向代表波的传播方向,故称为波矢,也称传播常数。平面波〔式(1.2.7)〕的等相位面由式(1.2.8)给出:

$$\varphi=kx-\omega t=\text{常数} \tag{1.2.8}$$

由 $\mathrm{d}\varphi=0$ 可得等相位面的运动速度,即相速 v。因为

$$\mathrm{d}\varphi=\frac{\partial\varphi}{\partial x}\mathrm{d}x+\frac{\partial\varphi}{\partial t}\mathrm{d}t=k\mathrm{d}x-\omega\mathrm{d}t=0$$

所以

$$v=\left.\frac{\mathrm{d}x}{\mathrm{d}t}\right|_{\mathrm{d}\varphi=0}=\frac{\omega}{k} \tag{1.2.9}$$

它代表了一列平面波的传播速度。

设有一个线性波动方程

$$L\left[\frac{\partial}{\partial t},\frac{\partial}{\partial x}\right]u=0\quad(\text{其中},L\text{ 为线性算子}) \tag{1.2.10}$$

设其具有行波解,将式(1.2.7)代入式(1.2.10),可得

$$L[-\mathrm{i}\omega u,\mathrm{i}ku]=0$$

即

$$L[-\mathrm{i}\omega,\mathrm{i}k]=0 \tag{1.2.11a}$$

或写成

$$\omega=\omega(k) \tag{1.2.11b}$$

式(1.2.11a)或式(1.2.11b)称为方程(1.2.10)的色散关系。

例 1.2.1 求线性微分方程

$$\frac{\partial^2 u}{\partial t^2}-c^2\frac{\partial^2 u}{\partial x^2}+m^2u=0 \tag{1.2.12}$$

的色散关系(其中,c、m 为常数)。

解 设它有平面波解。将式(1.2.7)代入式(1.2.12),可得

$$-\omega^2+c^2k^2+m^2=0$$

由此解得

$$\omega=\omega(k)=\pm\sqrt{c^2k^2+m^2} \tag{1.2.13}$$

式(1.2.13)就是方程(1.2.12)的色散关系。

由于式(1.2.13)中的 m 是可以任意设定的常数,所以满足方程(1.2.12)的平面波解有许多个。根据线性波的叠加原理,方程(1.2.12)的通解可以由具有不同波矢 $k_1,k_2,\cdots$ 的许多平面波(谐波)叠加起来构成。从色散关系〔式(1.2.13)〕可知,$\dfrac{\omega}{k}\neq$常数,说明不同的 k 值(从而 ω 也不同)的平面波有不同的相速。

一个波动(或称波包)的运动速度是由群速度决定的。群速度定义为

$$v_g=\frac{\partial\omega}{\partial k} \tag{1.2.14}$$

从而满足例 1.2.1 中的方程(1.2.12)的波的群速度为

$$v_g=\pm\frac{c^2k}{\sqrt{c^2k^2+m^2}} \tag{1.2.15}$$

于是,具有不同 k 值的波(群)将具有不同的群速度。不同波矢的各个子平面波以不同的群速度传播,所以方程(1.2.12)的通解所描述的波动在运动时将改变它的形状,并弥散开来。于是,初始时刻出现的波包,会随着时间的推移而发生变化,波包发生弥散,以致在某一时刻波包完全消失(如图 1.2.2 所示)。

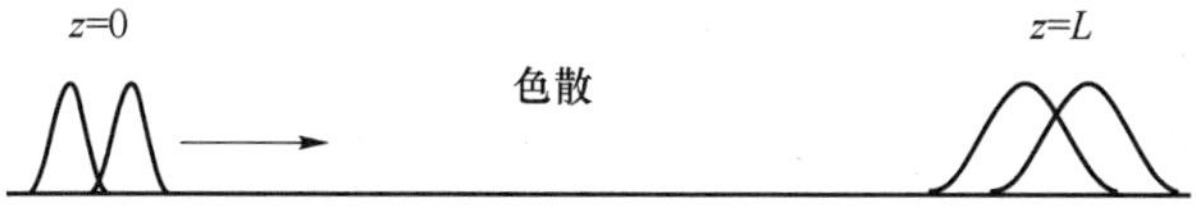

图 1.2.2

因此,如果一个波动的所有谐波都以同一速度行进,$\frac{\omega}{k}=$常数,就是非色散波;反之,如果每个谐波都有不同的行进速度,$\frac{\omega}{k}\neq$常数,就是色散波。

还应注意,线性波动方程(1.2.10)与色散关系〔方程(1.2.11)〕之间存在着一一对应关系。这是因为把平面波解(1.2.7)代入方程(1.2.10)时,每个$\frac{\partial}{\partial t}$将产生一个因子$-\mathrm{i}\omega$,而$\frac{\partial}{\partial x}$产生因子 $\mathrm{i}k$ 的缘故,即

$$\begin{cases}\dfrac{\partial}{\partial t}\leftrightarrow-\mathrm{i}\omega\\[2mm] \dfrac{\partial}{\partial x}\leftrightarrow\mathrm{i}k\end{cases} \tag{1.2.16}$$

这样便在波动方程(1.2.10)和色散关系〔方程(1.2.11)〕之间建立了直接的对应。知道了这种对应关系,可以由色散关系直接构造出偏微分方程来,反之亦然。如果有色散关系

$$\omega^2-\gamma^2k^4=0$$

则由式(1.2.16)可知波动方程为

$$\frac{\partial^2u}{\partial t^2}+\gamma^2\frac{\partial^4u}{\partial x^4}=0$$

可见,在波动中,色散的作用是使波包发生弥散,而非线性作用,是使波包发生会聚。当这两种效应达到某种微妙的平衡时,便产生了如图 1.1.1 所示的孤立波。

1.2.3 两种效应的平衡——KdV 方程的解释

由前面的讨论可知,一个线性波动,由于在介质中传播时存在色散,所以该波动是不稳定的。只有在波动中存在非线性的会聚,并且色散与会聚两种作用出现某种平衡时,才会出现波形稳定的孤立波,在 KdV 等一些非线性偏微分方程中,正是同时存在了这两种效应。下面我们将通过 KdV 方程的构成来分析色散和非线性这两种作用的影响,以及它们的平衡。

KdV 方程的推导过程比较复杂,我们将在 1.3.1 小节中给出 KdV 方程的详细推导,这里我们采用简化模型,以了解非线性会聚效应和色散效应的平衡——孤立波的产生。

首先对不可压缩介质,在用

$$\frac{\partial n}{\partial t}+\frac{\partial n}{\partial x}\frac{\partial x}{\partial t}=0 \tag{1.2.17}$$

所表示的粒子随时间与空间坐标变化的关系中,粒子密度 n 应该可以用粒子的速度 v 来代替(这是因为 $v=v(n)$ 而 $n=n(v)=v+k_1v^2+k_2v^3+\cdots$,取一阶近似)。将速度看成是常数,则总加速度$\frac{\mathrm{d}v}{\mathrm{d}t}=\frac{\partial v}{\partial t}+v\frac{\partial v}{\partial x}=0$,即有

$$\frac{\partial v}{\partial t}+v\frac{\partial v}{\partial x}=0 \tag{1.2.18}$$

其中,$v\frac{\partial v}{\partial x}$为非线性项。

现在考虑水面波动的色散关系,可以证明,若忽略表面张力,在重力作用下,水波的色散关系为

$$\omega(k)=gk\tanh(kh) \tag{1.2.19}$$

其中,h 为水深;g 为重力加速度。对式(1.2.19)进行级数展开,并略去高阶项后,有

$$\omega(k)=\chi k-\beta k^3 \tag{1.2.20}$$

其中,$\chi=\sqrt{gh}$,$\beta=\frac{1}{6}h^2\sqrt{gh}$。

由对应关系(1.2.16),即$\frac{\partial}{\partial t}\leftrightarrow-\mathrm{i}\omega$,$\frac{\partial}{\partial x}\leftrightarrow\mathrm{i}k$ 写出对应的方程应为

$$\frac{\partial v}{\partial t}+\chi\frac{\partial v}{\partial x}+\beta\frac{\partial^3 v}{\partial x^3}=0 \tag{1.2.21}$$

现在将导致波形坍塌的非线性效应的方程(1.2.18)和色散效应的方程包含到一个方程中,就得到 KdV 方程:

$$\frac{\partial v}{\partial t}+(\chi+v)\frac{\partial v}{\partial x}+\beta\frac{\partial^3 v}{\partial x^3}=0 \tag{1.2.22}$$

KdV 方程一个重要的特点是同时包含色散项 v_{xxx} 和非线性项 vv_x,但方程的解却没有色散,这时由于色散和非线性两种效应所产生的结果相互抵消,所形成的解才以孤立波的形式出现,在传播过程中保持波形不变。1.3 节我们将讨论 KdV 方程的孤立波解。

1.3 KdV 方程及其孤立波解

为了进一步了解 KdV 方程的物理意义和孤立波解的性质,我们从 KdV 方程的详细推导开始讨论这个典型非线性发展方程及其解所具有的性质。

1.3.1 KdV 方程的导出

考虑在三维空间某确定区域中的流体的运动。设在时刻 t,点(x,y,z)处流体的速度为 $\boldsymbol{v}=\boldsymbol{v}(x,y,z,t)$,以 $\rho=\rho(x,y,z,t)$表示流体的密度,$\boldsymbol{F}=\boldsymbol{F}(x,y,z,t)$表示作用在单位流体质量上的体力,$p=p(x,y,z,t)$是流体内部的压强,则流体的连续性方程和动量方程分别为

$$\frac{\partial\rho}{\partial t}+\nabla\cdot\rho\boldsymbol{v}=0 \tag{1.3.1}$$

$$\frac{\partial \boldsymbol{v}}{\partial t}+(\boldsymbol{v}\cdot\nabla)\boldsymbol{v}=-\frac{1}{\rho}\nabla p+\boldsymbol{F} \tag{1.3.2}$$

其中，$\nabla=\left\{\frac{\partial}{\partial x},\frac{\partial}{\partial y},\frac{\partial}{\partial z}\right\}$是 Hamilton 算子(或称梯度算子)。

假设流体不可压缩(ρ=常数)且在重力作用下作无旋运动(如水在浅河床上的流动)，即 $\mathrm{rot}\boldsymbol{v}=\nabla\times\boldsymbol{v}=0$，对单连通区域，无旋运动必有一个势函数 φ(在多连通区域时为多值)，使

$$\boldsymbol{v}=\nabla\varphi \tag{1.3.3}$$

此时由公式

$$\nabla(\boldsymbol{a}\cdot\boldsymbol{b})=\boldsymbol{b}\times(\nabla\times\boldsymbol{a})+(\boldsymbol{b}\cdot\nabla)\boldsymbol{a}+\boldsymbol{a}\times(\nabla\times\boldsymbol{b})+(\boldsymbol{a}\cdot\nabla)\boldsymbol{b}$$

有

$$\nabla\left(\frac{1}{2}\boldsymbol{v}\cdot\boldsymbol{v}\right)=\nabla\left(\frac{1}{2}\boldsymbol{v}^2\right)=\nabla\left(\frac{1}{2}|\nabla\varphi|^2\right)$$
$$=(\boldsymbol{v}\cdot\nabla)\boldsymbol{v}-\boldsymbol{v}\times(\nabla\times\boldsymbol{v})=(\boldsymbol{v}\cdot\nabla)\boldsymbol{v}$$

由此并适当选取坐标系，使重力加速度向量 $\boldsymbol{g}$ 的方向为 z 轴的负方向，则式(1.3.1)和式(1.3.2)化为

$$\nabla\cdot\boldsymbol{v}=0 \tag{1.3.4}$$

$$\frac{\partial \boldsymbol{v}}{\partial t}+\frac{1}{2}\nabla\boldsymbol{v}^2=-\frac{1}{\rho}\nabla p-g\boldsymbol{k} \tag{1.3.5}$$

将速度势式(1.3.3)代入式(1.3.4)和式(1.3.5)，并对式(1.3.5)的空间部分进行积分得

$$\nabla^2\varphi=0 \tag{1.3.6}$$

$$\frac{\partial\varphi}{\partial t}+\frac{1}{2}(\nabla\varphi)^2+gz+\frac{p}{\rho}=C(t) \tag{1.3.7}$$

为了避免任意函数 $C(t)$的出现，可取

$$\psi=\varphi-\int_0^t C(t)\mathrm{d}t+\frac{p_0}{p}t$$

来代替速度势 φ 而不受影响，即仍有

$$\boldsymbol{v}=\nabla\psi \tag{1.3.8}$$

于是式(1.3.6)和式(1.3.7)化为

$$\nabla^2\psi=0 \tag{1.3.9}$$

$$\frac{\partial\psi}{\partial t}+\frac{1}{2}(\nabla\psi)^2+gz+\frac{p-p_0}{\rho}=0 \tag{1.3.10}$$

其中，p_0 表示流体自由表面上的大气压力。式(1.3.9)是 Laplace 方程。所以实质上我们要求的是满足 Laplace 方程还要依赖于 t 的解 ψ，解出 ψ 以后，从式(1.3.10)便可以计算出压强 p，再从式(1.3.8)得出速度 $\boldsymbol{v}$。此时动量方程(1.3.5)自动满足。

现在假设流体在固壁容器中运动，但流体的表面和空气接触。设流体表面的方程为

$$f(x,y,z,t)=0 \tag{1.3.11}$$

若用

$$x=x(t),\quad y=y(t),\quad z=z(t)$$

表示此表面上的一条流线的方程，它们也应该同时满足流体表面的方程，即

$$f(x(t),y(t),z(t),t)\equiv 0 \tag{1.3.12}$$

沿着这条流线，流体速度向量 $\boldsymbol{v}$ 的分量为

$$u=\frac{\mathrm{d}x}{\mathrm{d}t},\quad v=\frac{\mathrm{d}y}{\mathrm{d}t},\quad w=\frac{\mathrm{d}z}{\mathrm{d}t} \tag{1.3.13}$$

将式(1.3.12)对 t 求导，并注意式(1.3.13)，有

$$f_xu+f_yv+f_zw+f_t=0$$

用速度势表示，上式就是

$$f_x\psi_x+f_y\psi_y+f_z\psi_z+f_t=0 \tag{1.3.14}$$

这就是流体表面的一个边界条件。特别地，如果流体表面的方程可表示为显式

$$z=\eta(x,y,t)$$

那么此时表面上的边界条件(1.3.14)就可以写成

$$\eta_x\psi_x+\eta_y\psi_y+\eta_t=\psi_z \tag{1.3.15}$$

同样，在运动的刚性底面 $z=h(x,y)$ 上，流线的法向速度为零，即有

$$h_x\psi_x+h_y\psi_y-\psi_z=0 \tag{1.3.16}$$

若底面为一平面 $z=-h$ （h 为常数），则得刚性边界条件

$$\psi_z=0 \tag{1.3.17}$$

此外，流体表面上的压强应和大气压强相等，设大气压强为常数，那么由式(1.3.10)可以得到流体表面上的另一个边界条件。这样，我们就得到了不可压缩流体在无限大刚性河床上的流动所满足的定解问题，即 Laplace 方程(1.3.9)和自由表面及刚性底面条件：

$$(\eta_x\psi_x+\eta_y\psi_y+\eta_t-\psi_z)\big|_{z=\eta(x,y,t)}=0 \tag{1.3.18a}$$

$$\left[\psi_t+\frac{1}{2}(\psi_x^2+\psi_y^2+\psi_z^2)+gz\right]\Bigg|_{z=\eta(x,y,t)}=0 \tag{1.3.18b}$$

$$\psi_z\big|_{z=-h}=0 \tag{1.3.18c}$$

现在考虑平面波的情形。假设在与一竖直平面平行的各平面内流体具有完全相同的运动，取这竖直平面为 xoz 坐标面，且 ox 轴位于流体静止时的水平面上。这时只需考虑处在坐标面 xoz 上流体质点的运动。从而上述定解问题化为

$$\psi_{xx}+\psi_{zz}=0 \tag{1.3.19a}$$

$$(\eta_x\psi_x+\eta_t-\psi_z)\big|_{z=\eta(x,t)}=0 \tag{1.3.19b}$$

$$\left[\psi_t+\frac{1}{2}(\psi_x^2+\psi_z^2)+gz\right]\Bigg|_{z=\eta(x,t)}=0 \tag{1.3.19c}$$

$$\psi_z\big|_{z=-h}=0 \tag{1.3.19d}$$

其中，$z=\eta(x,t)$ 是流体自由表面与坐标平面的交线。引入参数

$$\alpha=\frac{a}{h},\quad \beta=\frac{h^2}{l^2} \tag{1.3.20}$$

其中，a 为平面波的振幅，l 为波长。因此当 β 取小值时表示波长较长，α 取小值时表示振幅较小。再取 z 为从水平刚性底面测量的流体高度，在

$$\begin{cases} z=\eta+h \\ t=\dfrac{l}{c}t' \\ x=lx' \\ z=hz' \\ \eta=a\eta' \\ \psi=\dfrac{gla}{c}\psi' \\ c^2=gh \end{cases} \tag{1.3.21}$$

变换下，定解问题(1.3.19)变为(省略变量字母上的撇号)

$$\beta\psi_{xx}+\psi_{zz}=0 \quad (0<z<1+\alpha\eta) \tag{1.3.22a}$$

$$\psi_z\big|_{z=0}=0 \tag{1.3.22b}$$

$$\left(\alpha\eta_x\psi_x+\eta_t-\frac{1}{\beta}\psi_z\right)\bigg|_{z=1+\alpha\eta}=0 \tag{1.3.22c}$$

$$\left(\psi_t+\frac{1}{2}\alpha\psi_x^2+\frac{1}{2}\frac{\alpha}{\beta}\psi_y^2+\eta\right)\bigg|_{z=1+\alpha\eta}=0 \tag{1.3.22d}$$

式(1.3.22a)和式(1.3.22b)的通解可以表示为

$$\psi=\sum_{m=0}^{\infty}(-1)^m\frac{1}{(2m)!}\frac{\partial^{2m}f}{\partial x^{2m}}\beta^m z^{2m} \tag{1.3.23}$$

其中，$f=f(x,t)$是 x 的解析函数。将式(1.3.23)代入边界条件(1.3.22c)和(1.3.22d)中，得到

$$\eta_t+[(1+\alpha\eta)f_x]_x-\left[\frac{1}{6}(1+\alpha\eta)^3 f_{xxxx}+\frac{1}{2}\alpha(1+\alpha\eta)^2 f_{xxx}\eta_x\right]\beta+O(\beta^2)=0 \tag{1.3.24}$$

$$\eta+f_t+\frac{1}{2}\alpha f_x^2-\frac{1}{2}(1+\alpha\eta)^2(f_{xxt}+\alpha f_x f_{xxx}-\alpha f_{xx}^2)\beta+O(\beta^2)=0 \tag{1.3.25}$$

在以上两式中忽略 β 一次以上的项，又令 $w=f_x$，并将式(1.3.5)对 x 求导一次，得到

$$\eta_t+[(1+\alpha\eta)w]_x=0 \tag{1.3.26}$$

$$w_t+\alpha ww_x+\eta_x=0 \tag{1.3.27}$$

在式(1.3.24)和式(1.3.25)中，保留 β 的一次项，忽略 β^2 以上的项，得到

$$\eta_t+[(1+\alpha\eta)w]_x-\frac{1}{6}\beta w_{xxx}=0 \tag{1.3.28}$$

$$w_t+\alpha ww_x+\eta_x-\frac{\beta}{2}w_{xxt}=0 \tag{1.3.29}$$

由式(1.3.26)和式(1.3.27)可设

$$w=\eta+\alpha A+\beta B \tag{1.3.30}$$

其中，A、B 是 η 及其导数的待定函数。将式(1.3.30)代入式(1.3.28)和式(1.3.29)中，得

$$\eta_t+\eta_x+\alpha(A_x+2\eta\eta_x)+\beta\left(B_x-\frac{1}{6}\eta_{xxx}\right)=0 \tag{1.3.31}$$

$$\eta_t+\eta_x+\alpha(A_t+\eta\eta_x)+\beta\left(B_t-\frac{1}{6}\eta_{xxt}\right)=0 \tag{1.3.32}$$

若取 $A=-\frac{1}{4}\eta^2$，$B=\frac{1}{3}\eta_{xx}$，则式(1.3.31)和式(1.3.32)分别成为

$$\eta_x+\eta_t+\frac{3}{2}\alpha\eta\eta_x+\frac{1}{6}\beta\eta_{xxx}=0 \tag{1.3.33}$$

$$\eta_x+\eta_t-\alpha\left(\frac{1}{2}\eta\eta_t-\eta\eta_x\right)-\frac{1}{6}\beta\eta_{xxt}=0 \tag{1.3.34}$$

在式(1.3.33)中再作变换

$$t'=\left(\frac{6}{\beta}\right)^{1/2}t,\quad x'=\left(\frac{\beta}{6}\right)^{1/2}x,\quad \eta'=\frac{1}{4}\left(\alpha\eta+\frac{2}{3}\right) \tag{1.3.35}$$

且将 t'，x'，η' 仍记为 t，x，η，就得到了 KdV 方程

$$\eta_t+6\eta\eta_x+\eta_{xxx}=0 \tag{1.3.36}$$

而方程(1.3.34)称为 BBM 方程。如果在式(1.3.33)和式(1.3.34)中只保留 α 和 β 的零次项，则有 $\eta_t=-\eta_x$，这时 BBM 方程也变成 KdV 方程。

应当指出，我们推导出的 KdV 方程(1.3.36)只是常见的标准形式之一。KdV 方程的一般形式可以写为

$$u_t+auu_x+bu_{xxx}=0 \tag{1.3.37}$$

其中，$u=u(x,t)$是动力学量，而 a 和 b 是不为零的常数。我们可以通过标度变换使 u_{xxx} 项或 uu_x 项前面的系数有常数倍的改变。例如：

变换 $x\to b^{1/3}x$，将方程(1.3.37)变为

$$u_t+ab^{-1/3}uu_x+u_{xxx}=0$$

变换 $t\to -t$，又将上述方程变为

$$u_t-ab^{-1/3}uu_x-u_{xxx}=0$$

变换 $u\to a^{-1}b^{1/3}u$，又将上列方程变为

$$u_t-uu_x-u_{xxx}=0$$

重要的是标度变换并不改变方程的基本性质。

KdV 方程常见的形式还有

$$u_t+6uu_x+u_{xxx}=0 \tag{1.3.38}$$

$$u_t-6uu_x+u_{xxx}=0 \tag{1.3.39}$$

$$u_t+uu_x+u_{xxx}=0 \tag{1.3.40}$$

$$u_t+uu_x+\beta u_{xxx}=0 \tag{1.3.41}$$

等等。

1.3.2 KdV 方程的孤立波解

在 1.1 节中我们已经知道，KdV 方程是 1895 年由 Korteweg 和 de Vries 推导出来的，而求解 KdV 方程初值问题的有效方法——逆散射方法是 1967 年提出的，那么当时 Korteweg 和 de Vries 是怎么求出这个方程的孤立波解，从而证明了 Russel 所看到和描述的奇妙现象的呢？下面就来介绍这个问题。

首先，我们来进一步明确一个偏微分方程孤立波解的含义。一个偏微分方程

$$P(x,t,u,u_x,u_t,u_{xx},u_{xt},u_{tt},\cdots)=0 \tag{1.3.42}$$

中的时间变量 t 和空间变量 x 都是实数，而动力学变量 u 是有界的实函数，如果它具有形如

$$u(x,t)=u(x-ct)=u(\xi) \tag{1.3.43}$$

的行波解，并且当 $\xi\to\pm\infty$ 时，$u(\xi)\to 0$（或趋于某一恒定值），则称这个行波解为偏微分方程(1.3.42)的孤立波解。现在我们来讨论 KdV 方程

$$u_t+uu_x+\beta u_{xxx}=0 \tag{1.3.44}$$

的孤立波解。

将式(1.3.43)代入式(1.3.44)，由 $\frac{\partial u}{\partial x}=\frac{\mathrm{d}u}{\mathrm{d}\xi}\frac{\partial \xi}{\partial x}=\frac{\mathrm{d}u}{\mathrm{d}\xi}$ 和 $\frac{\partial u}{\partial t}=\frac{\mathrm{d}u}{\mathrm{d}\xi}\frac{\partial \xi}{\partial t}=-c\frac{\mathrm{d}u}{\mathrm{d}\xi}$ 等，得到以 ξ 为变量的常微分方程

$$u\frac{\mathrm{d}u}{\mathrm{d}\xi}-c\frac{\mathrm{d}u}{\mathrm{d}\xi}+\beta\frac{\mathrm{d}^3u}{\mathrm{d}\xi^3}=0 \tag{1.3.45}$$

或写成

$$(u-c)\frac{\mathrm{d}u}{\mathrm{d}\xi}+\beta\frac{\mathrm{d}^3u}{\mathrm{d}\xi^3}=0 \tag{1.3.46}$$

将式(1.3.46)对 ξ 积分一次得到

$$\beta\frac{\mathrm{d}^2u}{\mathrm{d}\xi^2}+\frac{1}{2}u^2-cu=A \quad (A\text{ 为积分常数}) \tag{1.3.47}$$

将上式乘以 u' 再积分得

$$\frac{1}{2}\beta u'^2+\frac{1}{6}u^3-\frac{1}{2}cu^2-Au=B \quad (B\text{ 为积分常数}) \tag{1.3.48}$$

积分常数 B 可以看成是体系的 Hamilton 量，方程(1.3.48)可以写成

$$\frac{1}{2}u'^2+V(u)=0 \tag{1.3.49}$$

其中，第一项为动能，第二项为势能

$$V(u)=\frac{1}{6\beta}(u^3-3cu^2-6Au-6B) \tag{1.3.50}$$

$V(u)$ 是一个三次曲线。设 $V(u)$ 的三个零点为 b_1,b_2,b_3，且 $b_1\geqslant b_2\geqslant b_3$，它们可用 c,A,B 表示。由代数方程根与系数的关系有

$$\begin{cases} c=\frac{1}{3}(b_1+b_2+b_3) \\ A=-\frac{1}{6}(b_1b_2+b_2b_3+b_1b_3) \\ B=\frac{1}{6}b_1b_2b_3 \end{cases}$$

则式(1.3.50)可以写成：

$$6\beta V(u)=(u-b_1)(u-b_2)(u-b_3) \tag{1.3.51}$$

代入式(1.3.49)得

$$u'^2=-\frac{1}{3\beta}(u-b_1)(u-b_2)(u-b_3) \tag{1.3.52}$$

若 $\beta>0$，方程(1.3.52)成为

$$u'^2=-A(u-b_1)(u-b_2)(u-b_3) \quad (A>0,\ b_1\geqslant b_2\geqslant b_3)$$

其中，$A=\frac{1}{3\beta}$。将 $u-b_2$ 视为 u，并令

$$a=b_1-b_2,\quad b=b_1-b_3,\quad k^2=\frac{a}{b}=\frac{b_1-b_2}{b_1-b_3}$$

则上述方程化为

$$u'^2=-\gamma u(u-a)(u-a+b)\quad(\gamma>0,\ b>a>0)$$

此方程可以改写成

$$u'^2=\frac{b\gamma}{a}u(a-u)\left[a\left(1-\frac{a}{b}\right)+\frac{a}{b}u\right]$$

再记 $H=a$，$\mu^2=\frac{b\gamma}{4}$，$k^2=\frac{a}{b}$，则上述方程又可以写成

$$u'^2=\frac{4\mu^2}{H}u(H-u)(Hk'^2+k^2u)$$

直接验证这个方程有解

$$u=H\mathrm{cn}^2(\mu x,k)$$

其中，$\mathrm{cn}(x,k)$称为椭圆余弦函数，关于椭圆函数的讨论见附录 A。因此方程(1.3.52)有解

$$u(\xi)=b_2+(b_1-b_2)\mathrm{cn}^2\left[\sqrt{\frac{b_1-b_3}{12\beta}}(\xi-\xi_0),k\right]\quad(b_2\leqslant u\leqslant b_1)\qquad(1.3.53)$$

其中，ξ_0 为积分常数，而模数

$$k=\sqrt{\frac{b_1-b_2}{b_1-b_3}}$$

若 $\beta<0$，则方程(1.3.52)就是方程

$$u'^2=A(u-b_1)(u-b_2)(u-b_3)\quad(A>0,\ b_1\geqslant b_2\geqslant b_3)$$

其中，$A=-\frac{1}{3\beta}$。将 $u-b_3$ 视为 u，并令

$$a=b_2-b_3,\quad b=b_1-b_3,\quad k^2=\frac{a}{b}=\frac{b_2-b_3}{b_1-b_3}$$

则上述方程化为

$$u'^2=\gamma u(u-a)(u-b)\quad(\gamma>0,\ b>a>0)$$

此方程可以改写成

$$u'^2=\frac{b\gamma}{a}u(a-u)\left(a-\frac{a}{b}u\right)$$

再记 $H=a$，$\mu^2=\frac{b\gamma}{4}$，$k^2=\frac{a}{b}$，则上述方程又可以写成

$$u'^2=\frac{4\mu^2}{H}u(H-u)(H-k^2u)$$

直接验证这个方程有解

$$u=H\mathrm{sn}^2(\mu x,k)$$

这时方程(1.3.52)有解

$$u(\xi)=b_2-(b_2-b_3)\mathrm{cn}^2\left[\sqrt{\frac{b_1-b_3}{-12\beta}}(\xi-\xi_0),k\right]\quad(b_3\leqslant u\leqslant b_2)\qquad(1.3.54)$$

其中，

$$k=\sqrt{\frac{b_2-b_3}{b_1-b_3}}$$

式(1.3.53)或式(1.3.54)是 KdV 方程的行波解,称为椭圆余弦波解。

对于 $\beta>0$ 的情况,式(1.3.53)表征的椭圆余弦波解是一个周期函数,其振幅为

$$a=b_1-b_2$$

因为 $\mathrm{cn}^2 x$ 的周期为 $2K(k)$,则椭圆余弦波的波长为

$$L=2K(k)\Big/\sqrt{\frac{b_1-b_2}{12\beta}}=4K(k)\Big/\sqrt{\frac{b_1-b_2}{3\beta}}$$

其中,

$$K(k)=\int_0^{\frac{\pi}{2}}\frac{1}{\sqrt{1-k^2\sin^2\varphi}}\mathrm{d}\varphi=\int_0^1\frac{1}{\sqrt{(1-x^2)(1-k^2x^2)}}\mathrm{d}x$$

为第一类 Legendre 完全椭圆积分。当 $b_1\to b_2$ 时,模数 $k\to 0$, $\mathrm{cn}\,x\to\cos x$,则解(1.3.53)化为

$$u(\xi)=\frac{1}{2}(b_1+b_2)+\frac{1}{2}(b_1-b_2)\cos\sqrt{\frac{b_1-b_3}{3\beta}}(\xi-\xi_0) \tag{1.3.55}$$

这是振幅$\frac{1}{2}(b_1-b_2)\to 0$ 的余弦波解。它是由于幅度很小的非线性项可以忽略的结果。

当 $b_2\to b_3$ 时,椭圆函数的模数 $k\to 1$,椭圆余弦函数演变为双曲正割函数,即 $\mathrm{cn}\,x\to\mathrm{sech}\,x$,这时解(1.3.53)化为

$$u(\xi)=b_2+(b_1-b_2)\mathrm{sech}^2\sqrt{\frac{b_1-b_2}{12\beta}}(\xi-\xi_0) \tag{1.3.56}$$

由式(1.3.56)显然有

$$u\big|_{\xi-\xi_0=0}=b_1,\quad u\big|_{\xi-\xi_0\to\infty}=b_2 \tag{1.3.57}$$

式(1.3.56)就是 KdV 方程的孤立波解,$\sqrt{\frac{b_1-b_2}{12\beta}}$称为孤立波的宽度。

在式(1.3.50)所表示的势能 $V(u)$ 中取常数 $A=B=0$ 时,有 $b_3=b_2=0$,则 $b_1=3c$,当 $\xi\to\infty$时, u, u'和 u''都趋于零,式(1.3.56)变为

$$u(\xi)=3\,c\,\mathrm{sech}^2\left[\sqrt{\frac{c}{4\beta}}(\xi-\xi_0)\right] \tag{1.3.58}$$

其图像如图 1.3.1 所示。它就是早年 Russel 观察到的水面上奇特的水波。

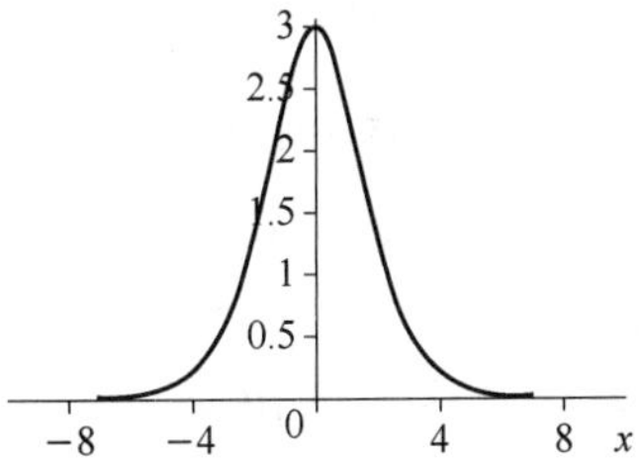

图 1.3.1

对 $\beta<0$ 时的解(1.3.54)也可以作类似的讨论。

从以上的分析可见,实际上 KdV 方程这个非线性偏微分方程有无穷多解,上述的孤立波解只是它的一个特解。

1.3.3 广义 KdV 方程的孤立波解

1. MKdV 方程的孤立波解

上一节我们用行波法讨论了 KdV 方程的孤立波解，除了 KdV 方程以外，还有许多非线性偏微分方程有类似的孤立波解，下面我们来讨论 MKdV 方程的孤立波解。

MKdV 方程，也称变形 KdV 方程，其一般形式是

$$\frac{\partial u}{\partial t}+\alpha u^2\frac{\partial u}{\partial x}+\beta\frac{\partial^3 u}{\partial x^3}=0\quad(\alpha,\beta=\text{常数})\tag{1.3.59}$$

它是用摄动法或级数展开法求解复杂非线性偏微分方程时，高阶近似所满足的方程。

以行波解

$$u(x,t)=u(x-ct)=u(\xi)\tag{1.3.60}$$

代入式(1.3.59)中，得

$$-c\frac{\mathrm{d}u}{\mathrm{d}\xi}+\alpha u^2\frac{\mathrm{d}u}{\mathrm{d}\xi}+\beta\frac{\mathrm{d}^3 u}{\mathrm{d}\xi^3}=0$$

积分一次，并取积分常数为零，得

$$-\beta\frac{\mathrm{d}^2 u}{\mathrm{d}\xi^2}+cu-\frac{\alpha}{3}u^3=0\tag{1.3.61}$$

这是第三类椭圆方程。当 $c>0$，$\alpha>0$，$\beta<0$ 和 $c<0$，$\alpha<0$，$\beta>0$ 时，有

$$u=\pm k\sqrt{\frac{6c}{\alpha(1+k^2)}}\mathrm{sn}\left[\sqrt{\frac{-c}{\beta(1+k^2)}}(\xi-\xi_0),k\right]\tag{1.3.62}$$

当 $k\to 1$ 时，它化为

$$u=\pm k\sqrt{\frac{3c}{\alpha}}\tanh\sqrt{\frac{-c}{2\beta}}(\xi-\xi_0)\tag{1.3.63}$$

这是扭结形孤立波解。其图像如图 1.3.2 所示。

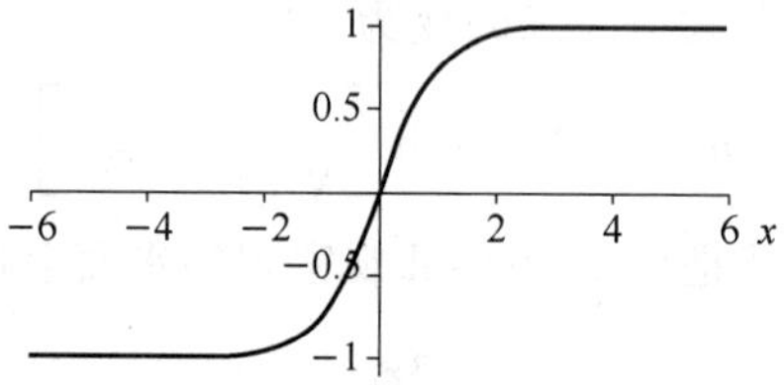

图 1.3.2

对于 $c>0$，$\alpha>0$，$\beta>0$ 和 $c<0$，$\alpha<0$，$\beta<0$ 的情况，有

$$u=\pm\sqrt{\frac{6c}{\alpha(2-k^2)}}\mathrm{dn}\left[\sqrt{\frac{-c}{\beta(2-k^2)}}(\xi-\xi_0),k\right]\tag{1.3.64}$$

当 $k\to 1$ 时，它化为

$$u=\pm\sqrt{\frac{6c}{\alpha}}\mathrm{sech}\sqrt{\frac{c}{\beta}}(\xi-\xi_0)$$

这就是钟形孤立波解。

2. Boussinesq 方程的孤立波解

KdV 方程表示单方向传播的(水)波，而 Boussinesq 方程描述向两个方向传播的(水)

波。Boussinesq 方程的一般形式为

$$\frac{\partial^2 u}{\partial t^2}-c_0^2\frac{\partial^2 u}{\partial x^2}-\alpha\frac{\partial^4 u}{\partial x^4}-\beta\frac{\partial^2 u^2}{\partial x^2}=0\quad(c_0^2,\alpha,\beta\text{均为正的常数})\tag{1.3.65}$$

对浅水波而言，其 x 方向的速度 u 和自由表面的高度 h 通常满足 Boussinesq 方程组

$$\begin{cases}\dfrac{\partial u}{\partial t}+u\dfrac{\partial u}{\partial x}+g\dfrac{\partial h}{\partial x}+\dfrac{1}{3}H\dfrac{\partial^3 h}{\partial t^2\partial x}=0\\[2mm]\dfrac{\partial h}{\partial t}+u\dfrac{\partial h}{\partial x}+h\dfrac{\partial u}{\partial x}=0\end{cases}$$

以行波解

$$u(x,t)=u(x-ct)=u(\xi)$$

代入式(1.3.65)中，得

$$(c^2-c_0^2)\frac{d^2u}{d\xi^2}-\alpha\frac{d^4u}{d\xi^4}-\beta\frac{d^2u^2}{d\xi^2}=0$$

上式两边对 ξ 积分一次，并取积分常数为零，得

$$(c^2-c_0^2)\frac{du}{d\xi}-\alpha\frac{d^3u}{d\xi^3}-\beta\frac{du^2}{d\xi}=0$$

再对 ξ 积分一次，有

$$(c^2-c_0^2)u-\alpha\frac{d^2u}{d\xi^2}-\beta u^2=A\tag{1.3.66}$$

其中，A 为积分常数。式(1.3.66)两边乘以$\frac{du}{d\xi}$，再对 ξ 积分一次得到

$$\frac{1}{2}(c^2-c_0^2)u^2-\frac{\alpha}{2}\left(\frac{du}{d\xi}\right)^2-\frac{1}{3}\beta u^3=Au+B\tag{1.3.67}$$

其中，B 为积分常数，将$\frac{du}{d\xi}$的平方项解出，有

$$\left(\frac{du}{d\xi}\right)^2=-\frac{2\beta}{3\alpha}\left[u^3-\frac{3(c^2-c_0^2)}{2\beta}u^2+\frac{1}{3}\beta Au+\frac{1}{3}\beta B\right]\tag{1.3.68}$$

设方程右端

$$u^3-\frac{3(c^2-c_0^2)}{2\beta}u^2+\frac{1}{3}\beta Au+\frac{1}{3}\beta B=0$$

有三个根：u_1，u_2 和 u_3（不妨设 $u_1\geqslant u_2\geqslant u_3$），则由代数方程根与系数的关系，有

$$\begin{cases}\dfrac{3(c^2-c_0^2)}{2\beta}=u_1+u_2+u_3\\[2mm]\dfrac{3A}{\beta}=u_1u_2+u_2u_3+u_3u_1\\[2mm]\dfrac{3B}{\beta}=-u_1u_2u_3\end{cases}$$

于是式(1.3.68)可以写为

$$\left(\frac{du}{d\xi}\right)^2=-\frac{2\beta}{3\alpha}(u-u_1)(u-u_2)(u-u_3)\tag{1.3.69}$$

这个式子与式(1.3.52)相似，根据式(1.3.53)求得

$$u=u_1+(u_1-u_2)\mathrm{cn}^2\left[\sqrt{\frac{\beta(u_1-u_3)}{6\alpha}}\xi,k\right]\quad(u_2\leqslant u\leqslant u_1)\tag{1.3.70}$$

其中，

$$k=\sqrt{\frac{u_1-u_2}{u_1-u_3}}$$

式(1.3.70)是 Boussinesq 方程的椭圆余弦波解。

当 $u_1\to u_2$，即 $k\to 0$ 时，式(1.3.70)化为

$$u=\frac{1}{2}(u_1+u_2)+\frac{1}{2}(u_1-u_2)\cos\sqrt{\frac{2\beta(u_1-u_3)}{3\alpha}}\xi \tag{1.3.71}$$

这是线性波。而当 $u_2\to u_3$，即 $k\to 1$ 时，式(1.3.70)化为

$$u=u_2+(u_1-u_2)\operatorname{sech}^2\sqrt{\frac{\beta(u_1-u_2)}{6\alpha}}\xi \tag{1.3.72}$$

这是孤立波。特别取 $A=B=0$，有 $u_2=u_3=0$，$u_1=\dfrac{3(c^2-c_0^2)}{2\beta}$，则孤立波解(1.3.72)化为更简单的形式

$$u=\frac{3(c^2-c_0^2)}{2\beta}\operatorname{sech}^2\frac{1}{2}\sqrt{\frac{c^2-c_0^2}{\alpha}}\xi \tag{1.3.73}$$

3. KP(Kadomtsev-Petviashvili)方程的孤立波解

理想流体一般表面波的数学模型表现为著名的 KP 方程，它是由苏联物理学家 Kadomtsev 和 Petviashvili 在研究弱色散介质中的非线性波动理论时发现的。KP 方程的标准型常记为

$$(u_t+uu_x+\beta u_{xxx})_x+\sigma^2u_{yy}=0 \tag{1.3.74}$$

因为这里有两个空间变量，故设其行波解为

$$u=u(\xi),\quad \xi=kx+ly-\omega t \tag{1.3.75}$$

其中，k 和 l 分别表示 x 和 y 方向上的波数，ω 为圆频率。

将式(1.3.75)代入式(1.3.74)中得

$$k\frac{\mathrm{d}}{\mathrm{d}\xi}\left(-\omega\frac{\mathrm{d}u}{\mathrm{d}\xi}+ku\frac{\mathrm{d}u}{\mathrm{d}\xi}+\beta k^3\frac{\mathrm{d}^3u}{\mathrm{d}\xi^3}\right)+\sigma^2l^2\frac{\mathrm{d}^2u}{\mathrm{d}\xi^2}=0 \tag{1.3.76}$$

式(1.3.76)两边对 ξ 积分一次，并取积分常数为零，得

$$-\omega k\frac{\mathrm{d}u}{\mathrm{d}\xi}+k^2u\frac{\mathrm{d}u}{\mathrm{d}\xi}+\beta k^4\frac{\mathrm{d}^3u}{\mathrm{d}\xi^3}+\sigma^2l^2\frac{\mathrm{d}u}{\mathrm{d}\xi}=0 \tag{1.3.77}$$

该方程两边再对 ξ 积分一次，还取积分常数为零，得

$$-\omega ku+\frac{1}{2}k^2u^2+\beta k^4\frac{\mathrm{d}^2u}{\mathrm{d}\xi^2}+\sigma^2l^2u=0 \tag{1.3.78}$$

由此有

$$-\beta k^4\frac{\mathrm{d}^2u}{\mathrm{d}\xi^2}+(\omega k-\sigma^2l^2)u-\frac{1}{2}k^2u^2=0 \tag{1.3.79}$$

这是第四类椭圆方程，因为 $-\beta k^4<0$，$\dfrac{k^2}{2}>0$，在 $\omega k-\sigma^2l^2>0$ 的条件下，求得式(1.3.79)的解为

$$u=\begin{cases}\dfrac{3(\omega k-\sigma^2l^2)}{k^2}\operatorname{sech}^2\left[\dfrac{1}{2}\sqrt{\dfrac{\omega k-\sigma^2l^2}{\beta k^4}}(\xi-\xi_0)\right] & \left(0\leqslant u\leqslant\dfrac{3(\omega k-\sigma^2l^2)}{k^2}\right)\\ -\dfrac{3(\omega k-\sigma^2l^2)}{k^2}\operatorname{csch}^2\left[\dfrac{1}{2}\sqrt{\dfrac{\omega k-\sigma^2l^2}{\beta k^4}}(\xi-\xi_0)\right] & (u\leqslant 0)\end{cases} \tag{1.3.80}$$

这就是 KP 方程的孤立波解，其中 ξ_0 为积分常数。

设 KP 方程有解 $Ae^{kx+ly-\omega t}$，代入方程得色散关系

$$\omega=\beta k^3+\frac{1}{k}\sigma^2 l^2 \tag{1.3.81}$$

将此色散关系代入式(1.3.80)，使根号内数值为 1，则式(1.3.80)变成

$$u=\begin{cases}3\beta k^2\operatorname{sech}^2\dfrac{1}{2}(\xi-\xi_0) & (0\leqslant u\leqslant 3\beta k^2)\\ -3\beta k^2\operatorname{csch}^2\dfrac{1}{2}(\xi-\xi_0) & (u\leqslant 0)\end{cases} \tag{1.3.82}$$

这个形式看起来更简单、整齐。

1.4 非线性 Schrödinger 方程与光孤子

与 KdV 方程一样，非线性 Schrödinger 方程

$$\mathrm{i}\frac{\partial u}{\partial t}+\frac{\partial^2 u}{\partial x^2}+|u|^2 u=0 \tag{1.4.1}$$

也是一种应用广泛的非线性发展方程，由它描述的光纤中的光孤子是光波在传播过程中色散效应与非线性压缩效应相平衡的结果。光孤子通信具有高码率、长距离(无须中继)和大容量的优点，可以构成超高速传输系统，因此光孤子及其在通信中的应用研究引起了学术界和工业界的高度重视，20 世纪 70 年代以来投入了大量的人力和财力从事光孤子通信的研究，已经取得了重大的进展。除了描述光孤子外，非线性 Schrödinger 方程还可以用来描述单色波的一维自调适、非线性光学的自陷现象、固体中的热脉冲传播、等离子体中的 Langnui 波、超导电子在电磁场中的运动以及激光中原子的 Bose-Einstein 凝聚效应等。本节将从光波在光纤中的传播过程中导出非线性 Schrödinger 方程，然后再介绍其孤立波解。

1.4.1 非线性 Schrödinger 方程的导出

光纤是以二氧化硅(SiO_2，也称石英玻璃)为主要成分的细丝，直径为数微米至数十微米，外面加上包层和涂敷层。当光线以某一角度 θ 入射进光纤端面后，又射到线芯和包层之间的界面上，构成包层界面入射角 φ，如图 1.4.1 所示。设线芯、包层和涂敷层的折射率分别为 n_1，n_2 和 n_3，通常 $n_1>n_2$，所以包层界面有一临界全反射角 φ_1。与其相应，光纤界面有一临界入射角 θ_1。如果端面入射角 $\theta<\theta_1$，管线进入端面后便以 $\varphi>\varphi_1$ 的角度射到界面上，满足全反射条件，管线将在光纤和包层的界面上不断地产生全反射而向前传播，这就是光纤的导光原理。而这样纤芯和包层折射率不同的光纤称为折射率阶跃光纤，以区别于其他折射率从纤芯到纤芯边缘渐渐变小的折射率梯度光纤。

同所有的电磁现象一样，光脉冲的传播服从 Maxwell 方程组

$$\nabla\times\boldsymbol{E}=-\frac{\partial\boldsymbol{B}}{\partial t} \tag{1.4.2}$$

$$\nabla\times\boldsymbol{H}=\boldsymbol{J}+\frac{\partial\boldsymbol{D}}{\partial t} \tag{1.4.3}$$

$$\nabla\cdot\boldsymbol{D}=\rho \tag{1.4.4}$$

$$\nabla \cdot \boldsymbol{B}=0 \tag{1.4.5}$$

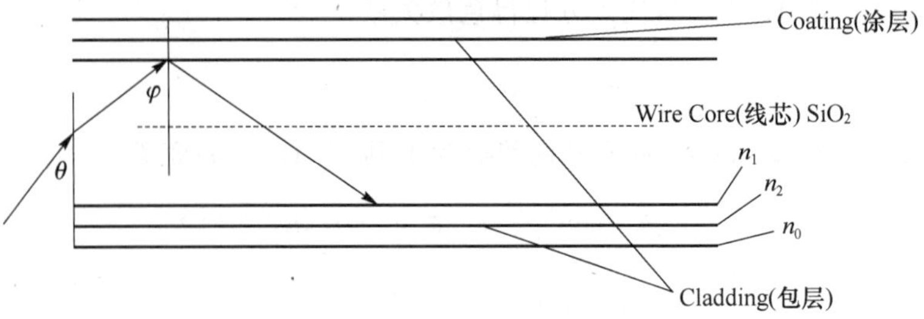

图 1.4.1

其中，$\boldsymbol{E}$ 和 $\boldsymbol{H}$ 分别为电场强度矢量和磁场强度矢量；$\boldsymbol{D}$ 和 $\boldsymbol{B}$ 分别为电位移矢量和磁感应强度矢量；电流密度矢量 $\boldsymbol{J}$ 和电荷密度 ρ 表示电磁场的源，光纤是无自由电荷的介质，所以 $\boldsymbol{J}=0$，$\rho=0$。

介质内传播的电磁场强度 $\boldsymbol{E}$ 和 $\boldsymbol{H}$ 增大时，电位移矢量 $\boldsymbol{D}$ 和磁感应强度 $\boldsymbol{B}$ 也随之增大，它们的关系通过物质方程联系起来

$$\boldsymbol{D}=\varepsilon\boldsymbol{E}+\boldsymbol{P} \tag{1.4.6}$$

$$\boldsymbol{B}=\mu\boldsymbol{H}+\boldsymbol{M} \tag{1.4.7}$$

其中，ε 和 μ 分别为真空中的介电常数和磁导率；$\boldsymbol{P}$ 和 $\boldsymbol{M}$ 分别为感应电极化强度和磁极化强度。光纤是无磁性介质，因此 $\boldsymbol{M}=0$。描述光纤中光脉冲传输的波方程就从上述的 Maxwell 方程组和物质方程组中得到。为此先对式(1.4.2)两边取旋度，再利用式(1.4.3)、式(1.4.6)和式(1.4.7)消去 $\boldsymbol{D}$ 和 $\boldsymbol{B}$，得到

$$\nabla\times\nabla\times\boldsymbol{E}=-\frac{1}{c^2}\frac{\partial^2\boldsymbol{E}}{\partial t^2}-\mu\frac{\partial^2\boldsymbol{P}}{\partial t^2} \tag{1.4.8}$$

其中，$\mu\varepsilon=1/c^2$，c 为真空中的光速。

为了完整表达光纤中光波的传输，还需要找到电极化强度 $\boldsymbol{P}$ 和电场强度 $\boldsymbol{E}$ 的关系。当光频与介质共振频率接近时，$\boldsymbol{P}$ 的计算必须采用量子力学的方法，但在远离介质的共振频率处，$\boldsymbol{P}$ 和 $\boldsymbol{E}$ 的关系可以唯象地写成

$$\boldsymbol{P}=\varepsilon(\chi^{(1)}\cdot\boldsymbol{E}+\chi^{(2)}:\boldsymbol{E}+\chi^{(3)}\vdots\boldsymbol{E}+\cdots) \tag{1.4.9}$$

其中，$\chi^{(j)}(j=1,2,3,\cdots)$是 $j+1$ 阶张量，表示 j 阶电极化率，$\cdot$，$:$，$\vdots$ 等表示张量和矢量之间的“点乘”运算。线性电极化率 $\chi^{(1)}$ 对 $\boldsymbol{P}$ 的贡献是主要的，它的影响包含在折射率 n 和衰减常数 α 内(它们之间的关系将在下面的讨论中给出)。二阶电极化率 $\chi^{(2)}$ 对应于二次谐波的产生和频运转等非线性效应。但是 $\chi^{(2)}$ 只在某些分子结构非反演对称的介质中才不为零，因为光纤介质二氧化硅分子是对称结构，所以对石英玻璃 $\chi^{(2)}$ 等于零。因此光纤通常不显示二阶非线性效应。如果只考虑与 $\chi^{(3)}$ 有关的三阶非线性效应，则感应电极化强度由两部分组成

$$\boldsymbol{P}(\boldsymbol{r},t)=\boldsymbol{P}_{\mathrm{L}}(\boldsymbol{r},t)+\boldsymbol{P}_{\mathrm{NL}}(\boldsymbol{r},t) \tag{1.4.10}$$

其中，线性部分 $\boldsymbol{P}_{\mathrm{L}}(\boldsymbol{r},t)$和非线性部分 $\boldsymbol{P}_{\mathrm{NL}}(\boldsymbol{r},t)$与场强 $\boldsymbol{E}$ 的普适关系是

$$\boldsymbol{P}_{\mathrm{L}}(\boldsymbol{r},t)=\varepsilon\int_{-\infty}^{\infty}\chi^{(1)}(t-t')\cdot\boldsymbol{E}(\boldsymbol{r},t')\mathrm{d}t' \tag{1.4.11}$$

$$\boldsymbol{P}_{\mathrm{NL}}(\boldsymbol{r},t)=\varepsilon\iint\int_{-\infty}^{\infty}\chi^{(3)}(t-t_1,t-t_2,t-t_3)\vdots\boldsymbol{E}(\boldsymbol{r},t_1)\boldsymbol{E}(\boldsymbol{r},t_2)\boldsymbol{E}(\boldsymbol{r},t_3)\mathrm{d}t_1\mathrm{d}t_2\mathrm{d}t_3 \tag{1.4.12}$$

假设上述这类介质响应是局部的，在电偶极子近似下，这些关系是有效的。

式(1.4.8)～式(1.4.12)给出了处理光纤中三阶非线性效应的一般公式。由于它们比较复杂，需要对它们做一些简化近似。最主要的简化是将式(1.4.10)中的非线性极化效应 $P_{\mathrm{NL}}(\boldsymbol{r},t)$ 看成总感应极化强度的微扰。因为石英光纤中的非线性效应相当弱，因而这种假设是合理的。在 $P_{\mathrm{NL}}(\boldsymbol{r},t)=0$ 的条件下，求解微分方程(1.4.8)。因为此时方程(1.4.8)关于电场强度 $\boldsymbol{E}$ 是线性的，因此在频域内具有简单的形式

$$\nabla\times\nabla\times\widehat{\boldsymbol{E}}(\boldsymbol{r},\omega)-\varepsilon(\omega)\frac{\omega^2}{c^2}\widehat{\boldsymbol{E}}(\boldsymbol{r},\omega)=0 \tag{1.4.13}$$

其中，$\widehat{\boldsymbol{E}}(\boldsymbol{r},\omega)$ 是 $\boldsymbol{E}(\boldsymbol{r},t)$ 的 Fourier 变换

$$\widehat{\boldsymbol{E}}(\boldsymbol{r},\omega)=\int_{-\infty}^{\infty}\boldsymbol{E}(\boldsymbol{r},t)\exp(\mathrm{i}\omega t)\mathrm{d}t \tag{1.4.14}$$

与频率有关的介电常数定义为

$$\varepsilon(\omega)=1+\overline{\chi}^{(1)}(\omega) \tag{1.4.15}$$

其中，$\overline{\chi}^{(1)}(\omega)$ 是 $\chi^{(1)}(t)$ 的 Fourier 变换，因为 $\overline{\chi}^{(1)}(\omega)$ 通常是复数，所以 $\varepsilon(\omega)$ 也是复数，其实部和虚部分别与折射率 $n(\omega)$ 及衰减（通常称为光纤损耗）系数 $\alpha(\omega)$ 有关，且定义如下

$$\varepsilon=(n+\mathrm{i}\alpha c/2\omega)^2 \tag{1.4.16}$$

而

$$n^2(\omega)=1+\sum_{j=1}^{m}\frac{B_j\omega_j^2}{\omega_j^2-\omega^2} \tag{1.4.17}$$

其中，ω_j 和 B_j 为 j 阶谐振频率和谐振强度。此式表明一束电磁波与电介质的束缚电子相互作用时，介质的响应通常与光波频率 ω 有关，这种特性称为色散。

α 是衰减系数，通常称为光纤损耗，如果用 P_0 表示入射光纤的频率，P_{T} 表示传输频率，则 α 满足关系

$$P_{\mathrm{T}}=P_0\exp(-\alpha L) \tag{1.4.18}$$

其中，L 是光纤长度。利用式(1.4.15)和式(1.4.16)可以得到 $n(\omega)$ 和 $\alpha(\omega)$ 与 $\overline{\chi}^{(1)}(\omega)$ 的关系

$$n(\omega)=1+\frac{1}{2}\mathrm{Re}[\overline{\chi}^{(1)}(\omega)] \tag{1.4.19}$$

$$\alpha(\omega)=\frac{\omega}{nc}\mathrm{Im}[\overline{\chi}^{(1)}(\omega)] \tag{1.4.20}$$

其中，Re 和 Im 分别代表实部和虚部。

求解式(1.4.13)还需做两个假设，首先，由于光纤的损耗很小，$\varepsilon(\omega)$ 的虚部相对于实部可以忽略，因而在下面的讨论中可以用 $n^2(\omega)$ 代替 $\varepsilon(\omega)$，以微扰的办法将光纤损耗包括进去；其次，在阶跃光纤的纤芯和包层中，由于折射率与 $n(\omega)$ 方位无关，于是有

$$\nabla\times\nabla\times\boldsymbol{E}=\nabla(\nabla\cdot\boldsymbol{E})-\nabla^2\boldsymbol{E}=-\nabla^2\boldsymbol{E} \tag{1.4.21}$$

（这里用到了 $\nabla\cdot\boldsymbol{D}=\varepsilon\ \nabla\cdot\boldsymbol{E}=0$（可以通过式(1.4.4)变换得到）），通过这些简化，式(1.4.13)变成

$$\nabla^2 \widehat{\boldsymbol{E}}+n^2(\omega)\frac{\omega^2}{c^2}\widehat{\boldsymbol{E}}=0 \tag{1.4.22}$$

这是一个线性波动方程。由于光纤是圆柱形的，在柱坐标$(\rho,\ \varphi,\ z)$中求解微分方程(1.4.22)，通常是先求解出 $\widehat{E}$ 的 z 方向分量 E_z，然后用 E_z 表示 E_ρ 和 E_φ。用分离变量法求解，令

$$\widehat{E}_z(\boldsymbol{r},\omega)=A(\omega)F(\rho)\exp(\pm \mathrm{i}m\varphi)\cdot\exp(\mathrm{i}\beta z) \tag{1.4.23}$$

其中，$A(\omega)$为归一化常数，β为传输常数，m 是整数。把式(1.4.23)代入式(1.4.22)，得到慢变函数 $F(\rho)$满足的 Bessel 方程

$$\begin{cases}\dfrac{\mathrm{d}^2F}{\mathrm{d}\rho^2}+\dfrac{1}{\rho}\dfrac{\mathrm{d}F}{\mathrm{d}\rho}+\left(n^2k^2-\beta^2-\dfrac{m^2}{\rho^2}\right)F=0\\ n=\begin{cases}n_1, & \rho\leqslant a\\ n_2, & \rho>a\end{cases}\end{cases} \tag{1.4.24}$$

a 为纤芯半径。求解式(1.4.24)，得到光纤半径和波长的关系，即单模条件。

现在考虑非线性项 P_{NL}的影响。由式(1.4.21)和式(1.4.10)，可以将式(1.4.8)写成

$$\nabla^2\boldsymbol{E}-\frac{1}{c^2}\frac{\partial^2\boldsymbol{E}}{\partial t^2}=\mu\frac{\partial^2\boldsymbol{P}_{\mathrm{L}}}{\partial t^2}+\mu\frac{\partial^2\boldsymbol{P}_{\mathrm{NL}}}{\partial t^2} \tag{1.4.25}$$

假设光场是准单色的，即对中心频率为 ω_0 的频谱，其谱宽为 $\Delta\omega$，且 $\Delta\omega/\omega_0\ll 1$。在慢变包络近似下，可以把光场表示为

$$\boldsymbol{E}(\boldsymbol{r},t)=\frac{1}{2}\boldsymbol{e}[E(\boldsymbol{r},t)\exp(-\mathrm{i}\omega_0 t)+c.c.] \tag{1.4.26}$$

其中，$\boldsymbol{e}$ 为沿 x 方向偏振的光的单位偏振矢量，$E(\boldsymbol{r},t)$为时间的慢变化函数(相对于光周期)，$c.c.$ 表示复共轭。类似地，可以把极化强度 $\boldsymbol{P}_{\mathrm{L}}(\boldsymbol{r},t)$和 $\boldsymbol{P}_{\mathrm{NL}}(\boldsymbol{r},t)$表示成

$$\boldsymbol{P}_{\mathrm{L}}(\boldsymbol{r},t)=\frac{1}{2}\boldsymbol{e}[P_{\mathrm{L}}(\boldsymbol{r},t)\exp(-\mathrm{i}\omega_0 t)+c.c.] \tag{1.4.27}$$

$$\boldsymbol{P}_{\mathrm{NL}}(\boldsymbol{r},t)=\frac{1}{2}\boldsymbol{e}[P_{\mathrm{NL}}(\boldsymbol{r},t)\exp(-\mathrm{i}\omega_0 t)+c.c.] \tag{1.4.28}$$

线性极化分量 P_{L} 可以通过把式(1.4.27)代入式(1.4.11)得到，并被写成

$$\begin{aligned}P_{\mathrm{L}}(\boldsymbol{r},t)&=\varepsilon\int_{-\infty}^{\infty}\chi_{xx}^{(1)}(t-t')\cdot E(\boldsymbol{r},t')\exp[\mathrm{i}\omega_0(t-t')]\mathrm{d}t'\\&=\frac{\varepsilon}{2\pi}\int_{-\infty}^{\infty}\overline{\chi}_{xx}^{(1)}(\omega)\cdot E(\boldsymbol{r},\omega-\omega_0)\exp[-\mathrm{i}(\omega-\omega_0)t]\mathrm{d}\omega\end{aligned}$$

其中，$\chi_{xx}^{(1)}$表示$\chi^{(1)}$在 x 方向上的分量，$\overline{\chi}_{xx}^{(1)}(\omega)$和$\overline{E}(\boldsymbol{r},\omega)$分别为$\chi_{xx}^{(1)}(\omega)$和 $E(\boldsymbol{r},\omega)$的 Fourier 变换。

把式(1.4.28)代入式(1.4.12)可以得到极化强度的非线性分量 $P_{\mathrm{NL}}(\boldsymbol{r},t)$。假定非线性响应是瞬时作用的(即忽略分子振动时 $\chi^{(3)}$ 的影响)，因而式(1.4.12)中的 $\chi^{(3)}$ 的时间关系可由三个 $\delta(t-t')$函数的乘积得到。这样式(1.4.12)变成

$$\boldsymbol{P}_{\mathrm{NL}}(\boldsymbol{r},t)=\varepsilon\chi^{(3)}\ \vdots\ \boldsymbol{E}(\boldsymbol{r},t)\boldsymbol{E}(\boldsymbol{r},t)\boldsymbol{E}(\boldsymbol{r},t) \tag{1.4.29}$$

将式(1.4.26)代入式(1.4.29)，发现 $P_{\mathrm{NL}}(\boldsymbol{r},t)$有一项在 ω_0 处振荡，另一项在三次谐波 $3\omega_0$ 处振荡，后一项因为需要相位匹配，在光纤中常被忽略。利用式(1.4.28)得出 $P_{\mathrm{NL}}(\boldsymbol{r},t)$的表达式

$$P_{\mathrm{NL}}(\boldsymbol{r},t)\approx\varepsilon\varepsilon_{\mathrm{NL}}E(\boldsymbol{r},t) \tag{1.4.30}$$

其中，$\varepsilon_{\mathrm{NL}}$为介电常数的非线性部分，由式(1.4.31)给定

$$\varepsilon_{\mathrm{NL}}=\frac{3}{4}\chi_{xxxx}^{(3)}|E(\boldsymbol{r},t)|^2 \tag{1.4.31}$$

为了得到慢变化振幅 $E(\boldsymbol{r},t)$满足的波动方程，在频域内进行推导更为方便，但是由于$\varepsilon_{\mathrm{NL}}$与场强有关，式(1.4.13)是非线性的，作 Fourier 变换出现困难。为了进行 Fourier 变换，一种处理方法是在推导 $E(\boldsymbol{r},t)$满足的波动方程时，把 $\varepsilon_{\mathrm{NL}}$看成常量，从慢变波包近似和 P_{NL}作为微扰项的假设来看，这种假设是合理的。将式(1.4.14)～式(1.4.16)代入式(1.4.13)，作 Fourier 变换，并记 $E(\boldsymbol{r},t)$的 Fourier 变换为

$$\overline{E}(\boldsymbol{r},\omega-\omega_0)=\int_{-\infty}^{\infty}E(\boldsymbol{r},t)\mathrm{e}^{\mathrm{i}(\omega-\omega_0)t}\mathrm{d}t \tag{1.4.32}$$

得到频域内的波动方程

$$\nabla^2\overline{E}+\varepsilon(\omega)k^2\overline{E}=0 \tag{1.4.33}$$

其中，$k=\omega'/c$，且

$$\varepsilon(\omega)=1+\overline{\chi}_{xx}^{(1)}(\omega)+\varepsilon_{\mathrm{NL}} \tag{1.4.34}$$

为介电常数，其非线性部分由式(1.4.31)确定。与式(1.4.16)一样，可以用介电常数定义折射率$\overline{n}$和衰减系数$\overline{\alpha}$。由于 $\varepsilon_{\mathrm{NL}}$的缘故，$\overline{n}$和 $\overline{\alpha}$ 都与场强有关，习惯上采用如下定义

$$\overline{n}=n+n_2|E|^2,\quad \overline{\alpha}=\alpha+\alpha_2|E|^2 \tag{1.4.35}$$

利用 $\varepsilon=(\overline{n}+\mathrm{i}\,\overline{\alpha}/2k)^2$ 以及式(1.4.31)和式(1.4.34)，可以得到非线性折射系数 n_2 和双光子衰减系数 α_2

$$n_2=\frac{3}{8n}\mathrm{Re}(\chi_{xxxx}^{(3)}),\quad \alpha_2=\frac{3\omega_0}{4nc}\mathrm{Im}(\chi_{xxxx}^{(3)}) \tag{1.4.36}$$

像式(1.4.19)和式(1.4.20)一样，线性折射率 n 和衰减系数 α 与$\overline{\chi}_{xx}^{(1)}$的实部和虚部有关。对于石英光纤，$\alpha_2$ 相对较小，常被忽略。从这以后 n_2 就是光纤非线性的量度。

式(1.4.33)可以用分离变量法求解，假定解的形式是

$$\overline{E}(\boldsymbol{r},\omega-\omega_0)=F(x,y)\overline{A}(z,\omega-\omega_0)\exp(\mathrm{i}\beta_0 z) \tag{1.4.37}$$

其中，$\overline{A}(z,\omega)$是 z 的慢变函数；β_0 是波数，它将在以后确定。将式(1.4.37)代入式(1.4.33)得到关于 $F(x,y)$和$\overline{A}(z,\omega)$的两个微分方程

$$\frac{\partial^2 F}{\partial x^2}+\frac{\partial^2 F}{\partial y^2}+[\varepsilon(\omega)k^2-\overline{\beta}^2]F=0 \tag{1.4.38}$$

$$2\mathrm{i}\beta_0\frac{\partial\overline{A}}{\partial z}+(\overline{\beta}^2-\beta_0^2)\overline{A}=0 \tag{1.4.39}$$

其中，$\overline{\beta}^2$ 为分离常数；在推导过程中，由于假定$\overline{A}(z,\omega)$为 z 的慢变函数，因而忽略了其二阶偏导数$\partial^2\overline{A}/\partial z^2$。下面通过本征方程(1.4.38)确定波数$\overline{\beta}$。

由于光纤的损耗很小，$\varepsilon(\omega)$的虚部相对于实部可以忽略不计，即像式(1.4.22)一样用$n^2(\omega)$代替 $\varepsilon(\omega)$，而以微扰的方式将光纤的损耗包含进去。即将 $\varepsilon(\omega)$近似为

$$\varepsilon=(n+\Delta n)^2\approx n^2+2n\Delta n \tag{1.4.40}$$

其中，Δn 为微扰，其表达式是

$$\Delta n=n_2|E|^2+\frac{\mathrm{i}\,\overline{\alpha}}{2k} \tag{1.4.41}$$

其中，n_2 是光纤包层的折射率，$\overline{\alpha}$ 是 α 的 Fourier 变换。

式(1.4.38)可以通过一阶微扰来求解，首先用 $n^2(\omega)$ 代替 $\varepsilon(\omega)$ 求解方程，得到模分布函数 $F(x,y)$ 和相应的波数 $\beta(\omega)$。然后考虑 Δn 的影响，根据一阶微扰理论，Δn 不会影响模分布函数 $F(x,y)$。然而本征值 $\bar{\beta}$ 将变为

$$\bar{\beta}=\beta(\omega)+\Delta\beta \tag{1.4.42}$$

其中，

$$\Delta\beta=\frac{k\iint_{-\infty}^{\infty}\Delta n\ |F(x,y)|^2\mathrm{d}x\mathrm{d}y}{\iint_{-\infty}^{\infty}|F(x,y)|^2\mathrm{d}x\mathrm{d}y} \tag{1.4.43}$$

这一步完成了最低阶微扰 $\boldsymbol{P}_{\mathrm{NL}}$ 下方程(1.4.25)的形式解。利用式(1.4.26)和式(1.4.35)，得到电场强度

$$\boldsymbol{E}(\boldsymbol{r},t)=\frac{1}{2}\boldsymbol{e}[F(x,y)A(z,t)\exp[\mathrm{i}(\beta_0 z-\omega_0 t)]+c.c.] \tag{1.4.44}$$

满足式(1.4.39)的慢变振幅 $A(z,t)$ 的 Fourier 变换 $\bar{A}(z,\ \omega-\omega_0)$ 可以表示为

$$\frac{\partial\bar{A}}{\partial z}=\mathrm{i}[\beta(\omega)+\Delta\beta-\beta_0]\bar{A} \tag{1.4.45}$$

这里用到了式(1.4.42)。把 $\bar{\beta}^2-\beta_0^2$ 近似为 $2\beta_0(\bar{\beta}-\beta_0)$，此方程有明显的物理意义，即脉冲沿光纤传输时，其包络内的每一谱成分都得到一个与频率和强度有关的位移。式(1.4.45)的 Fourier 逆变换给出了 $A(z,t)$ 的传输方程。然而很少能知道 $\beta(\omega)$ 的准确函数形式，为了求出它，在频率 ω_0 处把 $\beta(\omega)$ 展成 Talor 级数

$$\beta(\omega)=\beta_0+(\omega-\omega_0)\beta_1+\frac{1}{2}(\omega-\omega_0)^2\beta_2+\frac{1}{6}(\omega-\omega_0)^3\beta_3+\cdots \tag{1.4.46}$$

其中，

$$\beta_n=\left[\frac{\mathrm{d}^n\beta}{\mathrm{d}\omega^n}\right]_{\omega=\omega_0}\quad(n=1,2,\cdots) \tag{1.4.47}$$

若谱宽 $\Delta\omega\ll\omega_0$，则展开式中的三项式及更高阶项通常被忽略。这些项的忽略与在式(1.4.45)的推导过程中用到的准单色光假定是一致的。对某些特定的 ω_0 值，若 $\beta_2\approx0$(即在光纤零色散波长附近)，需要考虑三阶项。把式(1.4.46)代入式(1.4.45)，利用

$$A(z,t)=\frac{1}{2\pi}\int_{-\infty}^{\infty}\bar{A}(z,\ \omega-\omega_0)\exp[-\mathrm{i}(\omega-\omega_0)t]\mathrm{d}\omega \tag{1.4.48}$$

作 Fourier 变换的逆变换。并且在 Fourier 变换中用 $\mathrm{i}(\partial/\partial t)$ 代替 $\omega-\omega_0$，得到

$$\frac{\partial A}{\partial z}=-\beta_1\frac{\partial A}{\partial t}-\frac{\mathrm{i}}{2}\beta_2\frac{\partial^2 A}{\partial t^2}+\mathrm{i}\Delta\beta A \tag{1.4.49}$$

$\Delta\beta$ 包含了光纤的损耗及非线性效应。利用式(1.4.41)和式(1.4.43)可导出 $\Delta\beta$，把它代入式(1.4.49)，得到

$$\frac{\partial A}{\partial z}+\beta_1\frac{\partial A}{\partial t}+\frac{\mathrm{i}}{2}\beta_2\frac{\partial^2 A}{\partial t^2}+\frac{\alpha}{2}A=\mathrm{i}\gamma\ |A|^2A \tag{1.4.50}$$

其中，γ 为非线性系数，其定义为

$$\gamma=\frac{n_2\omega_0}{cA_{\mathrm{eff}}} \tag{1.4.51}$$

为了得到式(1.4.50)，假设幅度 A 是归一化的，$|A|^2$ 代表光功率。参量 A_{eff} 成为有效纤芯截面，定义为

$$A_{\mathrm{eff}}=\frac{\left(\iint_{-\infty}^{\infty}|F(x,y)|^2\mathrm{d}x\mathrm{d}y\right)^2}{\iint_{-\infty}^{\infty}|F(x,y)|^4\mathrm{d}x\mathrm{d}y} \tag{1.4.52}$$

通过变换

$$T=t-z/v_g=t-\beta_1 z \tag{1.4.53}$$

引入以群速度 v_g 移动的参考系(即所谓延时系),可以将式(1.4.50)化成

$$\mathrm{i}\frac{\partial A}{\partial z}+\frac{\mathrm{i}\alpha}{2}A-\frac{1}{2}\beta_2\frac{\partial^2 A}{\partial T^2}+\gamma|A|^2A=0 \tag{1.4.54}$$

在 $\alpha=0$(光纤无损耗)的特殊条件下,式(1.4.54)就是非线性 Schrödinger 方程,因为它与含非线性势项的 Schrödinger 方程类似(变量 z 起着时间量的作用),故得此名。如果还考虑光纤中高阶色散的影响,我们还可以得到广义非线性 Schrödinger 方程

$$\frac{\partial A}{\partial z}+\frac{\alpha}{2}A+\frac{\mathrm{i}}{2}\beta_2\frac{\partial^2 A}{\partial T^2}-\frac{\beta_3}{6}\frac{\partial^3 A}{\partial T^3}=\mathrm{i}\gamma\left[|A|^2A+\frac{\mathrm{i}}{\omega_0}\frac{\partial}{\partial T}\left(|A|^2A-T_R A\frac{\partial|A|^2}{\partial T}\right)\right] \tag{1.4.55}$$

1.4.2 非线性 Schrödinger 方程的单孤立波解

上面我们从电磁场的基本方程 Maxwell 方程组出发,考虑光波在光纤中传输的具体条件,在准单色光的近似下,推出了有损耗的光脉冲包络函数所满足的(有损耗)非线性 Schrödinger 方程(1.4.54),下面我们来求出它的稳定的光孤子解。

设 $\alpha=0$(假设光纤无损耗),作适当的标度变换,可以将式(1.4.54)写成

$$\mathrm{i}\frac{\partial\varphi}{\partial z}+\frac{1}{2}\frac{\partial^2\varphi}{\partial t^2}+|\varphi|^2\varphi=0 \tag{1.4.56}$$

设其解的形式为

$$\varphi(t,z)=f(t)\mathrm{e}^{\mathrm{i}g(t,z)} \tag{1.4.57}$$

代入式(1.4.56)得

$$-f(t)g_z+\frac{1}{2}f''(t)+\mathrm{i}f'(t)g_t+\frac{\mathrm{i}}{2}f(t)g_{tt}-\frac{1}{2}f(t)g_t^2+f^3(t)=0 \tag{1.4.58}$$

下标 t 表示对 t 求导数。分开实部和虚部,有

$$\frac{1}{f}\left[\frac{1}{2}f''(t)+f^3(t)\right]=\frac{\partial g}{\partial z}+\frac{1}{2}\left(\frac{\partial g}{\partial t}\right)^2 \tag{1.4.59}$$

和

$$f'(t)g_t+\frac{1}{2}f(t)g_{tt}=0 \tag{1.4.60}$$

式(1.4.60)可以写为

$$(f^2(t)g_t)_t=0 \tag{1.4.61}$$

上式对 t 积分得

$$f^2(t)g_t=c(z) \tag{1.4.62}$$

其中,$c(z)$为积分常数。此式又可以写成

$$\frac{\partial g}{\partial t}=\frac{c(z)}{f^2(t)} \tag{1.4.63}$$

现在看式(1.4.59),其左端为 t 的函数,记为 $k(t)$,即

$$k(t)=\frac{1}{f}\left[\frac{1}{2}f''(t)+f^3(t)\right]$$

则式(1.4.59)可以写成

$$\frac{\partial g}{\partial z}=-\frac{1}{2}\left(\frac{\partial g}{\partial t}\right)^2+k(t)=-\frac{1}{2}\frac{c^2(z)}{f^4(t)}+k(t) \tag{1.4.64}$$

式(1.4.63)和式(1.4.64)应满足协调条件$\frac{\partial^3 g}{\partial t\partial z^2}=\frac{\partial^3 g}{\partial z^2\partial t}$。由式(1.4.63)有

$$\frac{\partial^3 g}{\partial t\partial z^2}=\frac{c''(z)}{f^2(t)} \tag{1.4.65}$$

而由式(1.4.64)有

$$\frac{\partial^3 g}{\partial z^2\partial t}=2\,\frac{[c^2(z)]'f'}{f^5} \tag{1.4.66}$$

令以上两式右端相等,得到

$$\frac{c''(z)}{[c^2(z)]'}=\frac{2f'(t)}{f^3(t)}=\text{常数}$$

显然 $c(z)=c_0$ 是一个特解,代入式(1.4.63),并对 t 积分,得

$$g(z,t)=\int\frac{c_0}{f^2(t)}\mathrm{d}t+k_0z+\sigma_0 \tag{1.4.67}$$

其中,k_0,σ 为常数,即可以设 $g(t,\ z)$ 为 z 的线性函数,这是一个特解。将式(1.4.67)代入式(1.4.59),得

$$\frac{\mathrm{d}^2 f}{\mathrm{d}t^2}=-2f^3+2k_0f+\frac{c_0^2}{f^3} \tag{1.4.68}$$

可以将$\frac{\mathrm{d}^2 f}{\mathrm{d}t^2}$看成加速度。取

$$-2f^3+2k_0f+\frac{c_0^2}{f^3}=-\frac{\partial V(f)}{\partial f}$$

则势函数为

$$V(f)=\frac{1}{2}f^4-k_0f^2+\frac{c_0^2}{2f^2} \tag{1.4.69}$$

设总能量为 E_0,在没有消耗的情况下能量守恒,于是,应有

$$\frac{1}{2}\left(\frac{\mathrm{d}f}{\mathrm{d}t}\right)^2+V(f)=E_0$$

亦即

$$\left(\frac{\mathrm{d}f}{\mathrm{d}t}\right)^2+\left(f^4-2k_0f^2+\frac{c_0^2}{f^2}\right)-2E_0=0$$

令 $f=\sqrt{\rho}$,且令 $c_0=E_0=0$,则上式变为

$$\left(\frac{\mathrm{d}\rho}{\mathrm{d}t}\right)^2=-4\rho^3+8k_0\rho^2=-4\rho^2(\rho-\eta^2) \tag{1.4.70}$$

其中,$k_0=\frac{\eta^2}{2}>0$,η 为常数,直接积分 $\int\frac{\mathrm{d}\rho}{2\rho\sqrt{\eta^2-\rho}}=-\int\mathrm{d}t$ 得到

$$\begin{cases}\rho=\eta^2\,\mathrm{sech}^2[\eta(t-t_0)]\\ f=\sqrt{\rho}=\eta\,\mathrm{sech}\,[\eta(t-t_0)]\end{cases} \tag{1.4.71}$$

其中,t_0 为积分常数。

将式(1.4.67)和式(1.4.71)回代到式(1.4.57),得

$$\varphi(t,x)=\eta\operatorname{sech}[\eta(t-t_0)]\mathrm{e}^{\mathrm{i}\frac{\eta^2}{2}z+\mathrm{i}\sigma_0} \tag{1.4.72}$$

可以证明,非线性 Schrödinger 方程(1.4.56)在下面的 Gralilean 变换下具有不变性

$$t\to t'+kz',\quad z\to z',\quad u'(t',z')=u(t',z')\mathrm{e}^{\mathrm{i}(kt'+\frac{3}{2}k^3z')} \tag{1.4.73}$$

即如果 $u(t,z)$ 是式(1.4.56)的解,$u'(t',z')$ 也是式(1.4.56)的解。k 为参考系速度,在此参考系中

$$\varphi(z,t)=\eta\operatorname{sech}[\eta(t-kz-t_0)]\exp\left[\mathrm{i}kt+\frac{\mathrm{i}}{2}(\eta^2-k^2)z+\mathrm{i}\sigma_0\right] \tag{1.4.74}$$

这是光纤中常用非线性 Schrödinger 方程的四参数孤立波解,式中 η 表示波包振幅,k 为速率,t_0,σ_0 为相参数。

1.4.3 非线性 Schrödinger 方程行波形式的孤立波解

非线性 Schrödinger 方程的一般形式还可以写成

$$\mathrm{i}\frac{\partial u}{\partial t}+\alpha\frac{\partial^2 u}{\partial x^2}+\beta|u|^2u=0 \tag{1.4.75}$$

首先需要指出的是,这个非线性方程具有通常线性方程才具有的形式为

$$u=A\mathrm{e}^{\mathrm{i}(kx-\omega t)} \tag{1.4.76}$$

的单波解。其中,A,ω,k 分别为振幅、圆频率和波数。将式(1.4.76)代入式(1.4.75)中,得到色散关系

$$\omega=\alpha k^2-\beta|A|^2 \tag{1.4.77}$$

它说明非线性的色散关系既与波数有关,又与振幅有关,由此求得群速度为

$$v_{\mathrm{g}}\equiv\frac{\mathrm{d}\omega}{\mathrm{d}k}=2\alpha k \tag{1.4.78}$$

因为式(1.4.77)是由式(1.4.76)得到的,式(1.4.77)可视为 Schrödinger 方程的最低阶近似,相应地,式(1.4.76)是它的最低阶解。进一步设非线性 Schrödinger 方程的包络形式的行波解为

$$u(x,t)=\varphi(x-v_{\mathrm{g}}t)\mathrm{e}^{\mathrm{i}(kx-\omega t)} \tag{1.4.79}$$

其中,$\varphi(x-v_{\mathrm{g}}t)$ 为慢变函数,$\mathrm{e}^{\mathrm{i}(kx-\omega t)}$ 为快变函数;且令 $\xi=x-v_{\mathrm{g}}t$。将式(1.4.79)代入式(1.4.75)得

$$\alpha\frac{\mathrm{d}^2\varphi}{\mathrm{d}\xi^2}+\mathrm{i}(2\alpha k-v_{\mathrm{g}})\frac{\mathrm{d}\varphi}{\mathrm{d}\xi}+(\omega-\alpha k^2)\varphi+\beta\varphi^3=0 \tag{1.4.80}$$

一般要求 φ 为实函数,令虚数 i 前的系数为零,得到

$$v_{\mathrm{g}}=2\alpha k,\quad 即\ k=\frac{v_{\mathrm{g}}}{2\alpha}=\frac{1}{2\alpha}\frac{\partial\omega}{\partial k} \tag{1.4.81}$$

这就是色散关系,而式(1.4.80)的实部满足

$$-\alpha\frac{\mathrm{d}^2\varphi}{\mathrm{d}\xi^2}+r\varphi-\beta\varphi^3=0\quad(r=\alpha k^2-\omega) \tag{1.4.82}$$

或

$$\frac{\mathrm{d}^2\varphi}{\mathrm{d}\xi^2}=\frac{r}{\alpha}\varphi-\frac{\beta}{\alpha}\varphi^3 \tag{1.4.83}$$

这是一个第一类椭圆方程。

当 $\alpha<0,\beta>0$ 时，式(1.4.83)有解

$$\varphi=A\mathrm{sn}(\mu\xi,k) \tag{1.4.84}$$

其中，

$$\frac{r}{\alpha}=-\mu^2(1+k^2),\quad -\frac{\beta}{\alpha}=\frac{2\mu^2}{A^2}k^2$$

或写成

$$\mu=\pm\sqrt{\frac{-r}{\alpha(1+k^2)}},\quad A=\pm\sqrt{\frac{-2\alpha\mu^2k^2}{\beta}}=\pm k\sqrt{\frac{2r}{\beta(1+k^2)}}$$

故式(1.4.83)有解

$$\varphi(\xi)=A\mathrm{sn}(\mu\xi,k)=\pm k\sqrt{\frac{2r}{\beta(1+k^2)}}\mathrm{sn}\left[\sqrt{\frac{-r}{\alpha(1+k^2)}}(\xi-\xi_0),k\right] \tag{1.4.85}$$

当 $k\to1$ 时，它化为

$$\varphi(\xi)=\pm k\sqrt{\frac{r}{\beta}}\tanh\sqrt{\frac{-r}{2\alpha}}(\xi-\xi_0) \tag{1.4.86}$$

由此可以得到非线性 Schrödinger 方程的冲击波解。

当 $\alpha>0,\beta>0$ 时，式(1.4.83)的解为

$$\varphi=A\mathrm{dn}(\mu\xi,k) \tag{1.4.87}$$

其中，

$$\frac{r}{\alpha}=\mu^2(2-k^2),\quad \frac{\beta}{\alpha}=\frac{2\mu^2}{A^2}$$

即：

$$\mu=\pm\sqrt{\frac{r}{\alpha(2-k^2)}},\quad A=\pm\sqrt{\frac{2r}{\beta(2-k^2)}}$$

即式(1.4.83)的解为

$$\varphi(\xi)=\pm\sqrt{\frac{2r}{\beta(2-k^2)}}\mathrm{dn}\left[\sqrt{\frac{r}{\alpha(2-k^2)}}(\xi-\xi_0),k\right] \tag{1.4.88}$$

当 $k\to1$ 时，这个解简化为

$$\varphi(\xi)=\pm\sqrt{\frac{2r}{\beta}}\,\mathrm{sech}\sqrt{\frac{r}{\alpha}}(\xi-\xi_0) \tag{1.4.89}$$

对 α,β 的不同情况还有其他形式的解，将式(1.4.89)代入式(1.4.79)得到非线性 Schrödinger 方程的解为

$$u(x,t)=\pm\sqrt{\frac{2r}{\beta}}\,\mathrm{sech}\sqrt{\frac{r}{\alpha}}(x-v_gt-\xi_0)e^{i(kx-\omega t)} \tag{1.4.90}$$

它是非线性 Schrödinger 方程的包络孤立波解，其图像如图 1.4.2 所示。

由式(1.4.90)可知，包络孤立波解的振幅为

$$a=\sqrt{\frac{2r}{\beta}}$$

这样，式(1.4.90)可以写成

$$u(x,t)=\pm a\,\mathrm{sech}\sqrt{\frac{\beta}{2a}}(\xi-\xi_0)e^{i(kx-\omega t)},\quad \xi\equiv x-v_gt \tag{1.4.91}$$

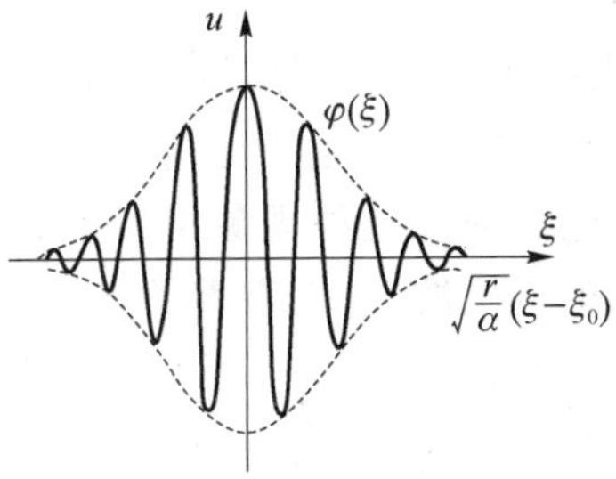

图 1.4.2

其中，

$$\omega=ak^2-r=ak^2-\frac{\beta}{2}a^2 \tag{1.4.92}$$

显然，此式表示的色散关系比式(1.4.77)更准确。

1.5 非线性 Sine-Gordon 方程

在一维原子链模型、晶格位错的传播、磁体中的畴壁运动、超导约瑟夫逊结、电荷密度波、基本粒子模型等问题中适用的非线性 Sine-Gordon 方程可以表示为

$$\frac{\partial^2 u}{\partial t^2}-c_0^2\frac{\partial^2 u}{\partial x^2}+f_0^2\sin u=0 \tag{1.5.1}$$

它具有扭结和反扭结型孤立波解以及呼吸子解等，这些解可以解释许多物理现象，下面我们先从超导约瑟夫逊(Josephson)结的阵列构成的传输线中导出非线性 Sine-Gordon 方程，然后再来讨论其行波解。

1.5.1 Josephson 效应和非线性 Sine-Gordon 方程

所谓超导中的 Josephson 效应就是在两块超导体之间放一个厚度为 2～4 nm 厚的金属(N)或绝缘体(I)时(如图 1.5.1 所示)，超导性在这类超导结中仍然存在的现象。它是一种弱连接的超导体，它既有大块导体的一些性质，如可以负载一定的超导电流，又具有许多大块超导体没有的特殊性质，出现特殊的交流和直流 Josephson 效应。这些现象简述如下：

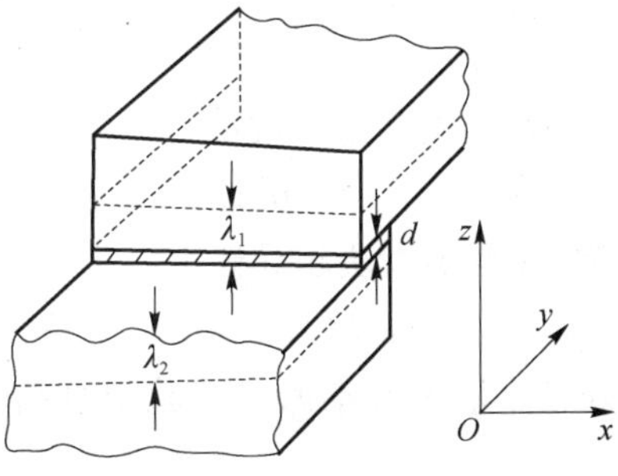

图 1.5.1

(1) 当超导体上通过一个直流电流时，只要此电流小于一个特定值 J_c，结上就不出现电

压，即 $V=0$。

(2) 结上两端加上一个恒定电压 V 时(电流已经大于 J_c)，结区出现高频的超导正弦电流，其频率为 $\nu=2eV/h$(V 为恒定电压，e 为电子电荷，h 为普朗克常数 6.625×10^{-34} J·s)。并以同样的频率向外辐射相干电磁波。这种现象可以解释为：由恒定电压 V 引起的交流 Josephson 电流产生的频率为 ν 的电磁波，它们沿着结平面传播，在到达结和外界空间的交界处时，一部分电磁波从交界面反射回来，另一部分传播至结外，从而形成了辐射相干电磁波现象，其辐射功率的大小，取决于它和外界空间的匹配程度。

(3) 在结上外加磁场时，由于它的影响，使结上的最大电流 J_c 减小，而且随着磁场的增加，J_c 出现周期性变化，J_c-$\widehat{B}$($\widehat{B}$ 为磁场强度分量)曲线如图 1.5.2 所示，周期恰好是 $\widehat{B}_0$，这种现象称为超导结的超导量子衍射现象。

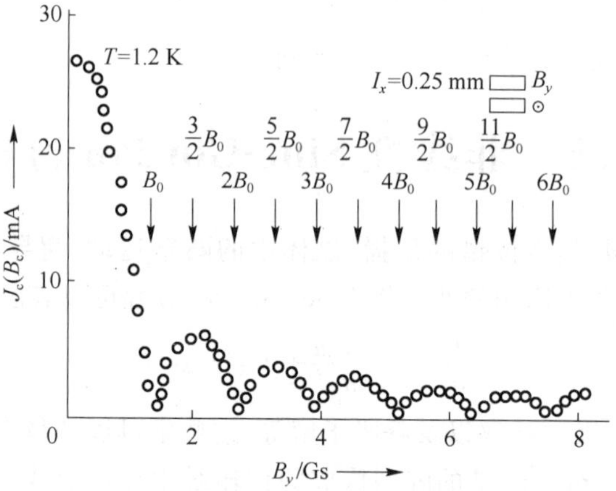

图 1.5.2

(4) 当结受到微波辐射场的照射时，改变施加在结上的电压，发现通过结区的直流电流在某些分力的电压值下，突然增大，在直流 J-V 特征曲线上出现一系列电压和电流阶梯；阶梯处电压 V_n 和微波辐射场的频率 ν 之间有如下关系：

$$n\nu=2eV_n/h \quad (n=0,1,2,\cdots)$$

以上这些效应称为超导 Josephson 效应，其中性质(1)和性质(3)是直流 Josephson 效应，性质(2)和性质(4)是交流 Josephson 效应。这些效应首先由 Josephson 在理论上推出，后来都被实验结果一一证实。

在超导体中超导电子的状态常用宏观量子波函数

$$\psi=f(\boldsymbol{r},t)\exp[\mathrm{i}\theta(\boldsymbol{r},t)] \tag{1.5.2}$$

来表示，其中 $\theta(\boldsymbol{r},t)$ 为相位函数，在均匀大块超导体中它是常数，但在超导结中，由于均匀性受到金属或绝缘层的破坏，$\theta(\boldsymbol{r},t)$ 是位置和时间的函数，于是在两块导体之间的相位差 $\varphi=\Delta\theta(\boldsymbol{r},t)\neq0$，也是 $\boldsymbol{r}$ 和 t 的函数，Josephson 本人从实验中总结出了 φ 与电流电压和磁场存在以下关系：

$$J_s=J_0\sin\varphi,\quad \hbar\frac{\partial\varphi}{\partial t}=2eV,\quad \hbar\frac{\partial\varphi}{\partial x}=\frac{2ed}{c}\widetilde{B}_y,\quad \frac{\partial\varphi}{\partial y}=\frac{2ed}{c}\widetilde{B}_x \tag{1.5.3}$$

其中，J_s 和 J_0 分别表示瞬时和初始时刻的电流；$\hbar=h/2\pi$($\hbar$ 是普朗克常数)，d 为超导结的厚度，c 是光速；$\widehat{B}_x$ 和 $\widehat{B}_y$ 分别为磁场强度 $\boldsymbol{B}$ 在 x 方向和 y 方向上的分量。式(1.5.3)称为 Josephson 关系式，此组方程不是封闭的，若和 Maxwell 方程 $\nabla\times\boldsymbol{B}=\frac{4\pi}{c}\boldsymbol{J}$ 联立求解，可得到 φ 的动力学方程。

设所加的磁场为 $\boldsymbol{B}=(\widehat{B}_x,\widehat{B}_y,0)$，电压为 V，这时出现的 Josephson 电流为 J_s，则厚度为 d 的超导结中的总电流为

$$J=J_s+J_n+J_d+J_0 \tag{1.5.4}$$

其中，J_n 是结中正常电流密度，它应为 $J_n=V/R(V)$，V 是加在结上的电压，$R(V)$ 是这时的电阻；J_d 是位移电流，$J_d=C\frac{\mathrm{d}V}{\mathrm{d}t}$，$C$ 是结的电容；J_0 是恒定电流。

由以上关系，可以得到 φ 的动力学方程

$$\nabla^2\varphi+\frac{1}{v_0^2}\left(\frac{\partial^2\varphi}{\partial t^2}+\gamma_0\frac{\partial\varphi}{\partial t}\right)=\frac{1}{\lambda_J^2}\sin\varphi+I_0 \tag{1.5.5}$$

其中，$v_0=\left(\frac{c^2}{4\pi Cd}\right)^{1/2}$，$\gamma_0=\frac{1}{RC}$，$\lambda_J=\left(\frac{c^2\hbar}{2de^*J_0}\right)$，$I_0=\frac{4J_0\pi\mathrm{e}^*}{\hbar c^2}$，$e^*=2e$，$\lambda_J$ 是 Josephson 穿透深度。式(1.5.5)是超导点位相场 φ 在超导结中的动力学方程。此方程是有衰减效应的 Sine-Gordon(SG)方程。这个方程也是非线性偏微分方程，也有人做过深入研究。在一维长链超导结中，式(1.5.5)简化为

$$\frac{\partial^2\varphi}{\partial x^2}-\frac{1}{v_0^2}\left(\frac{\partial^2\varphi}{\partial t^2}+\gamma_0\frac{\partial\varphi}{\partial t}\right)=\frac{1}{\lambda_J^2}\sin\varphi+I_0 \tag{1.5.6}$$

当结的电阻很大时，$J_n\to 0$，于是 $\gamma_0\to 0$，则上式变成

$$\frac{\partial^2\varphi}{\partial x^2}-\frac{1}{v_0^2}\frac{\partial^2\varphi}{\partial t^2}=\frac{1}{\lambda_J^2}\sin\varphi+I_0 \tag{1.5.7}$$

当无 I_0 时，上式就是标准的 Sine-Gordon(SG)方程

$$\frac{\partial^2\varphi}{\partial x^2}-\frac{1}{v_0^2}\frac{\partial^2\varphi}{\partial t^2}=\frac{1}{\lambda_J^2}\sin\varphi \tag{1.5.8}$$

做适当的标度变换就可以变成式(1.5.1)的形式。

1.5.2 非线性 Sine-Gordon 方程的孤立波解

将行波变换 $u=u(\xi)$，$\xi=x-ct$ 代入式(1.5.1)中，得到

$$(c^2-c_0^2)\frac{\mathrm{d}^2u}{\mathrm{d}\xi^2}+f_0^2\sin u=0 \tag{1.5.9}$$

下面分 $c^2>c_0^2$ 和 $c^2<c_0^2$ 两种情况讨论。

(1) 若 $c^2>c_0^2$ 时，令 $\frac{f_0^2}{c^2-c_0^2}=m^2$，则式(1.5.9)写成

$$\frac{\mathrm{d}^2u}{\mathrm{d}\xi^2}+m^2\sin u=0 \tag{1.5.10}$$

此方程不显含 ξ，可以令 $\frac{\mathrm{d}u}{\mathrm{d}\xi}=v$，由于 $\frac{\mathrm{d}}{\mathrm{d}\xi}=\frac{\mathrm{d}}{\mathrm{d}u}\frac{\mathrm{d}u}{\mathrm{d}\xi}=v\frac{\mathrm{d}}{\mathrm{d}u}$，故 $\frac{\mathrm{d}^2u}{\mathrm{d}\xi^2}=\frac{\mathrm{d}}{\mathrm{d}\xi}\left(\frac{\mathrm{d}u}{\mathrm{d}\xi}\right)=v\frac{\mathrm{d}v}{\mathrm{d}u}$，代入式(1.5.10)，得

$$v\frac{\mathrm{d}v}{\mathrm{d}u}+m^2\sin u=0$$

分离变量并积分得

$$\frac{1}{2}v^2+m^2(1-\cos u)=H$$

其中，$H-m^2$ 为积分常数，并注意 $1-\cos u=2\sin^2\frac{u}{2}$，则上式变为

$$\left(\frac{\mathrm{d}u}{\mathrm{d}\xi}\right)^2+4m^2\sin^2\frac{u}{2}=2H \tag{1.5.11}$$

令 $H=2m^2k^2$，式(1.5.11)写成

$$\left(\frac{\mathrm{d}u}{\mathrm{d}\xi}\right)^2=4m^2\left(k^2-\sin^2\frac{u}{2}\right) \tag{1.5.12}$$

当 $k^2=\frac{H}{2m^2}<1$ 时，令

$$\sin\frac{u}{2}=k\sin\varphi \tag{1.5.13}$$

将式(1.5.13)两边对 ξ 求导，有

$$\frac{1}{2}\cos\frac{u}{2}\frac{\mathrm{d}u}{\mathrm{d}\xi}=k\cos\varphi\frac{\mathrm{d}\varphi}{\mathrm{d}\xi} \tag{1.5.14}$$

于是由式(1.5.13)和式(1.5.14)有

$$\left(\frac{\mathrm{d}u}{\mathrm{d}\xi}\right)^2=4k^2\cos^2\varphi\left(\frac{\mathrm{d}\varphi}{\mathrm{d}\xi}\right)^2\frac{1}{\cos^2\frac{u}{2}}=4k^2\cos^2\varphi\left(\frac{\mathrm{d}\varphi}{\mathrm{d}\xi}\right)^2\frac{1}{1-k^2\sin^2\varphi}$$

代入式(1.5.12)得

$$\left(\frac{\mathrm{d}\varphi}{\mathrm{d}\xi}\right)^2=m^2(1-k^2\sin^2\varphi)$$

即

$$\frac{\mathrm{d}\varphi}{\mathrm{d}\xi}=m\sqrt{1-k^2\sin^2\varphi}$$

将此式分离变量并积分得

$$m(\xi-\xi_0)=\int_0^{\varphi}\frac{\mathrm{d}\varphi}{\sqrt{1-k^2\sin^2\varphi}}\quad(\xi_0\text{ 为积分常数}) \tag{1.5.15}$$

右端是第一类 Legendre 椭圆积分。由椭圆积分的知识知道

$$\sin\frac{u}{2}=\pm k\,\mathrm{sn}[m(\xi-\xi_0),k] \tag{1.5.16}$$

其中，$k=\sqrt{\frac{H}{2m^2}}$，ξ_0 为积分常数。

当 $k\to0$(即 $H\to0$)时，式(1.5.16)化为

$$\sin\frac{u}{2}=\pm k\sin m(\xi-\xi_0)\quad(-\pi<u<\pi) \tag{1.5.17}$$

这就是非线性 Sine-Gordon 方程的线性波解。

当 $k\to1$，$H\to2m^2$(H 为积分常数)时，式(1.5.16)化为

$$\sin\frac{u}{2}=\pm\tanh m(\xi-\xi_0)=\tanh(\pm m(\xi-\xi_0)) \tag{1.5.18}$$

利用双曲函数关系

$$\tanh \lambda=\frac{e^{\lambda}-e^{-\lambda}}{e^{\lambda}+e^{-\lambda}}=\frac{e^{2\lambda}-1}{e^{2\lambda}+1}$$

式(1.5.18)可以写成

$$e^{\pm m(\xi-\xi_0)}=\sqrt{\frac{1+\sin\dfrac{u}{2}}{1-\sin\dfrac{u}{2}}}$$

再由三角关系

$$\sqrt{\frac{1+\sin\dfrac{u}{2}}{1-\sin\dfrac{u}{2}}}=\frac{1+\tan\dfrac{u}{4}}{1-\tan\dfrac{u}{4}}=\tan\left(\frac{u}{4}+\frac{\pi}{4}\right)$$

式(1.5.18)成为

$$\tan\left(\frac{u}{4}+\frac{\pi}{4}\right)=e^{\pm m(\xi-\xi_0)}$$

从中解出 u,得到

$$u_{\pm}=-\pi+4\arctan\left(e^{\pm m(\xi-\xi_0)}\right) \tag{1.5.19}$$

式(1.5.19)称为非线性 Sine-Gordon 方程的孤立波解,其中

$$u_{+}=-\pi+4\arctan\left(e^{m(\xi-\xi_0)}\right) \tag{1.5.20}$$

称为纽结波(kink waves),也称拓扑孤立子(topological soliton),如图 1.5.3(a)所示;而

$$u_{-}=-\pi+4\arctan\left(e^{-m(\xi-\xi_0)}\right) \tag{1.5.21}$$

称为反纽结波(anti-kink waves),也称反孤立子(anti-soliton),如图 1.5.3(b)所示。

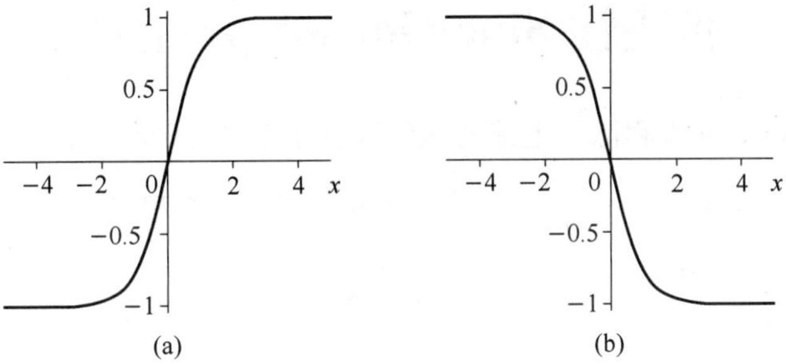

图 1.5.3

将式(1.5.18)对 ξ 求导得

$$\frac{du}{d\xi}=2m\,\mathrm{sech}\, m(\xi-\xi_0) \tag{1.5.22}$$

也是一种孤立波。

(2) $c^2<c_0^2$ 时,式(1.5.9)可以写为

$$\left(\frac{du}{d\xi}\right)^2=4n^2\left(\sin^2\frac{u}{2}-k^2\right) \tag{1.5.23}$$

其中,$n^2=\dfrac{f_0^2}{c_0^2-c^2}$。椭圆函数余模数为 $k'^2=1-k^2$,式(1.5.23)还可以改写成

$$\left(\frac{\mathrm{d}u}{\mathrm{d}\xi}\right)^2=4n^2\left(k'^2-\cos^2\frac{u}{2}\right) \tag{1.5.24}$$

与 $c^2>c_0^2$ 时的讨论方法相同，将得到的式(1.5.24)与式(1.5.12)比较可知，这里 n^2 代替了 m^2，k'^2 代替了 k^2，$\cos\frac{u}{2}$代替了 $\sin\frac{u}{2}$，

$$\cos\frac{u}{2}=\pm k'\operatorname{sn}[n(\xi-\xi_0),k'] \tag{1.5.25}$$

当 $k'\to 0$(积分常数取特殊值)得到线性波解：

$$\cos\frac{u}{2}=\pm k'\sin n(\xi-\xi_0)\quad(0<u<2\pi) \tag{1.5.26}$$

当 $k'\to 1$(积分常数取另一个特殊值)得到

$$\cos\frac{u}{2}=\pm\tanh[n(\xi-\xi_0)]=\tanh[\pm n(\xi-\xi_0)] \tag{1.5.27}$$

因为 $\mathrm{e}^{\mp n(\xi-\xi_0)}=\sqrt{\dfrac{1-\cos\frac{u}{2}}{1+\cos\frac{u}{2}}}$及$\sqrt{\dfrac{1-\cos\frac{u}{2}}{1+\cos\frac{u}{2}}}=\tan\frac{u}{4}$，则式(1.5.27)化为

$$u=4\arctan\mathrm{e}^{\mp n(\xi-\xi_0)} \tag{1.5.28}$$

这是孤立子(或称组结波)和反孤立子(或称反组结波)。

将式(1.5.28)对 ξ 求导得

$$\frac{\mathrm{d}u}{\mathrm{d}\xi}=2n\operatorname{sech}n(\xi-\xi_0) \tag{1.5.29}$$

这是一种孤立波。

1.5.3 非线性 Sine-Gordon 方程的呼吸子解

非线性 Sine-Gordon 方程除了上述的组结孤立子解外，还有一种所谓的呼吸孤立子解。

令 $t_1=f_0t$，$x_1=\lambda_0x\left(\lambda_0=\frac{f_0}{c_0}\right)$，将非线性 Sine-Gordon 方程(1.5.1)化为

$$\frac{\partial^2u}{\partial x^2}-\frac{\partial^2u}{\partial t^2}=\sin u\quad(\text{为简便仍将 } x_1,t_1 \text{ 分别记为 } x,t) \tag{1.5.1$'$}$$

方程(1.5.1)$'$的组结孤立波解可以写成

$$\begin{aligned}u&=\arctan\mathrm{e}^{\pm k\xi}=\arctan\mathrm{e}^{\pm k(x-ct)}\quad(\text{令 }\xi_0=0)\\&=\arctan(\mathrm{e}^{\pm kx}\cdot\mathrm{e}^{\mp kct})\end{aligned}$$

受此启发，我们来寻找方程(1.5.1)$'$的具有下列形式

$$u=4\arctan\frac{X(x)}{T(t)}\quad(\text{分离变量的思想}) \tag{1.5.30}$$

的解。

由于

$$\frac{\partial u}{\partial x}=\frac{4\frac{T}{X^2}}{1+\frac{X^2}{T^2}}=\frac{4TX'}{X^2+T^2},\quad\frac{\partial u}{\partial t}=\frac{-4XT'}{X^2+T^2}$$

以及

$$\sin u=\frac{4\tan\frac{u}{4}\left(1-\tan^2\frac{u}{4}\right)}{\left(1+\tan^2\frac{u}{4}\right)^2}=\frac{4XT(T^2-X^2)}{(X^2+T^2)^2}$$

将它们代入式(1.5.1)′中，有

$$(X^2+T^2)\left(\frac{X''}{X}+\frac{T''}{T}\right)-2[(X')^2+(T')^2]=T^2-X^2 \tag{1.5.31}$$

将式(1.5.31)分别对 X 和 T 求一阶导数，有

$$2XX'\left(\frac{X''}{X}+\frac{T''}{T}\right)+(X^2+T^2)\left(\frac{X''}{X}\right)'-4X'X''=-2XX' \tag{1.5.32}$$

$$2TT'\left(\frac{X''}{X}+\frac{T''}{T}\right)+(X^2+T^2)\left(\frac{T''}{T}\right)'-4TT''=-2TT'' \tag{1.5.33}$$

将式(1.5.32)除以 XX'、式(1.5.33)除以 TT' 后两式相加得

$$\frac{1}{XX'}\left(\frac{X''}{X}\right)'=-\frac{1}{TT'}\left(\frac{T''}{T}\right)'=4\alpha \tag{1.5.34}$$

其中，4α 为分离常数。由上式得到

$$\left(\frac{X''}{X}\right)'=4\alpha XX'=2\alpha(X^2)',\quad \left(\frac{T''}{T}\right)'=-4\alpha TT'=-2\alpha(T^2)'$$

积分一次得到

$$\frac{X''}{X}=2\alpha X^2+\beta_1,\quad \frac{T''}{T}=-2\alpha T^2+\beta_2,\quad (\beta_1,\beta_2\text{ 为积分常数}) \tag{1.5.35}$$

将式(1.5.35)中的两式分别乘以 XX' 和 TT' 并再积分一次得到

$$(X')^2=\alpha X^4+\beta_1 X^2+r_1 \tag{1.5.36a}$$

$$(T')^2=-\alpha T^4+\beta_2 T^2+r_2 \tag{1.5.36b}$$

其中，r_1,r_2 为积分常数。

将式(1.5.35)、式(1.4.36)代入式(1.5.31)得到

$$-[(\beta_1-\beta_2)-1](X^2-T^2)=2(r_1+r_2) \tag{1.5.37}$$

由于 X 和 T 分别为 t 和 x 的函数，所以式(1.5.37)成立要求

$$\beta_1=\beta_2+1,\quad r_1=-r_2$$

将此结果代入式(1.5.36)并令 $\beta_2=-\beta, r_1=r$，则式(1.5.36)变成

$$(X')^2=\alpha X^4+(1-\beta)X^2+r$$

$$(T')^2=-\alpha T^4-\beta T^2-r$$

取 $\alpha=-1, r=0$ 条件下的特解

$$(X')^2=-X^4+(1-\beta)X^2,\quad (T')^2=T^4-\beta T^2 \tag{1.5.38}$$

即

$$X'=X\sqrt{(1-\beta)-X^2},\quad \left(\frac{1}{T}\right)'=\pm\sqrt{1-\beta\left(\frac{1}{T}\right)^2} \tag{1.5.39}$$

在 $0<\beta<1$ 条件下，对式(1.5.39)中的两个方程积分，并取积分常数为零，得

$$-\frac{1}{\sqrt{1-\beta}}\sec h^{-1}\frac{X}{\sqrt{1-\beta}}=\pm\lambda_0 x \tag{1.5.40a}$$

$$\pm\frac{1}{\sqrt{\beta}}\sin^{-1}\sqrt{\beta}\frac{1}{T}=f_0 t \tag{1.5.40b}$$

由此解出

$$X(x)=\sqrt{1-\beta}\operatorname{sech}\sqrt{1-\beta}\lambda_0 x,\quad \frac{1}{T(t)}=\pm\frac{1}{\sqrt{\beta}}\sin\sqrt{\beta}f_0 t \tag{1.5.41}$$

将以上得到的$\frac{X(x)}{T(t)}$代入解式(1.5.30)($u=4\arctan\frac{X(x)}{T(t)}$)中,得到

$$\tan\frac{u}{4}=\pm\sqrt{\frac{1-\beta}{\beta}}\frac{\sin\sqrt{\beta}f_0 t}{\cosh\sqrt{1-\beta}\lambda_0 x}\quad (0<\beta<1) \tag{1.5.42}$$

这个解显示,它是一个周期为$\frac{2\pi}{\sqrt{\beta}f_0}$的周期解,在 x 轴的上方和下方不断地变化着,很像不断呼吸的样子,故称为呼吸子解(如图 1.5.4 所示)。呼吸子是不传播的。

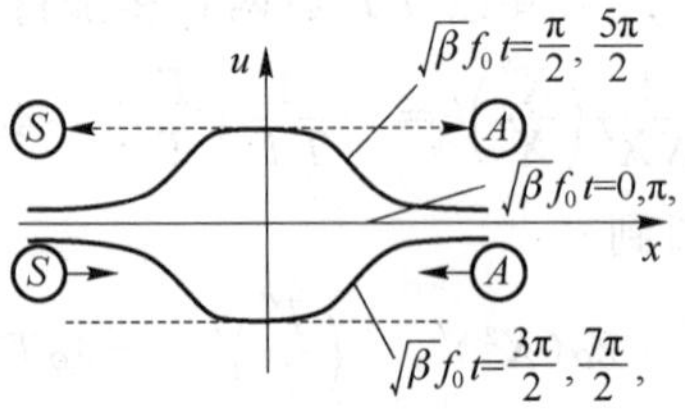

图 1.5.4

1.6 Burgers 方程及其孤立波解

1.6.1 交通模型——Burgers 方程的导出

现在考虑高速公路上行驶的交通车辆的流动问题。以 x 轴表示公路,x 轴的正方向表示车辆前进的方向,我们研究何时可能发生交通阻塞,以及如何避免的问题。

采用连续模型,设 $u(x,t)$ 为 t 时刻交通车辆沿 x 方向分布的密度,即在 t 时刻,在 $[x,\ x+dx]$ 段中的车辆数等于 $u(x,t)dx$。再设 $q(x,t)$ 为车辆通过 x 点的流通率,则在时间段 $[t,\ t+dt]$ 中,通过 x 点的车辆流量为 $q(x,t)dt$。

利用车辆数守恒的事实有:在时间段 $[t,\ t+dt]$ 中,在区间 $[x,\ x+dx]$ 内车辆数的增量应该等于在时间段 $[t,\ t+dt]$ 中通过 x 点的车辆流量减去在时间段 $[t,\ t+dt]$ 中通过点 $x+dx$ 的车辆流量,即有

$$u(x,t+dt)dx-u(x,t)dx=q(x,t)dt-q(x,t+dt)dt \tag{1.6.1}$$

假设有关函数都连续可微,则由上式,得

$$\frac{\partial u(x,t)}{\partial t}+\frac{\partial q(x,t)}{\partial x}=0 \tag{1.6.2}$$

为了预报车辆密度 $u(x,t)$ 的变化,必须知道 $q(x,t)$ 的情况。而为了确定 $q(x,t)$,还必须利用车辆流的特点。在具体给出车辆流的情况之前,我们注意到,式(1.6.2)的推导过程,也适用于其他的一维流动。如河流中污染物的分布和流动,热量在细杆中的流动(这时 u 表

示温度),或导线中电子的浓度和流动等。对于每一个不同的流动,$q(x,t)$的意义有所不同。例如,在热传导问题中,热流量服从 Fourier 实验定律:$q=-k\frac{\partial u}{\partial x}$($k$ 为传导系数),这时方程(1.6.2)就变成了热传导方程

$$\frac{\partial u(x,t)}{\partial t}-k\frac{\partial^2 u(x,t)}{\partial x^2}=0 \tag{1.6.3}$$

在扩散问题中也有类似结果。

现在通过考察车辆交通的特点来确定 q 依赖于 u 的具体形式,我们将这一形式称为结构方程。例如,可以取结构方程为

$$q=q(u)=-au(u-bu_x) \tag{1.6.4}$$

其中,$a=a_f/u_j$, $b=u_j$, 而 a_f 为车辆的自由速度,u_j 为出现交通阻塞时车辆的密度,u_x 表示密度的变化率。将式(1.5.5)代入式(1.5.2)便得到 u 满足的方程为

$$\frac{\partial u(x,t)}{\partial t}-a\frac{\partial[u(x,t)]^2}{\partial x^2}+ab\frac{\partial^2[u(x,t)]}{\partial x^2}=0 \tag{1.6.5}$$

进行适当的标度变换,就得到标准 Burgers 方程

$$\frac{\partial u}{\partial t}+u\frac{\partial u}{\partial x}-\gamma\frac{\partial^2 u}{\partial x^2}=0 \tag{1.6.6}$$

其中,$\gamma>0$ 为常数。Burgers 方程也是一个著名的非线性偏微分方程,下面我们讨论它的行波解和它与线性热传导方程之间的一个著名的变换。

1.6.2 Burgers 方程的孤立波解

将行波变换

$$u=u(\xi),\quad \xi=x-ct$$

代入式(1.6.6)得

$$-c\frac{\mathrm{d}u}{\mathrm{d}\xi}+u\frac{\mathrm{d}u}{\mathrm{d}\xi}-\gamma\frac{\mathrm{d}^2u}{\mathrm{d}\xi^2}=0 \tag{1.6.7}$$

对 ξ 积分一次得

$$-cu+\frac{1}{2}u^2-\gamma\frac{\mathrm{d}u}{\mathrm{d}\xi}=A \tag{1.6.8}$$

其中,A 为积分常数,将导数解出,即有

$$\frac{\mathrm{d}u}{\mathrm{d}\xi}=\frac{1}{2\gamma}(u^2-2cu-2A) \tag{1.6.9}$$

设 $u^2-2cu-2A=0$ 的两个根为 u_1^*, u_2^*,则

$$u_1^*=c+\sqrt{c^2+2A},\quad u_2^*=c-\sqrt{c^2+2A} \tag{1.6.10}$$

显然 $c^2+2A>0$, 且 $u_1^*+u_2^*=2c$, $u_1^*-u_2^*=2\sqrt{c^2+2A}$,这样式(1.6.9)可以写成

$$\frac{\mathrm{d}u}{\mathrm{d}\xi}=\frac{1}{2\gamma}(u-u_1^*)(u-u_2^*) \tag{1.6.11}$$

即在 $u=u_1^*$ 和 $u=u_2^*$ 处$\frac{\mathrm{d}u}{\mathrm{d}\xi}=0$, u 取极值。将式(1.6.11)分离变量并积分得到

$$\int\frac{\mathrm{d}u}{(u-u_1^*)(u-u_2^*)}=\frac{1}{2v}(\xi-\xi_0)\quad (\xi_0\text{ 为积分常数})$$

即

$$\frac{1}{u_1^*-u_2^*}\ln\left|\frac{u-u_2^*}{u-u_1^*}\right|=\frac{1}{2\gamma}(\xi-\xi_0) \tag{1.6.12}$$

从中解出 u，得

$$\frac{u-u_2^*}{u-u_1^*}=-\mathrm{e}^{\frac{u_1^*-u_2^*}{2\gamma}(\xi-\xi_0)}\overset{\text{记为}}{=\!=}-\mathrm{e}^{\alpha}$$

其中，取负号是为了解收敛，于是有

$$\begin{aligned}u&=\frac{u_1^*\mathrm{e}^{\alpha}+u_2^*}{1+\mathrm{e}^{\alpha}}=\frac{u_1^*\mathrm{e}^{\frac{\alpha}{2}}\mathrm{e}^{\frac{\alpha}{2}}+u_2^*\mathrm{e}^{\frac{\alpha}{2}}\mathrm{e}^{-\frac{\alpha}{2}}}{\mathrm{e}^{\frac{\alpha}{2}}\mathrm{e}^{-\frac{\alpha}{2}}+\mathrm{e}^{\frac{\alpha}{2}}\mathrm{e}^{\frac{\alpha}{2}}}=\frac{u_1^*\mathrm{e}^{\frac{\alpha}{2}}+u_2^*\mathrm{e}^{-\frac{\alpha}{2}}+u_1^*\mathrm{e}^{\frac{\alpha}{2}}+u_2^*\mathrm{e}^{-\frac{\alpha}{2}}}{2(\mathrm{e}^{\frac{\alpha}{2}}+\mathrm{e}^{-\frac{\alpha}{2}})}\\&=\frac{(u_1^*+u_2^*)(\mathrm{e}^{\frac{\alpha}{2}}+\mathrm{e}^{-\frac{\alpha}{2}})+(u_1^*-u_2^*)(\mathrm{e}^{\frac{\alpha}{2}}-\mathrm{e}^{-\frac{\alpha}{2}})}{2(\mathrm{e}^{\frac{\alpha}{2}}+\mathrm{e}^{-\frac{\alpha}{2}})}=\frac{1}{2}(u_1^*+u_2^*)+\frac{u_1^*-u_2^*}{2}\frac{\mathrm{e}^{\frac{\alpha}{2}}-\mathrm{e}^{-\frac{\alpha}{2}}}{\mathrm{e}^{\frac{\alpha}{2}}+\mathrm{e}^{-\frac{\alpha}{2}}}\\&=\frac{1}{2}(u_1^*+u_2^*)+\frac{u_1^*-u_2^*}{2}\tanh\frac{\alpha}{2}=c+\sqrt{c^2+2A}\tanh\frac{u_1^*-u_2^*}{4\gamma}(\xi-\xi_0)\end{aligned} \tag{1.6.13}$$

其中，振幅 $a=\frac{1}{2}(u_1^*-u_2^*)$，波速为 $c=\frac{1}{2}(u_1^*+u_2^*)$，而且显然有 $\lim\limits_{\xi\to\pm\infty}u(\xi)=$ 有限值（收敛），即解具有冲击波的特征如图 1.6.1 所示。

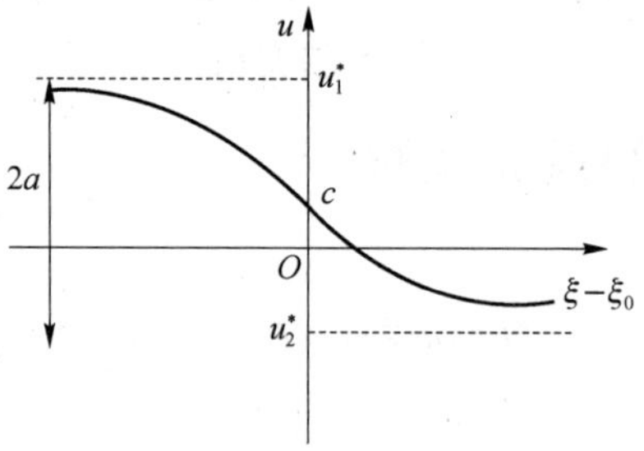

图 1.6.1

1.6.3 Hopf-Cole 变换

Burgers 方程(1.6.6)的线性部分是热传导方程，令

$$u=\frac{\partial w}{\partial x} \tag{1.6.14}$$

代入式(1.6.6)，对 x 积分一次，并且令积分常数为零，得到

$$\frac{\partial w}{\partial t}+\frac{1}{2}\left(\frac{\partial w}{\partial x}\right)^2-\gamma\frac{\partial^2 w}{\partial x^2}=0 \tag{1.6.15}$$

式(1.6.15)也称为 Burgers 方程。现在我们来建立 Burgers 方程和线性耗散方程（热传导方程）

$$\frac{\partial v}{\partial t}-\gamma\frac{\partial^2 v}{\partial x^2}=0 \tag{1.6.16}$$

之间的联系，为了消去非线性项，令

$$v=F(w) \tag{1.6.17}$$

其中，F 为待定函数。因为有

$$\frac{\partial v}{\partial t}=F'(w)\frac{\partial w}{\partial t},\quad 即\frac{\partial w}{\partial t}=\frac{1}{F'(w)}\frac{\partial v}{\partial t}$$

$$\frac{\partial v}{\partial x}=F'(w)\frac{\partial w}{\partial x},\quad 即\frac{\partial w}{\partial x}=\frac{1}{F'(w)}\frac{\partial v}{\partial x}$$

及

$$\frac{\partial^2 v}{\partial x^2}=F''(w)\left(\frac{\partial w}{\partial x}\right)^2+F'(w)\frac{\partial^2 w}{\partial x^2}$$

于是

$$\frac{\partial^2 w}{\partial x^2}=\frac{1}{F'(w)}\left[\frac{\partial^2 v}{\partial x^2}-F''\cdot\left(\frac{1}{F'(w)}\right)^2\frac{\partial^2 v}{\partial x^2}\right]=\frac{1}{F'(w)}\frac{\partial^2 v}{\partial x^2}-\frac{F''(w)}{[F'(w)]^3}\frac{\partial v}{\partial x}$$

代入式(1.6.16)，得到

$$\frac{\partial w}{\partial t}=\gamma\frac{F''(w)}{F'(w)}\left(\frac{\partial w}{\partial x}\right)^2+\gamma\frac{\partial^2 w}{\partial x^2}\tag{1.6.18}$$

将式(1.6.18)与式(1.6.15)相比较，得

$$\frac{\gamma F''}{F'}=-\frac{1}{2}\quad 或\quad F''+\frac{1}{2\gamma}F'=0\tag{1.6.19}$$

这个常微分方程的通解是

$$F(w)=c_1+c_2\mathrm{e}^{-\frac{1}{2\gamma}w}\tag{1.6.20}$$

取积分常数 $c_1=0$，$c_2=1$ 得特解

$$F(w)=\mathrm{e}^{-\frac{1}{2\gamma}w}\tag{1.6.21}$$

这样通过变换

$$v=\mathrm{e}^{-\frac{1}{2\gamma}w}\quad 或\quad w=-2\gamma\ln v$$

就将 Burger 方程(1.6.6)变成了线性扩散方程(1.6.16)。由式(1.6.14)，上述变换还可以写成

$$u=\frac{\partial w}{\partial x}=-2\gamma\frac{\partial\ln v}{\partial x}\tag{1.6.22}$$

式(1.6.22)称为 Hopf-Cole 变换。Hopf-Cole 变换将 Burgers 方程变成线性扩散方程。这样就可以根据式(1.6.16)的解来求 Burgers 方程的解。比如，热传导方程显然有一个解

$$v=1+\mathrm{e}^{kx-\omega t}\quad\left(k=-\frac{c}{\gamma},\omega=kc\right)\tag{1.6.23}$$

将式(1.6.23)代入式(1.6.22)求得

$$u=-2\gamma\frac{\partial}{\partial x}\ln[1+\mathrm{e}^{-\frac{c}{\gamma}(x-ct)}]=c\left(1-\tanh\frac{c}{2\gamma}\xi\right)\tag{1.6.24}$$

这就是 Burgers 方程的冲击波解。它就是式(1.6.13)中 $\xi_0=0$，$A=0$，$u_1^*-u_2^*=2c$ 的结果。

当然，还可以利用这种办法求出 Burgers 方程其他形式的解。这里不再详述。应当指出，有了 Hopf-Cole 变换以后，人们对其他非线性发展方程也试图找到类似的变换，将其线性化，取得了一些成果，但对多数方程找不到类似的变换，人们只好另辟蹊径，第 2 章将要介绍的反散射方法在某种意义上可以说起源于这种尝试。

第 2 章　反演散射方法与多孤立波解

第 1 章我们介绍了几个在物理学中常用的典型非线性偏微分方程和它们的孤立波解，这些解多数是采用行波变换的方法求出的。在这一章中，我们将介绍求解非线性偏微分方程的一个普适方法——反演散射方法，用它不仅能求出非线性偏微分方程的单孤立波解，还可以求出多孤立波解。在具体讨论反散射法之前，先介绍一下背景知识。

散射(scatter)是量子力学中的一个名词。

散射问题是已知作用力或作用势来求散射量，包括反射与透射系数、散射振幅等。反散射问题就是已知散射数据，即已知反射与透射系数、散射振幅等来求相互作用力或作用势，以了解物质的内部结构，对科学研究来说这是非常重要的，它是了解物质深层结构的重要方法。

反散射方法(Inverse Scattering Method)在量子力学中起源于 20 世纪 30 年代，当时利用半经典方法，通过散射数据来构造势能曲线，以了解原子与分子结构。这种方法在 20 世纪 50 年代有了较大的发展。其中，Gelfand 和 Levitan 的贡献较大，他们提出的积分方程方法成为现今求解反散射问题的一种标准模式。

1967 年，Gardner 等人用反散射方法求解 KdV 方程获得成功。此后人们又用这种方法求解了其他一些非线性偏微分方程，并逐渐发展成为一种新的数学物理方法，通常称为反散射变换方法(Inverse Scattering Transform Method，IST)，方法的实质是将非线性方程化成几个线性问题来处理，方法的基础是函数变换。

反演散射方法中的几个重要关系可以简述如下。

1967 年，Gardner、Greene、Kruskal 和 Miura (GGKM)在试图将 KdV 方程线性化的时候，将如下变换(Cole-Hopf 变换的推广)

$$u=\frac{\psi_{xx}}{\psi}+\lambda \quad (\text{其中},\lambda\text{ 是待定常数})$$

改写成

$$\psi_{xx}-(u-\lambda)\psi=0$$

的形式。如果将 $u=u(x,t)$ 中的 t 视为参数，这个方程就是量子力学中的一维 Schrödinger 方程，ψ 相当于具有位势 u 的外部场作用下运动粒子的波函数(wave function)，u 相当于位势(potential)，λ 相当于能级(energy level) 或特征值。一般来说，由于 u 中含有 t，λ 将会与参数 t 有关。但 GGKM 却发现了一个重要事实：当 $u(x,t)$ 按 KdV 方程变化时，即 $u(x,t)$ 是 KdV 方程的解，且 $u(x,t)\to 0(|x|\to\infty)$ 时，特征值 λ 与 t 无关。根据这个事实，位势 $u(x,t)$ 与其初值 $u(x,0)$ 将对应于相同的特征值。这样一来，他们利用量子力学中的 Schrödinger 方程的特征值问题(正散射问题)与其反问题(反散射问题)的关系，导出了 KdV 方程初值问题的解依赖于一个线性积分方程(Gelfand-Levitan 积分方程)，并得到了许

多结果,其中包括任意数目孤立波相互作用的显式解。

后来,人们把 GGKM 解 KdV 方程初值问题的上述方法称为反演散射方法或反散射变换(Inverse Scattering Transformation),简称 IST 方法,这种方法的求解过程与求解线性问题的 Fourier 变换方法有些类似,因此这种方法又被称为非线性 Fourier 变换方法。

2.1 散射与反散射问题

Schrödinger 方程

$$\psi_{xx}-(u-\lambda)\psi=0 \tag{2.1.1}$$

是量子力学的基本方程,其势能具有孤子解。

令 $\lambda=k^2$,则 Schrödinger 方程(2.1.1)写成

$$\frac{\partial^2\psi}{\partial x^2}+(k^2-u)\psi=0 \tag{2.1.2}$$

为了求得 u,Bargmann 假设方程(2.1.2)的解为

$$\psi=\mathrm{e}^{\mathrm{i}kx}F(k,x) \tag{2.1.3}$$

其中,$F(k,x)$是 k 的多项式,由此可得 u 的孤子解,这种方法称为 Bargmann 势能方法。

将式(2.1.3)代入式(2.1.2)得到

$$\frac{\partial^2 F}{\partial x^2}+2\mathrm{i}k\frac{\partial F}{\partial x}-uF=0 \tag{2.1.4}$$

下面设 $F(k,x)$是 k 的一次和二次多项式,可分别求得 u 的单孤子解和双孤子解。

2.1.1 单孤子

设 $F(k,x)$是 k 的一次多项式,即令

$$F(k,x)=\mathrm{i}f(x)+2k \tag{2.1.5}$$

其中,$f(x)$为待定函数,$\mathrm{i}=\sqrt{-1}$。

将式(2.1.5)代入方程(2.1.4)有

$$\mathrm{i}\left(\frac{\mathrm{d}^2 f}{\mathrm{d}x^2}-fu\right)-2k\left(\frac{\mathrm{d}f}{\mathrm{d}x}+u\right)=0$$

因此有

$$\frac{\mathrm{d}^2 f}{\mathrm{d}x^2}=fu,\quad \frac{\mathrm{d}f}{\mathrm{d}x}=-u \tag{2.1.6}$$

这是确定 f 和 u 的两个方程,从这两个方程中消去 u 得到

$$\frac{\mathrm{d}^2 f}{\mathrm{d}x^2}+f\frac{\mathrm{d}f}{\mathrm{d}x}=0 \tag{2.1.7}$$

两边对 x 积分一次,得

$$\frac{\mathrm{d}f}{\mathrm{d}x}+\frac{1}{2}f^2=2k^2 \tag{2.1.8}$$

其中,$2k^2$ 为积分常数。方程(2.1.8)是 Riccati 方程,作变换

$$y=\frac{2}{f}f'=2(\ln f)' \tag{2.1.9}$$

后，方程化为

$$y''-k^2y=0$$

它有通解

$$y=A\cosh(kx-\delta)\quad (A\text{ 和 }\delta\text{ 为常数})$$

代人式(2.1.9)后得到方程(2.1.8)的解为

$$f=2k\tanh(kx-\delta) \tag{2.1.10}$$

将式(2.1.10)代人式(2.1.6)的第二式，有

$$u=-\frac{\mathrm{d}f}{\mathrm{d}x}=-2k^2\,\mathrm{sech}^2(kx-\delta) \tag{2.1.11}$$

这就是势能的单孤子解。

2.1.2 双孤子解

设 $F(k,x)$是 k 的二次多项式，即令

$$F(k,x)=g(x)+2\mathrm{i}kf(x)+4k^2 \tag{2.1.12}$$

其中，$g(x)$和 $f(x)$为待定函数。

将式(2.1.12)代人方程(2.1.4)有

$$\left(\frac{\mathrm{d}^2g}{\mathrm{d}x^2}-gu\right)+2\mathrm{i}k\left(\frac{\mathrm{d}^2f}{\mathrm{d}x^2}+\frac{\mathrm{d}g}{\mathrm{d}x}-fu\right)-4k^2\left(\frac{\mathrm{d}f}{\mathrm{d}x}+u\right)=0$$

设 k 的不同幂次的系数为零，有

$$\frac{\mathrm{d}^2g}{\mathrm{d}x^2}-gu=0,\quad \frac{\mathrm{d}^2f}{\mathrm{d}x^2}+\frac{\mathrm{d}g}{\mathrm{d}x}-fu=0,\quad \frac{\mathrm{d}f}{\mathrm{d}x}=-u \tag{2.1.13}$$

这是确定 $g(x)$、$f(x)$和 $u(x)$的三个方程。从第一和第二个方程中消去 u，再从第二、第三个方程中消去 u，分别得

$$\begin{cases} g\dfrac{\mathrm{d}g}{\mathrm{d}x}+\dfrac{\mathrm{d}}{\mathrm{d}x}\left(g\dfrac{\mathrm{d}f}{\mathrm{d}x}-f\dfrac{\mathrm{d}g}{\mathrm{d}x}\right)=0 \\ \dfrac{\mathrm{d}^2f}{\mathrm{d}x^2}+f\dfrac{\mathrm{d}f}{\mathrm{d}x}+\dfrac{\mathrm{d}g}{\mathrm{d}x}=0 \end{cases} \tag{2.1.14}$$

将式(2.1.14)的两个方程都对 x 积分一次得

$$\begin{cases} \dfrac{1}{2}g^2+g\dfrac{\mathrm{d}f}{\mathrm{d}x}-f\dfrac{\mathrm{d}g}{\mathrm{d}x}=2k_2^4 \\ \dfrac{\mathrm{d}f}{\mathrm{d}x}+\dfrac{1}{2}f^2+g=2k_1^2 \end{cases} \tag{2.1.15}$$

其中，$2k_2^4$ 和 $2k_1^2$ 为积分常数。令

$$f=\frac{2}{w}\frac{\mathrm{d}w}{\mathrm{d}x} \tag{2.1.16}$$

代人式(2.1.15)的第二个方程，得

$$g=2\left(k_1^2-\frac{1}{w}\frac{\mathrm{d}^2w}{\mathrm{d}x^2}\right) \tag{2.1.17}$$

将式(2.1.17)和式(2.1.16)代人式(2.1.15)的第一个方程，得

$$2\frac{\mathrm{d}w}{\mathrm{d}x}\frac{\mathrm{d}^3w}{\mathrm{d}x^3}-\left(\frac{\mathrm{d}^2w}{\mathrm{d}x^2}\right)^2-2k_1^2\left(\frac{\mathrm{d}w}{\mathrm{d}x}\right)^2+(k_1^4-k_2^4)w^2=0 \tag{2.1.18}$$

式(2.1.18)两边对 x 求导数,消去因子 $2\frac{\mathrm{d}w}{\mathrm{d}x}$,得到关于 w 的四阶线性微分方程

$$\frac{\mathrm{d}^4 w}{\mathrm{d}x^4}-2k_1^2\frac{\mathrm{d}^2 w}{\mathrm{d}x^2}+(k_1^4-k_2^4)w=0 \tag{2.1.19}$$

它的通解是

$$w=C_1\mathrm{e}^{\lambda_1 x}+C_2\mathrm{e}^{-\lambda_1 x}+C_3\mathrm{e}^{\lambda_2 x}+C_4\mathrm{e}^{-\lambda_2 x} \tag{2.1.20}$$

C_1、C_2、C_3 和 C_4 为积分常数。而

$$\lambda_1=\sqrt{k_1^2+k_2^2},\quad \lambda_2=\sqrt{k_1^2-k_2^2} \tag{2.1.21}$$

将式(2.1.20)代入式(2.1.18),可以得到

$$C_1C_2\lambda_1^2=C_3C_4\lambda_2^2 \tag{2.1.22}$$

这样可以令

$$C_1=\lambda_2 a,\quad C_2=\frac{\lambda_2}{a},\quad C_3=\lambda_1 b,\quad C_4=\frac{\lambda_1}{b} \tag{2.1.23}$$

其中,a 和 b 为任意非零常数。将式(2.1.23)代入式(2.1.20),得到

$$\begin{aligned} w&=\lambda_2\left(a\mathrm{e}^{\lambda_1 x}+\frac{1}{a}\mathrm{e}^{-\lambda_1 x}\right)+\lambda_1\left(b\mathrm{e}^{\lambda_2 x}+\frac{1}{b}\mathrm{e}^{-\lambda_2 x}\right)\\ &=2\lambda_2\cosh(\lambda_1 x-\sigma_1)+2\lambda_1\cosh(\lambda_2 x-\sigma_2) \end{aligned} \tag{2.1.24}$$

其中,$\mathrm{e}^{-\sigma_1}=a$,$\mathrm{e}^{-\sigma_2}=b$。

将式(2.1.24)代入式(2.1.16)得

$$f=2\lambda_1\lambda_2\cdot\frac{\sinh(\lambda_1 x-\sigma_1)+\sinh(\lambda_2 x-\sigma_2)}{\lambda_2\cosh(\lambda_1 x-\sigma_1)+\lambda_1\cosh(\lambda_2 x-\sigma_2)} \tag{2.1.25}$$

将式(2.1.25)代入式(2.1.13)的第三式,得到

$$\begin{aligned} u=-2\lambda_1\lambda_2\cdot\Bigg\{&\frac{(\lambda_1^2+\lambda_2^2)\cosh(\lambda_1 x-\sigma_1)\cosh(\lambda_2 x-\sigma_2)}{[\lambda_2\cosh(\lambda_1 x-\sigma_1)+\lambda_1\cosh(\lambda_2 x-\sigma_2)]^2}+\\ &\frac{2\lambda_1\lambda_2[1-\sinh(\lambda_1 x-\sigma_1)+\sinh(\lambda_2 x-\sigma_2)]}{[\lambda_2\cosh(\lambda_1 x-\sigma_1)+\lambda_1\cosh(\lambda_2 x-\sigma_2)]^2}\Bigg\} \end{aligned} \tag{2.1.26}$$

若令

$$\lambda_1=p+q,\quad \lambda_2=p-q,\quad \sigma_1=\gamma+\delta,\quad \sigma_2=\gamma-\delta \tag{2.1.27}$$

则式(2.1.25)和式(2.1.26)分别化为

$$f=2(p^2-q^2)\frac{1}{p\coth(px-\gamma)-q\tanh(qx-\delta)} \tag{2.1.28}$$

$$u=-2(p^2-q^2)\cdot\frac{p^2\operatorname{csc}h^2(px-\gamma)+q^2\operatorname{sec}h^2(qx-\delta)}{[p\coth(px-\gamma)-q\tanh(qx-\delta)]^2} \tag{2.1.29}$$

式(2.1.29)表征 Schrödinger 方程势能的双孤子解。

除了上述性质之外,Schrödinger 方程还有许多其他重要性质,现在不加证明地列出这些性质。

(1) 对给定的位势 $u(x,t)$,特征值 λ 可以是离散的,也可以是连续的,或兼而有之。

(2) 离散的特征值是负的,且有有限个,对应于粒子有限运动的束缚态(bounded state),所谓有限运动是指粒子的运动限制在有限空间内。离散特征值表示为

$$\lambda=-k_1^2,-k_2^2,\cdots,-k_m^2,\quad k_i>0$$

有时称 k_i 为特征值(eigenvalues)。

(3) 连续特征值对应于无限的运动，粒子可达到无穷远处，在无穷远处位势 $u(x)$ 可忽略不计，粒子可认为是自由的。一个粒子的能量是正的。所以有连续特征值

$$\lambda=k^2,\quad k>0$$

在物理上 $\lambda=\frac{2\mu E}{h^2}$，其中 μ 是质量，h 是普朗克常数($h=6.625\times10^{-34}$ J·s)，E 是粒子的能量。

(4) 在经典力学里，具有能量 E 的质点将不能进入 $E<u(x)$ 的区域；但在量子力学中，有限运动的粒子，可在 $E<u(x)$ 的空间区域出现，虽然出现的概率很小(但不为零)。

(5) 离散特征值无一是退化(degenerate)的，即每一个离散的特征值，只有一个特征函数与之对应(连续特征值是退化的)。

事实上，如果对应于特征值 λ 有两个特征函数为 ψ_1,ψ_2，则由式(2.1.1)得

$$\frac{\psi_{1xx}}{\psi_1}=u-\lambda=\frac{\psi_{2xx}}{\psi_2}$$

或者

$$\psi_{1xx}\psi_2-\psi_{2xx}\psi_1=0$$

它可以改写成

$$(\psi_{1x}\psi_1)_x-(\psi_{2x}\psi_1)_x=0$$

对此积分一次，得

$$\psi_{1x}\psi_1-\psi_{2x}\psi_1=\text{常数}\tag{2.1.30}$$

如果附加条件 $\psi_{1,2}\to0$，($|x|\to\infty$)，则式(2.1.30)中的常数为零。这时有

$$\frac{\psi_{1x}}{\psi_1}=\frac{\psi_{2x}}{\psi_2}\tag{2.1.31}$$

将式(2.1.31)积分一次，得

$$\psi_1=c\psi_2$$

故除了常数因子外，ψ_1 与 ψ_2 是一样的。

(6) 若特征值按由小到大的顺序排列，$\lambda_1<\lambda_2<\cdots<\lambda_n$，$\psi_n$ 对应于 λ_n，那么，第 $n+1$ 个特征函数 ψ_{n+1} 在 x 的有限区间内 n 次变为零，即有 n 个零点。

(7) 若位势 $u(x)\to0$($|x|\to\infty$)，则当 $|x|\to\infty$ 时，Schrödinger 方程(2.1.1)变为

$$\psi_{xx}+\lambda\psi=0\tag{2.1.32}$$

① 在离散特征值的情形，式(2.1.32)变为

$$\psi_{xx}-k_j^2\psi=0\tag{2.1.33}$$

方程(2.1.33)的两个线性无关的解为

$$\psi_1=C_\pm(k_j)\exp(\pm k_jx)\tag{2.1.34}$$

当 $x\to+\infty$ 时，容许的解是 $\exp(-k_jx)$；当 $x\to-\infty$ 时，容许的解是 $\exp(k_jx)$。

② 在连续特征值的情形，式(2.1.3)变成

$$\psi_{xx}+k^2\psi=0\tag{2.1.35}$$

方程(2.1.35)的两个线性独立的解是

$$\psi=a_\pm(k)\exp(\pm ikx)\tag{2.1.36}$$

这里 $\exp(ikx)$ 对应于向 x 正向运动的粒子；而 $\exp(-ikx)$ 则对应于向 x 负向运动的粒子。

(8) 若位势 $u(x)\to0$($|x|\to\infty$)，连续特征值的波函数，可作为两个平面波 $\exp(\pm ikx)$

的线性组合：

$$\begin{cases}\psi\to\exp(-\mathrm{i}kx)+R(k)\exp(\mathrm{i}kx), & x\to+\infty\\ \psi\to T(k)\exp(-\mathrm{i}kx), & x\to-\infty\end{cases}\tag{2.1.37}$$

其中，$R(k)$是反射系数(reflection coefficient)，$T(k)$是穿透系数(transmission coefficient)。式(2.1.37)的物理意义可以想象为：来自 $x\to+\infty$ 的单位振幅的平面波 $\exp(-\mathrm{i}kx)$与具有位势 $u(x)$的外部场作用，其结果分为两部分，一部分反射回$+\infty$去，另一部分传输到$-\infty$去，如图 2.1.1 所示。由于能量守恒律，入射波的能量=反射波的能量+传输波的能量，故有

$$1=|R|^2+|T|^2\tag{2.1.38}$$

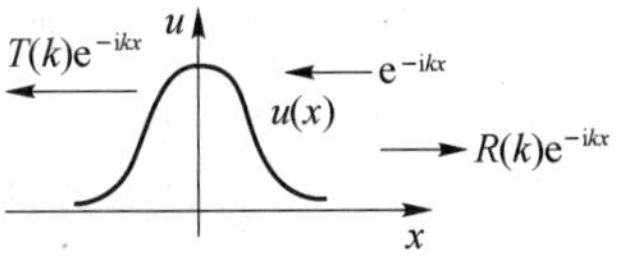

图 2.1.1

在离散特征值 k_m 的情形，特征函数 $\psi_m\to0$ ($|x|\to\infty$)，且是平方可积的，故可按下述条件将 ψ_m 归一化(或称正规化)

$$\int_{-\infty}^{\infty}\psi_m^2\mathrm{d}x=1\tag{2.1.39}$$

ψ_m 在无穷远处的行为如下：

$$\begin{cases}\psi_m(x,k_m)\to C_m\exp(-k_mx), & x\to+\infty\\ \psi_m(x,k_m)\to\exp(k_mx), & x\to-\infty\end{cases}\tag{2.1.40}$$

于是

$$C_m(k_m)=\lim_{x\to\infty}\psi_m(x,k_m)\exp(k_mx)\tag{2.1.41}$$

称为正规化系数。$\{k_m,C_m(k_m),R(k),T(k)\}$称为波的散射数据(scattering data)。

(9) Schrödinger 方程(2.1.1)是二阶的，有两个线性无关的解，设 ψ 是一个解，则另一个解是

$$\varphi=A\psi\int_0^x\frac{\mathrm{d}x}{\psi^2}\tag{2.1.42}$$

事实上，设 ψ 满足式(2.1.1)，而 φ 与 ψ 线性无关，也满足式(2.1.1)，为构造 φ，令

$$\varphi=Z(x)\psi(x)\tag{2.1.43}$$

其中，$Z(x)$为待定函数，将式(2.1.43)代入 Schrödinger 方程 $\varphi_{xx}-(u-\lambda)\varphi=0$ 得

$$\psi_{xx}Z+2\psi_xZ_x+\psi Z_{xx}-(u-\lambda)\psi Z=0\tag{2.1.44}$$

因为 ψ 也是 Schrödinger 方程的解，故

$$\psi_{xx}-(u-\lambda)\psi=0\tag{2.1.45}$$

式(2.1.44)成为 $2\psi_xZ_x+\psi Z_{xx}=0$，两边乘以 ψ 并对 x 积分得

$$\psi^2Z_x=A\tag{2.1.46}$$

其中，A 为积分常数，故

$$Z_x = \frac{A}{\psi^2} \tag{2.1.47}$$

再积分一次，得

$$Z = \int_0^x \frac{A}{\psi^2} \mathrm{d}x \tag{2.1.48}$$

将式(2.1.48)代入式(2.1.43)，即得

$$\varphi = A\psi \int_0^x \frac{\mathrm{d}x}{\psi^2} \tag{2.1.49}$$

(10) 若位势 $u(x)$是偶函数 $u(x)=u(-x)$，那么束缚态的波函数或为偶函数，或为奇函数。

事实上，设 $u(x)=u(-x)$，ψ 是对应于 λ 的波函数，则

$$\psi_{xx} + [\lambda - u(x)]\psi = 0 \tag{2.1.50}$$

在式(2.1.50)中作代换 $x \to -x$，由于 $u(x)$为偶函数，则得

$$\psi_{xx}(-x) + [\lambda - u(x)]\psi(-x) = 0 \tag{2.1.51}$$

于是 $\psi(-x)$也是对应于 λ 的波函数。由于特征值 λ 是非退化的，故

$$\psi_{xx}(-x) = C\psi(x) \tag{2.1.52}$$

在式(2.1.52)中再作变换 $x \to -x$，再用式(2.1.52)，得

$$\psi(x) = C\psi(-x) = C^2\psi(x)$$

由此知 $C=\pm 1$，再由式(2.1.52)知

$$\psi(-x) = \pm\psi(x)$$

Schrödinger 方程的散射问题的提法是已知相互作用力或相互作用势 u，求散射数据 $\{k_m, C_m(k_m), R(k), T(k)\}$以及在$\pm\infty$处为有界的波函数。其反散射问题的提法是已知反射系数、透射系数和散射振幅等$\{k_m, C_m(k_m), R(k), T(k)\}$以及波函数在无穷远处的状态来求相互作用力或相互作用势 u。

反散射问题的结果为(将在下面的章节给出证明)

$$u(x) = -2\frac{\mathrm{d}}{\mathrm{d}x}K(x,x) \tag{2.1.53}$$

其中，$k(x,y)$满足 Gelfand-Levitan 积分方程

$$K(x,y) + B(x+y) + \int_x^\infty B(y+z)K(x,z)\mathrm{d}z = 0, \quad y > x \tag{2.1.54}$$

其中，积分方程的核 $B(\xi)$为

$$B(\xi) = \sum_{m=1}^{N} C_m^2(k_m)\exp(-k_m\xi) + \frac{1}{2\pi}\int_{-\infty}^{\infty} R(k)\exp(\mathrm{i}k\xi)\mathrm{d}k \tag{2.1.55}$$

N 表示离散的非退化的特征值的数目，作和部分对应于离散特征值，而积分部分对应于连续特征值。显然积分方程的核 $B(\xi)$依赖于散射数据。

如果 Schrödinger 方程的位势 u 按照 KdV 方程发展，因为 u 中会有时间 t，一般而言反散射问题的诸结果式(2.1.53)～式(2.1.55)中的各种量将含时间参数 t。

如果利用 Schrödinger 方程反散射问题的结果来求 KdV 方程初值问题的解，根据式(2.1.43)，要求出 KdV 方程的解 $u(x, t)$，就需要知道对应于时刻 t 的 K，由式(2.1.54)，要

求时刻 t 的 K，就要知道时刻 t 的积分方程的核 B；由式(2.1.55)，要求时刻 t 的 B，就需要知道时刻 t 的散射数据。注意，以初值 $u|_{t=0}=u_0(x)$ 为位势，解 Schrödinger 方程的散射问题可得初始时刻 $t=0$ 时的散射数据，于是如果我们能根据 $t=0$ 时刻的散射数据求出 $t>0$ 时的散射数据，即散射数据随时间的演化规律，就能应用 Schrödinger 方程反散射问题的结果式(2.1.53)～式(2.1.55)而表出 KdV 方程的解了。这样，求散射数据随时间 t 的发展规律，就成为利用 Schrödinger 方程的反散射问题的结果解 KdV 方程初值问题的关键了。

2.2 散射数据随时间的演化

首先证明，当 Schrödinger 方程的位势 $u(x,t)$ 按 KdV 方程发展时，离散特征值 λ 与 t 无关。

定理 2.2.1 若位势 $u(x,t)$ 满足 KdV 方程

$$u_t-6uu_x+u_{xxx}=0 \tag{2.2.1}$$

且当 $|x|\to\infty$ 时，u 与 $u_t\to 0$，则以 $u(x,t)$ 为位势的 Schrödinger 方程

$$\psi_{xx}-[u(x,t)-\lambda]\psi=0 \tag{2.2.2}$$

的离散本征值 $\lambda_n(n=1,2,\cdots,N)$ 与 t 无关，即

$$\frac{\mathrm{d}\lambda_n}{\mathrm{d}t}=0 \tag{2.2.3}$$

证明 (因为计算量很大，这里我们省略了 λ_n 的下标 n)先将式(2.2.2)两端对 t 求导，得

$$\left[\frac{\partial^2}{\partial x^2}-(u-\lambda)\right]\psi_t-(u_t-\lambda_t)\psi=0 \tag{2.2.4}$$

将从式(2.2.1)中得到的 $u_t=6uu_x-u_{xxx}$ 代入式(2.2.4)，得到

$$\left[\frac{\partial^2}{\partial x^2}-(u-\lambda)\right]\psi_t-(6uu_x-u_{xxx})\psi+\lambda_t\psi=0 \tag{2.2.5}$$

但

$$u_{xxx}\psi=\frac{\partial^2}{\partial x^2}(u_x\psi)-u_x\psi_{xx}-2u_{xx}\psi_x \tag{2.2.6}$$

又由 Schrödinger 方程知 $\psi_{xx}=(u-\lambda)\psi$，式(2.2.6)化为

$$\begin{aligned}u_{xxx}\psi&=\frac{\partial^2}{\partial x^2}(u_x\psi)-u_x(u-\lambda)\psi-2u_{xx}\psi_x\\&=\left[\frac{\partial^2}{\partial x^2}-(u-\lambda)\right]u_x\psi-2u_{xx}\psi_x\end{aligned} \tag{2.2.7}$$

把式(2.2.7)代入式(2.2.5)得

$$\left[\frac{\partial^2}{\partial x^2}-(u-\lambda)\right](\psi_t+u_x\psi)-2(3uu_x\psi+u_{xx}\psi)+\lambda_t\psi=0 \tag{2.2.8}$$

再由恒等变换

$$u_{xx}\psi=\frac{\partial^2}{\partial x^2}(u\psi_x)-2u_x\psi_{xx}-u\psi_{xxx} \tag{2.2.9}$$

可得

$$
\begin{aligned}
3uu_x\psi+u_{xx}\psi_x &= 3uu_x\psi+(u\psi_{xx})_{xx}-2u_x\psi_{xx}-u\psi_{xxx}\\
&=(u\psi_x)_{xx}+3uu_x\psi-(u\psi_{xx})_x-u_x\psi_{xx}\\
&=(u\psi_x)_{xx}+3uu_x\psi-[u(u-\lambda)\psi]_x-u_x(u-\lambda)\psi\\
&=(u\psi_x)_{xx}+3uu_x\psi-3uu_x\psi-u^2\psi_x+2\lambda u_x\psi+\lambda u\psi_x\\
&=(u\psi_x)_{xx}-(u-\lambda)u\psi_x+2\lambda u_x\psi\\
&=\left[\frac{\partial^2}{\partial x^2}-(u-\lambda)\right]u\psi_x+2\lambda u_x\psi\\
&=\left[\frac{\partial^2}{\partial x^2}-(u-\lambda)\right](u+2\lambda)\psi_x
\end{aligned}
\tag{2.2.10}
$$

这是因为

$$
\begin{aligned}
\left[\frac{\partial^2}{\partial x^2}-(u-\lambda)\right]2\lambda\psi_x &=2\lambda\psi_{xxx}-2\lambda(u-\lambda)\psi_x\\
&=2\lambda\,[(u-\lambda)\psi]_x-2\lambda(u-\lambda)\psi_x\\
&=2\lambda(u-\lambda)\psi_x+2\lambda u_x\psi-2\lambda(u-\lambda)\psi_x=2\lambda u_x\psi)
\end{aligned}
$$

将式(2.2.10)代入式(2.2.8)得

$$
\left[\frac{\partial^2}{\partial x^2}-(u-\lambda)\right](\psi_t+u_x\psi)-2\left[\frac{\partial^2}{\partial x^2}-(u-\lambda)\right](u+2\lambda)\psi_x=-\lambda_t\psi \tag{2.2.11}
$$

即

$$
\left[\frac{\partial^2}{\partial x^2}-(u-\lambda)\right][\psi_t-2(u+2\lambda)\psi_x+u_x\psi]=-\lambda_t\psi \tag{2.2.12}
$$

记

$$
Q=\frac{\partial\psi}{\partial t}-2(u+2\lambda)\frac{\partial\psi}{\partial x}+\psi\frac{\partial u}{\partial x} \tag{2.2.13}
$$

则式(2.2.12)可以写成

$$
\left[\frac{\partial^2}{\partial x^2}-(u-\lambda)\right]Q=-\lambda_t\psi \tag{2.2.14}
$$

将式(2.2.14)两边乘以 ψ 有

$$
\begin{aligned}
-\lambda_t\psi^2 &=\psi\left[\frac{\partial^2}{\partial x^2}-(u-\lambda)\right]Q\\
&=\psi Q_{xx}-(u-\lambda)\psi Q\\
&=(\psi Q_x)_x-(Q\psi_x)_x+Q[\psi_{xx}-(u-\lambda)\psi]\\
&=\frac{\partial}{\partial x}(\psi Q_x-Q\psi_x)
\end{aligned}
\tag{2.2.15}
$$

式(2.2.15)两边对 x 积分得

$$
\int_{-\infty}^{+\infty}(-\lambda_t\psi^2)\,\mathrm{d}x=\int_{-\infty}^{+\infty}\frac{\partial}{\partial x}(\psi Q_x-Q\psi_x)\,\mathrm{d}x \tag{2.2.16}
$$

即

$$
-\lambda_t\int_{-\infty}^{+\infty}\psi^2\,\mathrm{d}x=(\psi Q_x-Q\psi_x)\mid_{-\infty}^{+\infty} \tag{2.2.17}
$$

因 $|x|\to\infty,\psi\to 0,\psi_x\to 0$，则等式右边趋于零，再由归一化条件即 $\int_{-\infty}^{+\infty}\psi^2\,\mathrm{d}x=1$，有

$$
\lambda_t=\frac{\mathrm{d}\lambda}{\mathrm{d}t}=0
$$

定理得证。

定理 2.2.2 若 Schrödinger 方程的位势 $u(x,t)$ 满足 KdV 方程，且当 $|x|\to\infty$ 时 u 与 $u_t\to 0$，本征函数 ψ 随时间 t 的演化满足以下方程

$$\psi_t=2(u+2\lambda)\psi_x+(r-u_x)\psi \tag{2.2.18}$$

其中，r 为任意常数。

证明 由定理 2.2.1 知 $\lambda_t=0$，再由定理 2.2.1 的证明中式(2.2.14)可得

$$\left[\frac{\partial^2}{\partial x^2}-(u-\lambda)\right]Q=-\lambda_t\psi=0 \tag{2.2.19}$$

表明 Q 满足 Schrödinger 方程。由于 Schrödinger 方程为线性方程，若已知 Schrödinger 方程的两个线性无关的解 ψ、φ，则 Schrödinger 方程的任何解都可以表示成这两个解的线性组合，即

$$Q=\psi_t-2(u+2\lambda)\psi_x+u_x\psi=\gamma\psi+\beta\varphi \tag{2.2.20}$$

其中，γ，β 为常数。

前面已经证明

$$\varphi = A\psi\int_0^x \frac{1}{\psi^2}\mathrm{d}x \tag{2.2.21}$$

于是有

$$\psi_t - 2(u + 2\lambda)\psi_x + u_x\psi = \gamma\psi + \beta A\psi\int_0^x \frac{1}{\psi^2}\mathrm{d}x \tag{2.2.22}$$

由 Schrödinger 方程及其解的性质(7)，当 $\lambda=-k_n^2$ 时，

$$\psi\to c_n(k_n,0)\mathrm{e}^{-k_nx}\quad (x\to+\infty) \tag{2.2.23}$$

表明式(2.2.22)左边以 e^{-k_nx} 趋于零，右边 $\gamma\psi$ 也如此，但是在 φ 中，ψ^2 在分母上，则以 e^{k_nx} 趋于无穷大，为满足边界条件(∞处)必须取 $\beta=0$，则由式(2.2.22)可得

$$\psi_t=2(u+2\lambda)\psi_x+(r-u_x)\psi \tag{2.2.24}$$

证毕。

定理 2.2.3 若 Schrödinger 方程

$$\psi_{xx}-(u-\lambda)\psi=0 \tag{2.2.25}$$

的势满足 KdV 方程，且当 $|x|\to\infty$ 时 u 与 $u_t\to 0$，则方程的散射数据满足

$$\begin{cases}C_n(k_n,t)=C_n(k_n,0)\mathrm{e}^{4k_n^3t}\\ R(k,t)=R(k,0)\mathrm{e}^{8ik^3t}\\ T(k,t)=T(k,0)\end{cases} \tag{2.2.26}$$

其中，$C_n(k_n,0)$、$T(k,0)$、$R(k,0)$是位势 $u(x,0)=u_0(x)$时 Schrödiger 方程的散射数据(因为 $u_0(x)$作为 KdV 方程初值问题的初始条件是已知的，所以解 Schrödiger 方程的散射问题可以得到 $C_n(k_n,0)$、$T(k,0)$、$R(k,0)$)。

证明 由定理 2.2.2 给出 ψ 随时间发展满足的方程

$$\psi_t-2(u+2\lambda)\psi_x+u_x\psi=\alpha\psi \tag{2.2.27}$$

下面分离散谱和连续谱两种情况证明。

(1) 对离散谱：$\lambda=-k_n^2$

相应的本征函数应为 ψ_n，为了书写简便，记为 ψ。

将方程(2.2.27)两边乘以 ψ,得

$$\alpha\psi^2=\psi_t\psi-2(u+2\lambda)\psi\psi_x+u_x\psi^2 \tag{2.2.28}$$

利用 $u=\frac{1}{\psi}\frac{\partial^2\psi}{\partial x^2}-k_n^2$,则有

$$\begin{aligned}\alpha\psi^2&=\frac{\partial}{\partial t}\left(\frac{1}{2}\psi^2\right)-2\left(\frac{1}{\psi}\frac{\partial^2\psi}{\partial x^2}-3k_n^2\right)\psi\psi_x+\left(\frac{\partial^3\psi}{\partial x^3}\psi-\frac{\partial\psi}{\partial x}\frac{\partial^2\psi}{\partial x^2}\right)\\&=\frac{\partial}{\partial t}\left(\frac{1}{2}\psi^2\right)-2\frac{\partial\psi}{\partial x}\frac{\partial^2\psi}{\partial x^2}+6k_n^2\psi\psi_x+\psi\frac{\partial^3\psi}{\partial x^3}-\frac{\partial\psi}{\partial x}\frac{\partial^2\psi}{\partial x^2}\\&=\frac{\partial}{\partial t}\left(\frac{1}{2}\psi^2\right)+\frac{\partial}{\partial x}\left[\psi\frac{\partial^2\psi}{\partial x^2}-2\left(\frac{\partial\psi}{\partial x}\right)^2+3k_n^2\psi^2\right]\end{aligned} \tag{2.2.29}$$

再利用 Schrödinger 方程可得

$$\alpha\psi^2=\frac{\partial}{\partial t}\left(\frac{1}{2}\psi^2\right)+\frac{\partial}{\partial x}\left[\psi^2u-2\left(\frac{\partial\psi}{\partial x}\right)^2+4k_n^2\psi^2\right] \tag{2.2.30}$$

将式(2.2.30)在$(-\infty,\infty)$上对 x 积分,利用离散本征值时的边界条件 $\psi\to0,\psi_x\to0(|x|\to\infty)$,则式(2.2.30)右端第二项为零;又由归一条件$\int_{-\infty}^{\infty}\psi^2\mathrm{d}x=1$,可得第一项为零,故有 $\alpha=0$。于是式(2.2.28)(对离散谱)变成

$$\psi_{nt}-2(u-2k_n^2)\psi_{nx}+u_x\psi_n=0 \tag{2.2.31}$$

再利用边界条件 $x\to+\infty,u\to0,u_x\to0$,及 ψ_n 在无穷远点的行为

$$\psi_n\sim c_n(k_n,t)\mathrm{e}^{-k_nx} \tag{2.2.32}$$

则式(2.2.31)成为

$$\frac{\mathrm{d}c_n(k_n,t)}{\mathrm{d}t}\mathrm{e}^{-k_nx}-4c_n(k_n,t)k_n^3\mathrm{e}^{-k_nx}=0 \tag{2.2.33}$$

消去 e^{-k_xx},得到 $c_n(k_n,t)$满足的方程

$$\frac{\mathrm{d}c_n(k_n,t)}{\mathrm{d}t}-4c_n(k_n,t)k_n^3=0 \tag{2.2.34}$$

由式(2.2.34)解出

$$c_n(k_n,t)=c_n(k_n,0)\mathrm{e}^{4k_n^3t} \tag{2.2.35}$$

(2) 对于连续谱:$\lambda=k^2$

利用连续谱时的边界条件,即当 $x\to+\infty$时

$$\psi\to\mathrm{e}^{-\mathrm{i}kx}+R(k,t)\mathrm{e}^{\mathrm{i}kx},\quad u\to0,\quad u_x\to0 \tag{2.2.36}$$

式(2.2.28)变成

$$\begin{aligned}&\frac{\mathrm{d}R(k,t)}{\mathrm{d}t}\mathrm{e}^{\mathrm{i}kx}-4k^2[-\mathrm{i}k\mathrm{e}^{-\mathrm{i}kx}+R(k,t)\mathrm{i}k\mathrm{e}^{\mathrm{i}kx}]\\&=\alpha[\mathrm{e}^{-\mathrm{i}kx}+R(k,t)\mathrm{e}^{\mathrm{i}kx}]\end{aligned}$$

即

$$\left[\frac{\mathrm{d}R(k,t)}{\mathrm{d}t}-4\mathrm{i}k^3R(k,t)\right]\mathrm{e}^{\mathrm{i}kx}+4\mathrm{i}k^3\mathrm{e}^{-\mathrm{i}kx}=\alpha[\mathrm{e}^{-\mathrm{i}kx}+R(k,t)\mathrm{e}^{\mathrm{i}kx}] \tag{2.2.37}$$

由于 $\mathrm{e}^{\mathrm{i}kx}$ 和 $\mathrm{e}^{-\mathrm{i}kx}$ 线性无关,要使式(2.2.37)两边相等,则要求系数分别相等

$$\frac{\mathrm{d}R(k,t)}{\mathrm{d}t}=(4\mathrm{i}k^3+\alpha)R(k,t) \tag{2.2.38}$$

$$\alpha=4\mathrm{i}k^3 \tag{2.2.39}$$

将式(2.2.39)代入式(2.2.38)并解之，得

$$R(k,t)=Ce^{8ik^3t}$$

其中，C 为积分常数，由$R(k,t)\big|_{t=0}=R(k,0)$，得 $C=R(k,0)$，于是

$$R(k,t)=R(k,0)e^{8ik^3t} \tag{2.2.40}$$

再利用 $x\to-\infty$时的边界条件

$$\psi\sim T(k,t)e^{-ikx},\quad u\to 0,\quad u_x\to 0 \tag{2.2.41}$$

则由式(2.2.28)有

$$\frac{dT(k,t)}{dt}e^{-ikx}-4k^2[-ike^{-ikx}T(k,t)]=\alpha T(k,t)e^{-ikx} \tag{2.2.42}$$

将 $\alpha=4ik^3$ 代入式(2.2.42)得

$$\frac{dT(k,t)}{dt}=0 \tag{2.2.43}$$

故有

$$T(k,t)=T(k,0)$$

2.3　解 KdV 方程反散射法的具体过程和反演定理的证明

2.2 节我们用 Schrödinger 方程反散射问题的结果求解 KdV 方程初值问题

$$\begin{cases}u_t-6uu_x+u_{xxx}=0\\ u\big|_{t=0}=u_0(x)\end{cases} \tag{2.3.1}$$

其中，$u_0(x)$满足在无穷远处迅速趋于零的条件，即 $\lim\limits_{x\to\pm\infty}u_0(x)=0$。并且证明 2.1 节列出的反演定理，即式(2.1.53)～式(2.1.55)。

KdV 方程初值问题求解的具体步骤如下：

步骤 1　直接问题

求解以 $u_0(x)$为位势的 Schrödinger 方程

$$\begin{cases}\dfrac{\partial^2\psi_0}{\partial x^2}+(\lambda_0-u_0)\psi_0=0\quad(-\infty<x<\infty)\\ \psi_0\big|_{x\to\pm\infty}=0\end{cases} \tag{2.3.2}$$

的散射问题。求出与 $u_0(x)$相应的散射数据 λ(记为 λ_0)和波函数 ψ(记为 ψ_0)。根据量子力学的分析，上述问题的本征值包含离散谱(束缚态)和连续谱(非束缚态)，对应的 λ 前者为负号，后者为正号。即对束缚态有

$$\lambda=-k_n^2\quad(k_n>0,n=1,2,\cdots,N) \tag{2.3.3}$$

相应的本征函数有下列渐进式：

$$\begin{cases}\psi_n\sim c_n(k_n,0)e^{-k_nx}\quad(x\to+\infty)\\ \psi_n\sim c_n(k_n,0)e^{k_nx}\quad(x\to-\infty)\end{cases} \tag{2.3.4}$$

其中，$c_n(k_n,0)$为常数，且要求 ψ_n 满足正交归一条件

$$\int_{-\infty}^{+\infty}\psi_n^2\mathrm{d}x=1 \tag{2.3.5}$$

对于非束缚态，有

$$\lambda_0=k^2 \tag{2.3.6}$$

这时的本征函数与波的传输方式有关。通常，设 t 时刻有一振幅为 1 的定常平面波 $\mathrm{e}^{-\mathrm{i}kx}$ 从 $x=+\infty$ 进入，遇到势能后，一部分以 $T(k,0)\mathrm{e}^{-\mathrm{i}kx}$ 透射进入 $x=-\infty$，另一部分以 $R(k,0)\mathrm{e}^{\mathrm{i}kx}$ 被反射到 $x=+\infty$，其中 $T(k,0)$ 和 $R(k,0)$ 分别称为透射系数和反射系数。由能量守恒可知

$$|T|^2+|R|^2=1$$

这时本征函数的渐进式是

$$\begin{cases}\psi_0\to T(k,0)\mathrm{e}^{-\mathrm{i}kx} & (x\to-\infty)\\ \psi_0\to\mathrm{e}^{-\mathrm{i}kx}+R(k,0)\mathrm{e}^{\mathrm{i}kx} & (x\to+\infty)\end{cases} \tag{2.3.7}$$

在上面各式中，λ_0，$C_n(k_n,0)$，$R(k,0)$，$T(k,0)$ 称为初始时刻 $t=0$ 时的散射数据，记为 $S(\lambda,0)=(\{\lambda_n=-k_n,C_n(k_n,0)\}|_{n=1}^{N},R(k,0),T(k,0))$。实际上，对任意时刻 t，式 (2.3.3)～式(2.3.7) 均成立，只要波函数 ψ_0 改为 ψ，相应的散射数据 λ_0，$C_n(k_n,0)$，$R(k,0)$，$T(k,0)$ 依次改为 $\lambda(t)$，$C_n(k_n,t)$，$R(k,t)$，$T(k,t)$。

步骤 2　散射数据随时间的演化

由定理 2.2.2，我们可以确定散射数据的时间演化

$$\begin{cases}\lambda_n=-k_n=\text{常数}, \quad \text{即 }\lambda_t=0 & (n=1,2,\cdots,N)\\ C_n(k_n,t)=C_n(k_n,0)\mathrm{e}^{4k_n^3t} & (n=1,2,\cdots,N)\\ T(k,t)=T(k,0)\\ R(k,t)=R(k,0)\mathrm{e}^{8\mathrm{i}k^3t}\end{cases} \tag{2.3.8}$$

即得到了 t 时刻的散射数据

$$S(\lambda,t)=(\{\lambda_n=-k_n,c_n(k_n,t)\}|_{n=1}^{N},R(k,t),T(k,t)) \tag{2.3.9}$$

步骤 3　反演

利用 $\lambda(t)$ 和 ψ 求解 Schrödinger 方程的下列反散射问题

$$\begin{cases}\dfrac{\partial^2\psi}{\partial x^2}+(\lambda-u)\psi=0 & (-\infty<x<\infty)\\ \psi|_{x\to\pm\infty}=0\end{cases}$$

即由 t 时刻的散射数据 $S(\lambda,t)$ 确定势函数 $u(x,t)$，也就是 KdV 方程的解。

首先，利用散射数据定义函数

$$F(x,t)=\sum_{n=1}^{N}C_n^2(k_n,t)\mathrm{e}^{-k_nx}+\frac{1}{2\pi}\int_{-\infty}^{+\infty}R(k,t)\mathrm{e}^{\mathrm{i}kx}\mathrm{d}k \tag{2.3.10}$$

它同时考虑了离散本征值和连续本征值的影响。

然后，求解 Gelfand-Levitan-Marenko 积分方程

$$K(x,y;t)+F(x+y;t)+\int_x^{\infty}K(x,z,t)F(y+z;t)\mathrm{d}z=0 \quad (y>x) \tag{2.3.11}$$

最后，求得 Schrödinger 方程的势——KdV 方程的解为

$$u(x,t)=-2\frac{\partial}{\partial x}K(x,x,t) \tag{2.3.12}$$

下面我们来证明式(2.3.10)～式(2.3.12)。

首先，令 $\lambda=k^2$，将静态 Schrödinger 方程写成

$$\psi_{xx}+(k^2-u)\psi=0 \quad (\text{对于离散谱时 } k=\mathrm{i}k_n) \tag{2.3.13}$$

其次，设 Schrödinger 方程的解为

$$\psi(x,t,k)=\mathrm{e}^{\mathrm{i}kx}+\int_x^{+\infty}K(x,y,t)\mathrm{e}^{\mathrm{i}ky}\mathrm{d}y \tag{2.3.14}$$

其中，$K(x,y,t)$ 是待定函数，且规定 $y<x$ 时，$K(x,y;t)=0$。由式(2.3.14)显然有

$$\psi(x,t,k)\sim\mathrm{e}^{\mathrm{i}kx} \quad (x\to+\infty) \tag{2.3.15}$$

$$\psi(x,t,\mathrm{i}k_n)\sim\mathrm{e}^{-k_nx} \quad (x\to+\infty) \tag{2.3.16}$$

因为在 Schrödinger 方程(2.3.13)中 k 换为 $-k$，方程不变。因而

$$\psi(x,t,-k)=\mathrm{e}^{-\mathrm{i}kx}+\int_x^{+\infty}K(x,y;t)\mathrm{e}^{-\mathrm{i}ky}\mathrm{d}y \tag{2.3.17}$$

也必然是式(2.3.13)的解。而且有

$$\psi(x,t,-k)\sim\mathrm{e}^{-\mathrm{i}kx} \quad (x\to+\infty) \tag{2.3.18}$$

$$\psi(x,t,-\mathrm{i}k_n)\sim\mathrm{e}^{k_nx} \quad (x\to+\infty) \tag{2.3.19}$$

下面我们来说明 $\psi(x,t,k)$ 和 $\psi(x,t,-k)$ 是线性无关的。因为它们都是 Schrödinger 方程(2.3.13)的解，所以它们都满足方程(2.3.13)，即有

$$\begin{cases}\dfrac{\partial^2\psi(x,t,k)}{\partial x^2}+k^2\psi(x,t,k)=u\psi(x,t,k)\\[2ex]\dfrac{\partial^2\psi(x,t,-k)}{\partial x^2}+k^2\psi(x,t,-k)=u\psi(x,t,-k)\end{cases} \tag{2.3.20}$$

以 $\psi(x,t,-k)$ 乘上式第一式，$\psi(x,t,k)$ 乘上式第二式，然后相减有

$$\psi(x,t,-k)\frac{\partial^2}{\partial x^2}\psi(x,t,k)-\psi(x,t,k)\frac{\partial^2}{\partial x^2}\psi(x,t,-k)=0 \tag{2.3.21}$$

而 $\psi(x,t,k)$ 和 $\psi(x,t,-k)$ 的 Wronski 行列式为

$$\begin{aligned}&W[\psi(x,t,k),\psi(x,t,-k)]\\&=\psi(x,t,k)\frac{\partial}{\partial x}\psi(x,t,-k)-\psi(x,t,-k)\frac{\partial}{\partial x}\psi(x,t,k)\end{aligned} \tag{2.3.22}$$

式(2.3.22)两端对 x 求导，并利用式(2.3.21)得

$$\frac{\partial}{\partial x}W[\psi(x,t,k),\psi(x,t,-k)]=0 \tag{2.3.23}$$

它说明 $W[\psi(x,t,k),\psi(x,t,-k)]$ 与 x 无关。但由式(2.3.15)和式(2.3.16)，有

$$\lim_{x\to+\infty}W[\psi(x,t,k),\psi(x,t,-k)]=-2\mathrm{i}k\neq0 \tag{2.3.24}$$

这样我们就证明了 $W[\psi(x,t,k),\psi(x,t,-k)]\neq0$，因而 $\psi(x,t,k)$ 和 $\psi(x,t,-k)$ 线性无关。所以它们的线性组合

$$\varphi(x,t,k)=\alpha(k,t)\psi(x,t,-k)+\beta(k,t)\psi(x,t,k) \tag{2.3.25}$$

也必然是 Schrödinger 方程(2.3.13)的解，其中 $\alpha(k,t)$ 和 $\beta(k,t)$ 是 k,t 的任意函数。由式(2.3.25)可得

$$\frac{\varphi(x,t,k)}{\alpha(k,t)}=\psi(x,t,-k)+\frac{\beta(k,t)}{\alpha(k,t)}\psi(x,t,k) \tag{2.3.26}$$

在式(2.3.26)中令 $x\to+\infty$，利用式(2.3.15)和式(2.3.18)有

$$\lim_{x\to+\infty}\frac{\varphi(x,t,k)}{\alpha(k,t)}=e^{-ikx}+\frac{\beta(k,t)}{\alpha(k,t)}e^{ikx} \tag{2.3.27}$$

但式(2.3.7)对任何时刻 t 都成立,将式(2.3.27)与式(2.3.7)的第二式

$$\psi\sim e^{-ikx}+R(k,t)e^{ikx}\quad(x\to+\infty)$$

比较得

$$R(k,t)=\frac{\beta(k,t)}{\alpha(k,t)} \tag{2.3.28}$$

这样,式(2.3.26)可以写成

$$\frac{\varphi(x,t,k)}{\alpha(k,t)}=\psi(x,t,-k)+R(k,t)\psi(x,t,k) \tag{2.3.29}$$

下面确定 $K(x,y;t)$满足的方程,即证明式(2.3.11)。

因为 $y<x$ 时,$K(x,y;t)=0$,所以在式(2.3.14)中有

$$\int_x^{+\infty}K(x,y;t)e^{iky}\,dy=\int_{-\infty}^{+\infty}K(x,y;t)e^{iky}\,dy \tag{2.3.30}$$

则式(2.3.14)变为

$$\psi(x,t,k)-e^{ikx}=\int_{-\infty}^{+\infty}K(x,y;t)e^{iky}\,dy \tag{2.3.31}$$

由此可以认为,$K(x,y;t)$是 $\psi(x,t,k)-e^{ikx}$ 的 Fourier 逆变换,即

$$K(x,y;t)=\frac{1}{2\pi}\int_{-\infty}^{+\infty}[\psi(x,t,k)-e^{ikx}]e^{-iky}\,dk \tag{2.3.32}$$

其次,将式(2.3.29)两边乘以 e^{iky},且对 k 从 $-\infty$ 到 $+\infty$ 积分可得

$$\int_{-\infty}^{+\infty}\frac{\varphi(x,t,k)}{\alpha(k,t)}e^{iky}\,dk=\int_{-\infty}^{+\infty}\psi(x,t,-k)e^{iky}\,dk+\int_{-\infty}^{+\infty}R(k,t)\psi(x,t,k)e^{iky}\,dk \tag{2.2.33}$$

将式(2.3.14)和式(2.3.17)代入式(2.3.33),并注意到 δ-函数的性质

$$\begin{cases}\delta(x)=\dfrac{1}{2\pi}\displaystyle\int_{-\infty}^{\infty}e^{ikx}\,dk\\ \delta(x-y)=\dfrac{1}{2\pi}\displaystyle\int_{-\infty}^{\infty}e^{ik(x-y)}\,dk=0\quad(x\neq y)\\ \displaystyle\int_x^{+\infty}\left(\int_{-\infty}^{\infty}e^{ik(y-z)}\,dk\right)K(x,z,t)\,dz=\int_x^{+\infty}2\pi\delta(y-z)K(x,z,t)\,dz=2\pi K(x,z,t)\end{cases}$$

得到

$$\begin{aligned}&\int_{-\infty}^{+\infty}\frac{\varphi(x,t,k)}{\alpha(k,t)}e^{iky}\,dk\\ &=\int_{-\infty}^{+\infty}\left[e^{-ikx}+\int_{-\infty}^{+\infty}K(x,y,t)e^{-iky}\,dy\right]e^{iky}\,dk+\int_{-\infty}^{+\infty}R(k,t)\left[e^{ikx}+\int_{-\infty}^{+\infty}K(x,y,t)e^{iky}\,dy\right]e^{iky}\,dk\\ &=\int_{-\infty}^{+\infty}e^{ik(y-x)}\,dk+\int_x^{+\infty}\left(\int_{-\infty}^{+\infty}e^{ik(y-z)}\,dk\right)K(x,z,t)\,dz+\int_{-\infty}^{+\infty}R(k,t)e^{ik(x+y)}\,dy+\\ &\int_x^{+\infty}K(x,z,t)\left(\int_{-\infty}^{+\infty}R(k,t)e^{ik(y+z)}\,dy\right)dz\\ &=2\pi K(x,y,t)+2\pi B_c(x+y,t)+2\pi\int_x^{+\infty}K(x,z,t)B_c(y+z,t)\,dz\quad(y>z)\end{aligned} \tag{2.3.34}$$

其中，

$$B_c(x,t)=\frac{1}{2\pi}\int_{-\infty}^{+\infty}R(k,t)\mathrm{e}^{\mathrm{i}kx}\mathrm{d}k$$

这是连续谱的影响。

下面计算积分$\int_{-\infty}^{+\infty}\frac{\varphi(x,t,k)}{\alpha(k,t)}\mathrm{e}^{\mathrm{i}ky}\mathrm{d}k$，由留数定理

$$\int_{-\infty}^{+\infty}\frac{\varphi(x,t,k)}{\alpha(k,t)}\mathrm{e}^{\mathrm{i}ky}\mathrm{d}k=2\pi\mathrm{i}\sum_{n=1}^{N}a_{-1}^{(n)} \tag{2.3.35}$$

其中，$a_{-1}^{(n)}$是被积函数$\frac{\varphi(x,t,k)}{\alpha(k,t)}\mathrm{e}^{\mathrm{i}ky}$在极点处，即$\alpha(k,t)$的零点处的留数。可以证明$\alpha(k,t)$的零点即是离散本征值$\mathrm{i}k_n$，而且是一阶零点。

将式(2.3.29)两边对x求导，有

$$\frac{1}{\alpha(k,t)}\frac{\partial}{\partial x}\varphi(x,t,k)-R(k,t)\frac{\partial}{\partial x}\psi(x,t,k)=\frac{\partial}{\partial x}\psi(x,t,-k) \tag{2.3.36}$$

再与式(2.3.29)联立消去$R(k,t)$，得到

$$\frac{1}{\alpha(k,t)}=-\frac{W[\psi(x,t,k),\psi(x,t,-k)]}{W[\varphi(x,t,k),\psi(x,t,k)]} \tag{2.3.37}$$

式(2.3.37)左端与x无关，据式(2.3.24)，右端的分子也与x无关，因而分母也与x无关，再由式(2.3.25)，式(2.3.37)化成

$$\frac{1}{\alpha(k,t)}=\frac{2\mathrm{i}k}{W[\varphi(x,t,k),\psi(x,t,k)]} \tag{2.3.38}$$

由此可见，$\alpha(k,t)$与$W[\varphi(x,t,k),\psi(x,t,k)]$有相同零点。这样我们可以根据

$$W[\varphi(x,t,k),\psi(x,t,k)]=0 \tag{2.3.39}$$

求出$\alpha(k,t)$的零点。由式(2.3.39)知$\varphi(x,t,k)$和$\psi(x,t,k)$线性相关，即

$$\varphi(x,t,k)=\mu(k,t)\psi(x,t,k) \tag{2.3.40}$$

在式(2.3.40)中取$k=\mathrm{i}k_n$，有

$$\varphi(x,t,\mathrm{i}k_n)=\mu(\mathrm{i}k_n,t)\psi(x,t,\mathrm{i}k_n) \tag{2.3.41}$$

但由式(2.3.17)，有

$$\lim_{x\to+\infty}\varphi(x,t,\mathrm{i}k_n)=\mu(\mathrm{i}k_n,t)\mathrm{e}^{-k_nx} \tag{2.3.42}$$

因式(2.3.5)对任何时刻t成立，则比较式(2.3.42)与式(2.3.5)的第二式有

$$\mu(\mathrm{i}k_n,t)=C_n(k_n,t)$$

因而式(2.3.41)可以写成

$$\varphi(x,t,\mathrm{i}k_n)=C(k_n,t)\psi(x,t,\mathrm{i}k_n) \tag{2.3.43}$$

而取$k=\mathrm{i}k_n$时，式(2.3.26)化为

$$\varphi(x,t,\mathrm{i}k_n)=\alpha(\mathrm{i}k_n,t)\psi(x,t,-\mathrm{i}k_n)+\beta(\mathrm{i}k_n,t)\psi(x,t,\mathrm{i}k_n) \tag{2.3.44}$$

但由式(2.3.17)和式(2.3.19)有

$$\lim_{x\to+\infty}\varphi(x,t,\mathrm{i}k_n)=\alpha(\mathrm{i}k_n,t)\mathrm{e}^{k_nx}+\beta(\mathrm{i}k_n,t)\mathrm{e}^{-k_nx} \tag{2.3.45}$$

比较式(2.3.43)和式(2.3.45)，得到

$$\alpha(\mathrm{i}k_n,t)=0,\quad \beta(\mathrm{i}k_n,t)=C_n(k_n,t) \tag{2.3.46}$$

这就说明了$\mathrm{i}k_n$就是$\alpha(k,t)$关于k的零点，下面还要说明$\mathrm{i}k_n$是$\alpha(k,t)$关于k的一阶零点。

由式(2.3.38)，我们有

$$2\mathrm{i}k\alpha(k,t)=W[\varphi(x,t,k),\psi(x,t,k)] \tag{2.3.47}$$

式(2.3.47)两边对 k 求导数，得

$$2\mathrm{i}k\frac{\partial\alpha(k,t)}{\partial k}+2\mathrm{i}\alpha(k,t)=W\left[\frac{\partial\varphi(x,t,k)}{\partial k},\psi(x,t,k)\right]+\left[\varphi(x,t,k),\frac{\partial\psi(x,t,k)}{\partial k}\right] \tag{2.3.48}$$

取 $k=\mathrm{i}k_n$，式(2.3.48)化为

$$-2k\left(\frac{\partial\alpha(k,t)}{\partial k}\right)_{k=\mathrm{i}k_n}=W\left[\left(\frac{\partial\varphi(x,t,k)}{\partial k}\right)_{k=\mathrm{i}k_n},\psi(x,t,\mathrm{i}k_n)\right]+\left[\varphi(x,t,\mathrm{i}k_n),\left(\frac{\partial\psi(x,t,k)}{\partial k}\right)_{k=\mathrm{i}k_n}\right] \tag{2.3.49}$$

但 $\varphi(x,t,k)$ 和 $\psi(x,t,k)$ 均满足 Schrödinger 方程(2.3.13)，即

$$\begin{cases}\dfrac{\partial^2\psi(x,t,k)}{\partial x^2}+k^2\psi(x,t,k)=u\psi(x,t,k)\\[2mm]\dfrac{\partial^2\varphi(x,t,k)}{\partial x^2}+k^2\varphi(x,t,k)=u\varphi(x,t,k)\end{cases} \tag{2.3.50}$$

上面的两个方程分别对 k 求导，得

$$\begin{cases}\dfrac{\partial^2}{\partial x^2}\left[\dfrac{\partial\psi(x,t,k)}{\partial k}\right]+k^2\dfrac{\partial\psi(x,t,k)}{\partial k}=u\dfrac{\partial\psi(x,t,k)}{\partial k}-2k\psi(x,t,k)\\[2mm]\dfrac{\partial^2}{\partial x^2}\left[\dfrac{\partial\varphi(x,t,k)}{\partial k}\right]+k^2\dfrac{\partial\varphi(x,t,k)}{\partial k}=u\dfrac{\partial\varphi(x,t,k)}{\partial k}-2k\varphi(x,t,k)\end{cases} \tag{2.3.51}$$

用$\dfrac{\partial^2\varphi(x,t,k)}{\partial x^2}$乘式(2.3.51)第一式，用 $\psi(x,t,k)$乘第二式，然后相减，得

$$\frac{\partial}{\partial x}W\left[\frac{\partial\varphi(x,t,k)}{\partial k},\psi(x,t,k)\right]=2k\varphi(x,t,k)\psi(x,t,k) \tag{2.3.52}$$

再用$\dfrac{\partial^2\psi(x,t,k)}{\partial x^2}$乘式(2.3.51)第二式，用 $\varphi(x,t,k)$乘第二式，然后相减，得

$$-\frac{\partial}{\partial x}W\left[\varphi(x,t,k),\frac{\partial\psi(x,t,k)}{\partial k}\right]=2k\varphi(x,t,k)\psi(x,t,k) \tag{2.3.53}$$

将式(2.3.52)对 x 从 $-\infty$ 到 x 积分，将式(2.3.53)对 x 从 x 到 $+\infty$ 积分，依次得到

$$2k\int_{-\infty}^{x}\varphi(x,t,k)\psi(x,t,k)\mathrm{d}x=W\left[\frac{\partial\varphi(x,t,k)}{\partial k},\psi(x,t,k)\right]_{-\infty}^{x} \tag{2.3.54}$$

$$2k\int_{x}^{+\infty}\varphi(x,t,k)\psi(x,t,k)\mathrm{d}x=-W\left[\varphi(x,t,k),\frac{\partial\psi(x,t,k)}{\partial k}\right]_{x}^{+\infty} \tag{2.3.55}$$

将式(2.3.54)和式(2.3.55)相加，并以 $k=\mathrm{i}k_n$ 代入，注意 $\psi(x,t,\mathrm{i}k_n)$和 $\varphi(x,t,\mathrm{i}k_n)$以及它们对 k 的导数都在 $|x|\to+\infty$时，以 $\mathrm{e}^{-k_n|x|}$ 的方式趋于零，于是

$$2\mathrm{i}k_n\int_{-\infty}^{+\infty}\varphi(x,t,\mathrm{i}k_n)\psi(x,t,\mathrm{i}k_n)\mathrm{d}x=W\left[\left(\frac{\partial\varphi(x,t,k)}{\partial k}\right)\bigg|_{k=\mathrm{i}k_n},\psi(x,t,\mathrm{i}k_n)\right]+W\left[\varphi(x,t,\mathrm{i}k_n),\left(\frac{\partial\psi(x,t,k)}{\partial k}\right)\bigg|_{k=\mathrm{i}k_n}\right] \tag{2.3.56}$$

利用式(2.3.43)，并注意 $\varphi(x,t,ik_n)$ 满足 $\lambda=-k_n^2$ 的 Schrödinger 方程，则要求$\int_{-\infty}^{+\infty}\varphi^2(x,t,ik_n)\mathrm{d}x=1$，就有

$$\int_{-\infty}^{+\infty}\varphi^2(x,t,\mathrm{i}k_n)\psi(x,t,\mathrm{i}k_n)\mathrm{d}x=\frac{1}{C_n(k_n,t)} \tag{2.3.57}$$

这样，式(2.3.56)就化为

$$\frac{2\mathrm{i}k_n}{C_n(k_n,t)}=W\left[\left(\frac{\partial\varphi(x,t,k)}{\partial k}\right)\bigg|_{k=\mathrm{i}k_n},\psi(x,t,\mathrm{i}k_n)\right]+W\left[\varphi(x,t,\mathrm{i}k_n),\left(\frac{\partial\psi(x,t,k)}{\partial k}\right)\bigg|_{k=\mathrm{i}k_n}\right] \tag{2.3.58}$$

将式(2.3.58)代入式(2.3.49)，得到

$$\left(\frac{\partial\alpha(k,t)}{\partial k}\right)_{k=\mathrm{i}k_n}=-\frac{\mathrm{i}}{C_n(k_n,t)}\neq 0 \tag{2.3.59}$$

由此可见，$k=\mathrm{i}k_n$ 是 $\alpha(k,t)$ 关于 k 的一阶零点。在式(2.3.35)中，

$$a_{-1}^{(n)}=\frac{\varphi(x,t,\mathrm{i}k_n)}{\left(\frac{\partial\alpha}{\partial k}\right)_{k=\mathrm{i}k_n}}\mathrm{e}^{-k_ny}=\mathrm{i}C_n^2\psi(x,t,\mathrm{i}k_n)\mathrm{e}^{-k_ny} \tag{2.3.60}$$

所以式(2.3.35)可以化为

$$\int_{-\infty}^{+\infty}\frac{\varphi(x,t,k)}{\alpha(k,t)}\mathrm{e}^{\mathrm{i}ky}\mathrm{d}k=-2\pi\sum_{n=1}^{N}C_n^2\psi(x,t,\mathrm{i}k_n)\mathrm{e}^{-k_ny} \tag{2.3.61}$$

将式(2.3.61)代入式(2.3.33)，可得

$$-\sum_{n=1}^{N}C_n^2\psi(x,t,\mathrm{i}k_n)\mathrm{e}^{-k_ny}=K(x,y,t)+B_c(x+y,t)+\int_x^{+\infty}K(x,z,t)B_c(y+z,t)\mathrm{d}z\quad(y>x) \tag{2.3.62}$$

在式(2.3.15)中取 $k=\mathrm{i}k_n$，代入(2.3.62)的左端，整理后得

$$K(x,y,t)+B(x+y,t)+\int_x^{+\infty}K(x,z,t)B(y+z,t)\mathrm{d}z=0\quad(y>x) \tag{2.3.63}$$

这是 GLM 方程，其中，

$$B(x,t)=\sum_{n=1}^{\infty}C_n^2(k_n,t)\mathrm{e}^{-k_nx}+\frac{1}{2\pi}\int_{-\infty}^{+\infty}R(k,t)\mathrm{e}^{\mathrm{i}kx}\mathrm{d}k \tag{2.3.64}$$

最后证明

$$u(x,t)=-2\frac{\partial}{\partial x}K(x,x,t) \tag{2.3.65}$$

首先，根据 Fourier 变换的性质要求 $y\to+\infty$时，有

$$K(x,y,t)\to 0,\quad \frac{\partial K(x,y,t)}{\partial y}\to 0 \tag{2.3.66}$$

其次，将式(2.3.15)两边对 x 求导，得

$$\frac{\partial\psi(x,t,k)}{\partial x}=\mathrm{i}k\mathrm{e}^{\mathrm{i}kx}-K(x,x;t)\mathrm{e}^{\mathrm{i}kx}+\int_x^{+\infty}\frac{\partial K(x,y;t)}{\partial x}\mathrm{e}^{\mathrm{i}ky}\mathrm{d}y \tag{2.3.67}$$

再对 x 求导一次，得

$$\frac{\partial^2\psi(x,t,k)}{\partial x^2}=-\mathrm{i}k^2\mathrm{e}^{\mathrm{i}kx}-\mathrm{i}kK(x,x;t)\mathrm{e}^{\mathrm{i}kx}-\frac{\partial K(x,x,t)}{\partial x}\mathrm{e}^{\mathrm{i}kx}-\left[\frac{\partial K(x,y,t)}{\partial x}\right]_{y=x}\mathrm{e}^{\mathrm{i}kx}+\int_x^{+\infty}\frac{\partial K(x,y;t)}{\partial x}\mathrm{e}^{\mathrm{i}ky}\mathrm{d}y \tag{2.3.68}$$

同时将式(2.3.15)中的积分分部积分一次，并利用式(2.3.66)，得

$$\psi = \mathrm{e}^{\mathrm{i}kx} - \frac{1}{\mathrm{i}k}K(x,x,t)\mathrm{e}^{\mathrm{i}kx} - \frac{1}{\mathrm{i}k}\int_x^{+\infty} \frac{\partial K(x,y,t)}{\partial y}\mathrm{e}^{\mathrm{i}ky}\mathrm{d}y \tag{2.3.69}$$

再积分一次，利用式(2.3.66)，有

$$\psi = \mathrm{e}^{\mathrm{i}kx} - \frac{1}{\mathrm{i}k}K(x,x,t)\mathrm{e}^{\mathrm{i}kx} - \frac{1}{k^2}\left[\frac{\partial K(x,y,t)}{\partial y}\right]_{y=x}\mathrm{e}^{\mathrm{i}kx} - \frac{1}{k^2}\int_x^{+\infty} \frac{\partial^2 K(x,y,t)}{\partial y^2}\mathrm{e}^{\mathrm{i}ky}\mathrm{d}y \tag{2.3.70}$$

由式(2.3.68)和式(2.3.70)可得

$$\frac{\partial^2\psi}{\partial x^2} + k^2\psi = -\frac{\partial K(x,x,t)}{\partial x}\mathrm{e}^{\mathrm{i}kx} - \left[\frac{\partial K(x,y,t)}{\partial x} + \frac{\partial K(x,y,t)}{\partial y}\right]_{y=x}\mathrm{e}^{\mathrm{i}kx} + \int_x^{+\infty}\left[\frac{\partial^2 K(x,y,t)}{\partial x^2} - \frac{\partial^2 K(x,y,t)}{\partial y^2}\right]\mathrm{e}^{\mathrm{i}ky}\mathrm{d}y \tag{2.3.71}$$

注意，对于复合函数 $K(x,y(x),t)$ 有

$$\begin{aligned}\frac{\partial K(x,x,t)}{\partial x} &= \left[\frac{\partial K(x,y,t)}{\partial x} + \frac{\partial K(x,y,t)}{\partial y}\frac{\mathrm{d}y}{\mathrm{d}x}\right]_{y=x} \\ &= \left[\frac{\partial K(x,y,t)}{\partial x} + \frac{\partial K(x,y,t)}{\partial y}\right]_{y=x}\end{aligned} \tag{2.3.72}$$

这样，将式(2.3.71)与式(2.3.13)相比较，可得

$$\begin{aligned}&\left[-2\frac{\partial K(x,x,t)}{\partial x}\right]\mathrm{e}^{\mathrm{i}kx} + \int_x^{+\infty}\left[\frac{\partial^2 K(x,y,t)}{\partial x^2} - \frac{\partial^2 K(x,y,t)}{\partial y^2}\right]\mathrm{e}^{\mathrm{i}ky}\mathrm{d}y \\ &= u\left[\mathrm{e}^{\mathrm{i}kx} + \int_x^{+\infty}K(x,y,t)\mathrm{e}^{\mathrm{i}ky}\mathrm{d}y\right]\end{aligned} \tag{2.3.73}$$

比较式(2.3.73)两边 $\mathrm{e}^{\mathrm{i}kx}$ 的系数，得到

$$\begin{cases}-2\dfrac{\partial K(x,x,t)}{\partial x} = u \\ \dfrac{\partial^2 K(x,y,t)}{\partial x^2} - \dfrac{\partial^2 K(x,y,t)}{\partial y^2} = uK(x,y,t)\end{cases} \tag{2.3.74}$$

其中，第一式即是式(2.3.65)。

2.4 KdV 方程的 n 孤子解

本节我们按照 2.3 节给出的步骤，求 KdV 方程的孤立子解。

2.4.1 单孤立子解

求解 KdV 方程的初值问题

$$\begin{cases}u_t - 6uu_x + u_{xxx} = 0 \quad (-\infty < x < +\infty, t > 0) \\ u|_{t=0} = -2\operatorname{sech}^2 x \quad (-\infty < x < +\infty)\end{cases} \tag{2.4.1}$$

显然有当 $x\to\pm\infty$ 时，$u|_{t=0}=0$。

步骤 1 先求解下列 Schrödinger 方程的本征值问题

$$\begin{cases}\dfrac{\partial^2\psi_0}{\partial x^2} + (\lambda + 2\operatorname{sech}^2 x)\psi_0 = 0 \quad (-\infty < x < +\infty) \\ \psi_0|_{x\to\pm\infty} = 0\end{cases} \tag{2.4.2}$$

对于离散本征值 $\lambda=-k_n^2<0$，作变换

$$\eta=\tanh x \tag{2.4.3}$$

问题(2.4.2)化为

$$\begin{cases}\dfrac{\partial}{\partial\eta}\left[(1-\eta^2)\dfrac{\partial\psi_0}{\partial\eta}\right]+(2-\dfrac{k_n^2}{1-\eta^2})\psi_0=0\\ \psi_0\mid_{\eta=\pm1}\to0\end{cases} \tag{2.4.4}$$

这是关联 Legendre 方程的本征值问题，其本征值和本征函数分别为

$$\begin{cases}l(l+1)=2,\quad 即\ l=1\\ \psi_0=AP_l^{k_n}(\eta)\end{cases} \tag{2.4.5}$$

但 $0<k_n\leqslant l$，只有 $k_n=k_1=1(n=1)$，则

$$\psi_0=AP_l^1(\eta)=A\sqrt{1-\eta^2}=A\operatorname{sech}x \tag{2.4.6}$$

其中，A 为任意常数。而当 $x\to+\infty$ 时，

$$\psi_0=2A\mathrm{e}^{-x} \tag{2.4.7}$$

将此式与式(2.3.4)(即 $\psi_n\sim c_n(k_n,0)\mathrm{e}^{-k_nx}(x\to+\infty)$)比较，有

$$C_1(k_1,0)=2A \tag{2.4.8}$$

A 可由正交归一化条件 $\int_{-\infty}^{+\infty}\psi_n^2\mathrm{d}x=1$ 得到，因为由

$$A^2\int_{-\infty}^{+\infty}\operatorname{sech}^2x\mathrm{d}x=A^2\int_{-\infty}^{+\infty}\mathrm{d}\eta=1 \tag{2.4.9}$$

可以推出 $2A^2=1$，即 $A=\dfrac{1}{\sqrt{2}}$，因而 $C_1(k_1,0)=\sqrt{2}$，故

$$\psi_0=\frac{1}{\sqrt{2}}\operatorname{sech}x,\quad \psi_0\sim\sqrt{2}\mathrm{e}^{-x}(x\to+\infty) \tag{2.4.10}$$

对应连续本征值，势井是凹的，平面波通过时无反射，故

$$T(k,0)=1,\quad R(k,0)=0 \tag{2.4.11}$$

于是得 $t=0$ 时的散射数据 $\lambda=k^2=1, C_1(k_1,0)=\sqrt{2}, R(k,0)=0$。

步骤 2 散射数据随时间的演化

由定理 2.2.3，得

$$T(k,t)=1,\quad C_1(k_1,t)=\sqrt{2}\mathrm{e}^{4t},\quad R(k,t)=0 \tag{2.4.12}$$

步骤 3 反演

GLM 方程的核

$$F(x,t)=C_1^2(k_1,t)\mathrm{e}^{-x}=2\mathrm{e}^{8t-x} \tag{2.4.13}$$

而 GLM 积分方程为

$$K(x,y,t)+2\mathrm{e}^{-y}\mathrm{e}^{-(x-8t)}+2\mathrm{e}^{-(y-8t)}\int_{-\infty}^{+\infty}\mathrm{e}^{-z}K(x,z,t)\mathrm{d}z=0 \tag{2.4.14}$$

为了求解积分方程(2.4.14)，我们设

$$K(x,y,t)=I(x,t)\mathrm{e}^{-y} \tag{2.4.15}$$

代入方程(2.4.14)求得

$$I(x,t)=-\mathrm{e}^{4t}\operatorname{sech}(x-4t) \tag{2.4.16}$$

因而

$$K(x,y,t)=-e^{-(y-4t)}\operatorname{sech}(x-4t) \tag{2.4.17}$$

由此及式(2.3.65)求得问题(2.4.10)的解为

$$u(x,t)=-2\frac{\partial}{\partial x}(-e^{-(y-4t)}\operatorname{sech}(x-4t))=-2\operatorname{sech}^2(x-4t) \tag{2.4.18}$$

这就是 KdV 方程的单孤子解。

2.4.2 双孤子解

求解下列 KdV 方程的初值问题

$$\begin{cases} u_t-6uu_x+u_{xxx}=0 & (-\infty<x<+\infty,t>0) \\ u|_{t=0}=-6\operatorname{sech}^2 x & (-\infty<x<+\infty) \end{cases} \tag{2.4.19}$$

由于初始条件是双孤子解的初始条件，因而由问题(2.4.19)求得的应该是 KdV 方程的双孤子解。

步骤 1 求解下列 Schrödinger 方程的本征值问题

$$\begin{cases} \dfrac{\partial^2\psi_0}{\partial x^2}+(\lambda+6\operatorname{sech}^2 x)\psi_0=0 \\ \psi_0|_{x\to\pm\infty}=0 \end{cases} \tag{2.4.20}$$

对于离散本征值 $\lambda=-k_n^2<0$，同样作变换

$$\eta=\tanh x \tag{2.4.21}$$

问题(2.4.20)化为

$$\begin{cases} \dfrac{\partial}{\partial\eta}\left[(1-\eta^2)\dfrac{\partial\psi_0}{\partial\eta}\right]+\left(6-\dfrac{k_n^2}{1-\eta^2}\right)\psi_0=0 \\ \psi_0|_{\eta=\pm1}\to0 \end{cases} \tag{2.4.22}$$

这也是关联 Legendre 方程的本征值问题，其本征值和本征函数分别为

$$\begin{cases} l(l+1)=6, \quad 即\ l=2 \\ \psi_0=AP_2^{k_n}(\eta) \quad (k_n\leqslant2,即\ k_1=1,k_2=2) \end{cases} \tag{2.4.23}$$

因此

$$\begin{cases} \psi_0^{(1)}=A_1P_2^1(\eta)=A_1\cdot3\eta\sqrt{1-\eta^2}=3A_1\tanh x\cdot\operatorname{sech} x \\ \psi_0^{(2)}=A_2P_2^2(\eta)=A_2\cdot3(1-\eta^2)=3A_2\operatorname{sech}^2 x \end{cases} \tag{2.4.24}$$

其中，A_1、A_2 为任意常数。而当 $x\to+\infty$时，

$$\begin{cases} \psi_0^{(1)}\sim6A_1e^{-x}=C_1(k_1,0)e^{-x} \\ \psi_0^{(2)}\sim12A_2e^{-2x}=C_2(k_2,0)e^{-2x} \end{cases} \tag{2.4.25}$$

因而，

$$C_1(k_1,0)=6A_1, \quad C_2(k_2,0)=12A_2 \tag{2.4.26}$$

A_1、A_2 可由正交归一化条件(2.3.5)得到

$$A_1=\frac{1}{\sqrt6}, \quad A_2=\frac{1}{2\sqrt3} \tag{2.4.27}$$

从而

$$C_1(k_1,0)=\sqrt6, \quad C_2(k_2,0)=2\sqrt3 \tag{2.4.28}$$

所以，本征函数为

$$\begin{cases}\psi_0^{(1)}=\dfrac{\sqrt{3}}{2}\tanh x\cdot\operatorname{sech} x=\dfrac{\sqrt{3}}{2}\sinh x\cdot\operatorname{sech}^2 x\\ \psi_0^{(2)}=\sqrt{\dfrac{3}{2}}\operatorname{sech}^2 x\end{cases}\tag{2.4.29}$$

对应连续本征值，平面波通过时无反射，故 $T(k,0)=1$, $R(k,0)=0$。于是得 $t=0$ 时的散射数据

$$k_1=1,\ k_2=2;\ C_1(k_1,0)=\sqrt{6},\ C_2(k_1,0)=2\sqrt{3};\ R(k,0)=0\tag{2.4.30}$$

步骤 2 散射数据随时间的演化

由定理 2.2.3 得

$$T(k,t)=1,\quad C_1(k_1,t)=\sqrt{6}e^{4t},\quad C_2(k_2,t)=2\sqrt{3}e^{32t},\quad R(k,t)=0\tag{2.4.31}$$

步骤 3 反演

GLM 方程的核

$$\begin{aligned}F(\xi,t)&=C_1^2(k_1,t)e^{-k_1\xi}+C_2^2(k_2,t)e^{-k_2\xi}\\&=6e^{-(\xi-8t)}+12e^{-2(\xi-32t)}\end{aligned}\tag{2.4.32}$$

而 GLM 积分方程为

$$\begin{aligned}&K(x,y,t)+6e^{-(x+y-8t)}+12e^{-2(x+y-32t)}+\\&\int_x^{+\infty}[6e^{-(y+z-8t)}+12e^{-2(y+z-8t)}]K(x,z,t)dz=0\end{aligned}\tag{2.4.33}$$

设

$$K(x,y,t)=I_1(x,t)e^{-y}+I_2(x,t)e^{-2y}\tag{2.4.34}$$

代入方程(2.4.33)求得

$$\begin{cases}[1+3e^{-2(x-4t)}]I_1+2e^{-(3x-8t)}I_2=-6e^{-(x-8t)}\\ 4e^{-(3x-64t)}I_1+[1+3e^{-4(x-16t)}]I_2=-12e^{-2(x-32t)}\end{cases}\tag{2.4.35}$$

由式(2.4.35)解得

$$\begin{cases}I_1=\dfrac{\begin{vmatrix}-6e^{-(x-8t)} & 2e^{-(3x-8t)}\\ -12e^{-2(x-32t)} & 1+3e^{-4(x-16t)}\end{vmatrix}}{\begin{vmatrix}1+3e^{-2(x-4t)} & 2e^{-(3x-8t)}\\ 4e^{-(3x-64t)} & 1+3e^{-4(x-16t)}\end{vmatrix}}\\[4ex] I_2=\dfrac{\begin{vmatrix}1+3e^{-2(x-4t)} & -6e^{-(x-8t)}\\ 4e^{-(3x-64t)} & -12e^{-2(x-32t)}\end{vmatrix}}{\begin{vmatrix}1+3e^{-2(x-4t)} & 2e^{-(3x-8t)}\\ 4e^{-(3x-64t)} & 1+3e^{-4(x-16t)}\end{vmatrix}}\end{cases}\tag{2.4.36}$$

因而

$$K(x,x,t)=-6\,\frac{e^{8t-2x}+2e^{64t-4x}+e^{72t-6x}}{1+3e^{8t-2x}+3e^{64t-4x}+e^{72t-6x}}\tag{2.4.37}$$

因而由式(2.3.65)得

$$u(x,t)=-12\,\frac{3+4\cosh 2(x-4t)+\cosh 4(x-16t)}{[3\cosh(x-28t)+\cosh 3(x-12t)]^2}\tag{2.4.38}$$

这就是 KdV 方程的双孤子解。

下面说明，当 $t\to\pm\infty$ 时，式(2.4.38)表示双孤子，即是两个单孤子的叠加。

首先，固定 $\xi_1=x-4t$，因 $\xi_2=x-16t$，则当 $t\to-\infty$ 时，$e^{-4\xi_2}\to 0$；当 $t\to+\infty$ 时，$e^{4\xi_2}\to 0$。因而

$$\begin{cases}\lim\limits_{\substack{t\to-\infty\\(\xi_1\text{固定})}} K(x,x,t)=-\dfrac{6e^{-2\xi_1}}{1+3e^{-2\xi_1}}\\[2ex] \lim\limits_{\substack{t\to+\infty\\(\xi_1\text{固定})}} K(x,x,t)=-\dfrac{6(1+e^{2\xi_1})}{1+3e^{-2\xi_1}}\end{cases}\tag{2.4.39}$$

所以有

$$\begin{cases}\lim\limits_{\substack{t\to-\infty\\(\xi_1\text{固定})}} u=12\dfrac{\partial}{\partial x}\left(\dfrac{e^{-2\xi_1}}{1+3e^{-2\xi_1}}\right)=-2\text{sech}^2(x-4t-\delta_1)\\[2ex] \lim\limits_{\substack{t\to+\infty\\(\xi_1\text{固定})}} u=12\dfrac{\partial}{\partial x}\left(\dfrac{1+e^{2\xi_1}}{1+3e^{-2\xi_1}}\right)=-2\text{sech}^2(x-4t-\delta_1')\end{cases}\tag{2.4.40}$$

它表征以振幅 $a=-2$，波速 $c=4$ 前进的孤立波，其中 $\delta_1=\dfrac{1}{2}\ln 3$，$\delta_1'=-\dfrac{1}{2}\ln 3$。

其次，固定 $\xi_2=x-16t$，因 $\xi_1=\xi_2+12t$，则当 $t\to-\infty$ 时，$e^{2\xi_1}\to 0$；$t\to+\infty$ 时，$e^{-2\xi_1}\to 0$，因而

$$\begin{cases}\lim\limits_{\substack{t\to-\infty\\(\xi_2\text{固定})}} K(x,x,t)=-6\dfrac{1+2e^{4\xi_2}}{1+3e^{4\xi_2}}\\[2ex] \lim\limits_{\substack{t\to+\infty\\(\xi_2\text{固定})}} K(x,x,t)=-12\dfrac{e^{-4\xi_2}}{1+3e^{-4\xi_2}}\end{cases}\tag{2.4.41}$$

所以有

$$\begin{cases}\lim\limits_{\substack{t\to-\infty\\(\xi_2\text{固定})}} u=-8\text{sech}^2[2(x-16t-\xi_2)]\\[2ex] \lim\limits_{\substack{t\to+\infty\\(\xi_2\text{固定})}} u=-8\text{sech}^2[2(x-16t-\xi_2')]\end{cases}\tag{2.4.42}$$

它表征以振幅 $a=-8$，波速 $c=16$ 前进的孤立波，其中 $\delta_2=-\dfrac{1}{4}\ln 3$，$\delta_2'=\dfrac{1}{4}\ln 3$。

通过以上的讨论，可以得到以下结论：当 Schrödinger 方程具有位势 $u_0(x)=-6\text{sech}^2 x$ 时，它有两个离散特征值，对应 KdV 方程的双孤子解，当 $t\to\pm\infty$ 时，完全分离成两个孤立子。解(2.4.38)反映孤立子的相互作用，作用结果使两个孤立子交换前后位置，各自波速与形状不变，只是位相发生变化。

2.4.3 *n* 孤子解

若 KdV 方程对应的 Schrödinger 方程有 n 个离散特征值，相应 KdV 方程有 n 个孤子解。下面我们来讨论这个问题。

考虑一般 KdV 方程的初值问题

$$\begin{cases}u_t-6uu_x+u_{xxx}=0\\ u|_{t=0}=u_0(x)\end{cases}\tag{2.4.43}$$

设 $u_0(x)$ 是 Schrödinger 方程

$$\psi_{xx}-[u_0(x)-\lambda]\psi=0\tag{2.4.44}$$

的无反射势，即对应连续特征值 $\lambda=k^2$，其反射系数 $R(k,0)=0$。

设式(2.4.44)有 n 个离散特征值

$$\lambda_j=-k_j^2,j=1,2,\cdots,n \tag{2.4.45}$$

相应的渐近解中归一化的系数为 $C_j(k_j,0)$，那么 $t>0$ 时的散射数据是

$$(\lambda_j=-k_j^2,\ j=1,2,\cdots,n;\quad C_j(k_j,t)=C_j(k_j,0)\mathrm{e}^{4k^3t_j},\quad R(k,t)=0) \tag{2.4.46}$$

于是核函数是

$$B(\xi,t)=\sum_{j=1}^{n}C_j^2(k_j,t)\mathrm{e}^{-k_j\xi} \tag{2.4.47}$$

Gelfand-Levitan 积分方程是

$$K(x,y,t)+\sum_{j=1}^{n}C_j^2(k_j,t)\mathrm{e}^{-k_j(x+y)}+\sum_{j=1}^{n}C_j^2(k_j,t)\mathrm{e}^{-k_jy}\int_x^{\infty}K(x,z,t)\mathrm{e}^{-k_jz}\mathrm{d}z=0 \tag{2.4.48}$$

为了消去式(2.4.48)对于 y 的依赖性，不妨设

$$K(x,y,t)=-\sum_{\alpha=1}^{n}C_\alpha(k_\alpha,t)\psi_\alpha(x)\mathrm{e}^{-k_\alpha y} \tag{2.4.49}$$

将式(2.4.49)代入式(2.4.48)，得

$$\sum_{j=1}^{n}\left[C_j\psi_j-C_j^2\mathrm{e}^{-k_jx}+C_j^2\sum_{\alpha=1}^{n}C_\alpha\psi_\alpha\int_x^{\infty}\mathrm{e}^{-(k_\alpha+k_j)z}\mathrm{d}z\right]\mathrm{e}^{-k_jy}=0 \tag{2.4.50}$$

由于 $\mathrm{e}^{-k_jy}(j=1,2,\cdots,n)$ 是线性无关的，故式(2.4.50)中 e^{-k_jy} 的系数为零。即

$$C_j\psi_j-C_j^2\mathrm{e}^{-k_jx}+C_j^2\sum_{\alpha=1}^{n}C_\alpha\psi_\alpha\int_x^{\infty}\mathrm{e}^{-(k_\alpha+k_j)z}\mathrm{d}z=0\quad(j=1,2,\cdots,n) \tag{2.4.51}$$

在式(2.4.51)中，消去一个相同因子 C_j，并把积分计算出来，得

$$\psi_j+C_j\sum_{\alpha=1}^{n}C_\alpha\psi_\alpha\frac{\mathrm{e}^{-(k_\alpha+k_j)x}}{k_\alpha+k_j}=C_j\mathrm{e}^{-k_jx} \tag{2.4.52}$$

现在将方程组(2.4.52)改写成矩阵形式

$$\boldsymbol{A\Psi}=\boldsymbol{F} \tag{2.4.53}$$

其中，$\boldsymbol{A}$ 表示 $n\times n$ 阶矩阵，

$$\boldsymbol{A}=\boldsymbol{B}+\boldsymbol{E} \tag{2.4.54}$$

$\boldsymbol{B}$ 是如下的 $n\times n$ 阶矩阵

$$\boldsymbol{B}=(b_{j\alpha}),\quad b_{j\alpha}=\frac{C_jC_\alpha}{k_j+k_\alpha}\mathrm{e}^{-(k_j+k_\alpha)x} \tag{2.4.55}$$

$\boldsymbol{E}$ 是 n 阶单位矩阵，

$$\boldsymbol{E}=(\delta_{j\alpha}),\quad \delta_{j\alpha}=\begin{cases}1, & j=\alpha\\ 0, & j\neq\alpha\end{cases} \tag{2.4.56}$$

$\boldsymbol{\Psi}$ 和 $\boldsymbol{F}$ 是列向量

$$\boldsymbol{\Psi}=\begin{pmatrix}\psi_1\\ \psi_2\\ \vdots\\ \psi_n\end{pmatrix},\quad \boldsymbol{F}=\begin{pmatrix}C_1\mathrm{e}^{-k_1x}\\ C_2\mathrm{e}^{-k_2x}\\ \vdots\\ C_n\mathrm{e}^{-k_nx}\end{pmatrix}$$

方程组(2.4.53)有唯一解的充分条件是矩阵 $\boldsymbol{B}$ 是正定的。为证明矩阵 $\boldsymbol{B}$ 的正定性，只需注意下面的二次型是正定的

$$\sum_{j=1}^{n}\sum_{\alpha=1}^{n} b_{j\alpha}\xi_j\xi_\alpha = \sum_{j=1}^{n}\sum_{\alpha=1}^{n}\frac{C_jC_\alpha}{k_j+k_\alpha}e^{-(k_j+k_\alpha)x}\xi_j\xi_\alpha = \sum_{j=1}^{n}\sum_{\alpha=1}^{n}C_j\xi_jC_\alpha\xi_\alpha\int_x^{\infty}e^{-(k_j+k_\alpha)z}dz$$

$$=\int_x^{\infty}\left(\sum_{j=1}^{n}C_j\xi_j e^{-k_jz}\right)^2 dz>0 \tag{2.4.57}$$

由求解线性方程组的 Cramer 法则，得到方程(2.4.53)的唯一解

$$\psi_\alpha=\frac{1}{\det \boldsymbol{A}}\begin{vmatrix} a_{11} & a_{12} & \cdots & a_{1\alpha-1} & C_1e^{-k_1x} & a_{1\alpha+1} & \cdots & a_{1n}\\ a_{21} & a_{22} & \cdots & a_{2\alpha-1} & C_2e^{-k_2x} & a_{2\alpha+1} & \cdots & a_{2n}\\ \vdots & \vdots & & \vdots & \vdots & \vdots & & \vdots\\ a_{n1} & a_{n2} & \cdots & a_{n\alpha-1} & C_ne^{-k_nx} & a_{n\alpha+1} & \cdots & a_{nn}\end{vmatrix}\quad(\alpha=1,2,\cdots,n) \tag{2.4.58}$$

其中，

$$a_{j\alpha}=b_{j\alpha}+\delta_{j\alpha} \tag{2.4.59}$$

将式(2.4.58)代入式(2.4.49)，并令 $y=x$，得到

$$K(x,y,t)=\frac{1}{\det \boldsymbol{A}}\sum_{\alpha=1}^{n}\begin{vmatrix} a_{11} & a_{12} & \cdots & a_{1\alpha-1} & -C_1C_\alpha e^{-(k_1+k_\alpha)x} & a_{1\alpha+1} & \cdots & a_{1n}\\ a_{21} & a_{22} & \cdots & a_{2\alpha-1} & -C_2C_\alpha e^{-(k_2+k_\alpha)x} & a_{2\alpha+1} & \cdots & a_{2n}\\ \vdots & \vdots & & \vdots & \vdots & \vdots & & \vdots\\ a_{n1} & a_{n2} & \cdots & a_{n\alpha-1} & -C_nC_\alpha e^{-(k_n+k_\alpha)x} & a_{n\alpha+1} & \cdots & a_{nn}\end{vmatrix}$$

$$=\frac{1}{\det \boldsymbol{A}}\sum_{\alpha=1}^{n}\begin{vmatrix} a_{11} & a_{12} & \cdots & a_{1\alpha-1} & \frac{d}{dx}\left(C_1C_\alpha\frac{e^{-(k_1+k_\alpha)x}}{k_1+k_\alpha}\right)C_1e^{-k_1x} & a_{1\alpha+1} & \cdots & a_{1n}\\ a_{21} & a_{22} & \cdots & a_{2\alpha-1} & \frac{d}{dx}\left(C_2C_\alpha\frac{e^{-(k_2+k_\alpha)x}}{k_2+k_\alpha}\right)C_1e^{-k_1x} & a_{2\alpha+1} & \cdots & a_{2n}\\ \vdots & \vdots & & \vdots & \vdots & \vdots & & \vdots\\ a_{n1} & a_{n2} & \cdots & a_{n\alpha-1} & \frac{d}{dx}\left(C_nC_\alpha\frac{e^{-(k_n+k_\alpha)x}}{k_n+k_\alpha}\right)C_1e^{-k_1x} & a_{n\alpha+1} & \cdots & a_{nn}\end{vmatrix}$$

$$=\frac{\frac{d}{dx}(\det \boldsymbol{A})}{\det \boldsymbol{A}}=\frac{d}{dx}[\ln(\det \boldsymbol{A})] \tag{2.4.60}$$

在得到式(2.4.60)时，我们用到了行列式的求导法则。

由式(2.2.61)，KdV 方程的初值问题(2.4.43)的解可以表示为

$$u(x,t)=-2\frac{d}{dx}K(x,x,t)=-2\frac{d^2}{dx^2}[\ln(\det \boldsymbol{A})] \tag{2.4.61}$$

现在证明，式(2.4.49)中的 ψ_α 是对应于 Schrödinger 方程离散本征值 $\lambda_\alpha=-k_\alpha^2$ 的正规化本征函数，即

$$L_\alpha[\psi_\alpha]=0,\quad L_\alpha\equiv\frac{d^2}{dx^2}-(k_\alpha^2+u) \tag{2.4.62}$$

事实上，将算子 L_j 作用到式(2.4.52)，并利用式(2.2.61)和式(2.4.49)消去 u，得

$$L_j[\psi_j]+\sum_{\alpha=1}^{n}C_jC_\alpha\frac{e^{-(k_j+k_\alpha)x}}{k_j+k_\alpha}L_\alpha[\psi_\alpha]=0 \tag{2.4.63}$$

或者

$$\boldsymbol{AL}[\psi]=0 \tag{2.4.64}$$

其中,$\boldsymbol{A}$ 是 $n\times n$ 阶矩阵,由式(2.4.54)和式(2.4.55)表示。

$$\boldsymbol{A}=\boldsymbol{B}+\boldsymbol{E},\quad \boldsymbol{B}=(b_{j\alpha}),\quad b_{j\alpha}=\frac{C_jC_\alpha}{k_j+k_\alpha}\mathrm{e}^{-(k_j+k_\alpha)x}$$

而 $\boldsymbol{E}$ 是 n 阶单位矩阵,$\boldsymbol{L}[\psi]$是列向量

$$\boldsymbol{L}[\psi]=\begin{pmatrix}L_1[\psi_1]\\L_2[\psi_2]\\\vdots\\L_n[\psi_n]\end{pmatrix} \tag{2.4.65}$$

由式(2.4.57),$\boldsymbol{A}$ 是非奇异矩阵,故方程组(2.4.64)只有平凡解

$$\boldsymbol{L}[\psi]=0,\quad 即\ L_\alpha[\psi_\alpha]=0 \tag{2.4.66}$$

即 ψ_α 是 Schrödinger 方程对应于特征值 k_α 的特征函数。

将式(2.4.52)两边乘以 e^{k_jx},得到如下形式:

$$\psi_j\mathrm{e}^{k_jx}+\sum_{\alpha=1}^{n}\frac{C_jC_\alpha}{k_\alpha+k_j}(\psi_\alpha\mathrm{e}^{k_\alpha x})\mathrm{e}^{-2k_\alpha x}=C_j$$

令 $x\to\infty$取极限,有

$$\lim_{x\to\infty}\psi_j\mathrm{e}^{k_jx}=C_j$$

即 ψ_j 是正规化的本征函数。

现在证明,KdV 方程的解(2.4.61),当 $t\to\pm\infty$时,分裂为 n 个孤立子。每个孤立子对应于 Schrödinger 方程的一个离散的特征值。故式(2.4.61)表示 n 个孤立子的相互作用,因而它是 n 孤立子解。

利用式(2.4.49)将式(2.4.61)改写成下面的形式:

$$u(x,t)=-2\frac{\mathrm{d}}{\mathrm{d}x}K(x,x,t)=2\frac{\mathrm{d}}{\mathrm{d}x}\sum_{m=1}^{n}C_m\psi_m\mathrm{e}^{-k_mx}=2\frac{\mathrm{d}}{\mathrm{d}x}\sum_{m=1}^{n}f_m(x,t)=2\sum_{m=1}^{n}f'_m \tag{2.4.67}$$

其中,

$$f_m(x,t)=C_m\psi_m\mathrm{e}^{-k_mx}\quad 或\quad \psi_m=\frac{f_m}{C_m}\mathrm{e}^{k_mx} \tag{2.4.68}$$

我们希望求出 $\sum\limits_{m=1}^{n}f'_m$ 当 $t\to\pm\infty$ 时的极限,为此,利用式(2.4.68),将式(2.4.52) 改写为

$$C_m^{-2}\mathrm{e}^{2k_mx}f_m+\sum_{j=1}^{n}\frac{f_j}{k_m+k_j}=1,\quad m=1,2,\cdots,n \tag{2.4.69}$$

两边对 x 求导得

$$C_m^{-2}\mathrm{e}^{2k_mx}f'_m+\sum_{j=1}^{n}\frac{f'_j}{k_m+k_j}=-2k_mC_m^{-2}f_m,\quad m=1,2,\cdots,n \tag{2.4.70}$$

引进运动坐标系

$$\xi=x-4k_p^2t,\quad p=1,2,\cdots,n \tag{2.4.71}$$

得到

$$C_m^{-2}\mathrm{e}^{2k_mx}=C_m(k_m,0)^{-2}\mathrm{e}^{-8k_m(k_m^2-k_p^2)+t+2k_m\xi}=C_m(\xi)\mathrm{e}^{-8k_m(k_m^2-k_p^2)t} \tag{2.4.72}$$

其中,

$$C_m(\xi)=C_m(k_m,0)^{-2}\mathrm{e}^{2k_m\xi} \tag{2.4.73}$$

利用式(2.4.71)和式(2.4.72),式(2.4.69)和式(2.4.70)变成

$$C_m(\xi)\mathrm{e}^{-8k_m(k_m^2-k_p^2)t}f_m+\sum_{j=1}^{n}\frac{f_j}{k_m+k_j}=1 \tag{2.4.74}$$

$$C_m(\xi)\mathrm{e}^{-8k_m(k_m^2-k_p^2)t}f_m'+\sum_{j=1}^{n}\frac{f_j'}{k_m+k_j}=-2k_mC_m(\xi)\mathrm{e}^{-8k_m(k_m^2-k_p^2)t}f_m \tag{2.4.75}$$

当 $m=p$ 时,式(2.4.74)和式(2.4.75)变成

$$C_p(\xi)f_p+\sum_{j=1}^{n}\frac{f_j}{k_p+k_j}=1 \tag{2.4.76}$$

$$C_p(\xi)f_p'+\sum_{j=1}^{n}\frac{f_j'}{k_p+k_j}=-2k_pC_p(\xi)f_p \tag{2.4.77}$$

选取运动坐标系(2.4.71)的目的在于证明,当 $t\to\pm\infty$ 时,第 p 个孤立子是驻定的。下面的讨论将证明,如果 $\lambda_p=-k_p^2$ 是一个本征值,那么 $4k_p^2$ 就是第 p 个孤立子的速度,而 $2k_p^2$ 是振幅。

现在假设本征值按如下大小顺序排列

$$k_1>k_2>\cdots>k_n \tag{2.4.78}$$

并研究方程(2.4.76)和方程(2.4.77)当 $t\to\pm\infty$ 时的结果。特别地,我们的目的是在运动坐标系(2.4.71)下计算出式(2.4.67)中的 $\sum\limits_{m=1}^{n}f_m'$。

首先看 $t\to\pm\infty$ 时的渐近状态。

当 $t\to+\infty$ 时,式(2.4.74)化为

$$\sum_{j=1}^{n}\frac{f_j}{k_m+k_j}=1,\quad m=1,2,\cdots,p-1 \tag{2.4.79}$$

$$C_pf_p+\sum_{j=1}^{n}\frac{f_j}{k_m+k_j}=1,\quad m=p \tag{2.4.80}$$

$$f_m=0,\quad m=p+1,\cdots,n \tag{2.4.81}$$

鉴于式(2.4.81),我们可以把式(2.4.79)和式(2.4.80)写成一个式子

$$\sum_{j=1}^{n}\frac{f_j}{k_m+k_j}=1-C_p(\xi)\delta_{mp}f_p,\quad m=1,2,\cdots,p \tag{2.4.82}$$

其中,

$$\delta_{mp}=\begin{cases}0, & m\neq p\\ 1, & m=p\end{cases}$$

完全类似地,式(2.4.77)变成

$$\sum_{j=1}^{n}\frac{f_j'}{k_m+k_j}=-C_p(\xi)\delta_{mp}(2k_pf_p+f_p'),\quad m=1,2,\cdots,p \tag{2.4.83}$$

$$f_m'=-2k_mf_m=0,\quad m=p+1,\cdots,n \tag{2.4.84}$$

为了求解式(2.4.82)和式(2.4.83),定义矩阵

$$\boldsymbol{K}_p=\left(\frac{1}{k_m+k_j}\right),\quad m,j=1,2,\cdots,p \tag{2.4.85}$$

对于一切 $p=1,2,\cdots,n$,$\boldsymbol{K}_p$ 的行列式为正值。事实上,由于正定矩阵 $\boldsymbol{B}$ 的表达式(2.4.55),在 $\det\boldsymbol{B}$ 中提取各行和各列的公因子后,得

$$0<\det\boldsymbol{B}=\det\boldsymbol{K}_p=\left(\prod_{m=1}^{n}C_m^2\right)\exp\left(-2\sum_{m=1}^{n}k_mx\right) \tag{2.4.86}$$

由此可知，

$$\det \boldsymbol{K}_p > 0 \tag{2.4.87}$$

设 $\boldsymbol{L}_p$ 是把 $\boldsymbol{K}_p$ 的最后一列元素换成数“1”所得的矩阵，由 Cramer 法则，从式(2.4.82)和式(2.4.83)解得

$$f_m \det \boldsymbol{K}_p = \sum_{j=1}^{p} K_{mj} - C_p(\xi) K_{pm} f_p, \quad m = 1,2,\cdots,p \tag{2.4.88}$$

$$f'_m \det \boldsymbol{K}_p = - C_p(\xi) K_{pm}(2k_p f_p + f'_p), \quad m = 1,2,\cdots,p \tag{2.4.89}$$

其中，K_{mj} 表示矩阵 $\boldsymbol{K}_p$ 中的元素 $\dfrac{1}{k_m + k_j}$ 的代数余子式，取 $m=p$，由式(2.4.88)和式(2.4.89)解出 f_p 和 f'_p，得

$$f_p = \frac{\det \boldsymbol{L}_p}{\det \boldsymbol{K}_p + C_p(\xi) \det \boldsymbol{K}_{p-1}} \tag{2.4.90}$$

$$f'_p = - \frac{2C_p(\xi) k_p f_p \det \boldsymbol{K}_{p-1}}{\det \boldsymbol{K}_p + C_p(\xi) \det \boldsymbol{K}_{p-1}} \tag{2.4.91}$$

将式(2.4.89)关于 m 作和，并利用式(2.4.90)和式(2.4.91)，得

$$\lim_{\substack{t\to\infty \\ \xi\text{固定}}} \sum_{m=1}^{n} f'_m = \frac{-2C_p(\xi)k_p}{\left[\dfrac{\det \boldsymbol{K}_p}{\det \boldsymbol{L}_p} + C_p(\xi)\dfrac{\det \boldsymbol{K}_{p-1}}{\det \boldsymbol{K}_p}\right]^2} \tag{2.4.92}$$

为了计算出式(2.4.92)中分母行列式的比值，注意从 $\boldsymbol{K}_p$ 的其他各列减去它的最后一列，再提取各行与各列的公因子，得

$$\det \boldsymbol{K}_p = \frac{\prod\limits_{m=1}^{p-1}(k_p - k_m)}{\prod\limits_{m=1}^{p}(k_p + k_m)} \det \boldsymbol{L}_p \tag{2.4.93}$$

类似地，从 $\boldsymbol{L}_p$ 的其他各行减去它的最后一行，提取公因子，按最后一列展开(这时最后一列除最后一个元素为 1 外，其余元素为 0)，得

$$\det \boldsymbol{L}_p = \frac{\prod\limits_{m=1}^{p-1}(k_p - k_m)}{\prod\limits_{m=1}^{p-1}(k_p + k_m)} \det \boldsymbol{K}_{p-1} \tag{2.4.94}$$

在式(2.4.92)中利用式(2.4.93)、式(2.4.94)和式(2.4.73)，

$$\begin{aligned}
\lim_{\substack{t\to\infty \\ \xi\text{固定}}} u(x,t) &= 2\sum_{m=1}^{p} f'_m \\
&= -16k_p^3 C_p \prod_{m=1}^{p-1}\left(\frac{k_p + k_m}{k_p - k_m}\right)^2 \left[1 + 2k_p C_p \prod_{m=1}^{p-1}\left(\frac{k + k_m}{k - k_m}\right)^2\right]^{-2} \\
&= -8k_p^2 \left[2k_p C_p \prod_{m=1}^{p-1}\left(\frac{k + k_m}{k - k_m}\right)^2\right]\left[1 + 2k_p C_p \prod_{m=1}^{p-1}\left(\frac{k_p + k_m}{k_p - k_m}\right)^2\right]^{-2} \\
&= -8k_p^2 e^{2k_p(\xi - \xi_p)}\left[1 + e^{2k_p(\xi-\xi_p)}\right]^{-2} \\
&= -2k_p^2 \operatorname{sech}^2[k_p(\xi - \xi_p)] \\
&= -2k_p^2 \operatorname{sech}^2[k_p(x - 4k_p^2 t - \xi_p)]
\end{aligned} \tag{2.4.95}$$

其中，ξ_p 由式(2.4.96)定义

$$e^{2k_p\xi_p} = \frac{C_p(k_p,0)^2}{2k_p}\prod_{m=1}^{p-1}\left(\frac{k_p-k_m}{k_p+k_m}\right)^2 \tag{2.4.96}$$

式(2.4.95)就是以速度 $v_p=4k_p^2$ 向 x 轴正向运动的振幅为 $|A_p|=2k_p^2$ 的孤立子。

再看 $t\to-\infty$ 时的渐近状态。当 $t\to-\infty$ 时,式(2.4.74)和式(2.4.75)分别化为

$$\begin{cases}\displaystyle\sum_{j=p}^{n}\frac{f_j}{k_m+k_j} = 1-C_p(\xi)\delta_{mp}f_p, & m=p,p+1,\cdots,n\\ f_m=0, & m=1,2,\cdots,p-1\end{cases} \tag{2.4.97}$$

及

$$\begin{cases}\displaystyle\sum_{j=p}^{n}\frac{f_j'}{k_m+k_j} =-C_p(\xi)\delta_{mp}(2k_pf_p+f_p'), & m=p,p+1,\cdots,n\\ f_m'=-2k_mf_m=0, & m=1,2,\cdots,p-1\end{cases} \tag{2.4.98}$$

我们看到式(2.4.97)和式(2.4.98)与式(2.4.82)和式(2.4.83)具有相同的结构,不过这里是从 p 到 n 作和,而在式(2.4.82)和式(2.4.83)中是从 1 到 p 作和,因此有

$$\begin{aligned}\lim_{\substack{t\to-\infty\\ \xi\text{固定}}} u(x,t) &= -2k_p^2\operatorname{sech}^2[k_p(\xi-\xi_p')]\\ &= -2k_p^2\operatorname{sech}^2[k_p(x-4k_p^2t-\xi_p')]\end{aligned} \tag{2.4.99}$$

其中,ξ_p'由下式定义

$$e^{2k_p\xi_p'} = \frac{C_p(k_p,0)^2}{2k_p}\prod_{m=p+1}^{n}\left(\frac{k_p-k_m}{k_p+k_m}\right)^2 \tag{2.4.100}$$

式(2.4.99)也是以速度 $v_p=4k_p^2$ 向 x 轴正向运动的振幅为 $|A_p|=2k_p^2$ 的孤立子,不过有相位差异而已。

通过上面的讨论,我们得出结论如下:

如果 KdV 方程的解是 Schrödinger 方程的无反射位势,那么当 $t\to\pm\infty$ 时,对应于每一个离散的本征值 $\lambda_p=-k_p^2$,将有一个速度为 $v_p=4k_p^2$,振幅为 $|A_p|=2k_p^2$ 的孤立子与之对应,当 $t\to-\infty$ 时,该孤立子具有式(2.4.99)的形式;当 $t\to+\infty$ 时,则具有式(2.4.95)的形式。从当 $t\to-\infty$ 到 $t\to+\infty$ 的运动中,相位的移动量为

$$\xi_p-\xi'_p=\frac{1}{k_p}\left[\sum_{m=1}^{p-1}\ln\left(\frac{k_m-k_p}{k_m+k_p}\right)-\sum_{m=p+1}^{n}\ln\left(\frac{k_p-k_m}{k_p+k_m}\right)\right] \tag{2.4.101}$$

上述结论,曾分别独立地被 Zakharov、Wadati、Toda 以及 Tanaka 所证明。

从上面的讨论可见,n 孤立子解的推导过程非常复杂,我们将其简单地归纳如下。

首先利用散射数据随时间演化的三个定理,可以给出 $t>0$ 时的散射数据

$$\begin{cases}k_j^2(t)=k_j^2, \quad j=1,2,\cdots,n\\ R(k,t)=R(k,0)=0\\ C_j(k_j,t)=C_j(k_j,0)e^{4k_j^3t}\end{cases} \tag{2.4.102}$$

再应用散射数据给出积分方程的核函数

$$B(\xi,t) = \sum_{j=1}^{n}C_j^2(k_j,t)e^{-k_j\xi} \tag{2.4.103}$$

于是 Gelfand-Levitan 积分方程为

$$K(x,y,t)+\sum_{j=0}^{n}C_j^2(k_j,t)e^{-k_j(x+y)}+\sum_{j=0}^{n}C_j^2(k_j,t)e^{-k_jy}\int_x^{\infty}K(x,z,t)e^{-k_jz}dz=0 \tag{2.4.104}$$

为了消去式(2.4.104)中的 y,令

$$K(x,y,t)=-\sum_{j=0}^{n}C_j(k_j,t)\psi_j(x)\mathrm{e}^{-k_jy} \tag{2.4.105}$$

代入 Gelfand-Levitan 方程(2.4.104)中,得

$$\sum_{j=1}^{n}\left[C_j\psi_j+C_j^2\mathrm{e}^{-k_jx}+C_j^2\sum_{m=1}^{n}C_m\psi_m\int_x^{\infty}\mathrm{e}^{-(k_m+k_j)z}\mathrm{d}z\right]\mathrm{e}^{-k_jy}=0 \tag{2.4.106}$$

让每一个 e^{-k_jy} 前的系数为零,得到一个方程组

$$C_j\psi_j+C_j^2\mathrm{e}^{-k_jx}+C_j^2\sum_{m=1}^{n}C_m\psi_m(x)\int_x^{\infty}\mathrm{e}^{-(k_j+k_m)}\mathrm{d}z=0\quad j=1,2,\cdots,n \tag{2.4.107}$$

解出 C_j,ψ_j 代回到 $K(x,\ y,\ t)$ 的表达式(2.4.105)中,就可以给出 $K(x,\ y,\ t)$ 的结果为

$$K(x,x,t)=\frac{\mathrm{d}}{\mathrm{d}x}[\ln(\det\boldsymbol{A})] \tag{2.4.108}$$

其中,$\det\boldsymbol{A}$ 为上述方程组(2.4.107)的系数行列式,其矩阵元为

$$a_{jm}=\frac{C_jC_m}{k_j+k_m}\mathrm{e}^{-(k_j+k_m)x}+\delta_{jm} \tag{2.4.109}$$

从而有

$$u=-2\frac{\mathrm{d}}{\mathrm{d}x}K(x,x,t)=-2\frac{\mathrm{d}^2}{\mathrm{d}x^2}[\ln(\det\boldsymbol{A})] \tag{2.4.110}$$

在结束本节之前,我们需要指出,上述讨论的是无反射势的情形,即 KdV 方程的解 $u(x,t)$ 是 Schrödinger 方程的无反射势,即本征值都是离散本征值的情况。对于不引进离散本征值的位势 u,即对应于连续本征值的问题,Ablowitz 和 Newell 已经讨论过。但是对于同时引进离散本征值和连续本征值的位势 u,相应的问题还没有人讨论。

2.5 反演散射法的推广

2.5.1 Lax 方程

当 Gardner 等人开始给出 KdV 方程的反散射法时,有人认为这主要取决于 KdV 方程和 Schrödinger 方程之间的巧妙关系,可能是一种巧合。但后来的发展表明,反散射法可以用来求解许多非线性偏微分方程。其中一个重要的进展是 Lax 将这种方法理论化,给出一个比较普遍的格式。

1968 年 Lax 把 KdV 方程的反演散射法加以推广,认为求解一个非线性偏微分方程

$$\partial_t^m u=F(x,t,u,u_x,u_t,\cdots) \tag{2.5.1}$$

可以分以下三步处理:

(1) 找一个合适的本征值问题

$$\boldsymbol{L}\boldsymbol{\psi}=-\lambda\boldsymbol{\psi} \tag{2.5.2}$$

其中,$\boldsymbol{L}$ 是线性算子,$\boldsymbol{L}$ 与 u 有关。如对于 KdV 方程,$\boldsymbol{L}$ 就是 Schrödinger 算子

$$\boldsymbol{L}\equiv\frac{\mathrm{d}^2}{\mathrm{d}x^2}-u \tag{2.5.3}$$

(2) 证明本征值 λ 与 t 无关,即

$$\frac{\mathrm{d}\lambda}{\mathrm{d}t}=0 \tag{2.5.4}$$

(3) 再找到一个合适的线性算子 $\boldsymbol{M}$,$\boldsymbol{M}$ 也与 u 有关,使得

$$\psi_t=\boldsymbol{M}\boldsymbol{\psi} \tag{2.5.5}$$

式(2.5.5)控制本征函数 $\boldsymbol{\psi}$ 的时间演化,由 $|x|\to+\infty$ 的渐近态,可以确定散射数据随时间 t 的发展。对于 KdV 方程

$$\psi_t=2(u+2\lambda)\psi_x+(r-u_x)\boldsymbol{\psi} \tag{2.5.6}$$

将式(2.5.2)对 t 求导,得

$$L_t\psi+\boldsymbol{L}\psi_t=-\lambda\psi_t \tag{2.5.7}$$

利用式(2.5.2)和式(2.5.5)得

$$\{L_t-[\boldsymbol{ML}-\boldsymbol{LM}]\}\boldsymbol{\psi}=0 \tag{2.5.8}$$

要使 $\boldsymbol{\psi}$ 有非平凡解,则要求

$$L_t-[\boldsymbol{ML}-\boldsymbol{LM}]=L_t-[\boldsymbol{M},\boldsymbol{L}]=0 \tag{2.5.9}$$

式(2.5.9)称为式(2.5.1)的 Lax 表示,也称为 Lax 方程。$[\boldsymbol{M},\boldsymbol{L}]=\boldsymbol{ML}-\boldsymbol{LM}$ 称为交换子或对易子。一对线性算子 $\boldsymbol{L}$ 和 $\boldsymbol{M}$ 也称为非线性偏微分方程(2.5.1)的 Lax 对。若能正确选择 $\boldsymbol{L}$ 和 $\boldsymbol{M}$,使 Lax 方程(2.5.9)与非线性偏微分方程(2.5.1)等价,则方程(2.5.1)的初值问题可以用反散射方法(IST)方法求解,这时称(2.5.1)是 IST 可积的。这样,关键问题在于找到合适的 Lax 对。

当确定算子 $\boldsymbol{L}$ 和 $\boldsymbol{M}$,即 Lax 对以后,求非线性发展方程(2.5.1)初值问题

$$\begin{cases}\partial_t^m u=F(x,t,u,u_x,u_t,\cdots)\\ u|_{t=0}=u_0(x)\end{cases} \tag{2.5.10}$$

的解就可以按照下面的步骤进行:

(1) 求解正问题。根据已知的势函数 $u_0(x)$,求解本征值问题(2.5.2),即求出初始时刻的散射量。

(2) 确定散射量随时间的演变,根据演化方程(2.5.5)和 $|x|\to+\infty$ 时 M 的渐近式来计算。

(3) 求解反问题。根据散射量的时间演化结果,由方程(2.5.2)去确定 t 时刻的势函数 $u(x,t)$。

1972 年 Zakharov 和 Shabat 将 Lax 的思想用于求解非线性 Schrödinger 方程

$$\mathrm{i}u_t+u_{xx}+\gamma u^2u^*=0 \tag{2.5.11}$$

获得成功,证明了反散射法确实不是一种幸运的巧合,式(2.5.11)中的 u^* 表示 u 的复共轭,而 γ 是与线性散射问题有关的常数。他们指出,如果取

$$\boldsymbol{L}=\mathrm{i}\begin{pmatrix}1+k & 0\\ 0 & 1-k\end{pmatrix}\frac{\partial}{\partial x}+\begin{pmatrix}0 & u^*\\ u & 0\end{pmatrix} \tag{2.5.12}$$

$$\boldsymbol{M}=\mathrm{i}k\begin{pmatrix}1 & 0\\ 0 & 1\end{pmatrix}\frac{\partial^2}{\partial x^2}+\begin{pmatrix}-\dfrac{\mathrm{i}uu^*}{1+k} & u^*\\ -u_x & \dfrac{\mathrm{i}uu_x}{1-k}\end{pmatrix} \tag{2.5.13}$$

其中，$\gamma=\dfrac{2}{1-k^2}$，则 $\boldsymbol{L}$，$\boldsymbol{M}$ 满足 Lax 方程(2.5.9)。应用算子(2.5.12)和算子(2.5.13)，Zakharov 和 Shabat求解了式(2.5.11)的初值问题：

$$\begin{cases}\mathrm{i}u_t+u_{xx}+\gamma u^2u^*=0\\ u(x,0)=f(x),\quad \lim\limits_{|x|\to\infty}f(x)=0\end{cases}\tag{2.5.14}$$

随后，1972 年 Wodati 求解了 MKdV 方程 $u_t-6u^2u_x+u_{xxx}=0$；1973 年 Ablowitz、Kaup、Newell 和 Segur 求解了 Sin-Gordan 方程

$$u_{xt}=\sin u\tag{2.5.15}$$

并指出相当一大类数学物理发展方程可以用反散射法求解，并且给出了在给定算子 $\boldsymbol{L}$ 的条件下，构造算子 $\boldsymbol{M}$ 的办法——AKNS 方法。下面我们来介绍 AKNS 方法。

2.5.2 AKNS 方法

考虑线性本征值问题

$$\boldsymbol{LV}=k\boldsymbol{V}\tag{2.5.16}$$

其中，

$$\boldsymbol{L}\equiv\begin{pmatrix}\mathrm{i}\dfrac{\partial}{\partial x} & -\mathrm{i}q(x,t)\\ \mathrm{i}\gamma(x,t) & -\mathrm{i}\dfrac{\partial}{\partial x}\end{pmatrix},\quad \boldsymbol{V}=\begin{pmatrix}v_1(x,t)\\ v_2(x,t)\end{pmatrix}\tag{2.5.17}$$

其中，$q(x,t)$，$\gamma(x,t)$是 x 和 t 的可微函数，k 为常数。

设 $\boldsymbol{M}$ 具有一般形式

$$\boldsymbol{M}=\begin{pmatrix}A & B\\ C & D\end{pmatrix}\tag{2.5.18}$$

其中，A、B、C、D 是 x 和 t 的待定函数，可以用 q、γ 及 k 表示。它们还应该满足时间演化方程

$$\frac{\mathrm{d}\boldsymbol{V}}{\mathrm{d}t}=\boldsymbol{MV}\tag{2.5.19}$$

利用式(2.5.17)，将式(2.5.16)写成分量形式

$$\begin{cases}\mathrm{i}v_{1x}-\mathrm{i}qv_2=kv_1\\ \mathrm{i}\gamma v_1-\mathrm{i}v_{2x}=kv_2\end{cases}\tag{2.5.20}$$

两边乘以$-\mathrm{i}$，得

$$\begin{cases}v_{1x}=-\mathrm{i}kv_1+qv_2\\ v_{2x}=\mathrm{i}kv_2+\gamma v_1\end{cases}\tag{2.5.21}$$

而式(2.5.19)的分量形式为

$$\begin{cases}v_{1t}=Av_1+Bv_2\\ v_{2t}=Cv_1+Dv_2\end{cases}\tag{2.5.22}$$

若取 $\gamma=-1$，则式(2.5.21)对应 Schrödinger 方程的散射问题

$$v_{2xx}+(k^2+q(x,t))v_2=0\quad(\lambda=-k^2,q\ \text{为势函数})\tag{2.5.23}$$

若 $\gamma=q^*$ 也得到有意义的方程。

将式(2.5.21)对 t 求导，得

$$\begin{cases} v_{1xt} = -\mathrm{i}kv_{1t} + q_t v_2 + q v_{2t} \\ v_{2xt} = \mathrm{i}kv_{2t} + \gamma_t v_1 + \gamma v_{1t} \end{cases} \tag{2.5.24}$$

将式(2.5.22)对 x 求导，得

$$\begin{cases} v_{1tx} = A_x v_1 + A v_{1x} + B_x v_2 + B v_{2x} \\ v_{2tx} = C_x v_1 + C v_{1x} + D_x v_2 + D v_{2x} \end{cases} \tag{2.5.25}$$

利用相容条件

$$v_{1xt} = v_{1tx} \tag{2.5.26}$$

由式(2.5.24)和式(2.5.25)第一式可得

$$-\mathrm{i}kv_{1t} + q_t v_2 + q v_{2t} = A_x v_1 + A v_{1x} + B_x v_2 + B v_{2x} \tag{2.5.27}$$

应用式(2.5.21)和式(2.5.22)，将式(2.5.27)化为

$$\begin{aligned} &-\mathrm{i}kAv_1 - \mathrm{i}kBv_2 + q_t v_2 + qCv_1 + qDv_2 \\ &= A_x v_1 - \mathrm{i}kv_1 A + Aqv_2 + B_x v_2 + \mathrm{i}kBv_2 + B\gamma\, v_1 \end{aligned} \tag{2.5.28}$$

整理并比较 v_1、v_2 的系数，得

$$\begin{cases} A_x = qC - \gamma B \\ B_x = -2\mathrm{i}kB + q_t + (D-A)q \end{cases} \tag{2.5.29}$$

同理，由

$$v_{2xt} = v_{2tx} \tag{2.5.30}$$

可得

$$\begin{cases} C_x = 2\mathrm{i}kC + \gamma_t + (A-D)\gamma \\ D_x = \gamma B - qC \end{cases} \tag{2.5.31}$$

由式(2.5.29)第一式和式(2.5.31)第二式可得

$$D = -A \tag{2.5.32}$$

这样式(2.5.29)和式(2.5.31)成为三个方程

$$\begin{cases} A_x = qC - \gamma B \\ B_x + 2\mathrm{i}kB = q_t - 2Aq \\ C_x - 2\mathrm{i}kC = \gamma_t + 2A\gamma \end{cases} \tag{2.5.33}$$

式(2.5.33)称为 AKNS 方程，取 A、B、C 为不同的函数，可以得到许多有物理意义的非线性发展方程，它们分别对应式(2.5.16)的本征值问题。

方程组(2.5.21)、方程组(2.5.22)和方程组(2.5.33)成为散射反演分析的基础。对于给定的初始值 $\gamma(x,0)$ 和 $q(x,0)$，用方程组(2.5.21)来求 v_1 和 v_2 的渐进态($|x|\to\infty$)本征值(不随时间改变)和初始时刻的特征函数 $v_1(x,0,k)$ 和 $v_2(x,0,k)$ 在 $|x|\to\infty$ 时确定的散射数据。如果给出一组 γ_t, q_t, γ 和 q，原则上能从方程组(2.5.33)中解出 A、B 和 C。有了 A、B 和 C，我们就能从方程(2.5.22)计算出特征函数 v_1 和 v_2 的渐进态($|x|\to\infty$)随时间的变化，再求出下一时刻的位势 $\gamma(x,t)$ 和 $q(x,t)$。当然，由于 $\gamma(x,t)$ 和 $q(x,t)$ 是未知待求的，所以还不能如此简单地构造。不过，它已经给了我们信息，即对于非线性发展方程，怎样用散射反演方法构造其精确解。

下面应用 k 的幂级数展开法来求 A、B 和 C。设

$$A = \sum_{j=0}^{n} a_j k^j,\quad B = \sum_{j=0}^{n} b_j k^j,\quad C = \sum_{j=0}^{n} c_j k^j \tag{2.5.34}$$

其中，$a_j=a_j(x,t)$，$b_j=b_j(x,t)$，$c_j=c_j(x,t)$。将它们代入 AKNS 方程组(2.5.33)，比较 k 的同次幂的系数，得

$$k^{n+1}: b_n=c_n=0 \tag{2.5.35}$$

$$k^n: a_{nx}=0,\quad b_{nx}-2\mathrm{i}b_{n-1}=-2qa_n,\quad c_{nx}-2\mathrm{i}c_{n-1}=2\gamma a_n \tag{2.5.36}$$

由此可得 a_n 为常数，并且可以求出 b_{n-1}，c_{n-1}，如此反复，即可定出 a_j，b_j，c_j；比较 k^0 前的系数给出非线性发展方程。

取 $n=2$，则有

$$A=a_0+a_1k+a_2k^2,\quad B=b_0+b_1k+b_2k^2,\quad c=c_0+c_1k+c_2k^2 \tag{2.5.37}$$

将式(2.5.37)代入 AKNS 方程组(2.5.33)，得

$$(-qc_2+a_{2x}+b_2\gamma)k^2+(a_{1x}-qc_1+b_1\gamma)k+a_{0x}+b_0\gamma-qc_0=0 \tag{2.5.38}$$

$$2\mathrm{i}k^3b_2+(2qa_2+b_{2x}+2\mathrm{i}b_1)k^2+(b_{1x}+2qa_1+2\mathrm{i}b_0)k+b_{0x}+2qa_0-q_t=0 \tag{2.5.39}$$

$$-2\mathrm{i}k^3c_2+(-2\gamma a_2+c_{2x}-2\mathrm{i}c_1)k^2+(c_{1x}-2a_1-2\mathrm{i}c_0)k+c_{0x}-\gamma_t-2\gamma a_0=0 \tag{2.5.40}$$

由式(2.5.38)～式(2.5.40)比较 k^3、k^2、k、k^0 的同次幂的系数，分别可得

$$k^3:\quad b_2=c_2=0 \tag{2.5.41}$$

$$k^2:\quad \begin{cases}-qc_2+a_{2x}+b_2\gamma=0\\ 2qa_2+b_{2x}+2\mathrm{i}b_1=0\\ -2\gamma a_2+c_{2x}-2\mathrm{i}c_1=0\end{cases} \tag{2.5.42}$$

$$k^1:\quad \begin{cases}a_{1x}=qc_1-b_1\gamma\\ b_{1x}=-2qa_1-2\mathrm{i}b_0\\ c_{1x}=2\gamma a_1+2\mathrm{i}c_0\end{cases} \tag{2.5.43}$$

$$k^0:\quad \begin{cases}a_{0x}+b_0\gamma-qc_0=0\\ b_{0x}-q_t+2qa_0=0\\ c_{0x}-\gamma_t-2\gamma a_0=0\end{cases} \tag{2.5.44}$$

由方程组(2.5.41)和方程组(2.5.42)的第一式可得

$$a_{2x}=0,\quad 即\ a_2=a_{20}(t) \tag{2.5.45}$$

代入方程组(2.5.42)后两个方程，得

$$b_1=\mathrm{i}a_2q,\quad c_1=\mathrm{i}\gamma a_2 \tag{2.5.46}$$

将 b_1、c_1、a_2 代入方程组(2.5.43)，得

$$a_{1x}=0,\quad 即\ a_1=a_{10}(t) \tag{2.5.47}$$

在式(2.5.47)中取 $a_{10}(t)=0$，有

$$b_0=-\frac{1}{2}a_{20}(t)q_x,\quad c_0=\frac{1}{2}a_{20}(t)\gamma_x \tag{2.5.48}$$

代入方程组(2.5.44)的第一式得

$$a_{0x}=\frac{1}{2}a_{20}(t)(q_x\gamma+q\gamma_x) \tag{2.5.49}$$

解之可得

$$a_0=\frac{1}{2}a_{20}(t)q\gamma+D(t) \tag{2.5.50}$$

最后取

$$\begin{cases}A=\frac{1}{2}a_{20}q\gamma+a_{20}k^2\\B=-\frac{1}{2}a_{20}q_x+\mathrm{i}a_{20}qk\\C=\frac{1}{2}a_{20}\gamma_x+\mathrm{i}a_{20}\gamma k\end{cases}\tag{2.5.51}$$

再将式(2.5.51)代入 AKNS 方程(2.5.33)的后两式可得

$$\begin{cases}-\frac{1}{2}a_{20}q_{xx}=q_t-a_{20}q^2\gamma\\\frac{1}{2}a_{20}\gamma_{xx}=\gamma_t+a_{20}q\gamma^2\end{cases}\tag{2.5.52}$$

这是一对非线性偏微分方程。在方程组(2.5.52)的第一式中取 $\gamma=-q^*$，在方程组(2.5.52)的第二式中取 $q=\gamma^*$，则式(2.5.52)就是非线性 Schrödinger 方程；再取 $a_{20}=2\mathrm{i}$，则式(2.5.52)变为

$$\mathrm{i}q_t-q_{xx}\pm2|q|^2q=0\tag{2.5.53}$$

这就是标准非线性 Schrödinger 方程。它对应

$$\begin{cases}A=2\mathrm{i}k^2\\B=2qk+\mathrm{i}q_x\\c=\pm2q^*k\pm\mathrm{i}q_x^*\end{cases}\tag{2.5.54}$$

若在 A、B、C 对 k 的展开式中取 $n=3$，就可以得到其他的非线性偏微分方程。这时

$$\begin{cases}A=a_0+a_1k+a_2k^2+a_3k^3\\B=b_0+b_1k+b_2k^2+b_3k^3\\C=c_0+c_1k+c_2k^2+c_3k^3\end{cases}\tag{2.5.55}$$

将方程组(2.5.55)代入 AKNS 方程(2.5.33)，并比较 k 的各次幂的系数，可得

$$k^4: b_3=c_3=0\tag{2.5.56}$$

$$k^3:\begin{cases}a_{3x}=-\gamma b_3+qc_3\\b_{3x}=-2qa_3-2\mathrm{i}b_2\\c_{3x}=2\gamma a_3+2\mathrm{i}c_2\end{cases}\tag{2.5.57}$$

$$k^2:\begin{cases}a_{2x}=-\gamma b_2+qc_2\\b_{2x}=-2qa_2-2\mathrm{i}b_1\\c_{2x}=2\gamma a_2+2\mathrm{i}c_1\end{cases}\tag{2.5.58}$$

$$k^1:\begin{cases}a_{1x}=-\gamma b_1+qc_1\\b_{1x}=-2qa_1-2\mathrm{i}b_0\\c_{1x}=2\gamma a_1+2\mathrm{i}c_0\end{cases}\tag{2.5.59}$$

$$k^0:\begin{cases}a_{0x}=-\gamma b_0+qc_0\\b_{0x}=q_t-2qa_0\\c_{0x}=\gamma_t+2\gamma a_0\end{cases}\tag{2.5.60}$$

解 方程组(2.5.56)～方程组(2.5.60)可得

$$\begin{cases}A=a_3k^3+a_2k^2+\frac{1}{2}(a_3q\gamma+a_1)k+\frac{1}{2}a_2q\gamma-\frac{\mathrm{i}}{4}a_3(q\gamma_x-q_x\gamma)+a_0\\ B=\mathrm{i}a_3qk^2+(\mathrm{i}a_2q-a_3q_x)k+\mathrm{i}a_1q+\frac{\mathrm{i}}{2}a_3q^2\gamma-\frac{1}{2}a_2q_x-\frac{\mathrm{i}}{4}a_3q_{xx}\\ C=\mathrm{i}a_1\gamma k^2+\left(\mathrm{i}a_2\gamma+\frac{1}{2}a_3\gamma_x\right)k+\mathrm{i}a_1\gamma+\frac{\mathrm{i}}{2}a_3q\gamma^2+\frac{1}{2}a_2\gamma_x-\frac{1}{4}a_1\gamma_{xx}\end{cases} \tag{2.5.61}$$

它对应的非线性发展方程是

$$\begin{cases}q_x+\frac{\mathrm{i}}{4}a_3(q_{xxx}-6\gamma qq_x)+\frac{1}{2}a_2(q_{xx}-2q^2\gamma)-\mathrm{i}a_1q_x-2a_0q=0\\ \gamma_t+\frac{\mathrm{i}}{4}a_3(\gamma_{xxx}-6\gamma qq_x)+\frac{1}{2}a_2(\gamma_{xx}-2\gamma^2q)-\mathrm{i}a_1\gamma_x+2a_0\gamma=0\end{cases} \tag{2.5.62}$$

其中,a_0,a_1,a_2 和 a_3 为常数参数,它们取不同的值,可以得到不同的非线性发展方程。取 $a_0=a_1=a_2=0,a_3=-4\mathrm{i}$, $\gamma=-1$ 得 $q_t+6qq_x+q_{xxx}=0$,这是 KdV 方程;取 $\gamma=\mp q$,可得 $q_t\pm 6q^2q_x+q_{xxx}=0$,这是 MKdV 方程。

取
$$A=\frac{a}{k},\quad B=\frac{b}{k},\quad C=\frac{c}{k} \tag{2.5.63}$$

代入 AKNS 方程(2.5.33)可得

$$a_x=\frac{\mathrm{i}}{2}(q\gamma)_t,\quad q_{xt}=-4\mathrm{i}aq,\quad \gamma_{xt}=-4\mathrm{i}a\gamma \tag{2.5.64}$$

若取 $a=\frac{\mathrm{i}}{2}\cos u$, $b=c=\frac{\mathrm{i}}{4}\sin u$, $\gamma=-q=\frac{1}{2}u_x$,可以得到 $u_{xt}=\sin u$,这是 Sin-Gordan 方程。

如果取 $a=\frac{\mathrm{i}\cosh u}{4}$,$b=\frac{\mathrm{i}\sinh u}{4}$,$c=\frac{\mathrm{i}\sinh u}{4}$和 $q=r=\frac{u_x}{2}$,则得到 Sinh-Gordon 方程:

$$u_{xt}=\sinh u \tag{2.5.65}$$

从这一节的讨论可以看到,用反散射法求解的这些非线性偏微分方程本身就是线性方程的可积性条件。因为 AKNS 方程组(2.5.33)由可积性条件 $V_{xt}=V_{tx}$ 直接得出。因此这类方程在结构上应具有某些特点,这是著名数学家陈省身教授访华报告中指出的,他还谈到 AKNS 方程组可以由李群的结构方程引出,从而将这类方程与李群理论建立了联系。从这个理论出发,可以方便得将 Lax 原先假定的谱不变推广到谱可变的情况,从而得到许多变系数的非线性发展方程,也可以用反散射方法求解。

这是因为在 Lax 的理论中,谱参数 λ 是不随着时间变化的,即$\frac{\mathrm{d}\lambda}{\mathrm{d}t}=0$。而 AKNS 系统并没有这样的限制,也就是说通过 AKNS 系统可以研究谱可变问题。当考虑谱参数 λ 是时间的函数时,重新利用相容性条件,可得

$$\begin{cases}A_x=qC-rB-\mathrm{i}\lambda_t\\ q_t=B_x+2\mathrm{i}\lambda B+2qA\\ r_t=C_x-2\mathrm{i}\lambda C-2rA\end{cases} \tag{2.5.66}$$

利用该方程组,可以构造出一大类变系数的非线性偏微分方程(比如描述在非均匀介质中非线性波传播方程),而且这些方程也可以通过 AKNS 系统进行反散射求解。例如,取 $\lambda=\alpha t$, $A=-2\mathrm{i}\lambda^2+\mathrm{i}qq^*-\mathrm{i}\alpha x$,$B=2q\lambda+\mathrm{i}q_x$,$C=\mathrm{i}q_x^*-2q^*\lambda$ 和 $r=-q^*$,可得如下一个修正的非线

性 Schrödinger 方程：

$$iq_t + q_{xx} + (2\alpha x + 2|q|^2)q = 0 \tag{2.5.67}$$

该方程可用于在非均匀的等离子体中波包孤子的传播。这个方程的(多)孤子解已通过反散射法求得。

2.6 非线性 Schrödinger 方程的反演散射解法

2.6.1 基本思路

在第 2 章中，我们曾经讨论过非线性 Schrödinger 方程（Nonlinear Schrödinger Equation，简称 NLS 方程）：

$$iu_t + \frac{1}{2}u_{xx} + |u|^2 u = 0 \tag{2.6.1}$$

作为一类重要的孤立子方程我们曾经给出了它的孤立波解。这里用反散射方法求解。

由前几节的讨论，将用反散射法求解 NLS 方程的思路和步骤列出如下：

(1) 确定线性算子 $\boldsymbol{L}$ 和 $\boldsymbol{M}$，即 Lax 对，将 NLS 方程转化为某一本征函数的两个线性的相容关系，一般为两个线性方程。

(2) 在已知初值 $u(x,0)=u_0$ 的条件下，讨论两个线性方程的直接散射问题，并利用 $u(x,0)$ 在 $|x|\to+\infty$ 迅速衰减的特性，确定出线性系统的散射数据 $S(\lambda,0)$（$S(\lambda,0)$ 一般是一个集合，包括本征值、反射与透射系数等）。

(3) 确定 $S(\lambda,t)$，即 $S(\lambda,0)$ 随时间的演化。

(4) 由 $S(\lambda,t)$ 研究直接散射的逆问题，即用反演散射法由 $S(\lambda,t)$ 求出 NLS 方程的解 $u(x,t)$。

2.6.2 非线性 Schrödinger 方程 Lax 对的确定

应用 AKNS 方法，首先选定 $\boldsymbol{L}$，再根据相容性条件或对称原则来确定 $\boldsymbol{M}$，取

$$\boldsymbol{L} = \begin{pmatrix} i\dfrac{\partial}{\partial x} & u \\ w & -i\dfrac{\partial}{\partial x} \end{pmatrix} = i\begin{pmatrix} \dfrac{\partial}{\partial x} & 0 \\ 0 & -\dfrac{\partial}{\partial x} \end{pmatrix} + \begin{pmatrix} 0 & u \\ w & 0 \end{pmatrix} \tag{2.6.2}$$

其中，函数 w 待定，它是为了使问题不失一般性而引入的。

将本征值问题

$$\boldsymbol{L}\boldsymbol{\psi} = \lambda\boldsymbol{\psi} \tag{2.6.3}$$

两边同乘 $-i\begin{pmatrix} 1 & 0 \\ 0 & -1 \end{pmatrix}$，得

$$\psi_x = \boldsymbol{P}\boldsymbol{\psi} \tag{2.6.4}$$

其中，

$$\boldsymbol{P} = \begin{pmatrix} -i\lambda & iu \\ -iw & i\lambda \end{pmatrix} \tag{2.6.5}$$

下面再来确定 $\boldsymbol{M}$，使

$$\psi_t = \boldsymbol{M}\boldsymbol{\psi} \tag{2.6.6}$$

且 $\boldsymbol{P}$ 与 $\boldsymbol{M}$ 满足相容条件

$$\psi_{xt}=\psi_{tx} \tag{2.6.7}$$

将式(2.6.4)两边对 t 求导,并利用式(2.6.6),得

$$\psi_{xt}=(\boldsymbol{P\psi})_t=P_t\boldsymbol{\psi}+\boldsymbol{P}\psi_t=(P_t+\boldsymbol{PM})\boldsymbol{\psi} \tag{2.6.8}$$

将式(2.6.6)两边对 x 求导,并利用式(2.6.4),得

$$\psi_{tx}=(\boldsymbol{M\psi})_x=M_x\boldsymbol{\psi}+\boldsymbol{M}\psi_x=(M_x+\boldsymbol{MP})\boldsymbol{\psi} \tag{2.6.9}$$

由式(2.6.7)～式(2.6.9)可得

$$(M_x-P_t+\boldsymbol{MP}-\boldsymbol{PM})\boldsymbol{\psi}=0$$

要使 $\boldsymbol{\psi}$ 有非零解,应该有

$$M_x-P_t+\boldsymbol{MP}-\boldsymbol{PM}=0$$

或写成

$$M_x-P_t+[\boldsymbol{M},\boldsymbol{P}]=0 \tag{2.6.10}$$

其中,$[\boldsymbol{M},\boldsymbol{P}]=\boldsymbol{MP}-\boldsymbol{PM}$ 是对易子。$\boldsymbol{P}$ 与 $\boldsymbol{M}$ 要满足的方程(2.6.10)是 Lax 方程的另一种形式。设

$$\boldsymbol{M}=\begin{pmatrix}A & B\\ C & D\end{pmatrix}$$

则矩阵方程(2.6.10)对应四个分量方程,但实际上只有三个是独立的(因为 $A=-D$)。

将式(2.6.10)写成

$$\frac{\partial}{\partial x}\begin{pmatrix}A & B\\ C & D\end{pmatrix}-\frac{\partial}{\partial t}\begin{pmatrix}-\mathrm{i}\lambda & \mathrm{i}u\\ -\mathrm{i}w & \mathrm{i}\lambda\end{pmatrix}+\begin{pmatrix}A & B\\ C & D\end{pmatrix}\begin{pmatrix}-\mathrm{i}\lambda & \mathrm{i}u\\ -\mathrm{i}w & \mathrm{i}\lambda\end{pmatrix}$$
$$-\begin{pmatrix}-\mathrm{i}\lambda & \mathrm{i}u\\ -\mathrm{i}w & \mathrm{i}\lambda\end{pmatrix}\begin{pmatrix}A & B\\ C & D\end{pmatrix}=0$$

由矩阵相乘的结果,并取矩阵中各元素为零,则有

$$\begin{cases}\dfrac{\partial A}{\partial x}-\mathrm{i}\lambda A-\mathrm{i}wB+\mathrm{i}\lambda A-\mathrm{i}uC=0 & (2.6.11\mathrm{a})\\[2mm] \dfrac{\partial B}{\partial x}-\mathrm{i}\,\dfrac{\partial u}{\partial t}+\mathrm{i}uA+\mathrm{i}\lambda B+\mathrm{i}\lambda B-\mathrm{i}uD=0 & (2.6.11\mathrm{b})\\[2mm] \dfrac{\partial C}{\partial x}+\mathrm{i}\,\dfrac{\partial w}{\partial t}-\mathrm{i}\lambda C-\mathrm{i}wD+\mathrm{i}wA-\mathrm{i}\lambda C=0 & (2.6.11\mathrm{c})\\[2mm] \dfrac{\partial D}{\partial x}+\mathrm{i}uC+\mathrm{i}\lambda D+\mathrm{i}wB-\mathrm{i}\lambda D=0 & (2.6.11\mathrm{d})\end{cases}$$

由式(2.6.11a)～式(2.6.11d),可得 $D=-A$. 式(2.6.11)即是 AKNS 方程。采用 2.5 节介绍的方法,将 A、B、C 展开为 λ 的级数,再将它们代入方程组(2.6.11),令 λ 的各幂次项的系数等于零,可以确定 A、B 和 C 以及 u 和 w 满足的方程。这里 u 和 w 不是 λ 的函数,为了得到 u 应该满足的方程,将这个方程与 NLS 方程比较,发现应取 $w=-u^*$(* 表示复共轭),在选取合适的参数后,可知 u 满足的方程就是 NLS 方程。相应地,$\boldsymbol{M}$ 的各元素为

$$A=-D=\frac{\mathrm{i}}{2}|u|^2-\mathrm{i}\lambda^2,\quad B=\mathrm{i}u\lambda-\frac{1}{2}u_x,\quad C=\mathrm{i}u^*\lambda+\frac{1}{2}u_x^* \tag{2.6.12}$$

由对应关系 $\dfrac{\partial}{\partial x}\leftrightarrow\mathrm{i}\lambda$,$\dfrac{\partial^2}{\partial x^2}\leftrightarrow-\lambda^2$,从以上各式中消去 λ,得

$$\boldsymbol{M}=\begin{pmatrix} \mathrm{i}\dfrac{\partial^2}{\partial x^2}+\dfrac{\mathrm{i}}{2}|u|^2 & u\dfrac{\partial}{\partial x}-\dfrac{1}{2}u_x \\ -u^*\dfrac{\partial}{\partial x}-\dfrac{1}{2}u_x^* & -\mathrm{i}\dfrac{\partial^2}{\partial x^2}-\dfrac{\mathrm{i}}{2}|u|^2 \end{pmatrix} \tag{2.6.13}$$

可以验证 Lax 方程 $\boldsymbol{L}_t+[\boldsymbol{L},\boldsymbol{M}]=0$ 给出 NLS 方程

$$\begin{pmatrix} 0 & u_t \\ -u_t^* & 0 \end{pmatrix}=\begin{pmatrix} 0 & \dfrac{\mathrm{i}}{2}u_{xx}+\mathrm{i}\,|u|^2u \\ \dfrac{\mathrm{i}}{2}u_{xx}^*+\mathrm{i}\,|u|^2u^* & 0 \end{pmatrix} \tag{2.6.14}$$

这样 NLS 方程(2.6.1)就转化为两个线性问题式(2.6.3)和式(2.6.6)，而 $\boldsymbol{L}$ 和 $\boldsymbol{M}$ 由式(2.6.2)和式(2.6.14)确定。下面研究与本征值问题(2.6.3)有关的正散射问题和逆散射问题，并用相应的方法求出散射数据随 t 的演化。

2.6.3 直接散射问题(本征值问题)

2.6.2 小节将 NLS 方程转化为两个线性相容条件式(2.6.3)和式(2.6.6)，为了下面的讨论方便，重写如下：

$$\boldsymbol{L\psi}=\lambda\boldsymbol{\psi} \tag{2.6.3}$$

和

$$\frac{\partial\boldsymbol{\psi}}{\partial t}=\boldsymbol{M\psi} \tag{2.6.6}$$

式(2.6.3)描述波函数的本征值问题，或称直接散射问题，式(2.6.6)描述波函数随 t 的演化问题。下面先讨论前一个问题，因为与 $\boldsymbol{L}$ 及 $\boldsymbol{M}$ 相应的波函数是一个二分量函数，设

$$\boldsymbol{\psi}=\begin{pmatrix} \psi^{(1)} \\ \psi^{(2)} \end{pmatrix} \tag{2.6.15}$$

将式(2.6.3)改写为式(2.6.4)，并由(2.6.15)，写成分量形式，即得两个线性方程

$$\begin{cases} \psi_x^{(1)}=-\mathrm{i}\lambda\psi^{(1)}+\mathrm{i}u\psi^{(2)} & (2.6.16\mathrm{a}) \\ \psi_x^{(2)}=\mathrm{i}u^*\psi^{(1)}+\mathrm{i}\lambda\psi^{(2)} & (2.6.16\mathrm{b}) \end{cases}$$

这里要求 u 满足

$$\int_{-\infty}^{+\infty}|u|\,\mathrm{d}x<+\infty \tag{2.6.17}$$

1. 二分量系统的解与散射数据的特性

(1) λ 为实数的情形

对于每一个实数 λ，方程组(2.6.16)有两个线性无关的解，在解的空间中考虑两个基底。其中一个基底由这样的一对函数构成：它们由 $x\to+\infty$ 时的渐进形式确定；另一个基底由 $x\to-\infty$ 时的渐进形式确定。

由于 $x\to+\infty$，$u\to0$，$u^*\to0$，此时式(2.6.16)为齐次方程，有线性无关解

$$\psi_1(x,\lambda)\to\begin{pmatrix}1\\0\end{pmatrix}\mathrm{e}^{-\mathrm{i}\lambda x},\quad \psi_2(x,\lambda)\to\begin{pmatrix}0\\1\end{pmatrix}\mathrm{e}^{+\mathrm{i}\lambda x}\quad (x\to+\infty) \tag{2.6.18}$$

$x\to-\infty$ 时也有 $u\to0$，$u^*\to0$。这时线性无关的解是

$$\varphi_1(x,\lambda)\to\begin{pmatrix}1\\0\end{pmatrix}\mathrm{e}^{-\mathrm{i}\lambda x},\quad \varphi_2(x,\lambda)\to\begin{pmatrix}0\\1\end{pmatrix}\mathrm{e}^{+\mathrm{i}\lambda x}\quad (x\to-\infty) \tag{2.6.19}$$

可以证明，当 λ 为实数时，若 $\boldsymbol{\psi}=\begin{pmatrix}A(x,\lambda)\\B(x,\lambda)\end{pmatrix}$是方程组(2.6.16)的一个解，则其伴随共轭矩阵 $\overline{\boldsymbol{\psi}}=\begin{pmatrix}B^*(x,\lambda)\\-A^*(x,\lambda)\end{pmatrix}$也是式(2.6.16)的一个解(方程组(2.6.16)的这个性质称为对合性质)。因此，式(2.6.18)和式(2.6.19)可以表示成

$$\boldsymbol{\psi}_+=(\boldsymbol{\psi}_1,\boldsymbol{\psi}_2)=(\overline{\boldsymbol{\psi}},\boldsymbol{\psi}),\quad \boldsymbol{\psi}_-=(\boldsymbol{\varphi}_1,\boldsymbol{\varphi}_2)=(\boldsymbol{\varphi},-\overline{\boldsymbol{\varphi}}) \tag{2.6.20}$$

其中，$\boldsymbol{\psi}$ 与 $\boldsymbol{\varphi}$ 是线性无关的向量，线性演化运算(用代字号—表示)作用于列向量 $\boldsymbol{\psi}=(\psi^{(1)},\psi^{(2)})^{\mathrm{T}}$ 后，将其变成

$$\overline{\boldsymbol{\psi}}=\begin{pmatrix}\psi^{(2)*}\\-\psi^{(1)*}\end{pmatrix} \tag{2.6.21}$$

由于二分量一阶方程只可能有两个独立的二分量解，因此 $\boldsymbol{\psi},\overline{\boldsymbol{\psi}},\boldsymbol{\varphi},\overline{\boldsymbol{\varphi}}$ 不可能全部独立，其中的一组可用另一组线性表示

$$\boldsymbol{\psi}_-(x,\lambda)=\boldsymbol{\psi}_+(x,\lambda)\boldsymbol{S}(\lambda) \tag{2.6.22}$$

其中，$\boldsymbol{S}(\lambda)$称为散射矩阵，由式(2.6.20)～式(2.6.22)可得

$$s_{11}(\lambda)=s_{22}^*(\lambda),\quad s_{12}(\lambda)=-s_{21}^*(\lambda),\quad \mathrm{Im}\,\lambda=0 \tag{2.6.23}$$

即散射矩阵为

$$\boldsymbol{S}(\lambda)=\begin{bmatrix}a(\lambda) & -b^*(\lambda)\\ b(\lambda) & a^*(\lambda)\end{bmatrix} \tag{2.6.24}$$

其中，a、b 等称为散射数据，此时可以将式(2.6.22)写成

$$\begin{cases}\boldsymbol{\varphi}=a\overline{\boldsymbol{\psi}}+b\boldsymbol{\psi} & (2.6.25\text{a})\\ -\overline{\boldsymbol{\varphi}}=-b^*\overline{\boldsymbol{\psi}}+a^*\boldsymbol{\psi} & (2.6.25\text{b})\end{cases}$$

可以证明，对方程(2.6.16)具有相同本征值 λ 的任何一对解 χ_1,χ_2 的朗斯基行列式

$$W(\chi_1,\chi_2)=\det\begin{vmatrix}\chi_1^{(1)} & \chi_2^{(1)}\\ \chi_1^{(2)} & \chi_2^{(2)}\end{vmatrix} \tag{2.6.26}$$

与 x 无关，利用边界条件(2.6.18)和(2.6.19)，可得

$$\det(\boldsymbol{\psi}_-)=\det(\boldsymbol{\psi}_+)=1 \tag{2.6.27}$$

于是有 $\det(\boldsymbol{S}(\lambda))=1$，即

$$|a|^2+|b|^2=1 \tag{2.6.28}$$

利用式(2.6.25)可以求得

$$\begin{cases}a(\lambda)=\varphi^{(1)}\psi^{(2)}-\varphi^{(2)}\psi^{(1)} & (2.6.29\text{a})\\ b(\lambda)=\varphi^{(1)}\psi^{(1)*}+\varphi^{(2)*}\psi^{(2)} & (2.6.29\text{b})\end{cases}$$

下面将式(2.6.16)的演化行为进行物理解释。将式(2.6.25)写成

$$\frac{1}{a(\lambda)}\boldsymbol{\varphi}(x,\lambda)=\overline{\boldsymbol{\psi}}(x,\lambda)+R(\lambda)\boldsymbol{\psi}(x,\lambda) \tag{2.6.30}$$

其中，$R(\lambda)=\dfrac{b(\lambda)}{a(\lambda)}$，由边界条件(2.6.18)和(2.6.19)可知当 $x\to+\infty$时，式(2.6.30)右边趋于$\begin{pmatrix}1\\0\end{pmatrix}\mathrm{e}^{-\mathrm{i}\lambda x}+R(\lambda)\begin{pmatrix}0\\1\end{pmatrix}\mathrm{e}^{\mathrm{i}\lambda x}$，当 $x\to-\infty$时，式(2.6.30)左边化$\dfrac{1}{a(\lambda)}\begin{pmatrix}1\\0\end{pmatrix}\mathrm{e}^{-\mathrm{i}\lambda x}$。这可作如下解

释，左行波$(1\quad 0)^{\mathrm{T}}\mathrm{e}^{-\mathrm{i}\lambda x}$从右方入射，经过势$u(x,t)$的作用，一部分波$\frac{1}{a(\lambda)}\begin{pmatrix}1\\0\end{pmatrix}\mathrm{e}^{-\mathrm{i}\lambda x}$透射到左方$(x\to-\infty)$出射，另一部分波$R(\lambda)(1\quad 0)^{\mathrm{T}}\mathrm{e}^{\mathrm{i}\lambda x}$被反射到右方$(x\to+\infty)$，称$T(\lambda)=a^{-1}(\lambda)$为透射系数，$R(\lambda)$为反射系数。

(2) λ为复数的情形

可以证明，$\boldsymbol{\psi}(x,t)$和$\boldsymbol{\varphi}(x,t)$可以解析延拓到$\lambda$的上半平面，而$\overline{\boldsymbol{\psi}}$、$\overline{\boldsymbol{\varphi}}$可以解析延拓到$\lambda$的下半平面。所以$a(\lambda)$也可以解析延拓到$\lambda$的上半平面。一般来说，当$\lambda$为复数时，方程组(2.6.16)有如下性质的解，这种解无论$x\to+\infty$，还是$x\to-\infty$都是迅速衰减的，当满足式(2.6.17)时，这种解呈指数衰减。这时本征值λ成为离散本征值，即$\lambda=\lambda_n(n=1,2,3,\cdots,N)$。若$\mathrm{Im}\,\lambda>0$，则$\lambda_n$与$a(\lambda)$的零点的集合相同；而当$\mathrm{Im}\,\lambda<0$时，$\lambda_n$与$a^*(\lambda)$的零点的集合相同。不失一般性，设$a(\lambda)$的零点为一阶的，则有

$$a(\lambda_n)=0$$

$$a'(\lambda_n)=\frac{\mathrm{d}a(\lambda)}{\mathrm{d}\lambda}\Big|_{\lambda=\lambda_n}\neq 0,\quad n=1,2,\cdots,N \tag{2.6.31}$$

在离散本征值时，由式(2.6.25a)可知，$\boldsymbol{\varphi}(x,\lambda_n)$与$\boldsymbol{\psi}(x,\lambda_n)$变得线性相关，即

$$\boldsymbol{\varphi}(x,\lambda_n)=b_n\boldsymbol{\psi}(x,\lambda_n) \tag{2.6.32}$$

2. 二分量系统的解与散射数据的确定

在研究了式(2.6.16)的解析行为及散射数据后，下面进一步考察其本征值问题。显然当$u=0$时，式(2.6.16)有解矩阵

$$\boldsymbol{\psi}_0(x,\lambda)=\begin{pmatrix}\mathrm{e}^{-\mathrm{i}\lambda x} & 0\\ 0 & \mathrm{e}^{\mathrm{i}\lambda x}\end{pmatrix} \tag{2.6.33}$$

当$u\neq 0$时，由变动参数法，式(2.6.16)的解可以写成

$$\boldsymbol{\psi}_+(x,\lambda)=\boldsymbol{\psi}_0(x,\lambda)+\int_x^{+\infty}\boldsymbol{K}(x,y)\boldsymbol{\psi}_0(y,\lambda)\mathrm{d}y \tag{2.6.34}$$

当$x\to+\infty$时$\boldsymbol{\psi}_+\to\boldsymbol{\psi}_0$。这说明本征值问题(2.6.16)存在一个线性算子，它把势为$u=0$时的解$\boldsymbol{\psi}_0$变成势为$u(x,0)$的解$\boldsymbol{\psi}_+$，其中$\boldsymbol{K}(x,y)$称为变换算子的核，该核与λ无关。显然，只要$\boldsymbol{K}(x,y)$确定了，式(2.6.16)的解也就确定了。为了求出$\boldsymbol{K}$所满足的方程，必须保证$\boldsymbol{\psi}_+$的两个列向量为式(2.6.16)的解，将式(2.6.34)代入式(2.6.16)，经过繁杂的运算得到

$$\begin{gathered}\hat{\boldsymbol{I}}\boldsymbol{K}(x,y)\boldsymbol{\psi}_0(x,\lambda)-\boldsymbol{K}(x,y)\boldsymbol{\psi}_0(x,\lambda)\hat{\boldsymbol{I}}+\boldsymbol{Q}(x)\boldsymbol{\psi}_0(x,\lambda)-\\ \int_x^{+\infty}[\hat{\boldsymbol{I}}K_x(x,y)\boldsymbol{\psi}_0(y,\lambda)+K_y(x,y)\boldsymbol{\psi}_0(y,\lambda)\hat{\boldsymbol{I}}-\boldsymbol{Q}(x)\boldsymbol{K}(x,y)\boldsymbol{\psi}_0(y,\lambda)]\mathrm{d}y=0\end{gathered} \tag{2.6.35}$$

其中，

$$\hat{\boldsymbol{I}}=\begin{pmatrix}-1 & 0\\ 0 & 1\end{pmatrix},\quad \boldsymbol{Q}(x)=\mathrm{i}\begin{pmatrix}0 & -u\\ u^* & 0\end{pmatrix}$$

要使式(2.6.35)成立，$\boldsymbol{K}(x,y)$应该满足

$$\hat{\boldsymbol{I}}K_x(x,y)+K_y(x,y)\hat{\boldsymbol{I}}-\boldsymbol{Q}(x)\boldsymbol{K}(x,y)=0 \tag{2.6.36a}$$

$$\hat{\boldsymbol{I}}\boldsymbol{K}(x,y)-\boldsymbol{K}(x,y)\hat{\boldsymbol{I}}+\boldsymbol{Q}(x)=0 \tag{2.6.36b}$$

从式(2.6.36b)可得

$$K_{12}(x,y)=-\frac{\mathrm{i}}{2}u(x,0),\quad K_{21}(x,y)=\frac{\mathrm{i}}{2}u^*(x,0) \tag{2.6.37}$$

显然，$\boldsymbol{K}(x,y)$并不是本征值λ的函数，且当$u(x,0)$已知时，$\boldsymbol{K}(x,y)$存在且唯一。

与式(2.6.34)相对应，当$x\to-\infty$时，

$$\boldsymbol{\psi}_-(x,\lambda)=\boldsymbol{\psi}_0(x,\lambda)+\int_{-\infty}^{x}\boldsymbol{R}(x,y)\boldsymbol{\psi}_0(y,\lambda)\mathrm{d}y \tag{2.6.38}$$

与$\boldsymbol{K}(x,y)$类似，$\boldsymbol{R}(x,y)$也是核函数，它也与$u(x,0)$有关，其求解过程与求$\boldsymbol{K}(x,y)$相同。

由以上的分析可见，只要$u(x,0)$给定，可以求得$\boldsymbol{K}(x,y)$和$\boldsymbol{R}(x,y)$，进而可以得到式(2.6.16)的两个解基底(至少在原理上是可行的，实际上许多情况下并不需要完全求出方程的解)。对于像NLS和KdV等几个已经求出解的方程，若$u(x,0)$满足一定的条件，方程组(2.6.16)的波函数很容易确定，从而可由式(2.6.24)确定散射数据，若用$\sum(t=0)$来表示散射数据的集合，则

$$\sum(t=0)=\{\{R(0,\lambda)\mid \text{对应于实}\lambda\};\{\lambda_n,c_n(\lambda_n,0)\mid \text{对应于复}\lambda,n=1,2,3,\cdots,N\}\} \tag{2.6.39}$$

其中，

$$R(0,\lambda)=\frac{b(0,\lambda)}{a(0,\lambda)},\quad c_n(\lambda,0)=\frac{b_n(0,\lambda_n)}{a_n'(0,\lambda_n)},\quad a_n'(0,\lambda_n)=\frac{\mathrm{d}a(0,\lambda)}{\mathrm{d}\lambda}\Big|_{\lambda=\lambda_n}$$

2.6.4 散射数据随时间 t 的演化

本小节讨论散射数据$\sum$随t的演化问题。上一目中求出了方程(2.6.16)也就是方程(2.6.3)($\boldsymbol{L\psi}=\lambda\boldsymbol{\psi}$)的波函数$\boldsymbol{\psi}$或$\boldsymbol{\varphi}$等，但实际上，所求得的$\boldsymbol{\psi}$或$\boldsymbol{\varphi}$不一定满足方程(2.6.6)($\psi_t=\boldsymbol{M\psi}$)，为了求出满足演化方程(2.6.6)的波函数，可以设此波函数与$\boldsymbol{\varphi}$成正比，比例系数仅与(t,λ)有关，即引入新的波函数

$$\boldsymbol{v}=\begin{pmatrix}v_1\\v_2\end{pmatrix}=f(t,\lambda)\boldsymbol{\varphi} \tag{2.6.40}$$

由于$f(t,\lambda)$与x无关，故$\boldsymbol{v}$满足式(2.6.3)。

(1) 当本征值λ为实数时，对应连续谱，将式(2.6.40)代入式(2.6.6)，并注意$x\to-\infty$，$u\to0$，$u_x\to0$，$u_{xx}\to0$，此时由(2.6.21)的第一式及对应关系$\frac{\partial}{\partial x}\leftrightarrow\mathrm{i}\lambda$，$\frac{\partial^2}{\partial x^2}\leftrightarrow-\lambda^2$，有

$$\frac{\partial}{\partial t}\left[f(t,\lambda)\begin{pmatrix}1\\0\end{pmatrix}\mathrm{e}^{-\mathrm{i}\lambda x}\right]=\begin{pmatrix}-\mathrm{i}\lambda^2&0\\0&\mathrm{i}\lambda^2\end{pmatrix}f(t,\lambda)\begin{pmatrix}1\\0\end{pmatrix}\mathrm{e}^{-\mathrm{i}\lambda x} \tag{2.6.41}$$

整理得

$$\frac{\partial}{\partial t}f(t,\lambda)=-\mathrm{i}\lambda^2f(t,\lambda) \tag{2.6.42}$$

解之，可以得到

$$f(t,\lambda)=f(0,\lambda)\mathrm{e}^{-\mathrm{i}\lambda^2t} \tag{2.6.43}$$

当$x\to+\infty$时，利用(2.6.25)可得

$$\begin{aligned}&\frac{\partial}{\partial t}\left[f(t,\lambda)a(t,\lambda)\begin{pmatrix}1\\0\end{pmatrix}\mathrm{e}^{-\mathrm{i}\lambda x}+f(t,\lambda)b(t,\lambda)\begin{pmatrix}0\\1\end{pmatrix}\mathrm{e}^{\mathrm{i}\lambda x}\right]\\&=\begin{pmatrix}-\mathrm{i}\lambda^2&0\\0&\mathrm{i}\lambda^2\end{pmatrix}f(t,\lambda)\left[a(t,\lambda)\begin{pmatrix}1\\0\end{pmatrix}\mathrm{e}^{-\mathrm{i}\lambda x}+b(t,\lambda)\begin{pmatrix}0\\1\end{pmatrix}\mathrm{e}^{\mathrm{i}\lambda x}\right]\end{aligned} \tag{2.6.44}$$

利用式(2.6.43)可得

$$\frac{\partial}{\partial t}a(t,\lambda)=0,\quad \frac{\partial}{\partial t}b(t,\lambda)=2\mathrm{i}\lambda^2 b(t,\lambda) \tag{2.6.45}$$

解式(2.6.45)可得

$$a(t,\lambda)=a(0,\lambda),\quad b(t,\lambda)=b(0,\lambda)\mathrm{e}^{2\mathrm{i}\lambda^2 t} \tag{2.6.46}$$

(2) 当 λ 为复数时，$\lambda=\lambda_n(n=1,2,3,\cdots,N)$ 对应离散谱，考虑 $x\to-\infty$ 时方程(2.6.41)变为

$$\frac{\partial}{\partial t}\left[f(t,\lambda_n)\begin{pmatrix}1\\0\end{pmatrix}\mathrm{e}^{-\mathrm{i}\lambda_n x}\right]=\begin{pmatrix}-\mathrm{i}\lambda_n^2 & 0\\ 0 & \mathrm{i}\lambda_n^2\end{pmatrix}f(t,\lambda_n)\begin{pmatrix}1\\0\end{pmatrix}\mathrm{e}^{-\mathrm{i}\lambda_n x} \tag{2.6.47}$$

整理并解之可得

$$f(t,\lambda_n)=f(0,\lambda_n)\mathrm{e}^{-\mathrm{i}\lambda_n^2 t} \tag{2.6.48}$$

当 $x\to+\infty$ 时，由式(2.6.34)并注意到 $a(0,\lambda_n)=0$，可得到

$$\frac{\partial}{\partial t}\left[f(t,\lambda_n)b(t,\lambda_n)\begin{pmatrix}0\\1\end{pmatrix}\mathrm{e}^{\mathrm{i}\lambda_n x}\right]=\begin{pmatrix}-\mathrm{i}\lambda_n^2 & 0\\ 0 & \mathrm{i}\lambda_n^2\end{pmatrix}f(t,\lambda_n)b(t,\lambda_n)\begin{pmatrix}0\\1\end{pmatrix}\mathrm{e}^{\mathrm{i}\lambda_n x} \tag{2.6.49}$$

从中解得

$$b(t,\lambda_n)=b(0,\lambda_n)\mathrm{e}^{2\mathrm{i}\lambda_n^2 t} \tag{2.6.50}$$

式(2.6.46)和式(2.6.48)就是散射数据随 t 的演化关系，前者描述连续谱散射数据随 t 的演化，后者描述离散谱散射数据随 t 的演化，它们与散射数据 $a(0,\lambda)$，$b(0,\lambda)$ 及 $b_n(0,\lambda_n)$ 有关，只要给定这些散射数据，即给定 $\sum(0,\lambda)$，就可以按照上面介绍的方法求得 $\sum(t,\lambda)$。

2.6.5 逆散射变换

在 2.6.3 小节中，应用初值 $u(x,0)$ 求出了与 NLS 方程对应的二分量系统的直接散射问题，即确定了初始散射数据。2.6.4 小节中确定了散射数据随时间 t 的演化关系 $\sum(t,\lambda)$。在本小节中将考虑已知散射数据 $\sum(t,\lambda)$ 时，如何求出 $u(x,t)$ 的表达式，即讨论逆散射问题。逆散射变换有两种形式：一种是 Marchenko 逆散射方程，另一种是 Zakharrov-Shabat 逆散射方程。下面我们先推导 Marchenko 逆散射方程，再将其变换到 Zakharrov-Shabat 逆散射方程。

1. Marchenko 逆散射方程

从散射方程(2.6.22)入手。利用方程(2.6.25)，将方程(2.6.22)改写成另一种形式

$$\widehat{\boldsymbol{\psi}}_-=\boldsymbol{\psi}_+ S'(t,\lambda) \tag{2.6.51}$$

其中，

$$\widehat{\boldsymbol{\psi}}_-=\left(\frac{1}{a}\varphi,\ -\frac{1}{a^*}\overline{\varphi}\right),\quad \boldsymbol{S}'(t,\lambda)=\begin{pmatrix}1 & -\dfrac{b^*}{a^*}\\ \dfrac{b}{a} & 1\end{pmatrix} \tag{2.6.52}$$

其中，a 和 b 不仅与 λ 有关，而且与 t 也有关。利用式(2.6.34)，将 $\boldsymbol{\psi}_+$ 的表达式代入式(2.6.51)可得

$$\widehat{\boldsymbol{\psi}}_-=\left[\boldsymbol{\psi}_0(x,\lambda)+\int_x^{+\infty}K(x,y)\boldsymbol{\psi}_0(y,\lambda)\mathrm{d}y\right]\boldsymbol{S}'(t,\lambda) \tag{2.6.53}$$

此式说明变换算子的核 $\boldsymbol{K}(x,y)$ 与散射数据 $\boldsymbol{S}'(t,\lambda)$ 有关，而式(2.6.37)则表明 u 与 $\boldsymbol{K}$ 有

关。沿着这个思路，我们希望通过散射数据 $\boldsymbol{S}'(t,\lambda)$ 来导出 $u(x,t)$。为导出由散射数据 $\boldsymbol{S}'(t,\lambda)$ 所表示的 $\boldsymbol{K}$ 的积分方程，在 $y<x$ 时，用 $\frac{1}{2\pi}\boldsymbol{\psi}_0^*(y,\lambda)$ 右乘式(2.6.53)后，在沿复平面上按图 2.6.1 所示的路径 $C=C_++C_-$ 上对所得的方程积分。

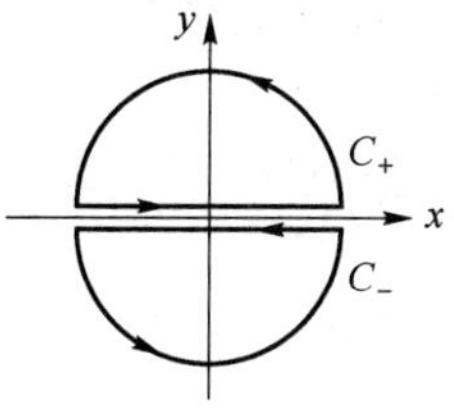

图 2.6.1

则式(2.6.53)成为

$$
\begin{aligned}
&\frac{1}{2\pi}\int_C \widehat{\boldsymbol{\psi}}(x,\lambda)\boldsymbol{\psi}_0^*(y,\lambda)\mathrm{d}\lambda \\
&=\frac{1}{2\pi}\int_C \boldsymbol{\psi}_0(x,\lambda)\boldsymbol{S}'(t,\lambda)\boldsymbol{\psi}_0^*(y,\lambda)\mathrm{d}\lambda+ \\
&\frac{1}{2\pi}\int_C\left[\int_x^{+\infty}\boldsymbol{K}(x,y)\boldsymbol{\psi}_0(y,\lambda)\mathrm{d}y\right]\boldsymbol{S}'(t,\lambda)\boldsymbol{\psi}_0^*(y,\lambda)\mathrm{d}\lambda
\end{aligned}
\tag{2.6.54}
$$

将式(2.6.54)中的第二项交换积分顺序，得

$$
\begin{aligned}
&\frac{1}{2\pi}\int_C\left[\int_x^{+\infty}\boldsymbol{K}(x,y)\boldsymbol{\psi}_0(y,\lambda)\mathrm{d}y\right]\boldsymbol{S}'(t,\lambda)\boldsymbol{\psi}_0^*(y,\lambda)\mathrm{d}\lambda \\
&=\frac{1}{2\pi}\int_x^{+\infty}\boldsymbol{K}(x,y)\left[\int_C\boldsymbol{\psi}_0(y,\lambda)\boldsymbol{S}'(t,\lambda)\boldsymbol{\psi}_0^*(y,\lambda)\mathrm{d}\lambda\right]\mathrm{d}y
\end{aligned}
\tag{2.6.55}
$$

记

$$
\boldsymbol{\psi}_0(x,\lambda)\boldsymbol{S}'(t,\lambda)\boldsymbol{\psi}_0^*(y,\lambda)=\begin{pmatrix}\mathrm{e}^{-\mathrm{i}\lambda x} & 0\\ 0 & \mathrm{e}^{\mathrm{i}\lambda x}\end{pmatrix}\begin{pmatrix}1 & \dfrac{b^*}{a^*}\\ \dfrac{b}{a} & 1\end{pmatrix}\begin{pmatrix}\mathrm{e}^{-\mathrm{i}\lambda y} & 0\\ 0 & \mathrm{e}^{\mathrm{i}\lambda y}\end{pmatrix}=\begin{pmatrix}E & -H^*\\ H & E^*\end{pmatrix}
\tag{2.6.56}
$$

其中，

$$
E=\mathrm{e}^{\mathrm{i}\lambda(y-x)},\quad H=\frac{b}{a}\mathrm{e}^{\mathrm{i}\lambda(x+y)}
\tag{2.6.57}
$$

为了计算方便，定义

$$
\begin{cases}
f(x,t)=\dfrac{1}{2\pi}\displaystyle\int_{C_+}\dfrac{b(\lambda,t)}{a(\lambda,t)}\mathrm{e}^{\mathrm{i}\lambda x}\mathrm{d}\lambda & (2.6.58\mathrm{a})\\
f^*(x,t)=\dfrac{1}{2\pi}\displaystyle\int_{C_-}\dfrac{b^*(\lambda,t)}{a^*(\lambda,t)}\mathrm{e}^{-\mathrm{i}\lambda x}\mathrm{d}\lambda & (2.6.58\mathrm{b})
\end{cases}
$$

其中，C_+ 表示沿上半平面积分，含有 $a(\lambda,t)$ 的所有零点；C_- 表示沿下半平面积分，含有 $a^*(\lambda,t)$ 的所有零点。设 $a(\lambda,t)$ 在上半平面有 N 个零点 $\lambda=\lambda_n(n=1,2,3,\cdots,N)$，对路径 C_+ 所包含的区域应用留数定理，式(2.6.58a)化为

$$f(x,t)=\frac{1}{2\pi}\int_{-\infty}^{+\infty}R(k,t)\mathrm{e}^{\mathrm{i}kx}\,\mathrm{d}k-\mathrm{i}\sum_{n=1}^{N}C_n(\lambda_n,t)\mathrm{e}^{\mathrm{i}\lambda_n x}\tag{2.6.59}$$

其中，

$$R(k,t)=\frac{b(k,t)}{a(k,t)}$$

k 为实数，即积分只对实轴进行，且有

$$C_n(\lambda_n,t)=\frac{b(\lambda,t)}{a'_\lambda(\lambda,t)}\Big|_{\lambda=\lambda_n}=C_n(\lambda_n,0)\mathrm{e}^{2\mathrm{i}\lambda_n t}\tag{2.6.60}$$

类似地，$a^*(\lambda,t)$在下半平面有 N 个零点 $\lambda=\lambda_n^*$ $(n=1,2,3,\cdots,N)$，对路径 C_- 所包含的区域应用留数定理，式(2.6.58b)化为

$$f^*(x,t)=\frac{1}{2\pi}\int_{-\infty}^{+\infty}R^*(k,t)\mathrm{e}^{-\mathrm{i}kx}\,\mathrm{d}k+\mathrm{i}\sum_{n=1}^{N}C_n^*(\lambda_n,t)\mathrm{e}^{-\mathrm{i}\lambda_n^* x}\tag{2.6.61}$$

由于

$$\frac{1}{2\pi}\int_C \mathrm{e}^{\mathrm{i}\lambda(y-x)}\,\mathrm{d}\lambda=\delta(y-x)\tag{2.6.62}$$

故有

$$\frac{1}{2\pi}\int_C \boldsymbol{\psi}_0(x,\lambda)\boldsymbol{S}'(t,\lambda)\boldsymbol{\psi}_0^*(y,\lambda)\,\mathrm{d}\lambda=\begin{pmatrix}\delta(y-x) & -f^*(y+x)\\ f(y+x) & \delta(y-x)\end{pmatrix}\tag{2.6.63}$$

并且因为

$$\int_C \hat{\boldsymbol{\psi}}_-(y,\lambda)\boldsymbol{\psi}_0^*(y,\lambda)\,\mathrm{d}\lambda=\int_C\begin{pmatrix}\frac{1}{a}\mathrm{e}^{-\mathrm{i}\lambda x} & 0\\ 0 & \frac{1}{a^*}\mathrm{e}^{\mathrm{i}\lambda x}\end{pmatrix}\begin{pmatrix}\mathrm{e}^{\mathrm{i}\lambda y} & 0\\ 0 & \mathrm{e}^{-\mathrm{i}\lambda y}\end{pmatrix}=0\tag{2.6.64}$$

将式(2.6.63)与式(2.6.64)代入(2.6.54)得

$$\boldsymbol{F}(x+y,t)+\boldsymbol{K}(x,y,t)+\int_x^{+\infty}\boldsymbol{K}(x,\xi,t)\boldsymbol{F}(\xi+y,t)\,\mathrm{d}\xi=0\tag{2.6.65}$$

其中，

$$\boldsymbol{F}(x+y,t)=\begin{pmatrix}0 & -f^*(y+x,t)\\ f(y+x,t) & 0\end{pmatrix}\tag{2.6.66}$$

由式(2.6.37)得

$$u(x,t)=2\mathrm{i}\boldsymbol{K}_{12}(x,x,t),\quad u^*(x,t)=-2\mathrm{i}\boldsymbol{K}_{21}(x,x,t)\tag{2.6.67}$$

式(2.6.65)即为关于 $\boldsymbol{K}(x,x,t)$的矩阵逆散射方程，也就是 Marchenko 逆散射方程，这是一个线性积分方程。根据 $\boldsymbol{F}$ 与 f,f^* 的定义，可知它们仅与 $R(k,t)$，$C_n(\lambda_n,t)$等散射数据有关，从而由式(2.6.65)可知，变换算子的核 $\boldsymbol{K}$ 也仅与$R(k,t)$，$C_n(\lambda_n,t)$等散射数据有关。因而只要知道散射数据$\Sigma(t,\lambda)$，就可以由式(2.6.65)确定 $\boldsymbol{K}$，从而由式(2.6.67)确定 $u(x,t)$。

2. Zakharov-Shabat 逆散射方程

上文导出了 Marchenko 逆散射方程，对 KdV 方程来说，这一逆散射方程是最为熟悉的形式。但对于 NLS 方程，Zakharov-Shabat 逆散射方程将会更加方便。为了简单起见，我们直接从 Marchenko 逆散射方程出发来推导 Zakharov-Shabat 逆散射方程的表达式。

取 $\boldsymbol{K}=(K_1\quad K_2)$，其中 K_1,K_2 为二分量列向量，利用式(2.6.34)和式(2.6.20)，得

$$\overline{\boldsymbol{\psi}} = \begin{pmatrix}1\\0\end{pmatrix}\mathrm{e}^{-\mathrm{i}\lambda x} + \int_x^{+\infty} K_1(x,y,t)\mathrm{e}^{-\mathrm{i}\lambda y}\mathrm{d}y \tag{2.6.68}$$

当 $y<x$ 时，令 $K_1=0$，对式(2.6.68)进行 Fourier 变换，得

$$K_1(x,y,t) = \frac{1}{2\pi}\int_{-\infty}^{+\infty}\left[\overline{\boldsymbol{\psi}} - \begin{pmatrix}0\\1\end{pmatrix}\mathrm{e}^{-\mathrm{i}\lambda x}\right]\mathrm{e}^{\mathrm{i}\lambda x}\mathrm{d}\lambda \tag{2.6.69}$$

同理可得 K_2 的表达式。将 K_1，K_2 代入式(2.6.65)，考虑到 $|\lambda|\to+\infty$ 的展开式得

$$\begin{aligned}\overline{\boldsymbol{\psi}}(x,\lambda)\mathrm{e}^{\mathrm{i}\lambda x} &= \begin{pmatrix}\psi^{(2)*}(x,\lambda)\\-\psi^{(1)*}(x,\lambda)\end{pmatrix}\mathrm{e}^{\mathrm{i}\lambda x}\\&= \begin{pmatrix}0\\1\end{pmatrix} + \sum_{n=1}^{N}\frac{C_n(\lambda_n,t)\mathrm{e}^{\mathrm{i}\lambda_n x}}{\lambda-\lambda_n}\boldsymbol{\psi}(x,\lambda_n) + \frac{1}{2\pi\mathrm{i}}\int_{-\infty}^{+\infty}\frac{R(\lambda',t)\mathrm{e}^{\mathrm{i}\lambda x}}{\lambda'-\lambda+\mathrm{i}0}\psi(x,\lambda')\mathrm{d}\lambda'\end{aligned} \tag{2.6.70}$$

$$\begin{aligned}\overline{\boldsymbol{\psi}}(x,\lambda_n)\mathrm{e}^{\mathrm{i}\lambda_n^* x} &= \begin{pmatrix}\psi^{(2)*}(x,\lambda_n)\\-\psi^{(1)*}(x,\lambda_n\end{pmatrix}\mathrm{e}^{\mathrm{i}\lambda_n^* x}\\&= \begin{pmatrix}0\\1\end{pmatrix} + \sum_{m=1}^{N}\frac{C_n(\lambda_n,t)\mathrm{e}^{\mathrm{i}\lambda_n x}}{\lambda_n^*-\lambda_m}\boldsymbol{\psi}(x,\lambda_m) + \frac{1}{2\pi\mathrm{i}}\int_{-\infty}^{\infty}\frac{R(\lambda',t)\mathrm{e}^{\mathrm{i}\lambda x}}{\lambda-\lambda_n^*}\boldsymbol{\psi}(x,\lambda)\mathrm{d}\lambda\end{aligned} \tag{2.6.71}$$

式(2.6.70)和式(2.6.71)就是著名的 Zakharov-Shabat 逆散射方程。它是关于 $\psi^{(l)}(x,\lambda)$，$\psi^{(l)}(x,\lambda_n)(l=1,2)(n=1,2,3,\cdots,N)$ 及其复共轭的代数方程组，其解仅由散射数据 $\Sigma(t,\lambda)$ 完全确定。势函数 $u(x,t)$ 由下式确定

$$u(x,t) = -2\sum_{n=1}^{N}C_n^*(\lambda_n,t)\mathrm{e}^{\mathrm{i}\lambda_n^* x}\psi^{(2)*}(x,\lambda_n) - \frac{1}{\pi\mathrm{i}}\int_{-\infty}^{+\infty}R^*(\lambda,t)\mathrm{e}^{\mathrm{i}\lambda x}\psi^{(2)*}(x,\lambda)\mathrm{d}\lambda \tag{2.6.72}$$

到此，我们完成了逆散射的全过程，总结如下。

(1) 相容性问题

利用 AKNS 方法，找到合适的算子 $\boldsymbol{L}$ 和 $\boldsymbol{M}$，将 NLS 方程转化为等价的相容性条件(2.6.3)和条件(2.6.6)，前者描述本征值问题，后者描述本征值随 t 的演化问题。

(2) 直接散射问题

考虑初始条件 $u(x,0)$，分析二分量线性方程组(2.6.16)(等价于式(2.6.3))的本征值问题，求出散射数据 $\Sigma(0,\lambda)$，即式(2.6.39)。

(3) 散射数据随 t 的演化

从方程(2.6.6)出发，考虑波函数的渐近行为，导出散射数据随 t 的演化关系 $\Sigma(t,\lambda)$。

(4) 逆散射问题

利用散射数据 $\Sigma(t,\lambda)$ 反过来确定 $u(x,t)$，即求解矩阵方程(2.6.65)或线性方程组(2.6.70)与线性方程组(2.6.71)。

以上的分析可见，逆散射方法的特点是将非线性偏微分方程化成一系列线性问题来处理。首先，二分量系统的直接散射问题(2.6.16)是一个线性问题。而对于逆问题来说，无论是 Marchenko 逆散射方程，还是 Zakharrov-Shabat 逆散射方程，它们都是线性方程。显然线性问题的处理会比非线性问题的处理容易得多。

2.6.6 孤子解的构造

在 2.6.1～2.6.4 小节中我们讨论了用逆散射变换求解 NLS 方程的全过程，并且给出

了 NLS 方程解的一般公式。对于不同的初始条件，解的形式会有所不同，本小节将针对不同的初始条件来介绍孤子解的构造。

1. 无反射势和 N 孤子解

这里我们考虑一种特殊情况，即无反射势情况，这是反射系数 $R(t,\lambda)$ 对所有的 λ 都等于零。又因为

$$R(t,\lambda)=\frac{b(t,\lambda)}{a(t,\lambda)}=0,\quad 故\ b(t,\lambda)=0 \tag{2.6.73}$$

由式(2.6.28)可得

$$|a(t,\lambda)|=1 \tag{2.6.74}$$

从而 $a(t,\lambda)$ 单独地由它自己的零点确定

$$a(t,\lambda)=a(0,\lambda)=\prod_{n=1}^{N}\frac{\lambda-\lambda_n}{\lambda-\lambda_n^*} \tag{2.6.75}$$

其中，N 为离散本征值的个数。这种情况的解仅由相应的离散本征值的孤子构成，被称为 N 孤子解。此时逆问题方程组变成函数 $\psi(x,\lambda_n)$ 的代数方程组

$$\overline{\boldsymbol{\psi}}(x,\lambda_n)\mathrm{e}^{\mathrm{i}\lambda_n^* x}=\begin{pmatrix}1\\0\end{pmatrix}+\sum_{m=1}^{N}\frac{C_m(\lambda_n,t)\mathrm{e}^{\mathrm{i}\lambda_m x}}{\lambda_n^*-\lambda_m}\boldsymbol{\psi}(x,\lambda_m),\quad n=1,2,\cdots,N \tag{2.6.76}$$

对式(2.6.76)取伴随共轭(对合运算)，根据 $\overline{\overline{\boldsymbol{\psi}}}=-\boldsymbol{\psi}$ 可得

$$\boldsymbol{\psi}(x,\lambda_n)\mathrm{e}^{-\mathrm{i}\lambda_n x}=\begin{pmatrix}0\\1\end{pmatrix}+\sum_{m=1}^{N}\frac{C_m^*(\lambda_n,t)\mathrm{e}^{-\mathrm{i}\lambda_n^* x}}{\lambda_m^*-\lambda_n}\overline{\boldsymbol{\psi}}(x,\lambda_m),\quad n=1,2,\cdots,N \tag{2.6.77}$$

将式(2.6.76)代入式(2.6.77)，得到 $\boldsymbol{\psi}(x,\lambda_n)$ 的封闭性方程组，记 $\boldsymbol{\psi}(x,\lambda_n)\mathrm{e}^{\mathrm{i}\lambda_n x}=\xi_n(x)$

$$\xi_n(x)=\begin{pmatrix}0\\1\end{pmatrix}\mathrm{e}^{2\mathrm{i}\lambda_n x}+\begin{pmatrix}0\\1\end{pmatrix}\sum_{m=1}^{N}\frac{C_m^*(\lambda_n,t)\mathrm{e}^{2\mathrm{i}(\lambda_n-\lambda_m^*)x}}{\lambda_m^*-\lambda_n}-\sum_{k=1}^{N}\sum_{m=1}^{N}\frac{C_m^*(\lambda_n,t)\mathrm{e}^{2\mathrm{i}\lambda_n x}}{\lambda_m^*-\lambda_n}\frac{C_k(\lambda_n,t)\mathrm{e}^{-2\mathrm{i}\lambda_m^* x}}{\lambda_k-\lambda_m^*}\xi_k(x) \tag{2.6.78}$$

取 $\xi^{(l)}=(\xi_{l1},\xi_{l2},\cdots,\xi_{lN})^{\mathrm{T}}$，$(l=1,2)$，$E=(e_1,e_2,\cdots,e_N)^{\mathrm{T}}$，$e_n=\mathrm{e}^{2\mathrm{i}\lambda_n x}$，并记

$$M_{nm}=\frac{C_m(\lambda_n,t)\mathrm{e}^{-2\mathrm{i}\lambda_n^* x}}{\lambda_m-\lambda_n^*}$$

式(2.6.78)可以写成

$$\begin{cases}(\boldsymbol{I}+\boldsymbol{M}^*\boldsymbol{M})\xi^{(2)}=\boldsymbol{E} & (2.6.79\text{a})\\(\boldsymbol{I}+\boldsymbol{M}^*\boldsymbol{M})\xi^{(1)}=\boldsymbol{M}^*\boldsymbol{E}^* & (2.6.79\text{b})\end{cases}$$

其中，$\boldsymbol{I}$ 为 N 阶单位矩阵。因此

$$u(x,t)=-2\sum_{n=1}^{N}C_n^*(\lambda_n,t)\xi^{(2)*} \tag{2.6.80}$$

当 $a(\lambda,t)$ 具有单零点时，

$$a(\lambda)=\frac{\lambda-\lambda_1}{\lambda-\lambda_1^*} \tag{2.6.81}$$

取 $\lambda_1=\dfrac{\alpha+\mathrm{i}\beta}{2}$，得单孤子解

$$u(x,t)=\beta \operatorname{sech}[\beta(x+\alpha t-x_0)]e^{-i\alpha x+\frac{i(\beta^2-\alpha^2)t}{2}+i\varphi_0} \tag{2.6.82}$$

其中，$T_0=\frac{\ln|b_1(0)|}{2\beta}$，$\varphi_0=\arg b_1(0)$，$T_0$ 为脉冲初始位置，φ_0 为初始位相，α 成为孤子频率，β 为孤子幅度。

当 $a(\lambda,t)$ 有 N 个零点时，可得 N 孤子解，当各本征值 λ_i 的实部并不相互重叠（即孤子频率不相同）时，记 $\lambda_i=\frac{\alpha_i+\beta_i}{2}(i=1,2,3,\cdots,N)$，则 N 孤子解的渐进形式由 N 个单独的孤子解构成，即

$$u(x,t)=\sum_{n=1}^{N}u_n(x,t)=\beta_n \operatorname{sech}[\beta_n(x+\alpha_n t-x_{0n})]e^{-i\alpha_n x+\frac{i(\beta_n^2-\alpha_n^2)t}{2}+i\varphi_{0n}} \tag{2.6.83}$$

2. 孤子解构造的具体例子

下面我们通过几个实例来说明孤子解构造的具体过程。

(1) 取 $u(x,0)=A\operatorname{sech} x$

直接问题 先考虑式(2.6.16)的本征值问题。从式(2.6.16)中消去 ψ_2，并由于 $u=A\operatorname{sech} x$，可得

$$(\psi_x^{(1)}+i\lambda\psi^{(1)})_x=i\lambda(\psi_x^{(1)}+i\lambda\psi^{(1)})+\frac{u_x}{u}(\psi_x^{(1)}+i\lambda\psi^{(1)})+|u|^2\psi^{(1)} \tag{2.6.84}$$

这是一个线性方程，作变换

$$s=\frac{1}{2}(1-\tanh x) \tag{2.6.85}$$

因为

$$\frac{\partial}{\partial x}=-\frac{1}{2}\operatorname{sech}^2 x\frac{\partial}{\partial s} \tag{2.6.86}$$

$$\frac{\partial^2}{\partial x^2}=\operatorname{sech}^2 x\tanh x\frac{\partial}{\partial s}+\frac{1}{4}\operatorname{sech}^4 x\frac{\partial^2}{\partial s^2} \tag{2.6.87}$$

$$\tanh x=1-2s,\quad \operatorname{sech}^2 x=4s(1-s),\quad \frac{u_x}{u}=-\tanh x \tag{2.6.88}$$

将式(2.6.85)～式(2.6.88)代入(2.6.84)，并整理得

$$s(1-s)\frac{d^2}{ds^2}\psi^{(1)}+\left(\frac{1}{2}-s\right)\frac{d}{ds}\psi^{(1)}+\left[A^2+\frac{\lambda^2+i\lambda(1-2s)}{4s(1-s)}\right]\psi^{(1)}=0 \tag{2.6.89}$$

可以看出，边界条件 $x\to+\infty$ 对应 $s=0$，$x\to-\infty$ 对应 $s=1$。若进一步令 $\psi^{(1)}=s^{\alpha}(1-s)^{\beta}w_1$，则式(2.6.89)变成超几何方程，它有两个线性无关的解

$$\psi_1^{(1)}=s^{\frac{i\lambda}{2}}(1-s)^{-\frac{i\lambda}{2}}F\left(-A,A,i\lambda+\frac{1}{2};s\right) \tag{2.6.90}$$

$$\psi_2^{(1)}=s^{\frac{1}{2}-\frac{i\lambda}{2}}(1-s)^{-\frac{i\lambda}{2}}F\left(\frac{1}{2}-i\lambda+A,\frac{1}{2}-i\lambda-A,\frac{3}{2}-i\lambda;s\right) \tag{2.6.91}$$

其中，$F(\alpha,\beta,\gamma;s)$ 为超几何函数。关于 $\psi^{(2)}$ 的两个线性无关解可以通过在式(2.6.76)中将 λ 换成 $-\lambda$ 而得到

$$\psi_1^{(2)}=s^{-\frac{i\lambda}{2}}(1-s)^{\frac{i\lambda}{2}}F\left(-A,A,-i\lambda+\frac{1}{2};s\right) \tag{2.6.92}$$

$$\psi_2^{(2)}=s^{\frac{1}{2}+\frac{i\lambda}{2}}(1-s)^{\frac{i\lambda}{2}}F\left(\frac{1}{2}+i\lambda+A,\frac{1}{2}+i\lambda-A,\frac{3}{2}+i\lambda;s\right) \tag{2.6.93}$$

对于连续本征值 λ，利用式(2.6.90)～式(2.6.93)，可以构造 $\varphi,\bar{\varphi},\psi,\bar{\psi}$并要求它们满足边界条件(2.6.18)和(2.6.19)，从而利用式(2.6.25)，可确定系数 a, b。经过繁长而直接的计算后，得到

$$\boldsymbol{\psi}=\begin{pmatrix}A\left(\lambda+\dfrac{i}{2}\right)^{-1}\psi_2^{(1)}\\ \psi_1^{(2)}\end{pmatrix},\quad \bar{\boldsymbol{\psi}}=\begin{pmatrix}\psi_1^{(2)*}\\ -A\left(\lambda-\dfrac{i}{2}\right)^{-1}\psi_2^{(1)*}\end{pmatrix} \tag{2.6.94}$$

$$a(\lambda,0)=\frac{\left[\Gamma\left(-i\lambda+\dfrac{1}{2}\right)\right]^2}{\Gamma\left(-i\lambda+A+\dfrac{1}{2}\right)\Gamma\left(-i\lambda-A+\dfrac{1}{2}\right)} \tag{2.6.95}$$

$$b(\lambda,0)=\frac{i\left[\Gamma\left(i\lambda+\dfrac{1}{2}\right)\right]^2}{\Gamma(A)\Gamma(1-A)}=\frac{i\sin(\pi A)}{\cosh(\pi\lambda)} \tag{2.6.96}$$

对于离散本征值 λ_n，可由 $a(\lambda)$的零点给出，由式(2.6.95)可得

$$\lambda_n=i\left(A-n+\frac{1}{2}\right)=\frac{i\eta_n}{2} \tag{2.6.97}$$

其中，n 为正整数，$\mathrm{Im}(\lambda_n)>0$，即 $A-n+\dfrac{1}{2}>0$，相应地，可以求出 $b_n(0)=b_n(\lambda_n,0)$。

在得到这些散射数据后，利用 2.6.4 小节的结果可以获得它们随 t 的演化关系，再利用 2.6.5 小节的结果导出 $u(x,t)$。下面分几种不同情况来考虑。

① 当 $A=N$(N 为整数)时，从式(2.6.96)可知 $b(\lambda,0)=0$，也就是对应无反射势，即 $R(\lambda)=0$，而 $a(\lambda,0)$由式(2.6.75)给出，从式(2.6.97)可知存在 N 个本征值

$$\lambda_n=i\left(N-n+\frac{1}{2}\right)=\frac{i\eta_n}{2} \tag{2.6.98}$$

它们均为纯虚数，即这些孤子为束缚态。相应地，$b_n(0)=(-1)^{n-1}i$，因此有

$$C_n(t)=\frac{b_n(t)}{a_n'}=\frac{(-1)^{n-1}ie^{i2\lambda_n^2t}}{a_n'}=(-1)^{n-1}i\frac{\prod\limits_{m=1}^{N}(\lambda_n-\lambda_m^*)}{\prod\limits_{m\neq n}(\lambda_n-\lambda_m)}e^{-\frac{i\eta_n^2t}{2}} \tag{2.6.99}$$

将式(2.6.98)和式(2.6.99)代入式(2.6.83)，可以得出相应的孤子解。

当 $N=1$ 时，有 $\lambda_1=\dfrac{i\beta_1}{2}=\dfrac{i}{2}$, $C_n(t)=e^{-\frac{it}{2}}$，由式(2.6.79)和式(2.6.80)，有

$$u(x,t)=e^{\frac{it}{2}}\operatorname{sech}x \tag{2.6.100}$$

当 $N=2$ 时，有

$$\lambda_1=i\beta_2/2=3i/2,\quad \lambda_2=i\beta_1/2=i/2,\quad C_1(t)=1/6e^{-i9t/2},\quad C_2(t)=e^{-it/2}/2$$

由式(2.6.80)可以求得

$$u(x,t)=4\frac{\cosh 3x+3e^{4it}\cosh x}{\cosh 4x+4\cosh 2x+3\cosh 4x}e^{\frac{it}{2}} \tag{2.6.101}$$

此时方程的解为束缚孤子态，它呈周期性振动，周期为

$$t_s=\frac{4\pi}{\beta_1^2-\beta_2^2}=\frac{1}{2}\pi \tag{2.6.102}$$

对于 $N>2$，可类似地求得 N 孤子解，且其周期特性与 $N=2$ 时相同。

② $A=N+\delta$，$|\delta|<\frac{1}{2}$，在这种情况下，$a(\lambda)$具有 N 个零点，即有 N 个本征值，但 $b(\lambda,0)\neq 0$，逆散射方程(2.6.70)和式(2.6.71)的求解非常复杂，但对于大的 t，其渐近解具有简单的结构，仅由孤子解构成。为了说明这一特性，我们来计算 N 孤子解及初始条件的模。对 N 孤子解，其模为

$$\| u(x,t) \| = \sum_{n=1}^{N} \| u_n(x,t) \| = \sum_{n=1}^{N} 2\beta_n = \sum_{n=1}^{N} 2(N+\delta-n+1/2) = N(N+2\delta) \tag{2.6.103}$$

初始模为

$$\| u(x,0) \| = \int_{-\infty}^{\infty} |A\mathrm{sech}\, x|^2 \mathrm{d}x = (N+\delta)^2 \tag{2.6.104}$$

两模的比值为

$$\| u(x,t) \|_{\infty} / \| u(x,0) \| = 1-\delta^2/(N+\delta)^2 \tag{2.6.105}$$

式(2.6.105)说明，与非孤子部分相联系的模可以表示为 $\delta^2\ (N+\delta)^2$，且对于 $N\gg 1$。T 很大时解的渐近行为可以仅有孤子项来描述。实际上，N 并非远大于 1 时，解的非孤子部分就可能很小，如 $N=1,\delta=0.4$，就有 $\delta^2\ (N+\delta)^2=0.081\ll 1$。在实际通信系统中，往往初始注入精度 $A\neq N$，但上一结果保证了解仍能演化为孤子解。这对孤子系统的稳定和设计非常重要。

还应该注意到，对于 $u(x,0)=A\mathrm{sech}\, x$ 这一情形，式(2.6.16)的离散本征值为纯虚数。也就是说，对于这一特殊情形，所有的孤子频率均为零。因此解 $u(x,t)$为一 N 束缚态孤子。一般来说，若输入脉冲关于 x 对称，如为 $\mathrm{sech}\, x$，则式(2.6.16)的本征值为纯虚数，且 NLS 方程的输出解含有 N 个束缚态孤子。

(2) $u(x,0)=A\mathrm{sech}(Bx)\mathrm{e}^{\mathrm{i}\alpha x}$

这是对 $u(x,0)=A\mathrm{sech}\, x$ 的推广，此时直接散射系统式(2.6.16)给出如下散射数据

$$a(\lambda)=\Gamma^2(u)/[\Gamma(u-A/B)\Gamma(u+A/B)] \tag{2.6.106}$$

$$b(\lambda)=\mathrm{i}u(B/A)\Gamma(u)\Gamma(-u)/[\Gamma(A/B)\Gamma(-A/B)] \tag{2.6.107}$$

$$u=1/2+(\mathrm{i}/2B)(\alpha-2\lambda) \tag{2.6.108}$$

$a(\lambda)$的零点由 $u-A/B=-n$ 确定($n=1,2,\cdots$)，零点的个数为$[A/B+1/2]$，方括号表示取整。由此可得离散本征值

$$\lambda_n=\frac{\alpha}{2}+\mathrm{i}B\left(\frac{A}{B}-n+\frac{1}{2}\right)=\frac{\alpha_n}{2}+\mathrm{i}\,\frac{\beta_n}{2} \tag{2.6.109}$$

其中，n 为正整数，它必须满足 $\mathrm{Im}(\lambda_m)>0$。当 $A/B=N$(N 为正整数)时，由式(2.6.107)可知有 $b(\lambda)=0$，此时对应无反射势情形，解可由式(2.6.83)给出。对 $\alpha=0$，则本征值为纯虚数，若再有 $B=1$，即过渡到上一种情形。

现在考虑 $A/B=N$，且 $\alpha=0$ 的情况，对 $N=1,\lambda=\mathrm{i}\beta/2$ 时，由 Zakharrov-Shabat 逆散射方程得

$$u(x,t)=\mathrm{sech}(\beta x)\mathrm{e}^{\mathrm{i}\beta^2 t} \tag{2.6.110}$$

若 $N=2,\lambda_1=\beta_1/2,\ \lambda_2=\beta_2/2$，可得束缚态双孤子

$$u(x,t)=\frac{2}{\rho}\left(\frac{\beta_1+\beta_2}{\beta_1-\beta_2}\right)(\beta_1\cosh\theta_2\,e^{i\sigma_1}+\beta_2\cosh\theta_1\,e^{i\sigma_2})\tag{2.6.111}$$

其中，

$$\rho=\cosh(\theta_1+\theta_2)+\left(\frac{\beta_1+\beta_2}{\beta_1-\beta_2}\right)^2\cosh(\theta_1-\theta_2)+\frac{4\beta_1\beta_2}{(\beta_1-\beta_2)^2}\cos(\sigma_1-\sigma_2)\tag{2.6.112}$$

而 $\theta_l=\beta_l x+\theta_{l0}$，（$l=1,2$；$\theta_{l0}$ 为常数），而相位 σ_l 满足

$$\frac{d\sigma_l}{dt}=\frac{1}{2}\beta_l^2\tag{2.6.113}$$

若 $A=2,B=1$，则式(2.6.111)即过渡到式(2.6.101)。这些公式在处理孤子的相互作用时非常重要。

第3章　Bäcklund 变换

除了第2章介绍的反散射变换法以外，还有一些其他方法可以用来解非线性偏微分方程，Bäcklund 变换法就是其中一种。Bäcklund 变换最早涉及曲面到曲面之间的变换。早在1875年，瑞典数学家 Bäcklund 在研究负常数曲率曲面（喇叭形曲面）时，发现非线性 Sine-Gordon 方程

$$u_{xx}-u_{tt}=\sin u \quad \text{或} \quad u_{\xi\eta}=\sin u(\xi=x+t,\eta=x-t) \tag{3.0.1}$$

的两个解 u 与 v 之间有以下关系

$$\begin{cases} v_{\xi}=u_{\xi}-2\beta\sin\dfrac{u+v}{2} \\ v_{\eta}=-u_{\eta}+\dfrac{2}{\beta}\sin\dfrac{u-v}{2} \end{cases} \tag{3.0.2}$$

若 u 是式(3.0.1)的一个解，将式(3.0.2)的第一式对 η 求导，得

$$\begin{aligned} v_{\xi\eta}&=u_{\xi\eta}-2\beta\cos\frac{u+v}{2}\cdot\frac{1}{2}(u_{\eta}+v_{\eta}) \\ &\overset{\text{代入}}{=}\sin u-2\beta\cos\frac{u+v}{2}\cdot\left(\frac{1}{2}u_{\eta}-\frac{1}{2}u_{\eta}+\frac{1}{\beta}\sin\frac{u-v}{2}\right) \\ &=\sin u-2\cos\frac{u+v}{2}\sin\frac{u-v}{2}=\sin v \end{aligned} \tag{3.0.3}$$

说明 v 也满足方程(3.0.1)。

式(3.0.3)说明，当 u 是 Sine-Gordon 方程的一个解时，式(3.0.2)是一个完全可积的微分方程组，因而对于任何初值 $\xi=\xi_0,\eta=\eta_0,v=v_0$，在单连通区域内唯一地存在式(3.0.2)的解 v，它仍然是 Sine-Gordon 方程的解。这种由方程的一个解 u 而得到另一个解 v 的变换式(3.0.2)称为方程(3.0.1)的 Bäcklund 变换。

由此可见，Bäcklund 变换完全是一个纯数学问题，当时并没有得到广泛应用，被搁置了一百多年。到20世纪60年代，由于在非线性光学（激光）、晶体位错以及超导等现代技术和物理问题的研究中都出现了 Sine-Gordon 方程，这时人们才想起了一百多年前发现的 Sine-Gordon 方程的 Bäcklund 变换。并对之进行了进一步研究，得出非线性叠加公式等一系列新结果。接着又发现了其他非线性偏微分方程，如 KdV 方程，非线性 Schrödinger 方程等孤立子方程都存在 Bäcklund 变换，因此，这一变换技术才引起人们的注意。这种变换的突出的作用是根据方程的已知解（比如零解）求出新解。另外这种变换还能引入一个简单的非线性叠加公式，利用这种公式可以通过纯代数方法从单孤子解构造出多孤子解。于是 Bäcklund 变换就成了研究非线性偏微分方程的有力工具。现在仍然有人在做这方面的工作，并取得了一些新结果。

3.1 Bäcklund 变换的定义

考虑一个二阶非线性偏微分方程

$$u_t=N(u,u_x,u_{xx},\cdots) \tag{3.1.1}$$

设它的两个解为 $u(x,t)$和 $v(x,t)$，它们之间有以下关系

$$\begin{cases}u_x=P(u,v,v_x,v_t,x,t)\\u_t=Q(u,v,v_x,v_t,x,t)\end{cases} \tag{3.1.2}$$

若式(3.1.2)中的两式满足可积条件 $\dfrac{\partial Q}{\partial x}=\dfrac{\partial P}{\partial t}$，则式(3.1.2)称为方程(3.1.1)的 Bäcklund 变换。像这样同一个方程两个不同解之间的 Bäcklund 变换，称为自 Bäcklund 变换，简称自 BT (auto-Bäcklund-Transformation)。若 u、v 分别是两个不同的非线性偏微分方程的解，则式(3.1.2)就是两个不同的非线性偏微分方程之间 Bäcklund 变换。具体表述如下。

考虑两个二阶非线性发展方程

$$N_1(u,u_t,u_x,u_{xx})=0 \tag{3.1.3}$$

$$N_2(u,u_t,u_x,u_{xx})=0 \tag{3.1.4}$$

它们的解 $u(x,t)$和 $v(x,t)$满足一阶方程

$$\begin{cases}E_1(u,v,u_x,v_x,u_t,v_t,x,t)=0\\E_2(u,v,u_x,v_x,u_t,v_t,x,t)=0\end{cases} \tag{3.1.5}$$

若式(3.1.5)满足以下条件：

(1) 它对于 u、v 可积，

(2) 已知 u 通过式(3.1.5)可以确定 v 到若干不定常数，

(3) 已知 v 通过式(3.1.5)可以确定 u 到若干不定常数，

则称式(3.1.5)为式(3.1.3)和式(3.1.4)的 Bäcklund 变换。注意，方程(3.1.3)和方程(3.1.4)是二阶的，而它们之间的 Bäcklund 变换〔方程(3.1.5)〕是一阶的，因此 Bäcklund 变换最直接的作用是将方程降一阶。更高阶的非线性偏微分方程的 Bäcklund 变换可以仿此定义。

例 3.1.1 建立 Liouville 方程

$$\frac{\partial^2 u}{\partial x\partial y}=\mathrm{e}^u \tag{3.1.6}$$

与线性波方程

$$\frac{\partial^2 v}{\partial x\partial y}=0 \tag{3.1.7}$$

之间的 Bäcklund 变换。

解 按 Bäcklund 变换的定义，设

$$\frac{\partial u}{\partial x}=a\frac{\partial v}{\partial x}+b\frac{\partial v}{\partial y}+c\mathrm{e}^{k(u+v)} \tag{3.1.8}$$

其中，a,b,c,k 待定。

为了利用原方程，将式(3.1.8)对 y 求导，得

$$\frac{\partial^2 u}{\partial x\partial y}=a\frac{\partial^2 v}{\partial x\partial y}+b\frac{\partial^2 v}{\partial y^2}+ck\mathrm{e}^{k(u+v)}\left(\frac{\partial u}{\partial y}+\frac{\partial v}{\partial y}\right) \tag{3.1.9}$$

将式(3.1.6)和式(3.1.7)代入式(3.1.9),并取 $b=0$,得到

$$e^u=cke^{k(u+v)}\left(\frac{\partial u}{\partial y}+\frac{\partial v}{\partial y}\right) \tag{3.1.10}$$

即

$$\frac{\partial u}{\partial y}=-\frac{\partial v}{\partial y}+\frac{1}{ck}e^{u-k(u+v)} \tag{3.1.11}$$

式(3.1.11)两边对 x 求导,利用式(3.1.6)和式(3.1.7),经整理得

$$\frac{\partial u}{\partial x}=\frac{k}{1-k}\frac{\partial v}{\partial x}+\frac{ck}{1-k}e^{k(u+v)} \tag{3.1.12}$$

由式(3.1.11)和式(3.1.12)满足协调条件

$$\frac{\partial}{\partial y}\left(\frac{\partial u}{\partial x}\right)=\frac{\partial}{\partial x}\left(\frac{\partial u}{\partial y}\right) \tag{3.1.13}$$

可得 $k=\frac{1}{2}$。这样得出方程(3.1.6)到方程(3.1.7)的 Bäcklund 变换:

$$\begin{cases}\dfrac{\partial u}{\partial x}=\dfrac{\partial v}{\partial x}+ce^{\frac{1}{2}(u+v)}\\[2mm] \dfrac{\partial u}{\partial y}=-\dfrac{\partial v}{\partial y}+\dfrac{2}{c}e^{\frac{1}{2}(u-v)}\end{cases} \tag{3.1.14}$$

其中,c 为任意常数。

下面我们通过线性波方程(3.1.7)的解去求 Liouville 方程(3.1.6)的解。

先将 Bäcklund 变换〔式(3.1.14)〕改写为

$$\begin{cases}\dfrac{\partial(u-v)}{\partial x}=ce^{\frac{1}{2}(u+v)}=ce^{\frac{u-v}{2}}\cdot e^{v}\\[2mm] \dfrac{\partial(u+v)}{\partial y}=\dfrac{2}{c}e^{\frac{1}{2}(u-v)}=\dfrac{2}{c}e^{\frac{u+v}{2}}\cdot e^{-v}\end{cases} \tag{3.1.15}$$

因而

$$\begin{cases}\dfrac{\partial}{\partial x}(e^{-\frac{u-v}{2}})=-\dfrac{c}{2}e^{v}\\[2mm] \dfrac{\partial}{\partial y}(e^{-\frac{u+v}{2}})=-\dfrac{1}{c}e^{-v}\end{cases} \tag{3.1.16}$$

因为线性波方程(3.1.7)的通解为

$$v(x,y)=f(x)+g(y) \tag{3.1.17}$$

其中,$f(x)$和 $g(y)$为任意函数。将式(3.1.17)代入方程组(3.1.16),得到

$$\begin{cases}\dfrac{\partial}{\partial x}\{e^{-\frac{1}{2}[u-f(x)-g(y)]}\}=-\dfrac{c}{2}e^{[f(x)+g(y)]}\\[2mm] \dfrac{\partial}{\partial y}\{e^{-\frac{1}{2}[u+f(x)+g(y)]}\}=-\dfrac{1}{c}e^{[-f(x)-g(y)]}\end{cases} \tag{3.1.18}$$

将上面第一式右端的 $e^{g(y)}$ 并入左端,第二式右端的 $e^{-f(x)}$ 并入左端,并分别对 x 和对 y 积分,得到

$$\begin{cases}e^{-\frac{1}{2}[u-f(x)+g(y)]}=-\dfrac{c}{2}\displaystyle\int e^{f(x)}\,dx+S(y)\\[2mm] e^{-\frac{1}{2}[u-f(x)+g(y)]}=-\dfrac{1}{c}\displaystyle\int e^{-g(y)}\,dy+R(x)\end{cases} \tag{3.1.19}$$

其中,$S(y)$和$R(x)$是任意函数。比较式(3.1.19)的两式,得

$$\frac{1}{c}\int e^{-g(y)}\,dy+S(y)=\frac{c}{2}\int e^{f(x)}\,dx+R(x) \tag{3.1.20}$$

式(3.1.20)左边只是 y 的函数,右边只是 x 的函数,两边相等只能为一常数,取此常数为零,求得

$$R(x)=-\frac{c}{2}\int e^{f(x)}\,dx,\quad S(y)=-\frac{1}{c}\int e^{-g(y)}\,dy \tag{3.1.21}$$

这样式(3.1.19)化为

$$e^{-\frac{1}{2}[u-f(x)+g(y)]}=-\frac{c}{2}\int e^{f(x)}\,dx-\frac{1}{c}\int e^{-g(y)}\,dy \tag{3.1.22}$$

两边取对数,求得

$$-\frac{1}{2}[u-f(x)+g(y)]=\ln\left[-\frac{c}{2}\int e^{f(x)}\,dx-\frac{1}{c}\int e^{-g(y)}\,dy\right] \tag{3.1.23}$$

整理得

$$u=f(x)-g(y)-2\ln\left[-\frac{c}{2}\int e^{f(x)}\,dx-\frac{1}{c}\int e^{-g(y)}\,dy\right] \tag{3.1.24}$$

这便是 Liouville 方程的解。

例 3.1.2 求出 Sine-Gordon 方程

$$\frac{\partial^2 u}{\partial\xi\partial\eta}=\sin u \tag{3.1.25}$$

的自 Bäcklund 变换。

解 设 $u(\xi,\eta)$和 $v(\xi,\eta)$都是 Sine-Gordon 方程(3.1.25)的解,即 u 和 v 分别满足

$$\frac{\partial^2 u}{\partial\xi\partial\eta}=\sin u,\quad \frac{\partial^2 v}{\partial\xi\partial\eta}=\sin v \tag{3.1.26}$$

仿 Liouville 方程,设

$$\frac{\partial u}{\partial\xi}=a\frac{\partial v}{\partial\xi}+b\frac{\partial v}{\partial\eta}+c\sin[k(u+v)] \tag{3.1.27}$$

其中,a,b,c,k 待定。

式(3.1.27)两边对 η 求导,并利用原方程,得到

$$\sin u=a\sin v+b\frac{\partial^2 v}{\partial\eta^2}+ck\cos[k(u+v)]\left(\frac{\partial u}{\partial\eta}+\frac{\partial v}{\partial\eta}\right) \tag{3.1.28}$$

取 $a=1,b=0$,解出$\frac{\partial u}{\partial\eta}$,得

$$\frac{\partial u}{\partial\eta}=-\frac{\partial v}{\partial\eta}+\frac{\sin u-\sin v}{ck\cos[k(u+v)]}=-\frac{\partial v}{\partial\eta}+\frac{2\cos\frac{u+v}{2}\sin\frac{u-v}{2}}{ck\cos[k(u+v)]} \tag{3.1.29}$$

为了简单并不失一般性,取 $k=\frac{1}{2}$,得

$$\frac{\partial u}{\partial\eta}=-\frac{\partial v}{\partial\eta}+\frac{4}{c}\sin\frac{u-v}{2} \tag{3.1.30}$$

将 $a=1,b=0,k=\frac{1}{2}$代入式(3.1.27),得

$$\frac{\partial u}{\partial \xi}=\frac{\partial v}{\partial \xi}+c\sin\frac{u+v}{2} \tag{3.1.31}$$

利用式(3.1.30)和式(3.1.31)可以验证

$$\frac{\partial}{\partial \eta}\left(\frac{\partial u}{\partial \xi}\right)=\frac{\partial}{\partial \xi}\left(\frac{\partial u}{\partial \eta}\right) \tag{3.1.32}$$

因此 Sine-Gordon 方程(3.1.25)的自 Bäcklund 变换为

$$\begin{cases}\dfrac{\partial u}{\partial \eta}=-\dfrac{\partial v}{\partial \eta}+\dfrac{4}{c}\sin\dfrac{u-v}{2}\\ \dfrac{\partial u}{\partial \xi}=\dfrac{\partial v}{\partial \xi}+c\sin\dfrac{u+v}{2}\end{cases} \tag{3.1.33}$$

其中,c 为任意常数。

令 $v=0$ 是 Sine-Gordon 方程的平凡解,由式(3.1.33)得出新解 u。将 $v=0$ 代入式(3.1.33),得

$$\begin{cases}\dfrac{\partial u}{\partial \eta}=\dfrac{4}{c}\sin\dfrac{u}{2}\\ \dfrac{\partial u}{\partial \xi}=c\sin\dfrac{u}{2}\end{cases} \tag{3.1.34}$$

分离变量并积分,得

$$\begin{cases}\ln\tan\dfrac{u}{4}=\dfrac{1}{2}c\xi+g(\eta)\\ \ln\tan\dfrac{u}{4}=\dfrac{2}{c}\eta+f(\xi)\end{cases} \tag{3.1.35}$$

其中,$f(\xi)$和 $g(\eta)$是任意函数。比较式(3.1.35)中的两式有

$$f(\xi)-\frac{c}{2}\xi=g(\eta)-\frac{2}{c}\eta\overset{\text{取为}}{=}\delta(\text{常数}) \tag{3.1.36}$$

求得

$$f(\xi)=\frac{c}{2}\xi+\delta,\quad g(\eta)=\frac{2}{c}\eta+\delta \tag{3.1.37}$$

这样式(3.1.35)化为

$$\ln\tan\frac{u}{4}=\frac{c}{2}\xi+\frac{2}{c}\eta+\delta \tag{3.1.38}$$

因而

$$\tan\frac{u}{4}=e^{\frac{c}{2}\xi+\frac{2}{c}\eta+\delta} \tag{3.1.39}$$

这就是 Sine-Gordon 方程的一个新解。理论上,我们还可以从这个解出发,利用式(3.1.33)得到 Sine-Gordon 方程的另外的解。

3.2 KdV 方程的 Bäcklund 变换

在反散射方法中,KdV 方程的求解,变成了 Schrödinger 方程的散射和反散射问题。这里我们利用 KdV 方程和 Schrödinger 方程之间的关系来推导 KdV 方程的 Bäcklund 变换。

考虑与 KdV 方程相应的 Schrödinger 方程,设 ψ_1,ψ_2 为 Schrödinger 方程的两个解,则

它们满足

$$\psi_{1xx}=[-\lambda+u_1(x,t)]\psi_1 \tag{3.2.1a}$$

$$\psi_{2xx}=[-\lambda+u_2(x,t)]\psi_2 \tag{3.2.1b}$$

其中，u_1，u_2 满足 KdV 方程

$$u_t-6uu_x+u_{xxx}=0 \tag{3.2.2}$$

在第 2 章已经证明$\frac{d\lambda}{dt}=0$，势函数 u_1 和 u_2 之间的关系就是 KdV 方程的自 Bäcklund 变换。下面从 ψ_1 与 ψ_2 的关系找出 u_1 与 u_2 之间的关系，即 Bäcklund 变换。

对 Schrödinger 方程的两个解 ψ_1 和 ψ_2，取

$$\psi_2=A(x,t)\psi_1+\psi_{1x} \tag{3.2.3}$$

则

$$\psi_{2x}=A_x\psi_1+A\psi_{1x}+\psi_{1xx} \tag{3.2.4}$$

$$\psi_{2xx}=A_{xx}\psi_1+A_x\psi_{1x}+A_x\psi_{1x}+A\psi_{1xx}+\psi_{1xxx} \tag{3.2.5}$$

由式(3.2.1a)，得

$$\psi_{1xxx}=(-\lambda+u_1)\psi_{1x}+u_{1x}\psi_1 \tag{3.2.6}$$

将式(3.2.1a)和式(3.2.6)代入式(3.2.5)，得

$$\begin{aligned}\psi_{2xx}&=A_{xx}\psi_1+2A_x\psi_{1x}+A(-\lambda+u_1)\psi_1+(-\lambda+u_1)\psi_{1x}+u_{1x}\psi_1\\&=(A_{xx}-\lambda A+Au_1+u_{1x})\psi_1+(2A_x-\lambda+u_1)\psi_{1x}\end{aligned} \tag{3.2.7}$$

再将式(3.2.1b)和式(3.2.3)代入式(3.2.7)左端，得

$$(-\lambda+u_2)(A\psi_1+\psi_{1x})=(A_{xx}-\lambda A+Au_1+u_{1x})\psi_1+(2A_x-\lambda+u_1)\psi_{1x} \tag{3.2.8}$$

比较 ψ_1 和 ψ_{1x}前的系数，得

$$A_{xx}+A(u_1-u_2)+u_{1x}=0 \tag{3.2.9a}$$

$$2A_x+u_1-u_2=0 \tag{3.2.9b}$$

利用式(3.2.9b)消去式(3.2.9a)中的 u_1-u_2，得

$$A_{xx}-2AA_x+u_{1x}=0 \tag{3.2.9c}$$

式(3.2.9c)对 x 积分一次，得

$$A_x-A^2+u_1=e(t) \tag{3.2.10}$$

为了简单，取 $e(t)$为常数 e。若取 $u_1=\omega_{1x}$，$u_2=\omega_{2x}$，将式(3.2.9b)对 x 积分得

$$A=-\frac{1}{2}(\omega_1-\omega_2) \tag{3.2.11}$$

将式(3.2.11)和式(3.2.9b)代入式(3.2.10)，得

$$\frac{1}{4}(\omega_1-\omega_2)^2+\frac{1}{2}(\omega_{1x}-\omega_{2x})-\omega_{1x}=-e \tag{3.2.12}$$

取 $m=-2e$，将式(3.2.12)写成

$$\omega_{1x}+\omega_{2x}=-m+\frac{1}{2}(\omega_1-\omega_2)^2 \tag{3.2.13}$$

令 $u=\omega_x$，代入 KdV 方程(3.2.2)，并对 x 积分一次，则 KdV 方程化为

$$\omega_t-3\omega_x^2+\omega_{xxx}=0 \tag{3.2.14}$$

式(3.2.13)即为 KdV 方程(3.2.14)的 Bäcklund 变换的一个式子。

下面在此基础上，再找 Bäcklund 变换的另一个式子。因为 ω_1 和 ω_2 为 KdV 方程(3.2.14)

的两个解，故

$$\omega_{1t}=3\omega_{1x}^2-\omega_{1xxx}=3u_1^2-u_{1xx} \tag{3.2.15a}$$

$$\omega_{2t}=3\omega_{2x}^2-\omega_{2xxx}=3u_2^2-u_{2xx} \tag{3.2.15b}$$

以上两式相加，得

$$\omega_{1t}=-\omega_{2t}+3u_1^2+3u_2^2-\frac{\partial^2}{\partial x^2}(u_1+u_2) \tag{3.2.16}$$

将式(3.2.13)写成

$$u_1+u_2=2e+\frac{1}{2}(\omega_1-\omega_2)^2 \tag{3.2.17}$$

式(3.2.17)对 x 求导，得

$$\frac{\partial}{\partial x}(u_1+u_2)=(\omega_1-\omega_2)\frac{\partial}{\partial x}(\omega_1-\omega_2)=(\omega_1-\omega_2)(u_1-u_2) \tag{3.2.18}$$

再求导，得

$$\begin{aligned}\frac{\partial^2}{\partial x^2}(u_1+u_2)&=(\omega_{1x}-\omega_{2x})(u_1-u_2)+(\omega_1-\omega_2)\frac{\partial}{\partial x}(u_1-u_2)\\&=(u_1-u_2)^2+(\omega_1-\omega_2)\frac{\partial}{\partial x}(u_1+u_2)-2(\omega_1-\omega_2)\frac{\partial u_2}{\partial x}\end{aligned} \tag{3.2.19}$$

将式(3.2.18)代入式(3.2.19)，得

$$\frac{\partial^2}{\partial x^2}(u_1+u_2)=(u_1-u_2)^2+(\omega_1-\omega_2)^2(u_1-u_2)-2(\omega_1-\omega_2)\frac{\partial u_2}{\partial x} \tag{3.2.20}$$

再将式(3.2.20)代入式(3.2.16)，得

$$\begin{aligned}\omega_{1t}&=-\omega_{2t}+3u_1^2+3u_2^2-(u_1-u_2)^2-(\omega_1-\omega_2)^2(u_1-u_2)+2(\omega_1-\omega_2)\frac{\partial u_2}{\partial x}\\&=-\omega_{2t}+2u_1\left[(u_1+u_2)-\frac{1}{2}(\omega_1-\omega_2)^2\right]+2u_2^2+u_2(\omega_1-\omega_2)^2+2(\omega_1-\omega_2)\frac{\partial u_2}{\partial x}\end{aligned} \tag{3.2.21}$$

最后将式(3.2.17)代入式(3.2.21)，得

$$\omega_{1t}=-\omega_{2t}+4eu_1+2u_2^2+u_2\ (\omega_1-\omega_2)^2+2(\omega_1-\omega_2)u_{2x} \tag{3.2.22}$$

即

$$\omega_{1t}=-\omega_{2t}+4e\omega_{1x}+2\omega_{2x}^2+(\omega_1-\omega_2)^2\omega_{2x}+2(\omega_1-\omega_2)\omega_{2xx} \tag{3.2.23}$$

这就是 KdV 方程 Bäcklund 变换的另一个式子。因此 KdV 方程(3.2.14)的 Bäcklund 变换为

$$\begin{cases}\omega_{1x}=-\omega_{2x}+2e+\dfrac{1}{2}(\omega_1-\omega_2)^2\\ \omega_{1t}=-\omega_{2t}+4e\omega_{1x}+2\omega_{2x}^2+(\omega_1-\omega_2)^2\omega_{2x}+2(\omega_1-\omega_2)\omega_{2xx}\end{cases} \tag{3.2.24}$$

其中，e 为积分常数。

有了 Bäcklund 变换式(3.2.24)，我们就可以根据 KdV 方程的一个解去求它的另一个解了。例如，$\omega_2=0$ 是 KdV 方程的一个解，则由式(3.2.24)有

$$\begin{cases}\omega_{1x}=2e+\dfrac{1}{2}{\omega_1}^2\\ \omega_{1t}=4e\omega_{1x}\end{cases} \tag{3.2.25}$$

其中,第二个方程是线性平流方程,其通解为

$$\omega_1=f(x+4et) \tag{3.2.26}$$

若取

$$e=-k^2,\quad \omega_1\big|_{t=0}=-2k\tanh kx=f(x) \tag{3.2.27}$$

则

$$\omega_1=f(x-4k^2t)=-2k\tanh k(x-4k^2t) \tag{3.2.28}$$

因而

$$u_1=\frac{\partial\omega_1}{\partial x}=-2k^2\operatorname{sech}^2 k(x-4k^2t) \tag{3.2.29}$$

这是 KdV 方程的单孤子解。

3.3 Bäcklund 变换与 AKNS 系统

本节从 AKNS 系统出发,利用 Schrödinger 方程

$$\psi_{xx}-(u-\lambda)\psi=0$$

的一个不变性质,导出一类非线性发展方程的 Bäcklund 变换。为此先来证明 Schrödinger 方程的一个不变性质。

定理 3.3.1 在变换

$$v=u+2(\ln\varphi)_{xx},\quad \varphi=\frac{1}{\psi} \tag{3.3.1}$$

之下,Schrödinger 方程

$$\psi_{xx}-(u-\lambda)\psi=0 \tag{3.3.2}$$

具有不变性,即

$$\varphi_{xx}-(v-\lambda)\varphi=0 \tag{3.3.3}$$

证明 将式(3.3.2)两边除以 ψ^2,得

$$\frac{\psi_{xx}}{\psi^2}-(u-\lambda)\frac{1}{\psi}=0 \tag{3.3.4}$$

由于

$$\left(\frac{1}{\psi}\right)_{xx}=\left(\frac{-\psi_x}{\psi^2}\right)_x=\frac{-\psi_{xx}\psi^2+2\psi\psi_x^2}{\psi^4}=\frac{-\psi_{xx}}{\psi^2}+2\frac{\psi_x^2}{\psi^3} \tag{3.3.5}$$

再利用式(3.3.4),得

$$-\left(\frac{1}{\psi}\right)_{xx}+2\frac{\psi_x^2}{\psi^3}-(u-\lambda)\frac{1}{\psi}=0 \tag{3.3.6}$$

又由于

$$\left(\ln\frac{1}{\psi}\right)_{xx}=\frac{\psi_x^2}{\psi^2}-\frac{\psi_{xx}}{\psi}=\left(\frac{\psi_x^2}{\psi^3}-\frac{\psi_{xx}}{\psi^2}\right)\psi \tag{3.3.7}$$

所以式(3.3.6)化为

$$\left(\frac{1}{\psi}\right)_{xx}-2\left[\left(\ln\frac{1}{\psi}\right)_{xx}+(u-\lambda)\right]\frac{1}{\psi}+(u-\lambda)\frac{1}{\psi}=0 \tag{3.3.8}$$

即

$$\left(\frac{1}{\psi}\right)_{xx}-\left[u+2\left(\ln\frac{1}{\psi}\right)_{xx}-\lambda\right]\frac{1}{\psi}=0 \tag{3.3.9}$$

由式(3.3.1)，即得 $\varphi_{xx}-(v-\lambda)\varphi=0$，定理得证。

在第 2 章中，AKNS 方法将一个非线性发展方程的求解问题化成的两个线性方程的求解问题，其中之一就是本征值方程，在式(2.5.21)中取 $\lambda=-\mathrm{i}k$，有

$$\begin{cases}v_{1x}-\lambda v_1=uv_2 & (3.3.10\text{a})\\ v_{2x}+\lambda v_2=rv_1 & (3.3.10\text{b})\end{cases}$$

另一个是时间发展方程(2.5.22)，即

$$\begin{cases}v_{1t}=Av_1+Bv_2\\ v_{2t}=Cv_1-Av_2\end{cases} \tag{3.3.11}$$

其中，系数 A、B、C 满足 AKNS 方程

$$\begin{cases}A_x=uC-rB\\ B_x-2\lambda B=u_t-2Au\\ C_x+2\lambda C=r_t+2Ar\end{cases} \tag{3.3.12}$$

由第 2 章的讨论可知，当 A、B、C 取不同的函数形式时，对应不同的非线性发展方程，它们对应的本征值问题均为方程组(3.3.10)。下面考虑几种情况：

(1) 取

$$\begin{cases}A=-4\lambda^3-2\lambda u-u_x\\ B=-4\lambda^4u-2\lambda u_x-u_{xx}-2u^2\\ C=4\lambda^2+2u,\quad r=-1\end{cases} \tag{3.3.13}$$

对应 KdV 方程

$$u_t-6uu_x+u_{xxx}=0 \tag{3.3.14}$$

(2) 取

$$A=\frac{1}{4\lambda}\cos u,\quad B=C=\frac{1}{2\lambda}\sin u,\quad r=-u=\frac{u_x}{2} \tag{3.3.15}$$

对应的非线性发展方程为 Sine-Gordon 方程

$$u_{xt}=\sin u \tag{3.3.16}$$

(3) 取

$$A=\frac{1}{4\lambda}(1-2u^2),\quad B=C=\frac{1}{2\lambda}u\sqrt{1-u^2},\quad r=-u=\left(\frac{1}{\cos u}\right)_x \tag{3.3.17}$$

相应的非线性偏微分方程是

$$u_{xt}+\frac{uu_xu_t}{1-u^2}-u(1-u^2)=0 \tag{3.3.18}$$

下面我们来导出方程(3.3.14)和方程(3.3.16)的 Bäcklund 变换。其他方程也可以类似地处理。首先看 KdV 方程，令 $p=v_1/v_2$，则

$$\begin{aligned}p_x&=\frac{v_{1x}v_2-v_1v_{2x}}{v_2^2}\overset{\text{由式(3.3.10)}}{=}\frac{(\lambda v_1+uv_2)v_2-v_1(-\lambda v_2+rv_1)}{v_2^2}\\&=\frac{2\lambda v_1v_2+uv_2^2-rv_1^2}{v_2^2}=2\lambda p+u-rp^2\end{aligned} \tag{3.3.19}$$

同理，有

$$p_t = 2Ap + B - Cp^2 \tag{3.3.20}$$

在式(3.3.10b)中，取 $r=-1$ 并对 x 求导，得

$$v_{2xx} + \lambda v_{2x} = -v_{1x} \tag{3.3.21}$$

利用式(3.3.10a)及式(3.3.10b)，有

$$v_{2xx} + \lambda(-\lambda v_2 - v_1) = -\lambda v_1 - u v_2 \tag{3.3.22}$$

即

$$v_{2xx} + (u - \lambda^2) v_2 = 0 \tag{3.3.23}$$

说明 v_2 满足 Schrödinger 方程。由定理 3.3.1，方程(3.3.23)在以下变换下具有不变性

$$U = u + 2(\ln V)_{xx}, \quad V = \frac{1}{v_2} \tag{3.3.24}$$

令

$$U = \Omega_x, \quad u = \omega_x \tag{3.3.25}$$

将变换式(3.3.24)写成

$$\Omega_x = \omega_x + 2(\ln V)_{xx}, \quad V = \frac{1}{v_2} \tag{3.3.26}$$

式(3.3.26)两边对 x 积分，得

$$\Omega = \omega + 2(\ln V)_x = \omega + 2\left(\ln \frac{1}{v_2}\right)_x = \omega - 2\frac{v_{2x}}{v_2} \tag{3.3.27}$$

再由式(3.3.10b)及 $r=-1$，得

$$\Omega = \omega - 2\frac{-\lambda v_2 - v_1}{v_2} = \omega + 2(\lambda + p) \quad \left(p = \left(\frac{v_1}{v_2}\right)\right) \tag{3.3.28}$$

即

$$p = -\lambda + \frac{\Omega - \omega}{2} \tag{3.3.29}$$

将式(3.3.29)代入式(3.3.19)，得

$$\frac{\Omega_x - \omega_x}{2} = 2\lambda\left(\frac{\Omega - \omega}{2} - \lambda\right) + \omega_x + \left(\frac{\Omega - \omega}{2} - \lambda\right)^2 \tag{3.3.30}$$

整理得

$$\Omega_x - 3\omega_x = \frac{(\Omega - \omega)^2}{2} - 2\lambda^2 \tag{3.3.31}$$

将式(3.3.29)代入式(3.3.20)，得

$$\Omega_t - \omega_t = 4A\left[\frac{1}{2}(\Omega - \omega) - \lambda\right] + 2B - 2C\left[\frac{1}{2}(\Omega - \omega) - \lambda\right]^2 \tag{3.3.32}$$

再将 KdV 方程对应 A、B、C 的值，即式(3.3.13)代入式(3.3.32)，得到 KdV 方程的 Bäcklund 变换

$$\begin{cases} \omega_x + \Omega_x = -m + \dfrac{1}{2}(\omega - \Omega)^2 \\ \omega_t + \Omega_t = -(\omega - \Omega)(\omega_{xx} - \Omega_{xx}) + 2(\omega_x^2 + \omega_x \Omega_x + \Omega_x^2) \end{cases} \tag{3.3.33}$$

类似地，对 Sine-Gordon 方程(3.3.16)，取

$$p = \cot\left[\frac{1}{2}(\Omega - \omega)\right] \tag{3.3.34}$$

将其代入式(3.3.19)及式(3.3.20),得到

$$\begin{cases}\omega_x+\Omega_x=2\lambda\sin(\omega-\Omega)\\ \omega_t-\Omega_t=2A\sin(\Omega-\omega)+(B+C)\cos(\Omega-\omega)+B-C\end{cases}\tag{3.3.35}$$

将式(3.3.15)中的 A、B、C 代入并取 $\omega=\frac{u}{2}$,$\Omega=\frac{U}{2}$,得到 Sine-Gordon 方程的 Bäcklund 变换

$$\begin{cases}\left(\frac{u+U}{2}\right)_x=2\lambda\sin\frac{u-U}{2}\\ \left(\frac{u-U}{2}\right)_t=\frac{1}{2\lambda}\sin\frac{u+U}{2}\end{cases}\tag{3.3.36}$$

其他的非线性偏微分方程,比如方程(3.3.18)的 Bäcklund 变换也可以如法求出,我们不再详述,读者可以作为练习自己动手推一推。

3.4 非线性叠加公式

从前面几节的讨论可知,利用 Bäcklund 变换,可以通过非线性发展方程的已知解求出其新解,将已知解作为"种子"(seed),理论上可以从方程的平凡解(零解)求出其一阶孤子解,再由一阶孤子解求出二阶孤子解,直到高阶孤子解。虽然 Bäcklund 变换是比原方程低一阶的方程,但是从一阶孤子解求二阶孤子解或由二阶孤子解求更高阶的孤子解仍然非常复杂。幸运的是,有些发展方程存在所谓的非线性叠加公式,它使新解与已知解的关系变成一种代数关系。

3.4.1 KdV 方程的非线性叠加公式

在 KdV 方程

$$u_t-6uu_x+u_{xxx}=0\tag{3.4.1}$$

中,令 $u=\omega_x$,代入方程并对 x 积分,得到 KdV 方程的等价形式

$$\omega_t-3\omega_x^2+\omega_{xxx}=0\tag{3.4.2}$$

由 3.3 节的讨论可知,式(3.4.2)的 Bäcklund 变换为

$$\begin{cases}\omega_{1x}+\omega_{2x}=-m+\frac{1}{2}(\omega_1-\omega_2)^2\\ \omega_{1t}+\omega_{2t}=-(\omega_1-\omega_2)(\omega_{1xx}-\omega_{2xx})+2(\omega_{1x}^2+\omega_{1x}\omega_{2x}+\omega_{2x}^2)\end{cases}\tag{3.4.3}$$

设 ω_0 是 KdV 方程(3.4.2)的一个已知解,而 ω_1 和 ω_2 是对应式(3.4.3)中两个不同常数 m_1 和 m_2 的新解,即

$$\begin{cases}\omega_{1x}+\omega_{0x}=-m_1+\frac{1}{2}(\omega_1-\omega_0)^2\\ \omega_{2x}+\omega_{0x}=-m_2+\frac{1}{2}(\omega_2-\omega_0)^2\end{cases}\tag{3.4.4}$$

若 ω_1 和 ω_2 已知,将 m_1 和 m_2 交换,产生新解 ω_{12} 和 ω_{21},有

$$\begin{cases}\omega_{12x}+\omega_{1x}=-m_2+\frac{1}{2}(\omega_{12}-\omega_1)^2\\ \omega_{21x}+\omega_{2x}=-m_1+\frac{1}{2}(\omega_{21}-\omega_2)^2\end{cases}\tag{3.4.5}$$

可以证明 $\omega_{12}=\omega_{21}$，称为互换定理。令 $\omega_{12}=\omega_{21}=\omega_3$，$\omega_3$ 为新解，四个解之间的关系如图3.4.1所示。

下面推导 $\omega_0,\omega_1,\omega_2,\omega_3$ 之间的关系(代数关系)。

将式(3.4.4)中两式相减，有

$$\omega_{1x}-\omega_{2x}=m_2-m_1+\frac{1}{2}(\omega_1-\omega_0)^2-\frac{1}{2}(\omega_2-\omega_0)^2 \tag{3.4.6a}$$

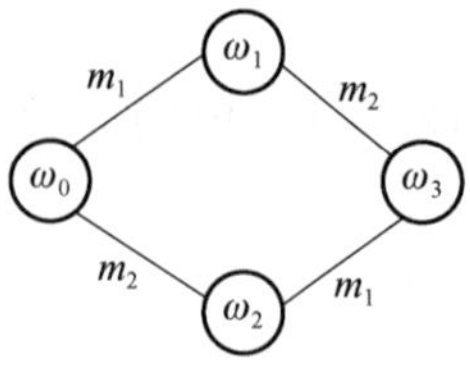

图 3.4.1

再将式(3.4.5)中两式相减并利用 $\omega_{12}=\omega_{21}=\omega_3$，有

$$\omega_{1x}-\omega_{2x}=m_1-m_2+\frac{1}{2}(\omega_3-\omega_1)^2-\frac{1}{2}(\omega_3-\omega_2)^2 \tag{3.4.6b}$$

式(3.4.6)两式右边相等，解出

$$\omega_3=\omega_0+\frac{2(m_1-m_2)}{\omega_1-\omega_2} \tag{3.4.7}$$

其中，m_1 和 m_2 为任意常数。式(3.4.7)称为 KdV 方程的非线性叠加公式。利用这个公式很容易求出 KdV 方程的双孤子解。

取 $\omega_0=0$，当 $m_1=8$ 时，取其无界解

$$\omega_1=4\coth(2x-32t) \tag{3.4.8a}$$

当 $m_2=2$ 时，取有界解

$$\omega_2=-2\tanh(x-4t) \tag{3.4.8b}$$

将式(3.4.8*a*)和式(3.4.8*b*)代入式(3.4.7)，得

$$\omega_3=\frac{6}{2\coth(2x-32t)+\tanh(x-4t)} \tag{3.4.9}$$

对 ω_3 求导，得

$$u_3=\omega_{3x}=-12\,\frac{3+4\cosh(2x-8t)+\cosh(4x-64t)}{[3\cosh(x-28t)+\cosh(3x-36t)]^2} \tag{3.4.10}$$

这就是 KdV 方程的双孤子解。与利用反散射方法求出的式(3.3.38)完全一样。

3.4.2 Sine-Gordon 方程的非线性叠加公式

Sine-Gordon 方程

$$u_{\xi\eta}=\sin u \tag{3.4.11}$$

的 Bäcklund 变换为

$$\begin{cases}\frac{1}{2}(u_1+u_2)_\xi=\alpha\sin\frac{1}{2}(u_1-u_2)\\ \frac{1}{2}(u_1-u_2)_\eta=\frac{1}{\alpha}\sin\frac{1}{2}(u_1+u_2)\end{cases} \tag{3.4.12}$$

取 u_0 为 Sine-Gordon 方程(3.4.11)的一个已知解，u_1 和 u_2 是分别对应 $\alpha=\alpha_1$ 和 $\alpha=\alpha_2$ 的新解。从 u_1 和 u_2 出发，α_1 与 α_2 互换，得到新解 u_{12} 和 u_{21}，由互换定理，知 $u_{12}=u_{21}$，记为 u_3，四个解的关系如图 3.4.2 所示。

利用式(3.4.12)及 $u_{12}=u_{21}=u_3$，有

$$\frac{1}{2}(u_0+u_1)_\xi=\alpha_1\sin\frac{1}{2}(u_1-u_0) \tag{3.4.13a}$$

$$\frac{1}{2}(u_0+u_2)_\xi=\alpha_2\sin\frac{1}{2}(u_2-u_0) \tag{3.4.13b}$$

$$\frac{1}{2}(u_1+u_3)_\xi=\alpha_2\sin\frac{1}{2}(u_3-u_1) \tag{3.4.13c}$$

$$\frac{1}{2}(u_2+u_3)_\xi=\alpha_1\sin\frac{1}{2}(u_3-u_2) \tag{3.4.13d}$$

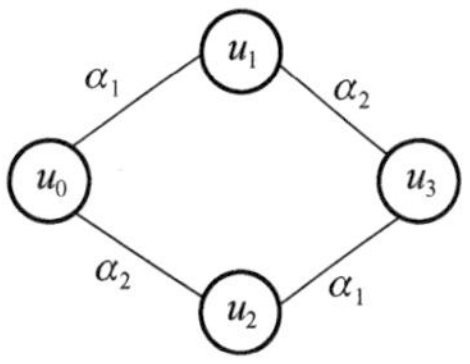

图 3.4.2

以上四式中式(3.4.13a)减式(3.4.13b)，式(3.4.13c)减式(3.4.13d)，得到

$$\frac{1}{2}(u_1-u_2)_\xi=\alpha_1\sin\frac{1}{2}(u_1-u_0)-\alpha_2\sin\frac{1}{2}(u_2-u_0) \tag{3.4.14a}$$

$$\frac{1}{2}(u_1-u_2)_\xi=\alpha_2\sin\frac{1}{2}(u_3-u_1)-\alpha_1\sin\frac{1}{2}(u_3-u_2) \tag{3.4.14b}$$

以上两式右边相等，得到

$$\begin{aligned}&\alpha_1\sin\frac{1}{2}(u_1-u_0)-\alpha_2\sin\frac{1}{2}(u_2-u_0)\\&=\alpha_2\sin\frac{1}{2}(u_3-u_1)-\alpha_1\sin\frac{1}{2}(u_3-u_2)\end{aligned} \tag{3.4.15}$$

利用三角函数的和差公式，得

$$\tan\frac{u_3-u_0}{4}=\frac{\alpha_1+\alpha_2}{\alpha_1-\alpha_2}\tan\frac{u_2-u_1}{4} \tag{3.4.16}$$

它称为 Sine-Gordon 方程的非线性叠加公式。

取 $u_0=0$，而令 u_1、u_2 为扭结波解：$u_j=4\arctan(e^{\alpha_j\xi+\frac{\eta}{\alpha_j}+c})$ $(j=1,2)$，通过式(3.4.16)，求出

$$u_3=4\arctan\left[\frac{\alpha_1+\alpha_2}{\alpha_1-\alpha_2}\tan\frac{1}{4}(u_2-u_1)\right] \tag{3.4.17}$$

3.4.3 互换定理的证明

KdV 方程和 Sine-Gordon 方程非线性叠加公式的导出，都用到了互换定理 $u_{12}=u_{21}$，下面我们以 KdV 方程为例来证明互换定理

$$\omega_{12}=\omega_{21} \tag{3.4.18}$$

因为 KdV 方程的解可以作为 Schrödinger 方程的散射位势，根据反散射方法可知，散射位势可以通过散射数据构造出来。因此如果能证明散射数据相等，那么相应的散射位势也相等。

为此，考虑两个 Schrödinger 方程

$$\begin{cases}\psi_{1xx}=[-\lambda+u_1(x,t)]\psi_1\\\psi_{2xx}=[-\lambda+u_2(x,t)]\psi_2\end{cases} \tag{3.4.19}$$

其中，t 看成参数。将 ψ_2 写成 ψ_1 及其一阶导数 ψ_{1x} 的线性组合形式

$$\psi_2=A(x,t,\lambda)\psi_1+\psi_{1x} \tag{3.4.20}$$

如果 $\frac{d\lambda}{dt}=0$，$u_1(x,t)$ 和 $u_2(x,t)$ 是 KdV 方程

$$u_t - 6uu_x + u_{xxx} = 0 \tag{3.4.21}$$

的解。

将式(3.4.20)代入式(3.4.19)，令 ψ_1 和 ψ_{1x} 的系数为零，得到

$$A_{xx} + u_{1x} + A(u_1 - u_2) = 0 \tag{3.4.22}$$

$$2A_x + (u_1 - u_2) = 0 \tag{3.4.23}$$

从式(3.4.22)和式(3.4.23)中消去 $u_1 - u_2$，并积分得

$$A_x + u_1 - A^2 = \bar{\lambda}(t) \tag{3.4.24}$$

其中，$\bar{\lambda}(t)$是积分常数，一般应与 t 有关。

令

$$A = -\frac{\bar{\psi}_x}{\bar{\psi}} \tag{3.4.25}$$

则式(3.4.24)变成 Schrödinger 方程

$$\bar{\psi}_{xx} = [-\bar{\lambda}(t) + u(x,t)]\bar{\psi} \tag{3.4.26}$$

由于 $u(x,t)$是 KdV 方程(3.4.21)的解，于是 $\bar{\lambda}(t) = \bar{\lambda}$(与 t 无关)。

引入 $u_1 = \omega_{1x}, u_2 = \omega_{2x}$，其中 ω_1 和 ω_2 满足 KdV 方程

$$\omega_t - 3\omega_x{}^2 + \omega_{xxx} = 0 \tag{3.4.27}$$

于是可将式(3.4.23)积分一次写成

$$A = \frac{1}{2}(\omega_2 - \omega_1) \tag{3.3.28}$$

在上面的积分中已经取积分常数为零，因为我们只关心 ω_1 和 ω_2 对 x 的导数，所以这种做法不失一般性。将式(3.4.28)代入式(3.4.24)，得

$$\frac{1}{4}(\omega_2 - \omega_1)^2 - \frac{1}{2}(\omega_{2x} - \omega_{1x}) - \omega_{1x} = \lambda \tag{3.4.29}$$

由此得到 KdV 方程 Bäcklund 变换的 x 分式

$$\omega_{1x} + \omega_{2x} = -m + \frac{1}{4}(\omega_1 - \omega_2)^2 \tag{3.4.30}$$

其中，$m = 2\bar{\lambda}$。

设 ψ_1 是式(3.4.19)第一式的正规化解，满足边界条件

$$\begin{cases} \psi_1 \to e^{ikx} + R(k)e^{-ikx} & (x \to -\infty) \\ \psi_1 \to T(k)e^{ikx} & (x \to +\infty) \end{cases} \tag{3.4.31}$$

其中，$k^2 = -\lambda$。当$|x| \to \infty$时，$u_1 \to 0$，则当$|x| \to \infty$时，式(3.4.24)变成 $A_x - A^2 = \bar{\lambda}$，记 $\bar{\lambda} = k_1^2$，可以从此方程中解出 $A = -k\tanh(k_1 x + c(t))$，于是有

$$A \to k_1 \quad (x \to -\infty) \tag{3.4.32}$$

$$A \to -k_1 \quad (x \to +\infty) \tag{3.4.33}$$

式(3.4.19)第二式的正规化解 ψ_2，可由 $\psi_2 = B(A\psi + \psi_x)$而得到。这里的常数 B 可以这样选择，使得 ψ_2 可以提供一个单位振幅的入射波(同式(3.4.31)中的两式一样)。由式(3.4.20)可得

$$\psi_2 \to B[(k_1 + ik)e^{ikx} + (k_1 - ik)R(k)e^{-ikx}] \quad (x \to -\infty) \tag{3.4.34}$$

由此可见,要得到单位振幅的入射波,应该有

$$B=\frac{1}{k_1+\mathrm{i}k}$$

于是相应的反射系数是

$$R_1=\frac{k_1-\mathrm{i}k}{k_1+\mathrm{i}k}R(k) \tag{3.4.35}$$

当 $x\to+\infty$时有

$$\psi_2\to-\frac{k_1-\mathrm{i}k}{k_1+\mathrm{i}k}T(k)\mathrm{e}^{\mathrm{i}kx} \tag{3.4.36}$$

于是相应的入射系数为

$$T_1=-\frac{k_1-\mathrm{i}k}{k_1+\mathrm{i}k}T(k) \tag{3.4.37}$$

如果从 ψ_2 出发,令 $\lambda=k_2^2$,进行如上的变换,给出 ψ_{12},则可得相应的反射系数和透射系数

$$R_{12}=\frac{k_2-\mathrm{i}k}{k_2+\mathrm{i}k}\cdot\frac{k_1-\mathrm{i}k}{k_1+\mathrm{i}k}R(k) \tag{3.4.38}$$

$$T_{12}=\frac{k_2-\mathrm{i}k}{k_2+\mathrm{i}k}\cdot\frac{k_1-\mathrm{i}k}{k_1+\mathrm{i}k}T(k) \tag{3.4.39}$$

若我们先令 $\lambda=k_2^2$ 得到 ψ_2,再令 $\lambda=k_1^2$,得到 ψ_{21},则相应的反射系数和透射系数为

$$R_{21}=\frac{k_1-\mathrm{i}k}{k_1+\mathrm{i}k}\cdot\frac{k_2-\mathrm{i}k}{k_2+\mathrm{i}k}\cdot R(k) \tag{3.4.40}$$

$$T_{21}=\frac{k_1-\mathrm{i}k}{k_1+\mathrm{i}k}\cdot\frac{k_2-\mathrm{i}k}{k_2+\mathrm{i}k}\cdot T(k) \tag{3.4.41}$$

由此可见

$$R_{12}=R_{21},\quad T_{12}=T_{21}$$

两个传输系数的零点位置在 k 平面上完全相同,因而其留数也相同。因此由这些散射数据构造的 ω_{12} 和 ω_{21} 也相同,这样就完成了互换定理的证明。

3.5 Bäcklund 变换与反散射之间的关系

反散射方法求解非线性发展方程是通过引入两组线性方程,即 Lax 对来达到目的的,其中算符 $\boldsymbol{L}$ 对应本征值问题,算符 $\boldsymbol{M}$ 对应时间发展方程;而 Bäcklund 变换也是引入两个方程,一个对应对空间变量的导数,另一个对应对时间变量的导数,利用这两个方程,可以从已知解得到新解。下面将看到 IST 方法中的两组方程和 BT 方法中的两组方程可以相互推导,因此,可以说两种方法是相通的。下面我们以 KdV 方程为例来说明这一点。

对 KdV 方程

$$\omega_t-3\omega_x^2+\omega_{xxx}=0\quad(\text{或 } u_t-6uu_x+u_{xxx}=0\quad u=\omega_x) \tag{3.5.1}$$

我们将证明,由它的 Bäcklund 变换

$$\begin{cases}\omega_{1x}+\omega_{2x}=-m+\dfrac{1}{2}(\omega_1-\omega_2)^2\\ \omega_{1t}+\omega_{2t}=-(\omega_1-\omega_2)(\omega_{1xx}-\omega_{2xx})+2(\omega_{1x}^2+\omega_{1x}\omega_{2x}+\omega_{2x}^2)\end{cases} \tag{3.5.2}$$

可以推导出反散射法中的 Schrödinger 方程

$$\psi_{xx}-(u-\lambda)\psi=0 \tag{3.5.3}$$

及 ψ 随时间 t 发展所满足的方程

$$\psi_t-2(u+2\lambda)\psi_x+u_x\psi-C\psi=0 \tag{3.5.4}$$

反之,由式(3.5.3)和式(3.5.4)也可以得到式(3.5.2)。

现在证明由式(3.5.2)导出式(3.5.3)和式(3.5.4)。

在式(3.5.2)的第一式中,令

$$2v=\omega_1-\omega_2 \tag{3.5.5}$$

对 x 求导一次,有

$$2v_x=\omega_{1x}-\omega_{2x} \tag{3.5.6}$$

由于 $u=\omega_x$,再由式(3.5.2)中第一式,式(3.5.5)和式(3.5.6),得

$$u=-\omega_{2x}-m+2v^2=2v_x-u-m+2v^2 \tag{3.5.7}$$

由此,有

$$u=v_x-\frac{1}{2}m+v^2 \tag{3.5.8}$$

若 u 已知,则式(3.5.8)是 v 的 Riccati 方程,令 $v=\frac{\psi_x}{\psi}$,代入式(3.5.8)得

$$u=\frac{\psi_{xx}\psi-\psi_x^2}{\psi^2}+\lambda+\frac{\psi_x^2}{\psi^2}$$

即

$$u=\frac{\psi_{xx}}{\psi}+\lambda \tag{3.5.9}$$

亦即

$$\psi_{xx}-(u-\lambda)\psi=0 \tag{3.5.10}$$

这就是 Schrödinger 方程,其中 $\lambda=-\frac{1}{2}m$。

将式(3.5.9)代入 KdV 方程 $u_t-6uu_x+u_{xxx}=0$ 中,两边乘以 ψ^2,再利用式(3.5.10)得(参照定理 2.2.1 的证明)

$$(\lambda M_x-\psi_x M)_x=0 \tag{3.5.11}$$

其中,

$$M=\psi_t-2(u+2\lambda)\psi_x+u_x\psi \tag{3.5.12}$$

将式(3.5.11)改写为

$$M_{xx}-(u-\lambda)M=0 \tag{3.5.13}$$

这又是 M 的 Schrödinger 方程,于是 M 可以写成 ψ 及

$$\varphi=\psi\int_0^x\frac{\mathrm{d}x}{\psi^2}$$

的线性组合,即

$$\psi_t-2(u+\lambda)\psi_x+u_x\psi=C_1\psi+C_2\varphi \tag{3.5.14}$$

由于 φ 可以变到无穷大,故式(3.5.14)中的 $C_2=0$,这就是特征函数随时间 t 发展的方程(3.5.4)。

现在再证明由式(3.5.3)和式(3.5.4)可以导出式(3.5.2)。

设

$$\frac{\psi_x}{\psi}=\frac{1}{2}(\omega_1-\omega_2) \tag{3.5.15}$$

则

$$\omega_{1x}+\omega_{2x}=(\omega_{2x}-\omega_{1x})+2\omega_{1x}=-2\left(\frac{\psi_x}{\psi}\right)_x+2\omega_{1x}=-2\frac{\psi_{xx}}{\psi}+2\left(\frac{\psi_x}{\psi}\right)^2+2\omega_{1x} \tag{3.5.16}$$

在式(3.5.16)中,利用 Schrödinge 方程(3.5.3)及方程(3.5.15),并注意 $u=\omega_x$,$2\lambda=-m$,则得

$$\omega_{1x}+\omega_{2x}=-m+\frac{1}{2}(\omega_1-\omega_2) \tag{3.5.17}$$

这就是 Bäcklund 变换的 x 部分(3.5.2a)。

下面求 Bäcklund 变换的 t 部分(3.5.2b)。

将式(3.5.15)关于 t 求导得

$$(\omega_2-\omega_1)_t=-2\frac{\psi_{xt}}{\psi}+2\frac{\psi_x}{\psi}\cdot\frac{\psi_t}{\psi} \tag{3.5.18}$$

特征函数随时间 t 发展的方程(3.5.4)关于 x 求导得

$$\begin{aligned}\psi_{xt}&=-u_{xx}\psi+(u_x+C)\psi_x+(2u+4\lambda)\psi_{xx}\\&=-\omega_{xxx}\psi+(\omega_{xx}+C)\psi_x+(2\omega_x+4\lambda)\psi_{xx}\end{aligned} \tag{3.5.19}$$

由此得

$$-2\frac{\psi_{xx}}{\psi}=2\omega_{xxx}-2(\omega_{xx}+C)\frac{\psi_x}{\psi}-(4\omega_x+8\lambda)\frac{\psi_{xx}}{\psi} \tag{3.5.20}$$

由式(3.5.4)两边乘以$\left(2\frac{\psi_x}{\psi}\right)$得

$$2\frac{\psi_x}{\psi}\cdot\frac{\psi_t}{\psi}=-2(\omega_{xx}-C)\frac{\psi_x}{\psi}+(4\omega_x+8\lambda)\left(\frac{\psi_x}{\psi}\right)^2 \tag{3.5.21}$$

将式(3.5.20)和式(3.5.21)代入式(3.5.19),并注意利用 Schrödinge 方程(3.5.3)和方程(3.5.4)得

$$(\omega_{2t}-\omega_{1t})=2\omega_{xxx}+\omega_{xx}(\omega_2-\omega_1)+\omega_{xx}(\omega_2-\omega_1)-2\omega_{1x}^2+2\omega_{1x}\omega_{2x}+4\lambda\omega_{2x}-4\lambda\omega_{1x} \tag{3.5.22}$$

再由式(3.5.17)对 x 求导得

$$\omega_{1xx}-\omega_{2xx}=(\omega_2-\omega_1)(\omega_{2x}-\omega_{1x})$$

由此

$$\begin{aligned}\omega_{1xx}(\omega_2-\omega_1)&=-\omega_{2xx}(\omega_2-\omega_1)+(\omega_2-\omega_1)^2\cdot(\omega_{2x}-\omega_{1x})\\&=-\omega_{2xx}(\omega_2-\omega_1)+(2\omega_{1x}+2\omega_{2x}-4\lambda)(\omega_{2x}-\omega_{1x})\\&=-\omega_{2xx}(\omega_2-\omega_1)+2\omega_{2x}^2-4\lambda\omega_{2x}-2\omega_{1x}^2+4\lambda\omega_{1x}\end{aligned} \tag{3.5.23}$$

将式(3.5.23)代入式(3.5.22),并利用 KdV 方程(3.5.1)($2\omega_{xxx}=6\omega_x^2-2\omega_t$),得

$$\omega_{1t}+\omega_{2t}=-(\omega_1-\omega_2)(\omega_{1xx}-\omega_{2xx})+2(\omega_{1x}^2+\omega_{1x}\omega_{2x}+\omega_{2x}^2) \tag{3.5.24}$$

这就是 Bäcklund 变换的 t 部分(3.5.2b)。

对于 Sine-Gordon 方程 $u_{xt}=\sin u$ 也有类似的结果。事实上,在 Sine-Gordon 方程的

Bäcklund 变换

$$\left(\frac{u+v}{2}\right)_x = a\sin\left(\frac{u-v}{2}\right) \tag{3.5.25a}$$

$$\left(\frac{u-v}{2}\right)_t = \frac{1}{a}\sin\left(\frac{u+v}{2}\right) \tag{3.5.25b}$$

中，令

$$V = \tan\frac{1}{4}(u-v) \tag{3.5.26}$$

由式(3.5.25a)和式(3.5.23)消去 v，得

$$V_x = -aV + \frac{1}{2}u_x(1+V^2) \tag{3.5.27}$$

完全类似地，由式(3.5.25b)和式(3.5.24)消去 v，可得

$$V_t = \frac{1}{2a}(1-V^2)\sin u - \frac{1}{a}V\cos u \tag{3.5.28}$$

在式(3.5.28)的导出中，利用了三角恒等式

$$\sin(\tan^{-1}V) = \frac{V}{(1+V^2)^{\frac{1}{2}}},\quad \cos(\tan^{-1}V) = \frac{1}{(1+V^2)^{\frac{1}{2}}}$$

由于式(3.5.27)和式(3.5.28)都是 V 的 Riccati 方程，故令 $V=\frac{\psi_2}{\psi_1}$，代入式(3.5.27)和式(3.5.28)得

$$\psi_1\left(\psi_{2x} + \frac{a}{2}\psi_2 - \frac{u_x}{2}\psi_1\right) - \psi_2\left(\psi_{1x} - \frac{a}{2}\psi_1 + \frac{u_x}{2}\psi_2\right) = 0 \tag{3.5.29}$$

$$\psi_1\left(\psi_{2t} - \frac{1}{2a}\psi_1\sin u + \frac{1}{2a}\psi_2\cos u\right) - \psi_2\left(\psi_{1t} - \frac{1}{2a}\psi_1\cos u - \frac{1}{2a}\psi_2\sin u\right) = 0 \tag{3.5.30}$$

由式(3.5.29)和式(3.5.30)得

$$\begin{cases} \psi_{1x} - \dfrac{a}{2}\psi_1 = -\dfrac{u_x}{2}\psi_2 \\ \psi_{2x} + \dfrac{a}{2}\psi_2 = \dfrac{u_x}{2}\psi_1 \end{cases} \tag{3.5.31}$$

及

$$\begin{cases} \psi_{1t} = \dfrac{1}{2a}(\psi_1\cos u + \psi_2\sin u) \\ \psi_{2t} = \dfrac{1}{2a}(\psi_1\sin u - \psi_2\cos u) \end{cases} \tag{3.5.32}$$

若令 $-\frac{a}{2} = \mathrm{i}\xi, u=\sigma, \begin{bmatrix}\psi_1\\ \psi_2\end{bmatrix} = \begin{bmatrix}v_1\\ v_2\end{bmatrix}$，则式(3.5.31)与式(3.5.32)分别与 Sine-Gordon 方程

$$\sigma_{xt} = \sin\sigma$$

的特征值问题

$$\begin{cases} v_{1x} + \mathrm{i}\xi v_1 = -\dfrac{1}{2}\sigma_x v_2 \\ v_{2x} - \mathrm{i}\xi v_2 = \dfrac{1}{2}\sigma_x v_1 \end{cases}\qquad \left(q = -\frac{1}{2}\sigma_x, \sigma\ 为实函数\right)$$

与 v 随时间 t 的发展方程

$$\begin{cases} v_{1t}=\dfrac{\mathrm{i}}{4\xi}[(\cos\sigma)v_1+(\sin\sigma)v_2] \\ v_{2t}=\dfrac{\mathrm{i}}{4\xi}[(\sin\sigma)v_1-(\cos\sigma)v_2] \end{cases}$$

完全一致。

由式(3.5.31)和式(3.5.32)反推回去,可得 Sine-Gordon 方程的 Bäcklund 变换,即式(3.5.25)。

第4章　Darboux 变换

4.1　概　述

Darboux 变换法是一种和 Bäcklund 变换法类似的求解非线性发展方程的有效方法。Darboux 变换起源于 19 世纪末法国数学家 G. Darboux 在研究线性 Sturm-Liouville 问题时的思考方法。如今这一变换法已经被用来求解许多非线性发展方程的孤立子解。如不稳定的 Schrödinger 方程、KdV 方程、DS 方程、KP 方程、1+1 维和 2+1 维 Toda 晶格方程，SG 方程以及非线性 Schrödinger 方程等。

1882 年，Darboux 研究了一个二阶线性常微分 Sturm-Liouville 方程（就是现在所谓的一维线性 Schrödinger 方程）的特征值问题

$$-\varphi_{xx}-u(x)\varphi=\lambda\varphi \tag{4.1.1}$$

其中，$u(x)$是给定的势函数，λ 是常数，称为谱参数。Darboux 发现，设 $u(x)$和 $\varphi(x,\lambda)$是满足方程(4.1.1)的两个函数，对任意给定的常数 λ_0，令 $f(x)=\varphi(x,\lambda_0)$，也就是说，函数 f 是式(4.1.1)当 $\lambda=\lambda_0$ 时的一个解，那么由

$$u'=u+2\,(\ln f)_{xx} \tag{4.1.2}$$

$$\varphi'(x,\lambda)=\varphi_x(x,\lambda)-\frac{f_x}{f}\varphi(x,\lambda) \tag{4.1.3}$$

所定义的函数 u'和 φ'一定满足和(4.1.1)同样形式的方程，即

$$-\varphi'_{xx}-u'(x)\varphi'=\lambda\varphi' \tag{4.1.4}$$

这样，借助于 $f(x)=\varphi(x,\lambda_0)$所做的变换〔式(4.1.2)〕和〔式(4.1.3)〕，将满足式(4.1.1)的一组函数(u,φ)变化为满足同一个方程的另一组函数(u',φ')，这种变换称为初等 Darboux 变换

$$(u,\varphi)\rightarrow(u',\varphi') \tag{4.1.5}$$

并且只有在 $f\neq0$ 处才是有效的。变换式(4.1.2)、式(4.1.3)称为一维线性 Schrödinger 方程的初等 Darboux 变换。取定初值解，就可以得到线性 Schrödinger 方程的一些新的严格解。

由于方程(4.1.1)是线性方程，而存在孤立子解的一般都是非线性方程，从这个方面讲，Darboux 变换并没有显示出它在求解非线性偏微分方程孤立子解时的优越性。因此，在很长的时间内，Darboux 变换法没有得到人们足够的关注和研究。直到 1967 年，Gardner、Green、Kruskal 和 Miura 把 KdV 方程初值问题的解法和一维 Schrödinger 方程的反散射问题联系起来以后，Darboux 变换才重新引起人们的关注和重视，得以迅速发展起来。Crum 还证明了经过一次 Darboux 变换就是增加了非线性系统的一个孤立子。特别是将 Darboux

变换和非线性系统的 Lax 对联系起来之后，可以更好地看到它在求解非线性发展方程孤立子解时所起的作用。

在第 2 章中已经讨论过，算子

$$\boldsymbol{L}\equiv L(u)=-\partial^2-u \tag{4.1.6}$$

$$\boldsymbol{M}\equiv M(u)=-4\partial^3-6u\partial-3u_x \tag{4.1.7}$$

和 KdV 方程

$$u_t+6uu_x+u_{xxx}=0 \tag{4.1.8}$$

有下面的关系

$$[\boldsymbol{L},\boldsymbol{M}]=-6uu_x-u_{xxx} \tag{4.1.9}$$

其中，

$$[\boldsymbol{L},\boldsymbol{M}]=\boldsymbol{LM}-\boldsymbol{ML}$$

引进上述记号后，KdV 方程(4.1.8)就可以表示成

$$L_t=-[\boldsymbol{L},\boldsymbol{M}]$$

换言之，方程(4.1.8)可以看成是方程组

$$\begin{cases}-\varphi_{xx}-u\varphi=\lambda\varphi\\ \varphi_t=-4\varphi_{xxx}-6u\varphi_x-3u_x\varphi\end{cases} \tag{4.1.10}$$

的可积条件，其中 φ 是 $\{x,t\}$ 的函数。这里所说的可积条件是指 $\varphi_{xxt}=\varphi_{txx}$ 成立。可积条件成立的充要条件是 u 满足 KdV 方程(4.1.8)。方程组(4.1.10)就称为 KdV 方程(4.1.8)的 Lax 对。

更进一步的研究发现，Darboux 变换〔式(4.1.2)和式(4.1.3)〕也适用于 KdV 方程，这个变换中的函数不但保持方程组(4.1.10)中第一式的形式不变，而且 (u',φ') 还满足方程组(4.1.10)的第二式，因而 u' 满足方程组(4.1.10)的可积条件，即 u' 也是 KdV 方程的解。这样，如果已知 KdV 方程的一个解 u，通过解线性方程组(4.1.10)得到函数 $\varphi(x,t,\lambda)$，取定 $\lambda=\lambda_0$，得到 $f(x,t)=\varphi(x,t,\lambda_0)$，那么 $u'=u+2(\ln f)_{xx}$ 就给出 KdV 方程的一个新解，而式子(4.1.3)给出的 φ' 是与 u' 相应的 Lax 对的解。这样就为求 KdV 方程的新解提供了很好的方法。只需要解线性方程组(4.1.10)得出 φ，然后根据显式运算〔式(4.1.2)〕和〔式(4.1.3)〕就可以得到 KdV 方程的大量特解。不但如此，这个变换还可以继续进行下去，因为 φ' 已经由式(4.1.3)得到，就不再需要解方程组(4.1.10)，可以直接地显式得到二次和三次 Darboux 变换等，

$$(u,\varphi)\to(u',\varphi')\to(u'',\varphi'')\to\cdots$$

这样，以 Lax 对方程组(4.1.10)为中介，把线性 Schrödinger 方程的 Darboux 变换推广到了 KdV 方程的 Darboux 变换。基本思路是：利用非线性偏微分方程的一个解及其 Lax 对相应的解，用代数算法及微分运算来得出非线性偏微分方程的新解和 Lax 对相应的解，再利用 Darboux 变换的迭代性质，可以一次次地迭代下去，得到非线性发展方程的无限多个新解。需要指出的是，尽管在理论上对 Lax 对存在的非线性偏微分方程都可以考虑其 Darboux 变换，但在具体构造非线性偏微分方程的 Darboux 变换时仍然有困难。1975 年，Wadati 等人给出了 MKdV 方程和 Sine-Gordon 方程的 Darboux 变换，1986 年，中科院院士谷超豪等人将 Darboux 变换用矩阵形式表述，说明 Darboux 变换实际上就是带谱参数的规范变换，并且给出了显示的 Bäcklund 变换。其次，利用普适的纯代数的算法来构造 Darboux 变换，推广 Darboux 变换到两个和多个空间变量的情形，得到高维时空孤立子。现在 Darboux 变换已经成为孤立子理论中的一个重要的研究热点，国内外有很多学者从事这个方向的研究。

为了能更清楚地理解初等 Darboux 变换实际是一种规范变换，把方程组(4.1.10)改写成算子形式

$$\begin{cases}\boldsymbol{L\Phi}=\lambda\boldsymbol{\Phi}\\ \boldsymbol{\Phi}_t=\boldsymbol{M\Phi}\end{cases}\tag{4.1.11}$$

其中，$\boldsymbol{\Phi}$ 是 x,t 的函数。初等 Darboux 变换(4.1.2)和(4.1.3)用算子形式来表示可以写成下面的叙述。

设函数 $\boldsymbol{H}$ 是方程组(4.1.11)中第一个式子对应于谱参数 μ 的一个解，那么通过变换

$$\widetilde{\boldsymbol{H}}=\boldsymbol{\Phi}\,(\boldsymbol{\Phi}^{-1}\boldsymbol{H})_x,\quad \widetilde{u}=u+2\,(\ln\boldsymbol{\Phi})_{xx}\tag{4.1.12}$$

得到的新函数$\widetilde{\boldsymbol{H}}$和 $\widetilde{u}$ 满足新的方程

$$\boldsymbol{L}(\widetilde{u})\widetilde{\boldsymbol{H}}=\mu\widetilde{\boldsymbol{H}}$$

在变换(4.1.12)中，新的波函数和势函数发生了改变，而谱参数保持不变。直接计算可以发现，如果波函数 $\boldsymbol{H}$ 也满足方程组(4.1.11)中的第二个式子，即 $H_t=\boldsymbol{M}(u)\boldsymbol{H}$，那么变换(4.1.12)同样满足时间演化方程

$$\widetilde{H}_t=\boldsymbol{M}(\widetilde{u})\widetilde{\boldsymbol{H}}$$

因此，根据可积性条件可知，新的函数 $\widetilde{u}$ 就是 KdV 方程(4.1.8)的一个新解。这就提供了构造 KdV 方程解的一种方法，只需要取定一个初值解(可以是平凡的零解)，通过解线性系统(4.1.11)就可以得到 KdV 方程(4.1.8)的一个新解。这种过程可以一步一步地进行下去，正是前面提到的 Darboux 变换的迭代性质。需要指出的是以下涉及的运算都是算子之间的运算。

从上述过程可看出，对于同一个谱参数，特征值问题可以被映射成另外一个新的特征值问题，这就启发我们寻找一个合适的算子 $\boldsymbol{T}$，通过变换

$$\widetilde{\boldsymbol{L}}=\boldsymbol{TLT}^{-1}$$

将算子 $\boldsymbol{L}$ 的特征函数 $\boldsymbol{H}$ 变换成算子$\widetilde{\boldsymbol{L}}$的特征函数$\widetilde{\boldsymbol{H}}$。

考虑算子

$$\boldsymbol{T}=\boldsymbol{\Phi}\partial\boldsymbol{\Phi}^{-1}=\partial-\boldsymbol{\Phi}_x\boldsymbol{\Phi}^{-1}\tag{4.1.13}$$

引进形式积分 $\partial^{-1}=\int\mathrm{d}x$ 来求算子 $\boldsymbol{T}$ 的逆算子 $\boldsymbol{T}^{-1}=\boldsymbol{\Phi}\partial^{-1}\boldsymbol{\Phi}^{-1}$，可以直接证明恒等式

$$\begin{cases}\boldsymbol{TL}(u)\boldsymbol{T}^{-1}=\boldsymbol{L}(\widetilde{u})+\left(\dfrac{\boldsymbol{\Phi}_{xx}+u\boldsymbol{\Phi}}{\boldsymbol{\Phi}}\right)_{xx}\partial^{-1}\boldsymbol{\Phi}^{-1}\\ \boldsymbol{TM}(u)\boldsymbol{T}^{-1}+T_t\boldsymbol{T}^{-1}=\boldsymbol{M}(\widetilde{u})-\{\boldsymbol{\varphi}^{-1}[\boldsymbol{\Phi}_t-(\boldsymbol{M}(u)\boldsymbol{\Phi})]\}_x\boldsymbol{\Phi}\partial^{-1}\boldsymbol{\Phi}^{-1}\end{cases}\tag{4.1.14}$$

这样就得到了新的微分算子 $\boldsymbol{L}(\widetilde{u})$和 $\boldsymbol{M}(\widetilde{u})$来构造 KdV 方程新的 Lax 对，包含新的势函数 $\widetilde{u}$ 和新的波函数$\widetilde{\boldsymbol{\Phi}}$。

总之，KdV 方程的 Lax 对(4.1.11)的初等 Darboux 变换可以看成是在算子 $\boldsymbol{T}$ 作用下的规范变换

$$L \to \widetilde{L} = TLT^{-1}, \quad M \to \widetilde{M} = TMT^{-1} + T_t T^{-1}$$

对于一些相对简单的非线性偏微分方程，在已知其 Lax 对的情况下，初等 Darboux 变换可以提供一个构造新解的简单方法，也证明了初等 Darboux 变换实际上可以看成是一个规范变换，并且它是一个纯代数的迭代过程。通过引进算子 T 将一对满足 Lax 对的算子 $\boldsymbol{T}$ 和 $\boldsymbol{M}$ 变换成满足同样 Lax 对的新算子 $\widetilde{\boldsymbol{T}}$ 和 $\widetilde{\boldsymbol{M}}$。

例 4.1.1 用 Darboux 变换方法求解 MKdV 方程。

解 根据第 2 章，MKdV 方程

$$u_t + 6u^2 u_x + u_{xxx} = 0 \tag{4.1.15}$$

可以看成是超定线性方程组

$$\begin{cases} \Phi_x = \boldsymbol{L\Phi} = \begin{pmatrix} \lambda & u \\ -u & -\lambda \end{pmatrix} \boldsymbol{\Phi} \\ \Phi_t = \boldsymbol{M\Phi} = \begin{pmatrix} -4\lambda^3 - 2u^2\lambda & -4u\lambda^2 - 2u_x\lambda - 2u^3 - u_{xx} \\ 4u\lambda^2 - 2u_x\lambda + 2u^3 + u_{xx} & 4\lambda^3 + 2u^2\lambda \end{pmatrix} \boldsymbol{\Phi} \end{cases} \tag{4.1.16}$$

的可积条件，即式(4.1.15)为使得 $\Phi_{xt} = \Phi_{tx}$ 成为恒等式的充要条件。

方程组(4.1.16)就是式(4.1.15)的 Lax 对，λ 为谱参数，Φ 表示一个二元列向量或 2×2 阶矩阵。

MKdV 方程的 Darboux 变换可以有多种导出的方法，下面给出其中的一种，主要是把 Schrödinger 方程(4.1.1)适当地“复化”而导出 MKdV 方程的 Darboux 变换。

记式(4.1.16)的列向量 $\boldsymbol{\Phi} = \begin{pmatrix} \varphi_1 \\ \varphi_2 \end{pmatrix}$，则式(4.1.16)的第一式可以写成

$$\begin{cases} \varphi_{1,x} = \lambda\varphi_1 + u\varphi_2 \\ \varphi_{2,x} = -u\varphi_1 - \lambda\varphi_2 \end{cases} \tag{4.1.17}$$

令 $\psi = \varphi_1 + \mathrm{i}\varphi_2$，并设 λ 为实参数，u 为实值函数，那么 $\boldsymbol{\psi}$ 满足

$$\psi_{xx} = \lambda^2\psi - (\mathrm{i}u_x + u^2)\psi \tag{4.1.18}$$

这是一个复的 Schrödinger 方程，势函数为$(\mathrm{i}u_x + u^2)$，可以直接验证，如果 u 是 MKdV 方程的一个解，那么

$$\omega = \mathrm{i}u_x + u^2$$

是 KdV 方程

$$\omega_t + 6\omega\omega_x + \omega_{xxx} = 0$$

的一个复值解。从 MKdV 方程的解到 KdV 方程的解的变换称为 Miura 变换。

对给定的 MKdV 方程的解 u，假设已经知道式(4.1.16)的基本解，

$$\boldsymbol{\Phi}(x,t,\lambda) = \begin{pmatrix} \Phi_{11}(x,t,\lambda) & \Phi_{12}(x,t,\lambda) \\ \Phi_{21}(x,t,\lambda) & \Phi_{22}(x,t,\lambda) \end{pmatrix} \tag{4.1.19}$$

任取实数 λ_1，μ_1，记

$$\sigma = \frac{\Phi_{22}(x,t,\lambda) + \mu_1\Phi_{21}(x,t,\lambda)}{\Phi_{12}(x,t,\lambda) + \mu_1\Phi_{11}(x,t,\lambda)} \tag{4.1.20}$$

为 Lax 对(4.1.16)的一个解的两个分量之比，那么可以构造矩阵

$$\boldsymbol{D}(x,t,\lambda) = \lambda\boldsymbol{I} - \frac{\lambda_1}{1+\sigma^2}\begin{pmatrix} 1-\sigma^2 & 2\sigma \\ 2\sigma & \sigma^2-1 \end{pmatrix} \tag{4.1.21}$$

令 $\boldsymbol{\Phi}'(x,t,\lambda)=\boldsymbol{D}(x,t,\lambda)\boldsymbol{\Phi}(x,t,\lambda)$，可以验证 $\boldsymbol{\Phi}'(x,t,\lambda)$ 满足

$$\Phi'_x=\boldsymbol{L}'\boldsymbol{\Phi}',\quad \boldsymbol{\Phi}_t=\boldsymbol{M}'\boldsymbol{\Phi}' \tag{4.1.22}$$

其中，

$$\begin{cases} \boldsymbol{L}'=\begin{pmatrix} \lambda & u' \\ -u' & -\lambda \end{pmatrix} \\ \boldsymbol{M}'=\begin{pmatrix} -4\lambda^3-2u'^2\lambda & -4u'\lambda^2-2u'_x\lambda-2u'^3-u'_{xx} \\ 4u'\lambda^2-2u'_x\lambda+2u'^3+u'_{xx} & 4\lambda^3+2u'^2\lambda \end{pmatrix} \end{cases} \tag{4.1.23}$$

$$u'=u+\frac{4\lambda_1\sigma}{1+\sigma^2} \tag{4.1.24}$$

式(4.1.22)、式(4.1.23)和式(4.1.16)完全类似，只是式(4.1.16)中的 u 被换作 u'，因为对式(4.1.16)的任意解 $\boldsymbol{\Phi}$,$\boldsymbol{D\Phi}$ 是式(4.1.22)的解，从而式(4.1.22)对任何初值都是可解的，方程组(4.1.22)是完全可积的，故其可积条件成立，即 u' 也是 MKdV 方程的解。这样用此方法可从 MKdV 方程的一个解得到它的一个新解。

取 MKdV 方程的平凡解 $u=0$ 作为出发点，它所相应的 Lax 对式(4.1.16)的基本解可取为

$$\boldsymbol{\Phi}(x,t,\lambda)=\begin{pmatrix} \exp(\lambda x-4\lambda^3 t) & 0 \\ 0 & \exp(-\lambda x+4\lambda^3 t) \end{pmatrix} \tag{4.1.25}$$

对常数 $\lambda_1\neq 0$ 及 $\mu_1=\exp(2a_1)>0$，有

$$\sigma=\exp(-2\lambda_1 x+8\lambda_1{}^3 t-2a_1) \tag{4.1.26}$$

从而

$$\boldsymbol{D}=\lambda\boldsymbol{I}-\frac{\lambda_1}{\cosh v_1}\begin{pmatrix} \sinh v_1 & 1 \\ 1 & -\sinh v_1 \end{pmatrix} \tag{4.1.27}$$

其中，

$$v_1=2\lambda_1 x-8\lambda_1^3 t+2a_1$$

通过式(4.1.24)给出 MKdV 方程的单孤子解

$$u'=2\lambda_1\,\mathrm{sech}(2\lambda_1 x-8\lambda_1{}^3 t+2a_1) \tag{4.1.28}$$

相对于 u' 的 Lax 对的解为

$$\boldsymbol{\Phi}'(x,t,\lambda)=(\Phi'_{ij}(x,t,\lambda))=\boldsymbol{D}(x,t,\lambda)\begin{pmatrix} \exp(\lambda x-4\lambda^3 t) & 0 \\ 0 & \exp(-\lambda x+4\lambda^3 t) \end{pmatrix} \tag{4.1.29}$$

其中，$\boldsymbol{D}$ 由式(4.1.27)给出。

如果将 u' 作初始解，则可以利用 Φ' 做出新的 Darboux 阵，以得到 MKdV 方程的一系列的新解。

设 u 是 MKdV 方程(4.1.15)的解，Φ 是它所对应的 Lax 对式(4.1.16)的基本解，取常数 $\lambda_2\neq 0$，$\mu_2=\exp(2a_2)$，则有

$$\sigma'_2=\frac{\Phi'_{22}(x,t,\lambda_2)+\mu_2\Phi'_{21}(x,t,\lambda_2)}{\Phi'_{12}(x,t,\lambda_2)+\mu_2\Phi'_{11}(x,t,\lambda_2)} \tag{4.1.30}$$

将 $\boldsymbol{\Phi}'=\boldsymbol{D\Phi}$ 代入式(4.1.30)，通过计算得到

$$\sigma'_2=\left.\frac{D_{21}(\Phi_{12}+\mu_2\Phi_{11})+D_{22}(\Phi_{22}+\mu_2\Phi_{21})}{D_{11}(\Phi_{12}+\mu_2\Phi_{11})+D_{12}(\Phi_{22}+\mu_2\Phi_{21})}\right|_{\lambda=\lambda_2}=\frac{D_{21}(\lambda_2)+D_{22}(\lambda_2)\sigma_2}{D_{11}(\lambda_2)+D_{12}(\lambda_2)\sigma_2} \tag{4.1.31}$$

其中，

$$\sigma_2=\frac{\Phi_{22}(x,t,\lambda_2)+\mu_2\Phi_{21}(x,t,\lambda_2)}{\Phi_{12}(x,t,\lambda_2)+\mu_2\Phi_{11}(x,t,\lambda_2)} \tag{4.1.32}$$

现在仍以 $u=0$ 作为出发点，则式(4.1.28)和式(4.1.29)就是前面已经构造过的孤子解及其 Lax 对的基本解。将 D 的具体表达式代入式(4.1.29)，得到

$$\boldsymbol{\Phi}'(x,t,\lambda)=\begin{pmatrix}(\lambda-\lambda_1\tanh v_1)\mathrm{e}^{\lambda x-4\lambda^3 t} & -\lambda_1\operatorname{sech} v_1\mathrm{e}^{-\lambda x+4\lambda^3 t}\\ -\lambda_1\operatorname{sech} v_1\mathrm{e}^{\lambda x-4\lambda^3 t} & (\lambda+\lambda_1\tanh v_1)\mathrm{e}^{-\lambda x+4\lambda^3 t}\end{pmatrix}$$

从而得出

$$\sigma'_2=\frac{-\lambda_1\operatorname{sech} v_1+(\lambda_2+\lambda_1\tanh v_1)\exp(-v_2)}{(\lambda_2-\lambda_1\tanh v_2)-\lambda_1\operatorname{sech} v_1\exp(-v_2)} \tag{4.1.33}$$

其中，

$$v_i=2\lambda_i x-8\lambda_i^{\,3}t+2a_i\quad(i=1,2) \tag{4.1.34}$$

其中，σ_1 即为式(4.1.26)所确定的 σ。这个解就是 MKdV 方程的双孤立子解。容易证明当 $t\to\infty$时，双孤子解渐进于两个单孤立子解。

假设 $\lambda_2>\lambda_1>0$，取 K 是任一固定得正数，当$|t|\to\infty$时，令$|x|\to\infty$，但保持$|v_1|\leqslant K$。由于

$$v_2=\frac{\lambda_2}{\lambda_1}v_1-8\lambda_2(\lambda_2^{\,2}-\lambda_1^{\,2})t+2a_2-\frac{2\lambda_2 a_1}{\lambda_1} \tag{4.1.35}$$

当 $t\sim-\infty$时，必有 $v_2\sim+\infty$，因此

$$u''\sim-2\lambda_1\operatorname{sech}(v_1-v_0) \tag{4.1.36}$$

其中，

$$v_0=\tanh^{-1}\frac{2\lambda_1\lambda_2}{\lambda_1^{\,2}+\lambda_2^{\,2}} \tag{4.1.37}$$

而当 $t\sim+\infty$时，必有 $v_2\sim-\infty$，于是

$$u''\sim-2\lambda_1\operatorname{sech}(v_1+v_0) \tag{4.1.38}$$

从而在固定 v_1 时，$t\sim\pm\infty$时解分别渐近于一个单孤子解，只是当 $t\sim-\infty$与 $t\sim\infty$时两个渐近单孤子之间有一个相移，即孤立子的中心从 $v_1=v_0$ 移到 $v_1=-v_0$。

类似地，如果限制$|v_2|\leqslant K$，由于

$$v_1=\frac{\lambda_1}{\lambda_2}v_2+8\lambda_1(\lambda_2^{\,2}-\lambda_1^{\,2})t+2a_1-\frac{2\lambda_1 a_2}{\lambda_2} \tag{4.1.39}$$

故有 $t\sim\pm\infty$时，$v_1\sim\pm\infty$，

$$\begin{cases}u''\sim2\lambda_2\operatorname{sech}(v_2+v_0), & t\sim-\infty\\ u''\sim2\lambda_2\operatorname{sech}(v_2-v_0), & t\sim+\infty\end{cases} \tag{4.1.40}$$

最后，当 $t\sim\pm\infty$，而 v_1,v_2 也都趋于$\pm\infty$时，$u''\sim0$ 成立。所以，无论 $t\sim-\infty$或 $t\sim+\infty$，u''均渐近于两个单孤立子解。

4.2 KP 方程的 Darboux 变换

随着非线性问题研究的不断深入，已经产生了许多构造非线性偏微分方程 Darboux 变换的方法，下面再举一个 KP 方程的例子，读者可以从中体会以下构造 Darboux 变换的

方法。

KP 方程可以认为是 KdV 方程在 2+1 维空间的推广。它在 2+1 维空间所起的作用与 KdV 方程在 1+1 维空间所起的作用同样重要。近年来人们在将 2+1 维方程分解为 1+1 维方程的方面做了大量工作。这种方法类似于线性方程的分离变量法。例如，利用约束

$$u=-2fg \tag{4.2.1}$$

可以将 KP 方程

$$u_t+6uu_x+u_{xxx}-3\partial_x^{-1}u_{yy}=0,\quad (\partial_x^{-1}=\int^x \mathrm{d}x) \tag{4.2.2}$$

分解为 1+1 维广义耦合非线性 Schrödinger 方程和 MKdV 方程

$$\begin{cases}\mathrm{i}f_y-f_{xx}+2f^2g=0\\ \mathrm{i}g_y+g_{xx}-2fg^2=0\end{cases} \tag{4.2.3}$$

$$\begin{cases}f_t+4f_{xxx}-24fgf_x=0\\ g_t+4g_{xxx}-24fgf_x=0\end{cases} \tag{4.2.4}$$

在式(4.2.2)～式(4.2.4)中，u 为 x，y 和 t 的实函数，f 和 g 为 x，y，t 的复函数。这意味着如果我们能够得到系统(4.2.3)和系统(4.2.4)的解，则由约束关系(4.2.1)将给出 KP 方程(4.2.2)的解。

系统(4.2.3)和(4.2.4)的 Lax 对如下：

$$\Phi_x=\boldsymbol{L\Phi}=(\boldsymbol{K}_1\lambda+\boldsymbol{K}_2)\boldsymbol{\Phi} \tag{4.2.5}$$

$$\Phi_y=\boldsymbol{M\Phi}=2\mathrm{i}(\boldsymbol{K}_1\lambda^2+\boldsymbol{K}_2\lambda+\boldsymbol{K}_3)\boldsymbol{\Phi} \tag{4.2.6}$$

$$\Phi_t=\boldsymbol{N\Phi}=-16(\boldsymbol{K}_1\lambda^3+\boldsymbol{K}_2\lambda^2+\boldsymbol{K}_3\lambda+\boldsymbol{K}_4)\boldsymbol{\Phi} \tag{4.2.7}$$

其中，

$$\boldsymbol{K}_1=\begin{pmatrix}-1 & 0\\ 0 & 1\end{pmatrix},\quad \boldsymbol{K}_2=\begin{pmatrix}0 & f\\ g & 0\end{pmatrix},\quad \boldsymbol{K}_3=\frac{1}{2}\begin{pmatrix}fg & -f_x\\ g_x & -fg\end{pmatrix},$$

$$\boldsymbol{K}_4=\frac{1}{4}\begin{pmatrix}fg_x-gf_x & f_{xx}-2f^2g\\ g_{xx}-2fg^2 & gf_x-pg_x\end{pmatrix}$$

在约化情形 $f+g^*=0$，李翊神给出了系统(4.2.3)和系统(4.2.4)的一种 Darboux 变换。由此得到了 KP 方程的一些新解。下面给出另一种构造系统(4.2.3)和系统(4.2.4)的 N 次 Darboux 变换的统一方法，得出了显式的 Darboux 变换，并且通过约化技巧将其约化为 NSL 方程和 MKdV 方程的 N 次 Darboux 变换。根据这种 Darboux 变换，KP 方程(4.2.2)的解转化为求解两个线性代数方程组，从而得到 KP 方程一种带有多个参数的统一形式的 N 孤立子解公式。

考虑 Lax 对式(4.2.5)～ 式(4.2.7)的如下规范变换

$$\tilde{\boldsymbol{\Phi}}=\boldsymbol{T\Phi} \tag{4.2.8}$$

要求$\tilde{\boldsymbol{\Phi}}$也满足相同的 Lax 对式(4.2.5)～式(4.2.7)，即

$$\tilde{\boldsymbol{\Phi}}_x=\tilde{\boldsymbol{L}}\tilde{\boldsymbol{\Phi}},\quad \tilde{\boldsymbol{\Phi}}=(T_x+\boldsymbol{TL})\boldsymbol{T}^{-1} \tag{4.2.9}$$

$$\tilde{\boldsymbol{\Phi}}_y=\tilde{\boldsymbol{M}}\tilde{\boldsymbol{\Phi}},\quad \tilde{\boldsymbol{M}}=(T_y+\boldsymbol{TM})\boldsymbol{T}^{-1} \tag{4.2.10}$$

$$\tilde{\boldsymbol{\Phi}}_t=\tilde{\boldsymbol{N}}\tilde{\boldsymbol{\Phi}},\quad \tilde{\boldsymbol{N}}=(T_t+\boldsymbol{TN})\boldsymbol{T}^{-1} \tag{4.2.11}$$

通过交叉微分式(4.2.9)～式(4.2.11)，得到

$$\widetilde{L}_y-\widetilde{M}_x+[\widetilde{\boldsymbol{L}},\widetilde{\boldsymbol{M}}]=\boldsymbol{T}(L_y-M_x+[\boldsymbol{L},\boldsymbol{M}])\boldsymbol{T}^{-1}$$

$$\widetilde{L}_t-\widetilde{N}_x+[\widetilde{\boldsymbol{L}},\widetilde{\boldsymbol{N}}]=\boldsymbol{T}(L_t-N_x+[\boldsymbol{L},\boldsymbol{N}])\boldsymbol{T}^{-1}$$

这表明要使系统(4.2.3)和(4.2.4)在规范变换(4.2.8)下不变,应该要求$\widetilde{\boldsymbol{L}}$,$\widetilde{\boldsymbol{M}}$和$\widetilde{\boldsymbol{N}}$与$\boldsymbol{L}$,$\boldsymbol{M}$和$\boldsymbol{N}$有相同的形式。同时$\boldsymbol{L}$,$\boldsymbol{M}$,$\boldsymbol{N}$对应的位势$f$和$g$变为$\widetilde{\boldsymbol{L}}$,$\widetilde{\boldsymbol{M}}$,$\widetilde{\boldsymbol{N}}$对应的新位势$\tilde{f}$和$\tilde{g}$。下面来直接构造系统(4.2.3)和系统(4.2.4)的N次Darboux变换。

假设$(\varphi_1(x,y,t,\lambda),\varphi_2(x,y,t,\lambda))^{\mathrm{T}}$和$(\psi_1(x,y,t,\lambda),\psi_2(x,y,t,\lambda))^{\mathrm{T}}$为Lax对式(4.2.5)～式(4.2.7)的两个基本解,并利用它们定义两个关于A_k,B_k,C_k和D_k $(0\leqslant k\leqslant N-1)$的线性代数方程组

$$\sum_{k=0}^{N-1}(A_k+\beta_jB_k)\lambda_j^k=-\lambda_j^N,\quad 1\leqslant j\leqslant 2N \tag{4.2.12}$$

$$\sum_{k=0}^{N-1}(C_k+\beta_jD_k)\lambda_j^k=-\beta_j\lambda_j^N,\quad 1\leqslant j\leqslant 2N \tag{4.2.13}$$

其中,

$$\beta_j=\frac{\varphi_2(\lambda_j)-\mu_j\psi_2(\lambda_j)}{\varphi_1(\lambda_j)-\mu_j\psi_1(\lambda_j)},\quad 1\leqslant j\leqslant 2N \tag{4.2.14}$$

其中,λ_j和μ_j为适当选取的参数,使得方程组(4.2.12)和方程组(4.2.13)的系数行列式非零。从而A_k,B_k,C_k和D_k可以被式(4.2.12)和式(4.2.13)唯一确定。下面令

$$\boldsymbol{T}=\boldsymbol{T}(\lambda)=\begin{pmatrix}A(\lambda) & B(\lambda)\\ C(\lambda) & D(\lambda)\end{pmatrix}=\boldsymbol{E}\lambda^n+\sum_{k=0}^{N-1}\boldsymbol{Q}_k\lambda^k \tag{4.2.15}$$

这是关于λ的矩阵系数的N次多项式,其中,

$$\boldsymbol{E}=\begin{pmatrix}1 & 0\\ 0 & 1\end{pmatrix},\quad Q_k=\begin{bmatrix}A_k & B_k\\ C_k & D_k\end{bmatrix}$$

由式(4.2.12)、式(4.2.13)和式(4.2.15)容易看出,$\det\boldsymbol{T}(\lambda)$为$\lambda$的$2N$次多项式,其根为$\lambda_j(1\leqslant j\leqslant N)$,因此我们有

$$\det\boldsymbol{T}(\lambda)=\prod_{j=1}^{2N}(\lambda-\lambda_j) \tag{4.2.16}$$

命题 4.2.1 由式(4.2.9)确定的矩阵$\widetilde{\boldsymbol{L}}$与$\boldsymbol{L}$具有相同的形式,即

$$\widetilde{\boldsymbol{L}}=\boldsymbol{K}_1\lambda+\widetilde{\boldsymbol{K}}_2$$

其中,$\widetilde{\boldsymbol{K}}_2$以及下文的$\widetilde{\boldsymbol{K}}_3$,$\widetilde{\boldsymbol{K}}_4$是将$\boldsymbol{M}_i(i=1,2,3)$中的$f$,$g$用$\tilde{f}$,$\tilde{g}$代替产生,$f$,$g$与$\tilde{f}$,$\tilde{g}$之间的变换,由下式给出

$$\tilde{f}=f+2B_{N-1},\quad \tilde{g}=g-2C_{N-1} \tag{4.2.17}$$

变换式(4.2.8)和式(4.2.17)及$(\boldsymbol{\Phi},f,g)\rightarrow(\widetilde{\boldsymbol{\Phi}},\tilde{f},\tilde{g})$称为谱问题(4.2.5)的Darboux变换。

证明 假设$\boldsymbol{T}^{-1}=\boldsymbol{T}^*/\det\boldsymbol{T}$,且

$$(\boldsymbol{T}_x+\boldsymbol{TL})\boldsymbol{T}^*=\begin{bmatrix}a_{11}(\lambda) & a_{12}(\lambda)\\ a_{21}(\lambda) & a_{22}(\lambda)\end{bmatrix}$$

可见,$a_{11}(\lambda)$和$a_{22}(\lambda)$为λ的$2N+1$次多项式,$a_{12}(\lambda)$和$a_{21}(\lambda)$为λ的$2N$次多项式。利用

式(4.2.5),式(4.2.12)～式(4.2.14),我们发现

$$\beta_{jx}=g+2\lambda_j\beta_j-f\beta_j^2$$
$$A(\lambda_j)=-\beta_j B(\lambda_j)$$
$$C(\lambda_j)=-\beta_j D(\lambda_j)$$

由此,容易验证$\lambda_j(1\leqslant j\leqslant 2N)$为$a_{kj}(k,j=1,2)$的根,与式(4.2.16)结合,得到$a_{kj}(\lambda)$能被$\det\boldsymbol{T}$整除,因此$(\boldsymbol{T}_x+\boldsymbol{TL})\boldsymbol{T}^{-1}$为$\lambda$的1次多项式

$$\boldsymbol{T}_x+\boldsymbol{TL}=(\widetilde{\boldsymbol{L}}_1\lambda+\widetilde{\boldsymbol{L}}_2)\boldsymbol{T} \tag{4.2.18}$$

其中,矩阵$\widetilde{\boldsymbol{L}}_1(x,y,t)$和$\widetilde{\boldsymbol{L}}_2(x,y,t)$不依赖于$\lambda$。将$\boldsymbol{T}$和$\boldsymbol{L}$代入式(4.2.18),并比较$\lambda^{N+1}$和$\lambda^N$的系数,得到

$$\lambda^{N+1}:\quad \widetilde{\boldsymbol{L}}_1=\boldsymbol{K}_1$$
$$\lambda^{N}:\quad \widetilde{\boldsymbol{L}}_2=\boldsymbol{K}_2+\boldsymbol{Q}_{N-1}\boldsymbol{K}_1-\boldsymbol{K}_1\boldsymbol{Q}_{N-1}=\widetilde{\boldsymbol{K}}_2$$

其中,$\tilde{f}$ 和 $\tilde{g}$ 由式(4.2.17)给定。

下面证明在变换(4.2.18)和(4.2.17),(4.2.10)和(4.2.11)中的$\widetilde{\boldsymbol{M}}$和$\widetilde{\boldsymbol{N}}$与$\boldsymbol{M}$和$\boldsymbol{N}$具有相同的形式。

命题 4.2.2 在变换(4.2.18)和(4.2.17)之下,式(4.2.10)中的矩阵$\widetilde{\boldsymbol{M}}$与$\boldsymbol{M}$具有相同的形式,即$\widetilde{\boldsymbol{M}}=2\mathrm{i}(\boldsymbol{K}_1\lambda^2+\widetilde{\boldsymbol{K}}_2\lambda+\widetilde{\boldsymbol{K}}_3)$。

证明 用类似于命题4.2.1的方法,可以证明$(\boldsymbol{T}_y+\boldsymbol{TM})\boldsymbol{T}^{-1}$为$\lambda$的二阶矩阵系数多项式,即

$$\boldsymbol{T}_y+\boldsymbol{TM}=(\widetilde{\boldsymbol{M}}_1\lambda^2+\widetilde{\boldsymbol{M}}_2\lambda+\widetilde{\boldsymbol{M}}_3)\boldsymbol{T} \tag{4.2.19}$$

比较式(4.2.19)中$\lambda^{N+j}(j=0,1,2)$的系数,得到

$$\begin{cases}\lambda^{N+2}:\quad \widetilde{\boldsymbol{M}}_1=\boldsymbol{K}_1\\ \lambda^{N+1}:\quad \widetilde{\boldsymbol{M}}_2=\boldsymbol{K}_2+[\boldsymbol{Q}_{N-1},\boldsymbol{K}_1]=\widetilde{\boldsymbol{K}}_2\\ \lambda^{N}:\quad \widetilde{\boldsymbol{M}}_3=\boldsymbol{K}_3+[\boldsymbol{Q}_{N-2},\boldsymbol{K}_1]+\boldsymbol{Q}_{N-1}K_2-\widetilde{\boldsymbol{K}}_2\boldsymbol{Q}_{N-1}\\ \qquad\quad =\boldsymbol{K}_3+(\boldsymbol{Q}_{N-1}\boldsymbol{K}_2-\widetilde{\boldsymbol{K}}_2\boldsymbol{Q}_{N-1})^{\mathrm{diag}}+\\ \qquad\quad ([\boldsymbol{Q}_{N-2},\boldsymbol{K}_1]+\boldsymbol{Q}_{N-1}\boldsymbol{K}_2-\widetilde{\boldsymbol{K}}_2\boldsymbol{Q}_{N-1})^{\mathrm{off}}\end{cases} \tag{4.2.20}$$

这里以及下文中的"diag"和"off"分别表示矩阵的对角和非对角部分。

再比较式(4.2.18)中λ^{N-1}项的系数,我们发现

$$([\boldsymbol{Q}_{N-2},\boldsymbol{K}_1]+\boldsymbol{Q}_{N-1}\boldsymbol{K}_2-\widetilde{\boldsymbol{K}}_2\boldsymbol{Q}_{N-1})^{\mathrm{off}}=-(\boldsymbol{Q}_{N-1})_x^{\mathrm{off}} \tag{4.2.21}$$

$$(\boldsymbol{Q}_{N-1}\boldsymbol{K}_2-\widetilde{\boldsymbol{K}}_2\boldsymbol{Q}_{N-1})^{\mathrm{diag}}=-(\boldsymbol{Q}_{N-1})_x^{\mathbf{diag}} \tag{4.2.22}$$

将式(4.2.21)代入式(4.2.20),直接计算得$\widetilde{\boldsymbol{M}}_3=\widetilde{\boldsymbol{K}}_3$。

命题 4.2.3 在变换(4.2.8)和(4.2.17)之下,式(4.2.11)中的矩阵$\widetilde{\boldsymbol{N}}$与$\boldsymbol{N}$具有相同的形式,即$\widetilde{\boldsymbol{N}}=-6(\boldsymbol{K}_1\lambda^3+\widetilde{\boldsymbol{K}}_2\lambda^2+\widetilde{\boldsymbol{K}}_3\lambda+\boldsymbol{K}_4)$。

证明 类似于命题4.2.1和命题4.2.2,可以证明$(\boldsymbol{T}_t+\boldsymbol{TN})\boldsymbol{T}^{-1}$为$\lambda$的三阶矩阵系数

多项式,即

$$\boldsymbol{T}_t+\boldsymbol{T}\boldsymbol{N}=(\widetilde{\boldsymbol{N}}_1\lambda^3+\widetilde{\boldsymbol{N}}_2\lambda^2+\widetilde{\boldsymbol{N}}_3\lambda+\widetilde{\boldsymbol{N}}_4)\boldsymbol{T} \tag{4.2.23}$$

比较式(4.2.23)中 $\lambda^{N+j}(j=0,1,2,3)$ 的系数,得到

$$\begin{cases}\lambda^{N+3}:\quad \widetilde{\boldsymbol{N}}_1=\boldsymbol{K}_1\\ \lambda^{N+2}:\quad \widetilde{\boldsymbol{N}}_2=\boldsymbol{K}_2+[\boldsymbol{Q}_{N-1},\boldsymbol{K}_1]=\widetilde{\boldsymbol{K}}_2\\ \lambda^{N+1}:\quad \widetilde{\boldsymbol{N}}_3=\boldsymbol{K}_3+[\boldsymbol{Q}_{N-2},\boldsymbol{K}_1]+\boldsymbol{Q}_{N-1}\boldsymbol{K}_2-\widetilde{\boldsymbol{K}}_2\boldsymbol{Q}_{N-1}=\widetilde{\boldsymbol{K}}_3\\ \lambda^{N}:\widetilde{\boldsymbol{N}}_4=\boldsymbol{K}_4+\boldsymbol{Q}_{N-1}\boldsymbol{K}_3-\widetilde{\boldsymbol{K}}_3\boldsymbol{Q}_{N-1}+[\boldsymbol{Q}_{N-3},\boldsymbol{K}_1]+\boldsymbol{Q}_{N-2}\boldsymbol{K}_2-\widetilde{\boldsymbol{K}}_2\boldsymbol{Q}_{N-2}\\ \qquad=\boldsymbol{K}_4+\boldsymbol{Q}_{N-1}\boldsymbol{K}_3-\widetilde{\boldsymbol{K}}_3\boldsymbol{Q}_{N-1}+(\boldsymbol{Q}_{N-2}\boldsymbol{K}_2-\widetilde{\boldsymbol{K}}_2\boldsymbol{Q}_{N-2})^{\text{diag}}+\\ \qquad\quad([\boldsymbol{Q}_{N-3},\boldsymbol{K}_1]+\boldsymbol{Q}_{N-2}\boldsymbol{K}_2-\widetilde{\boldsymbol{K}}_2\boldsymbol{Q}_{N-2})^{\text{off}}\end{cases} \tag{4.2.24}$$

注意到

$$(\boldsymbol{Q}_{N-2}\boldsymbol{K}_2-\widetilde{\boldsymbol{K}}_2\boldsymbol{Q}_{N-2})^{\text{diag}}=\boldsymbol{Q}_{N-2}{}^{\text{off}}\boldsymbol{K}_2-\widetilde{\boldsymbol{K}}_2\boldsymbol{Q}_{N-2}{}^{\text{off}} \tag{4.2.25}$$

并由式(4.2.21),有

$$\boldsymbol{Q}_{N-2}{}^{\text{off}}=-\frac{1}{2}(\boldsymbol{Q}_{N-1x}+\boldsymbol{Q}_{N-1}\boldsymbol{K}_2-\widetilde{\boldsymbol{K}}_2\boldsymbol{Q}_{N-1})^{\text{off}}\boldsymbol{K}_1 \tag{4.2.26}$$

比较式(4.2.18)中 λ^{N-2} 项的系数,得到

$$([\boldsymbol{Q}_{N-3},K_1]+\boldsymbol{Q}_{N-2}\boldsymbol{K}_2-\widetilde{\boldsymbol{K}}_2\boldsymbol{Q}_{N-2})^{\text{off}}=-\boldsymbol{Q}_{N-2x}{}^{\text{off}} \tag{4.2.27}$$

命题 4.2.1～命题 4.2.3 表明变换(4.2.8)和(4.1.17)将 Lax 对式(4.2.5)～式(4.2.7)变为相同形式的 Lax 对式(4.2.9)～式(4.2.11),因此这两种 Lax 对都导致耦合方程(4.2.3)和方程(4.2.4),我们称变换 $(\boldsymbol{\Phi},f,g)\to(\widetilde{\boldsymbol{\Phi}},\widetilde{f},\widetilde{g})$ 为耦合方程(4.2.3)和方程(4.2.4)的 Darboux 变换。概括以上结果,我们有

定理 4.2.1 在 Darboux 变换(4.2.8)和(4.2.17)下,耦合方程(4.2.3)和(4.2.4)的解 (f,g) 被映射为它的新解 $(\widetilde{f},\widetilde{g})$,其中 B_{N-1} 和 C_{N-1} 由线性代数方程组(4.2.12)和(4.2.13)确定。

例 4.2.1 Darboux 变换的约化及 *KP* 方程的孤立子解。

下面我们来讨论 KP 方程 Darboux 变换的约化,并由此构造 KP 方程的孤立子解。为此令 $g=-f^*$,则约束(4.2.1)约化为

$$u=2|f|^2 \tag{4.2.28}$$

系统(4.2.3)和系统(4.2.4)分别约化为通常的非线性 Schrödinger 方程和 MKdV 方程

$$\mathrm{i}f_y-f_{xx}+2f|f|^2=0 \tag{4.2.29}$$

$$f_t+4f_{xxx}+24|f|^2f_x=0 \tag{4.2.30}$$

选取 Lax 对式(4.2.9)～式(4.2.11)的两个解

$$\varphi(\lambda)=(\varphi_1(\lambda),\varphi_2(\lambda))^{\mathrm{T}},\quad \psi(\lambda)=(-\varphi_2^*(\lambda^*),\varphi_1^*(\lambda^*))^{\mathrm{T}}$$

其中参数满足

$$\lambda_{2j}=\lambda_{2j-1}^*,\quad \mu_{2j}=-\mu_{2j-1}^{*-1}\quad(1\leqslant j\leqslant N)$$

则容易证明

$$\beta_{2j}{}^{-1}=-\beta_{2j-1}^*,\quad D_k^*=A_k,\quad C_k^*=-B_k\quad((0\leqslant k\leqslant N-1))$$

这样，式(4.2.12)和式(4.2.13)约化为

$$\sum_{k=0}^{N-1}(A_k+\beta_{2j-1}B_k)\lambda_{2j-1}^{k}=-\lambda_{2j-1}^{N} \tag{4.2.31}$$

$$\sum_{k=0}^{N-1}(\beta_{2j-1}^{*}A_k+B_k)\lambda_{2j-1}^{*k}=-\beta_{2N-1}^{*}\lambda_{2j-1}^{*N}\quad(1\leqslant j\leqslant N) \tag{4.2.32}$$

以及

$$\beta_{2j-1}=\frac{\varphi_2(\lambda_{2j-1})-\mu_{2j-1}\psi_2(\lambda_{2j-1})}{\varphi_1(\lambda_{2j-1})-\mu_{2j-1}\psi_1(\lambda_{2j-1})} \tag{4.2.33}$$

于是得到如下定理。

定理 4.2.2 假设 $\beta_{2j-1}(1\leqslant j\leqslant N)$ 由式(4.2.33)确定，而 A_k, B_k 由线性代数方程组(4.2.31)和(4.2.32)给出，则在 Darboux 变换

$$\widetilde{f}=f+2B_{N-1} \tag{4.2.34}$$

作用下，非线性 Schrödinger 方程(4.2.29)和 MKdV 方程(4.2.30)的解 f 被映射为它们的新解 $\widetilde{f}$，并且 KP 方程的解由式(4.2.28)给出。

附注 4.2.1 这里给出的 Darboux 变换(4.2.34)有如下特点，可以解释为初始解 f 的非线性叠加和 NSL-MKdV 系统(4.2.29)和系统(4.2.30)的 N 孤子解，而且，NSL-MKdV 系统的求解被转化为求解一个线性代数方程组(4.2.31)和方程组(4.2.32)，这样很容易在计算机上通过符号运算得到多孤子解。

下面就来构造 KP 方程的 N 孤子解。

将 $f=0$ 代入 Lax 对式(4.2.5)～式(4.2.7)，它们的两个基本解可以选为

$$\varphi(\lambda)=\begin{pmatrix}\exp(-\lambda x-2\lambda^2 y+16\lambda^3 t)\\ 0\end{pmatrix},\quad \psi(\lambda)=\begin{pmatrix}0\\ \exp(\lambda x+2\lambda^2 y-16\lambda^3 t)\end{pmatrix}$$

取

$$\lambda_{2j-1}=\xi_j+\mathrm{i}\eta_j,\quad \mu_{2j-1}=\exp(\delta_j+\mathrm{i}\gamma_j),\quad 1\leqslant j\leqslant N \tag{4.2.35}$$

其中，ξ_j,η_j,δ_j 和 γ_j 为实数。根据式(4.2.33)，我们有

$$\beta_{2j-1}=\exp(X_j+\mathrm{i}Y_j) \tag{4.2.36}$$

其中，

$$\begin{cases}X_j=2\xi_j x-8\xi_j\eta_j-32\xi_j({\xi_j}^2-3{\eta_j}^2)t+\delta_j\\ Y_j=2\eta_j x+4({\xi_j}^2-{\eta_j}^2)y+32\eta_j({\eta_j}^2-3{\xi_j}^2)t+\gamma_j,\quad 1\leqslant j\leqslant N\end{cases} \tag{4.2.37}$$

解代数方程组(4.2.31)和方程组(4.2.32)并利用式(4.2.28)、式(4.2.34)，容易得到 KP 方程(4.2.2)N 孤子解的显式表达式

$$\widetilde{f}=2\left|\frac{\Lambda_{B_{N-1}}}{\Lambda}\right|^2 \tag{4.2.38}$$

其中，Λ 代表方程组(4.2.31)和方程组(4.2.32)的系数行列式，即

$$\Lambda=\begin{vmatrix}1 & \beta_1 & \lambda_1 & \beta_1\lambda_1 & \cdots & \lambda_1^{N-1} & \beta_1\lambda_1^{N-1}\\ \vdots & \vdots & \vdots & \vdots & & \vdots & \vdots\\ 1 & \beta_{2N-1} & \lambda_{2N-1} & \beta_{2N-1}\lambda_{2N-1} & \cdots & \lambda_{2N-1}^{N-1} & \beta_{2N-1}\lambda_{2N-1}^{N-1}\\ \beta_1^* & -1 & \beta_1^*\lambda_1^* & -\lambda_1^* & \cdots & \beta_1^*\lambda_1^{*N-1} & -\lambda_1^{*N-1}\\ \vdots & \vdots & \vdots & \vdots & & \vdots & \vdots\\ \beta_{2N-1}^* & -1 & \beta_{2N-1}^*\lambda_{2N-1}^* & -\lambda_{2N-1}^* & \cdots & \beta_{2N-1}^*\lambda_{2N-1}^{*N-1} & -\lambda_{2N-1}^{*N-1}\end{vmatrix}$$

而 $\Lambda_{B_{N-1}}$ 通过将 Λ 的第 $2N$ 列用向量 $(-\lambda_1^N,\cdots,-\lambda_{2N-1}^N,-\beta_1^*\lambda_1^{*N},\cdots,-\beta_{2N-1}^*\lambda_{2N-1}^{*N})^{\mathrm{T}}$ 代替得到，β_{2j-1} 和 λ_{2j-1} 由式(4.2.35)和式(4.2.36)给出。表达式(4.2.38)为所有 k 孤子解的统一公式。由此容易得到 KP 方程(4.2.2)的各类多孤子解。例如，取 $N=1$，得到单孤子解

$$\tilde{f}=2\eta_1{}^2\operatorname{sech}^2(X_1) \tag{4.2.39}$$

当 $N=2$ 时，我们得到含有 8 个任意常数 ξ_j,η_j,δ_j 和 $\gamma_j\,(j=1,2)$ 的单孤子解和双孤子解的统一公式

$$\tilde{f}=\frac{a^2+b^2}{c^2}$$

其中，

$$a=\sum_{\substack{i,j=1,2\\ i\neq j}}\{\eta_j[(\xi_i-\xi_j)^2+(\eta_i{}^2-\eta_j{}^2)]\cos Y_i\cosh X_j+2\eta_i\eta_j(\xi_i-\xi_j)\sin Y_i\sinh X_j\}$$

$$b=\sum_{\substack{i,j=1,2\\ i\neq j}}\{\eta_j[(\xi_i-\xi_j)^2+(\eta_i{}^2-\eta_j{}^2)]\sin Y_i\cosh X_j+2\eta_i\eta_j(\xi_i-\xi_j)\cos Y_i\sinh X_j\}$$

$$c=-[(\xi_1-\xi_2)^2+(\eta_1-\eta_2)^2]\cosh X_1\cosh X_2-2\eta_1\eta_2\cosh(X_1-X_2)+2\eta_1\eta_2\cos(Y_1-Y_2)$$

其中，X_1,X_2,Y_1 和 Y_2 由式(4.2.37)给出。如果取 $\xi_2=\eta_2=\delta_2=\gamma_2=0$，就得到单孤子解(4.2.39)。

4.3 Darboux 变换方法求耦合 KdV-MKdV 系统的新解

考虑一个特殊的耦合 KdV-MKdV 系统：

$$\begin{cases} f_t+\dfrac{1}{2}f_{xxx}+\dfrac{3}{2}(uf)_x-\dfrac{3}{4}f_xf^2=0 \\ u_t-\dfrac{1}{4}u_{xxx}-\dfrac{3}{2}uu_x+3vv_x+\dfrac{3}{4}u_xf^2-\dfrac{3}{2}(f_xv)_x=0 \\ v_t+\dfrac{1}{2}v_{xxx}+\dfrac{3}{2}uv_x-\dfrac{3}{4}(vf^2)_x+\dfrac{3}{4}u_{xx}f+\dfrac{3}{2}u_xf_x=0 \end{cases} \tag{4.3.1}$$

用其 Darboux 变换法求解其解的过程如下。

考虑两个带光谱参数 λ 的二阶方程和 2×2 参数矩阵

$$\Phi_{xx}+F\Phi_x+\boldsymbol{U\Phi}=\lambda\sigma_3\boldsymbol{\Phi} \tag{4.3.2}$$

$$\Phi_t=\Phi_{xxx}+\boldsymbol{B}\Phi_x+\boldsymbol{C\Phi} \tag{4.3.3}$$

其中，向量 $\boldsymbol{\Phi}=(\varphi_1,\varphi_2)^{\mathrm{T}}$，$U=\{u_{ij}\}$，$F=\{f_{ij},f_{ii}\}$，$i,j=1,2$，$\sigma_3=\operatorname{diag}(1,-1)$是 Pauli 矩阵。两个参数矩阵 $\boldsymbol{B}$ 和 $\boldsymbol{C}$ 定义如下：

$$\boldsymbol{B}=\frac{3}{2}\operatorname{diag}\boldsymbol{U}+\frac{3}{2}F_x-\frac{3}{4}\boldsymbol{F}^2$$

$$\boldsymbol{C}=\frac{3}{2}-\frac{3}{4}\operatorname{diag}U_x-\frac{3}{4}(f_{12}u_{21}+f_{21}u_{12})\boldsymbol{I}+\frac{3}{8}(f_{12x}f_{21}-f_{12}f_{21x})\sigma_3+\frac{3}{4}(u_{11}-u_{22})\sigma_3\boldsymbol{F}$$

其中，$\boldsymbol{I}$ 是单位矩阵。

如果从式(4.3.2)和式(4.3.3)得到的新的波函数是如下形式：

$$\boldsymbol{\Phi}[1]=\boldsymbol{P}\Phi_x+\boldsymbol{K\Phi}$$

其中，$\boldsymbol{P}=\begin{pmatrix}1&0\\0&0\end{pmatrix}$ 是一个投影操作，$\boldsymbol{K}=\begin{bmatrix}k_{11}&k_{12}\\k_{21}&1\end{bmatrix}$。那么 Darboux 变换得到的新的波函数

有如下的形式：

$$\begin{cases}\varphi_1[1]=\varphi_{1x}+k_{11}\varphi_1+k_{12}\varphi_2\\ \varphi_2[1]=\varphi_2+k_{21}\varphi_1\\ \psi_1[1]=\psi_{3x}+k_{11}\psi_3+k_{12}\psi_4\\ \psi_2[1]=\psi_4+k_{21}\psi_3\\ k_{11}=-\left(\psi_{1x}+\dfrac{1}{2}\right)/\psi_1\\ k_{12}=f_{12}/2\\ k_{21}=-\psi_2/\psi_1\end{cases}\tag{4.3.4}$$

新的势函数有如下的表达式：

$$\begin{cases}f_{12}[1]=u_{12}+f_{12}k_{11}\\ f_{21}[1]=-2k_{21}\\ u_{11}[1]=u_{11}-2k_{11x}-f_{12}[1]k_{21}-f_{21}k_{12}\\ u_{12}[1]=u_{12x}-k_{12xx}+k_{11}u_{12}-k_{12}(u_{11}[1]+u_{22})\\ u_{21}[1]=f_{21}-2k_{21x}-f_{21}[1]k_{11}\\ u_{22}[1]=u_{22}-k_{21}u_{12}-u_{21}[1]k_{12}-f_{21}[1]k_{12x}\end{cases}\tag{4.3.5}$$

其中，$(\varphi_1,\varphi_2)^{\mathrm{T}}$ 和 $(\varphi_3,\varphi_4)^{\mathrm{T}}$ 是式(4.3.2)和式(4.3.3)对于不同的光谱参数的解。

将式(4.3.5)简化，取 $f_{12}=f_{21}=f$，$u_{11}=u_{22}=u$，$u_{12}=u_{21}=v$，可以看出式(4.3.2)和式(4.3.3)是系统(4.3.1)的 Lax 对，并且式(4.3.4)和式(4.3.5)正是进行第一步 Darboux 变换得到的结果。

为了简单，利用零解得到的系统(4.3.1)的势函数形式如下：

$$f=\frac{2(\varphi_1\varphi_{2x}-\varphi_2\varphi_{1x})}{\varphi_1^2-\varphi_2^2}\tag{4.3.6}$$

$$u=\left(\frac{(\varphi_1^2)_x+(\varphi_2^2)_x}{\varphi_1^2-\varphi_2^2}\right)_x+2\left(\frac{\varphi_1\varphi_{2x}-\varphi_2\varphi_{1x}}{\varphi_1^2-\varphi_2^2}\right)^2\tag{4.3.7}$$

$$v=2\left(\frac{\varphi_1\varphi_{2x}-\varphi_2\varphi_{1x}}{\varphi_1^2-\varphi_2^2}\right)_x+\frac{[\varphi_1\varphi_{2x}-\varphi_2\varphi_{1x}][(\varphi_1^2)_x-(\varphi_2^2)_x]}{[\varphi_1^2-\varphi_2^2]^2}\tag{4.3.8}$$

其中，φ_1,φ_2 是零初始势函数式(4.3.2)和式(4.3.3)的解

$$\varphi_1=C_1\mathrm{e}^{-(\sqrt{\lambda}x+\sqrt{\lambda^3}t)}+C_2\mathrm{e}^{\sqrt{\lambda}x+\sqrt{\lambda^3}t}\tag{4.3.9}$$

$$\varphi_2=C_3\cos(\sqrt{\lambda^3}t-\sqrt{\lambda}x)+C_4\sin(\sqrt{\lambda^3}t-\sqrt{\lambda}x)\tag{4.3.10}$$

这里，C_1,C_2,C_3,C_4，是任意常数。这样，通过在式(4.3.9)和式(4.3.10)选择不同的光谱参数 λ 和常数，可以得到新的 Positons 解、Negatons 解和 Complexiton 解。具体过程如下。

(1) Positons 解，$\lambda>0$

基于 Darboux 变换第一步得到的式(4.3.6)～式(4.3.8)和两个波函数(4.3.9)和(4.3.10)，固定光谱参数 $\lambda>0$，取常数如下：

$$C_1=\frac{1}{32},\quad C_2=\frac{3}{5},\quad C_3=\frac{1}{22},\quad C_4=-\frac{1}{4},\quad \lambda=2\tag{4.3.11}$$

可以容易得到实的解析 Positons 解。图 4.3.1 给出了由式(4.3.6)得到的势函数 f 的图

像，图 4.3.2 和图 4.3.3 中给出的是势函数 u 和 v 的图像。

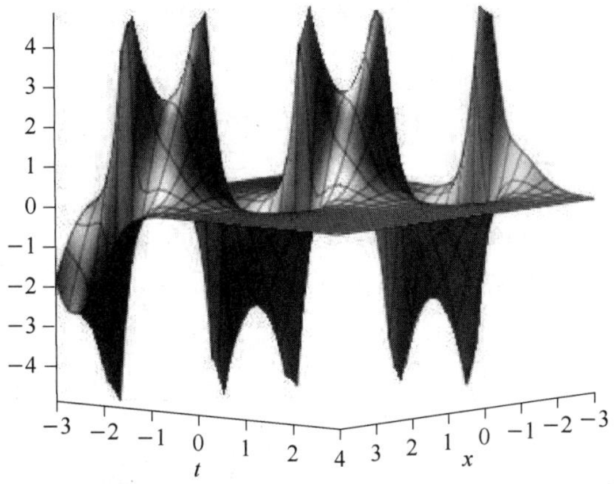

图 4.3.1

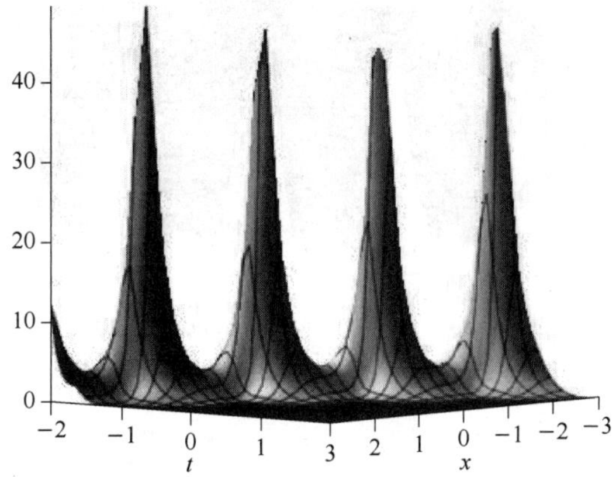

图 4.3.2

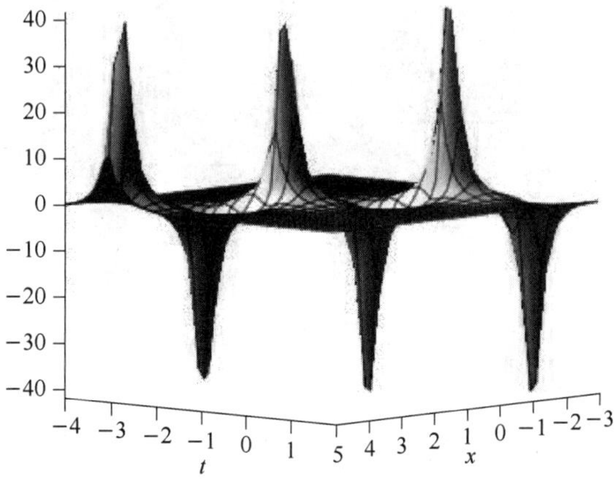

图 4.3.3

(2) 复 Negatons 解，$\lambda<0$

为了构造 Negatons 解，固定光谱参数 $\lambda<0$。采取和(1)类似的方法我们可以得到复的 Negatons 解。选取的参数如下：

$$C_1=C_2=\frac{1}{8},\quad C_3=C_4=\frac{3}{4},\quad \lambda=-1 \tag{4.3.12}$$

Negatons 解的势函数$\{f,u,v\}$可以容易从式(4.3.6)～式(4.3.8)得到。从耦合 KdV-MKdV 系统中得到的 Negatons 解是复的，这和 KdV 与 MKdV 得到的解都不同。直接分离 Negatons 解的实部和虚部，势函数 f,u,v 是非奇异的，可以看作是一种特殊的周期波。具体的细节可以参考图 4.3.4～图 4.3.6。

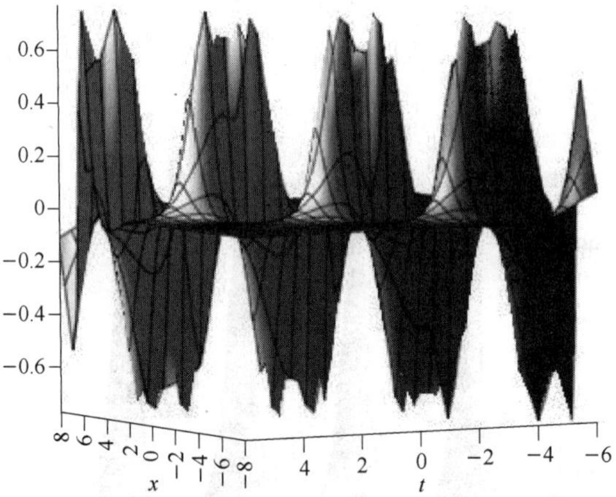

图 4.3.4

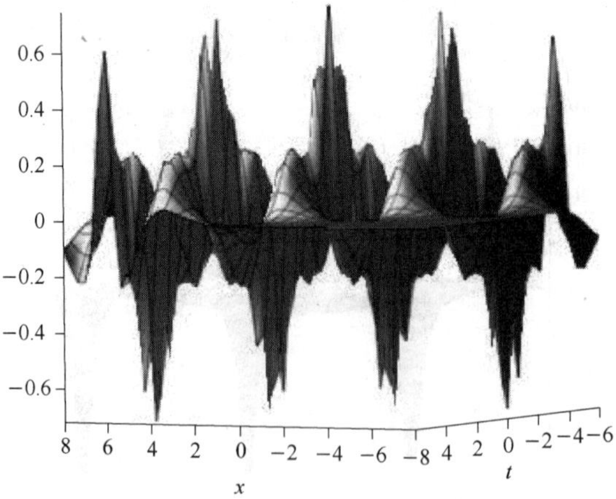

图 4.3.5

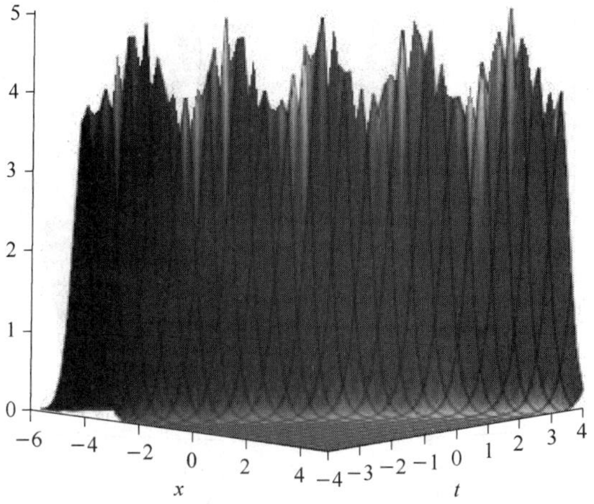

图 4.3.6

在波函数中选取适当的常数,可以根据 Darboux 变换第一步构造复的 Negatons 解,实部和虚部是特殊的周期波解。如果我们选择的常数和式(4.3.12)不同,那么得到的复 Negatons 解仍然是非奇异的,并且能够被看作是周期波解。

(3) Complexiton 解

对于很多可积系统,想要得到 Complexiton 解意味着需要在 Lax 中选择复数参数,这种情况在很多方程的求解过程中都出现过,如 KdV 方程、Toda Lattice 方程和许多的可积系统。除了耦合的 KdV 系统和 MKdV 系统,大部分非线性可积系统得到的 Complexiton 解都是奇异的,因此找出可积系统非奇异的 Complexiton 解是值得研究的。

固定式(4.3.9)和式(4.3.10)中的常数如下:

$$C_1=\frac{1}{20},\quad C_2=\frac{1}{8},\quad C_3=\frac{1}{4},\quad C_4=\frac{5}{4},\quad \lambda=\mathrm{i},\quad \mathrm{i}^2=-1 \tag{4.3.13}$$

容易从式(4.3.6)～式(4.3.8)得到解函数,直接分离得到实部和虚部表示在图形中,如图 4.3.7～图 4.3.9 所示。

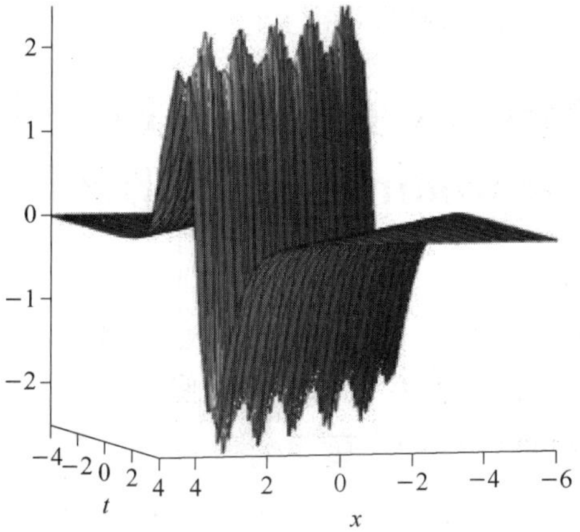

图 4.3.7

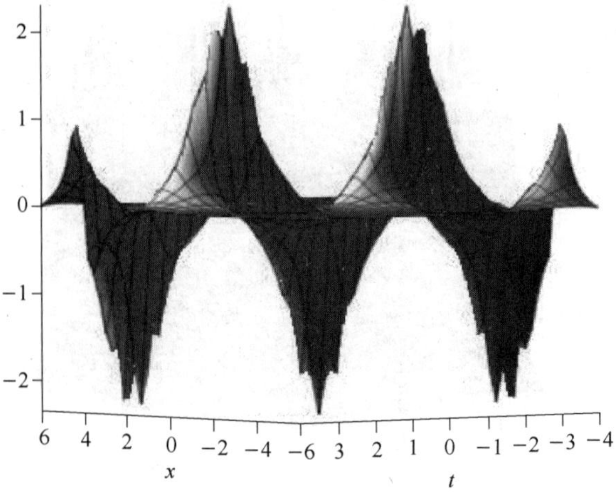

图 4.3.8

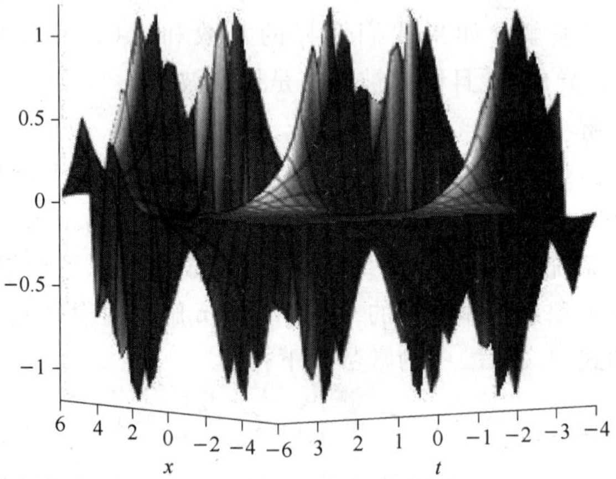

图 4.3.9

注:所有图形使用 Maple 软件画出。

4.4 广义 Darboux 变换求解 KdV 方程和非线性 Schrödinger 的畸形波解

这一节讲广义 Darboux 变换。

2002 年 Matveev 引入了广义 Darboux 变换。随后,人们利用广义 Darboux 变换对海洋中出现的畸形波进行了研究,取得了不错的效果,使得这一方法得以推广。畸形波的第一个模型是由非线性 Schrödinger(NLS)方程

$$iu_t+\frac{1}{2}u_{xx}+|u|^2u^*=0 \tag{4.4.1}$$

得来的。最简单的畸形波是由 Akhmediev 和 coworkers 得到的,而构造高阶畸形波却比较困难。正如 Dubard 等人所说,Eleonskii、Krichever 和 Kulagin 虽然获得了一系列复畸形波

解的构造方法，但是这种方法很难应用到其他模型中。

本节通过广义 Darboux 变换方法，求解了 KdV 方程和 Schrödinger 方程的解。首先推导出了 KdV 方程的广义 Darboux 变换，然后再将其做了推广运用到 NLS 方程中，从而求得 Schrödinger 方程的解。

4.4.1 KdV 方程广义 Darboux 变换

首先回顾一下 KdV 方程的经典 Darboux 变换。考虑 Sturm-Liouville 方程，

$$-\Psi_x+u\boldsymbol{\Psi}=\lambda\boldsymbol{\Psi} \tag{4.4.2}$$

引入算子

$$\boldsymbol{T}[2]=\partial_x-\frac{\Psi_{1,x}[1]}{\Psi_1[1]}$$

其中，Ψ_1 是 $\lambda=\lambda_1$ 时方程(4.4.2)的解，根据 Darboux 变换可以得到

$$\boldsymbol{\Psi}[N]=\frac{W_r[\Psi_1,\Psi_2,\cdots,\Psi_N,\boldsymbol{\Psi}]}{W_r[\Psi_1,\Psi_2,\cdots,\boldsymbol{\Psi}_N]}$$

将此式代入方程(4.4.2)，有

$$\Psi_2=\Psi_1(k_1+\varepsilon) \tag{4.4.3}$$

其中，$u[2]=u-2\,[\ln W_r(\Psi_1,\Psi_1^1)]_{xx}$；$W_r[\Psi_1,\Psi]=\Psi_1\Psi_x-\Psi_{1,x}\Psi$ 是朗斯基行列式。

下面给出 n 次迭代的 Darboux 变换格式

$$-\Psi\,[n]_{xx}+u[n]\boldsymbol{\Psi}[n]=\lambda\boldsymbol{\Psi}[n]$$

$$u[N]=u-2\,(\ln W_r(\Psi_1,\Psi_2,\cdots,\Psi_N))_{xx}$$

其中，

$$\boldsymbol{\Psi}[N]=\frac{W_r[\Psi_1,\Psi_2,\cdots,\Psi_N,\boldsymbol{\Psi}]}{W_r[\Psi_1,\Psi_2,\cdots,\Psi_N]}$$

这里的 $\Psi_1,\Psi_2,\cdots,\Psi_N$ 分别是 $\lambda=\lambda_1,\lambda_2,\cdots,\lambda_N$ 时的解。

很显然 $\boldsymbol{\Psi}[1]=\boldsymbol{T}[1]\Psi_1=0$，在这里我们假设 $\Psi_2=\Psi_1(k_1+\varepsilon)$，这里的 $k_1=f(\lambda_1)$ 是单调函数，其中 ε 是一个小参数。将 $\Psi_1{}^{[i]}=\frac{1}{i!}\frac{\partial^i\Psi_1(k)}{\partial k^i}\bigg|_{k=k_1}$ 展开，可知

$$\Psi_1[1]=\lim_{\varepsilon\to 0}\frac{\boldsymbol{T}[1]\Psi_1(k_1+\varepsilon)}{\varepsilon}=\boldsymbol{T}[1]\Psi_1^{[1]}$$

其中，$\Psi_1{}^{[i]}=\frac{1}{i!}\frac{\partial^i\Psi_1(k)}{\partial k^i}\bigg|_{k=k_1}$，由于 $\Psi_2[1]\equiv\boldsymbol{T}[1]\Psi_2$ 是方程(4.4.3)的一个特殊的解，所以 $\frac{\Psi_2{}^{[1]}}{\varepsilon}$ 也是方程(4.4.3)的解。下面考虑极限

$$\Psi_1[1]=\lim_{\varepsilon\to 0}\frac{\boldsymbol{T}[1]\Psi_1(k_1+\varepsilon)}{\varepsilon}=\boldsymbol{T}[1]\Psi_1^{[1]}$$

采用第二步 Darboux 变换，也就是

$$\boldsymbol{T}[2]=\partial_x-\frac{\Psi_{1,x}[1]}{\Psi_1[1]}$$

$$u[N]=u-2\,(\ln W_r(\Psi_1))_{xx}$$

有

$$-\Psi\,[2]_{xx}+u[2]\boldsymbol{\Psi}[2]=\lambda\boldsymbol{\Psi}[2]$$

$$\boldsymbol{\Psi}[2]=\frac{W_r[\Psi_1,\Psi_1^{[1]},\boldsymbol{\Psi}]}{W_r[\Psi_1,\Psi_1^{[1]}]}$$

此过程继续下去,将这样的变换称为广义 Darboux 变换。下面给出用朗斯基行列式表示的广义 Darboux 变换

$$u[N]=u-2\,(\ln W_r(\Psi_1))_{xx}$$

$$\boldsymbol{\Psi}[N]=\frac{W_2}{W_1}$$

$$\Psi_1^{[0]}=x+6ct$$

$$W_2=W_r(\Psi_1,\cdots,\Psi_1^{[m_1]},\Psi_2,\cdots,\Psi_2^{[m_2]},\cdots,\Psi_n,\cdots,\Psi_n^{[m_n]},\boldsymbol{\Psi})$$

$$-\Psi[n]_{xx}+u[n]\boldsymbol{\Psi}[n]=\lambda\boldsymbol{\Psi}[n]$$

其中,$m_1+m_2+\cdots+m_n=N-n,m_i\geqslant 0,m_i\in\mathbf{Z}$。

广义 Darboux 变换既能使 KdV 方程产生孤子解也能使其产生有理解。下面是通过广义 Darboux 变换来求解 KdV 方程有理解的例子。

例 4.4.1 求 KdV 方程

$$u_t-6uu_x+u_{xxx}=0 \tag{4.4.4}$$

的有理解。

解 首先求出 KdV 方程的谱问题如下:

$$\Psi_1=(x+6tx)k_1+\left[4t-\frac{1}{6}(x+6tx)^3)\right]k_1^3+\left[\frac{1}{120}(x+6tx)^5-2t(x+6tx)^2\right]k_1^5+\cdots$$

假设从 u 的平凡解出发,设 $u=c$,这里的 c 是一个实常数,则可以得到

$$\Psi_1=\sin[k_1(x+(4k_1^2+6c)t)+P(k_1=0)]$$

其中,$k_1=\sqrt{\lambda_1-c}$,$P(k_1)$是 k_1 的多项式。现在将函数 Ψ_1 在 $k_1=0$ 处展开,为了计算的方便,不妨令 $P(k_1)$也为 0。则可以得到

$$\Psi_1=(x+6tx)k_1+\left[4t-\frac{1}{6}(x+6tx)^3)\right]k_1^3+\left[\frac{1}{120}(x+6tx)^5-2t(x+6tx)^2\right]k_1^5+\cdots$$

这里,

$$\Psi_1^{[0]}=x+6ct$$

$$\Psi_1^{[1]}=4t-\frac{1}{6}(x+6tx)^3$$

$$\Psi_1^{[2]}=\frac{1}{120}(x+6tx)^5-2t(x+6tx)^2$$

下面利用广义 Darboux 变换的方法来求解 $u[3]$,经过 Mathematics 软件求解可知

$$u[3]=c+\frac{G}{H^2}$$

其中,

$$G=(12(6ct+x)(10\,077\,696\,ct^9+43\,200\,t^3+15\,116\,544\,ct^8x+10\,077\,696\,ct^7x^2+3\,919\,104\,ct^6x^3+5\,400\,t^2x^3+979\,776\,ct^5x^4+163\,296\,ct^4x^5+x^9+2\,592\,ct^3(450\,t^2+7\,x^6)+1\,296\,ct^2(450\,t^2x+x^7)+54ct(1\,800\,t^2x^2+x^8)))$$

$$H=(46\,656\,ct^6-720\,t^2+46\,656\,ct^5x+19\,440\,ct^4x^2+60tx^3+x^6+4\,320\,ct^3(3t+x^3)+540\,ct^2(12tx+x^4)+36ct(30tx^2+x^5))^2$$

4.4.2 Schrödinger 方程的广义 Darboux 变换

首先看一下 Schrödinger 方程的 Darboux 变换，Schrödinger 方程的表达式在式(4.4.1)中已经给出，即

$$iu_t+\frac{1}{2}u_{xx}+|u|^2u^*=0$$

这里的 u 是关于 x 和 t 的函数，$i^2=-1$，符号 $*$ 表示复共轭。经过计算，我们可以得到 Schrödinger 方程的 lax 对如下所示：

$$\varphi_x=\begin{pmatrix} i\lambda & \lambda u^* \\ \lambda u & -i\lambda \end{pmatrix}\boldsymbol{\varphi}$$

$$\varphi_t=\begin{pmatrix} i\lambda^2-\frac{1}{2}iu^*u & i\lambda u^*+\frac{1}{2}u_x^* \\ i\lambda u^*-\frac{1}{2}u_x^* & -i\lambda+\frac{1}{2}iu^*u \end{pmatrix}\boldsymbol{\varphi}$$

这里的 $\boldsymbol{\varphi}=(\varphi_{11},\varphi_{12})^{\mathrm{T}}$ 是关于 x 和 t 的向量函数；T 代表转置，λ 是与 x 和 t 无关的参数。由此可知，Darboux 变换的矩阵和方程(4.4.1)的解如下所示。

Darboux 变换矩阵

$$\boldsymbol{M}=\begin{pmatrix} \lambda & 0 \\ 0 & \lambda \end{pmatrix}-H\wedge H^{-1}$$

$$\boldsymbol{H}=\begin{pmatrix} \varphi_{11}(\lambda_1) & -\varphi_{12}^*(\lambda_1) \\ \varphi_{12}(\lambda_1) & \varphi_{11}^*(\lambda_1) \end{pmatrix}$$

$$\tilde{\wedge}^{[1]}=\begin{pmatrix} \zeta_1 & 0 \\ 0 & \zeta_1^* \end{pmatrix}$$

$$u[1]=u-\frac{2(\lambda_1-\lambda_1^*)\varphi_{11}^*(\lambda_1)\varphi_{12}(\lambda_1)}{\varphi_{11}(\lambda_1)\varphi_{11}^*(\lambda_1)+\varphi_{12}(\lambda_1)\varphi_{12}^*(\lambda_1)}$$

令 $u=0$，及 $\varphi_{11}(\lambda_1)=e^{i\lambda_1x+i\lambda_1^2t}$，$\varphi_{12}(\lambda_1)=e^{-(i\lambda_1x+i\lambda_1^2t)}$，将它们代入 $u[1]$ 的表达式就可以得到 Schrödinger 方程的单孤子解。双孤子解类似，将 λ 换成 λ_2 即可以得到。

接下来讨论 Schrödinger 方程的广义 Darboux 变换。假设

$$\Theta_2=\Theta_1(\zeta_1+\delta) \tag{4.4.5}$$

是 Lax 对式(4.4.2)的解，其中 $\bar{\boldsymbol{H}}^{[1]}=\begin{pmatrix} \varphi_{11} & -\varphi_{12}^* \\ \varphi_{12} & \varphi_{11}^* \end{pmatrix}$ 的元素都是与 x 和 t 无关的参数。我们将 Θ_2 在 ζ_1 处展开，如下所示

$$\Theta_2=\Theta_1(\zeta_1+\delta)=\Theta_1^{[0]}+\Theta_1^{[1]}\delta+\Theta_1^{[2]}\delta^2+\cdots+\Theta_1^{[N]}\delta^N+\cdots \tag{4.4.6}$$

其中，$\Theta_1^{[k]}=\frac{1}{k!}\frac{\partial^k}{\partial\zeta^k}\Theta_1(\zeta)\Big|_{\zeta=\zeta_1}$ $(k=0,1,2,\cdots)$，$\Theta_1^{[0]}$ 是 Lax 对中 $u=\tilde{u}$，$\lambda=\zeta_1$ 的解。

按照 Darboux 变换方法，给出第一步 Darboux 变换，即

$$\tilde{\boldsymbol{M}}^{[1]}=\begin{pmatrix} \lambda & 0 \\ 0 & \lambda \end{pmatrix}-\tilde{S}_1$$

$$\tilde{u}[2]=\frac{\hat{\hat{u}}}{\hat{u}}e^{it}$$

$$\tilde{S}_2(1,2)=\frac{(\zeta_1-\zeta_1^*)\tilde{\varphi}_{22}(\tilde{\varphi}_{21}^*)}{\tilde{\varphi}_{21}\tilde{\varphi}_{21}^*+\tilde{\varphi}_{22}\tilde{\varphi}_{22}^*}$$

$$\tilde{\boldsymbol{H}}^{[1]}=\begin{pmatrix}\tilde{\varphi}_{11} & -\tilde{\varphi}_{12}^* \\ \tilde{\varphi}_{12} & \tilde{\varphi}_{11}^*\end{pmatrix}$$

$$\tilde{\Lambda}^{[1]}=\begin{pmatrix}\zeta_1 & 0 \\ 0 & \zeta_1^*\end{pmatrix}$$

由此，可以得到方程(4.4.1)的解如下：

$$\tilde{u}[1]=\tilde{u}-2\tilde{S}_1(1,2)$$
$$\tilde{S}_1(1,2)=\frac{(\zeta_1-\zeta_1^*)\tilde{\varphi}_{12}(\tilde{\varphi}_{11}^*)}{\tilde{\varphi}_{11}\tilde{\varphi}_{11}^*+\tilde{\varphi}_{12}\tilde{\varphi}_{12}^*} \tag{4.4.7}$$

再看第二步广义 Darboux 变换，运用极限过程

$$\lim_{\delta\to 0}\frac{[\tilde{u}[1]|\lambda=\zeta_1+\delta]\Theta_2}{\delta}=\lim_{\delta\to 0}\frac{[\delta+\tilde{u}[1]|_{\lambda=\zeta_1}]\Theta_2}{\delta}=\Theta_1^{[0]}+\tilde{\boldsymbol{M}}^{[1]}|_{\lambda=\zeta_1}\Theta_1^{[1]}=\tilde{\Theta}_1^{[1]}$$

即可以得到 Schrödinger 方程的第二步迭代解

$$\begin{cases}\tilde{u}[2]=\tilde{u}[1]-2\tilde{S}_2(1,2) \\ \tilde{S}_2(1,2)=\dfrac{(\zeta_1-\zeta_1^*)\tilde{\varphi}_{22}(\tilde{\varphi}_{21}^*)}{\tilde{\varphi}_{21}\tilde{\varphi}_{21}^*+\tilde{\varphi}_{22}\tilde{\varphi}_{22}^*}\end{cases} \tag{4.4.8}$$

这里的$(\tilde{\varphi}_{11},\tilde{\varphi}_{12})^{\mathrm{T}}=\tilde{\Theta}_1^{[1]}$。依次进行此过程，可以得到第三步、第四步和第 n 步变换。

现在将初次迭代解定为

$$\tilde{u}=e^{it}$$

得到相应 Lax 对的解为

$$\boldsymbol{\Theta}_1(f)=\begin{pmatrix}i(a_1e^{A}-a_2e^{-A})e^{-\frac{it}{2}} \\ (a_2e^{A}-a_1e^{-A})e^{\frac{it}{2}}\end{pmatrix}$$

$$a_1=\frac{(h-\sqrt{h^2-1})^{\frac{1}{2}}}{\sqrt{h^2-1}},\quad a_2=\frac{(h+\sqrt{h^2-1})^{\frac{1}{2}}}{\sqrt{h^2-1}}$$

$$A=\mu(x+\omega t),\quad \mu=\sqrt{h^2-1},\quad \omega=ih$$

设 $h=1+f^2$，将函数 $\boldsymbol{\Theta}_1(f)$在 $f=0$ 处展开，可以得到

$$\boldsymbol{\Theta}_1(f)=\boldsymbol{\Theta}_1^{[0]}+\boldsymbol{\Theta}_1^{[1]}f+\boldsymbol{\Theta}_1^{[2]}f^2+\cdots+\boldsymbol{\Theta}_1^{[N]}f^N+\cdots$$

其中，

$$\boldsymbol{\Theta}_1^{[0]}=\begin{pmatrix}\tilde{\varphi}_{11} \\ \tilde{\varphi}_{12}\end{pmatrix},\quad \boldsymbol{\Theta}_1^{[1]}=\begin{pmatrix}\tilde{\varphi}_{21} \\ \tilde{\varphi}_{22}\end{pmatrix}$$

$$\tilde{\varphi}_{11}=e^{-\frac{it}{2}}(-i-2t+2ix)$$

$$\widetilde{\varphi}_{12}=e^{\frac{it}{2}}(1+2it+2x)$$

$$\widetilde{\varphi}_{21}=e^{-\frac{it}{2}}\left(\frac{i}{4}-\frac{5t}{2}+i\,t^2+\frac{2\,t^3}{3}+\frac{ix}{2}+2tx-2i\,t^2x-i\,x^2-2t\,x^2+\frac{2i\,x^3}{3}\right)$$

$$\widetilde{\varphi}_{22}=e^{\frac{it}{2}}\left(-\frac{1}{4}+\frac{5it}{2}-t^2-\frac{2i\,t^3}{3}+\frac{x}{2}+2itx-2\,t^2x+x^2-2it\,x^2+\frac{2\,x^3}{3}\right)$$

根据上面的式(4.4.7),可以得到

$$\widetilde{u}[1]=\frac{e^{it}(3+8it-4t^2-4x^2)}{1+4t^2+4x^2} \tag{4.4.9}$$

将得到的式(4.4.9)与式(4.4.8)结合,可得

$$\widetilde{u}[2]=\frac{\hat{\hat{u}}}{\hat{u}}e^{it}$$

$$\hat{\hat{u}}=45+360it-468\,t^2-192i\,t^3-528\,t^4-384i\,t^5+64\,t^6-180\,x^2+$$
$$576i\,t\,x^2-1440\,t^2x^2-768i\,t^3x^2+192\,t^4x^2-144\,x^4-384i\,t\,x^4+192\,t^2x^4+64x^6$$

$$\hat{u}=9+396\,t^2+432\,t^4+64\,t^6+108\,x^2-288\,t^2x^2+192\,t^4x^2+48\,x^4+192\,t^2x^4+64\,x^6$$

由此,通过 Mathematic 软件,经计算我们得到了 Schrödinger 方程的畸形波解 $\widetilde{u}[2]=\frac{\hat{\hat{u}}}{\hat{u}}e^{it}$。

第 5 章　Painlevé 性质与相似约化

5.1　可积性与 Painlevé 性质

从标题可知，这一章的内容与可积性有关。但是要严格地给出微分方程可积性的定义是非常困难的。正如 B. Kcrammaticos 和 A. Ramani 在《非线性系统的可积性》一书中指出的那样，有两个科学家的地方就有三个可积性的定义。因此，在谈到可积性的时候，人们往往并不试图给出可积性的严格定义，而是给出一些“可用的”可积性概念，比如，能够用反散射方法求解的非线性偏微分方程称为 IST 可积的，还有所谓 Lax 可积、Liouville 可积和 Painlevé 可积等。本章主要介绍 Painlevé 可积性，与判断一个非线性偏微分方程是否 Painlevé 可积、或称是否通过 Painlevé 检验的具体算法，以及用相似约化方法将一个非线性偏微分方程约化程 Painlevé 型方程的过程。

“可积性(integrablitity)”一词来自“积分(integral)”一词，主要是指微分方程的求解。1892 年，法国数学家 Poincaré 给出的可积性定义揭示了这个术语的本质。按照 Poincaré 的观点，积分一个微分方程，就是要找到这个微分方程的一个由几个函数构成，非极限形式但可以是多值的表达式表示的一般解。这里“非极限”是指“可积性”要求是整体解而不是局部解。然而这个定义不是很好用，除非先给出关于函数的确切定义。这样函数的单值性等问题就成了必须考虑的问题，由于受到具有实系数代数方程的解要在复平面上讨论等问题的启示，人们自然在复数域内讨论微分方程的解。也就使微分方程可积性的问题与其解在复平面上的解析性质联系起来。最早研究微分方程在复平面上解析性质的是 Cauchy，他在这方面的工作主要是研究微分方程在复平面上的局部解，以及用解析延拓的方法得到整体解的问题。

如果 z_0 是复平面上的一点，微分方程的解在这点的一个邻域内不解析，则这个点称为微分方程的奇点。如果在一个点的邻域内，至少有微分方程的两个不同的解存在，则称这个点为微分方程的临界点或分支点。临界点可以是孤立的奇点也可以是不孤立的奇点。如果要使微分方程的解定义一个函数，必须找到一个处理临界点的方法，使函数在该点的邻域内单值。幸运的是，人们对早期出现的线性微分方程的研究得出结论：每一个线性微分方程的解定义一个函数，因此按照 Poincaré 的观点，线性微分方程都是可积的。这主要取决于线性微分方程的解的临界奇点都是固定的，即与初始条件无关。

对于非线性微分方程自然也会遇到这样的问题：非线性微分方程的解也确定一个函数吗？由于非线性微分方程解的奇点结构的复杂性，回答这个问题要困难得多。在线性微分方程的情形，临界奇点的位置是固定的，但对于非线性微分方程，临界奇点的位置可能与初始条件有关，这类奇点称为**活动奇点**。活动奇点的存在使得在该点的邻域内函数的单值性变得不可能,因此在什么情况下通过非线性微分方程的解定义一个函数的问题,或说非线性微分方程的可积性问题就提出来了。

首先人们将奇点分为两类:

- 只由微分方程系数确定,其位置与初始条件无关的奇点称为**固定奇点**。
- 位置与初始条件有关的奇点称为可移动奇点,简称**移动奇点**。

例 5.1.1 微分方程

$$y'=\frac{y}{1-x} \tag{5.1.1}$$

的通解是

$$y=\frac{A}{1-x} \tag{5.1.2}$$

其中,A 为积分常数,$x=1$ 为解的奇点。而方程(5.1.1)满足初始条件

$$y\big|_{x=x_0}=y_0 \tag{5.1.3}$$

的特解为

$$y=\frac{y_0(1-x_0)}{1-x}$$

奇点还是 $x=1$,其位置与初始条件和边界条件无关,所以 $x=1$ 是方程(5.1.1)的固定奇点,同时它又是这个方程的唯一奇点,因此说方程(5.1.1)只有固定奇点。

例 5.1.2 微分方程

$$y'=y^2 \tag{5.1.4}$$

的通解是

$$y=\frac{1}{B-x} \tag{5.1.5}$$

其中,B 为积分常数。$x=B$ 为解的奇点,是不确定的,所以 B 为活动奇点。因为方程(5.1.4)满足初始条件

$$y\big|_{x=x_0}=y_0 \tag{5.1.6}$$

的特解为

$$y=\frac{y_0}{1-y_0(x-x_0)} \tag{5.1.7}$$

这个解的奇点为 $x=\dfrac{1+x_0y_0}{y_0}$,与初始条件有关,所以此奇点为活动奇点,并且是一级极点。

现在已经知道,活动奇点除了可能是极点外,还可能是函数的支点,包括代数和对数支点以及本性奇点等。

例 5.1.3 微分方程

$$\frac{\mathrm{d}y}{\mathrm{d}x}=-\frac{x}{y} \tag{5.1.8}$$

的通解是

$$y=\pm\sqrt{c-x^2} \tag{5.1.9}$$

其中,$c>0$ 是任意常数,显然它是方程(5.1.8)的可移动代数支点。

例 5.1.4 微分方程

$$y'=e^{-y} \tag{5.1.10}$$

通解是

$$y=\ln(x-x_0) \tag{5.1.11}$$

其中，x_0 为任意常数，它是解的可移动对数奇点。

例 5.1.5 微分方程

$$y'=-y(\ln y)^2 \tag{5.1.12}$$

的通解为

$$y=e^{\frac{1}{x-x_0}} \tag{5.1.13}$$

其中，x_0 为任意常数。式(5.1.13)在 $x=x_0$ 处的展开式为

$$y=1+\frac{1}{x-x_0}+\frac{1}{2(x-x_0)^2}+\frac{1}{3!(x-x_0)^3}+\cdots+\frac{1}{n!(x-x_0)^n}+\cdots$$

它包含无穷多个$(x-x_0)$的负幂项，所以 x_0 为解的本性奇点。

活动的本性奇点和支点，通称为临界奇点(movable critical point)。按照这些定义，非线性微分方程的奇点有如下几类：

非线性方程的奇点
- 固定奇点
- 活动奇点
  - 支点 } 活动的临界点
  - 本性奇点 } 活动的临界点
  - 极点

真正说明一个微分系统的可积性与它的解析性之间关系的是俄罗斯数学家 Sofia Kovaleskya。1889 年，她应用复变函数解析理论研究旋转陀螺的运动，确定了一个新的非平凡的可积系统。

在同一时期，Fuch 证明了，对于一阶常微分方程

$$\frac{dy}{dx}=F(x,y) \tag{5.1.14}$$

(其中，F 为 u 的有理函数且对 x 局部解析)，没有移动临界点的最一般情形是 Riccati 方程

$$\frac{du}{dz}=a_1(z)+a_2(z)u+a_3(z)u^2 \tag{5.1.15}$$

随后，在 1900 年前后，法国数学家 Paul Painlevé 和他的同事们在 Fuchs、Kovalevskaya、Picard 和其他人工作的基础上，研究了如下的二阶常微分方程

$$u''=F(u',u,z) \tag{5.1.16}$$

其中，F 是 u'和 u 的有理函数，且为 z 的局部解析函数，发现所有形如上述方程的常微分方程只有 50 个没有移动的临界点，只有可移动的极点。后来就将具有这样性质的方程称为具有 Painlevé 性质。而具有 Painlevé 性质的方程又常常被称为 Painlevé 型方程。Painlevé 还证明了在这 50 种 Painlevé 型方程中，有 44 种可以用已知函数求解(或化成线性方程、Riccati 方程和椭圆方程等)，而另外 6 种方程，尽管可以证明它们在复平面上有亚纯解，但是却不能化成已知的可积方程。因此将这些方程称为 Painlevé 超越方程

$$P_{\mathrm{I}}:\ \frac{d^2w}{dz^2}=6w^2+z$$

$$P_{\mathrm{II}}:\ \frac{d^2w}{dz^2}=2w^3+zw+\alpha$$

$$P_{\rm III}: \frac{d^2 w}{dz^2}=\frac{1}{w}\left(\frac{dw}{dz}\right)^2-\frac{1}{z}\frac{dw}{dz}+\frac{\alpha w^2+\beta}{z}+\gamma w^3+\frac{\delta}{w}$$

$$P_{\rm IV}: \frac{d^2 w}{dz^2}=\frac{1}{2w}\left(\frac{dw}{dz}\right)^2+\frac{3w^3}{2}+4zw^2+2(z^2-\alpha)w+\frac{\beta}{w}$$

$$P_{\rm V}: \frac{d^2 w}{dz^2}=\left(\frac{1}{2w}+\frac{1}{w-1}\right)\left(\frac{dw}{dz}\right)^2-\frac{1}{z}\frac{dw}{dz}+ \frac{(w-1)^2}{z^2}\left[\alpha w+\frac{\beta}{w}\right]+\frac{\gamma w}{z}+\frac{\delta w(w-1)}{w-1}$$

$$P_{\rm VI}: \frac{d^2 w}{dz^2}=\left(\frac{1}{w}+\frac{1}{w-1}+\frac{1}{w-z}\right)\left(\frac{dw}{dz}\right)^2-\left(\frac{1}{z}+\frac{1}{z-1}+\frac{1}{z-x}\right)\frac{dw}{dz}+ \frac{w(w-1)(w-z)}{z^2\ (z-1)^2}\left[\alpha+\frac{\beta z}{w^2}+\frac{\gamma(z-1)}{(w-1)^2}+\frac{\delta z(z-1)}{(w-z)^2}\right]$$

$P_{\rm I}\sim P_{\rm VI}$的解可以用 Painlevé 超越函数表示，但是 Painlevé 超越函数却无法用古典的超越函数来表示(除了 α，β 和 γ 取一些特殊值的情形)。

上述 50 个 Painlevé 型方程的一个共同特点是,其解在奇点 $z=z_0$ 处的 Laurent 展开式中负幂次项为有限项

$$u(z)=\frac{a_{-N}}{(z-z_0)^N}+\frac{a_{-N+1}}{(z-z_0)^{N-1}}+\cdots+\frac{a_{-1}}{z-z_0}+\sum_{n=0}^{\infty}a_n\ (z-z_0)^n \tag{5.1.17}$$

即解的可移动奇点只是简单极点。这个特点奠定了在不求出微分方程精确解的情况下,可以通过奇异性分析来判断一个微分方程是否可积的理论基础。

应当指出,在微分方程发展的早期,人们把主要的注意力放在微分方程的(初等积分)求解上。在 1841 年,Liouville 证明了即使是形式上很简单的 Riccati 方程(例如,$\frac{dy}{dx}=x^2+y^2$)一般也不能用初等积分法求解。这就迫使人们另辟蹊径,例如,从理论上研究一般微分方程初值问题的解是否存在,是否唯一问题,以及在求不出微分方程解析解的情况下,怎样从微分方程本身的特点去推断其解的属性(如周期性、稳定性)等问题,也包括在什么条件下可以将微分方程的解用收敛的幂级数来表示,怎样求出微分方程的近似解等问题。这促使微分方程的研究进入一个多元化发展的时期。关于可积性的研究就是从那个时候开始,至今仍然没有完全解决的问题之一。

虽然没有严格的理论证明,但是有大量的实例说明非线性偏微分方程的可积性与其奇异结构密切相关。例如,有孤立子解的非线性偏微分方程的相似约化(本章第 3～5 节讨论非线性偏微分方程的相似约化问题)的结果常常是 Painlevé 超越方程。

从 1955 年到 1965 年,随着 KdV 方程在 Fermi-Ulam-Pasta 的研究中以及等离子体物理中的重新出现,关于非线性偏微分方程的研究进入了一个新的发展时期。1965 年,Zabusky 和 Krursal 第一次给出了孤立子的定义。在研究热潮的推动下,1967 年,Gardner、Greene、Kruskal 和 Miura 提出了求解 KdV 方程的反散射方法(IST)。用这种方法,人们求解了一批具有孤立子解的所谓可积的非线性偏微分方程(曾经有定义指出能够用反散射方法求解的非线性偏微分方程是完全可积的)。在反散射方法上的成功,激励 Ablowitz、Ramani 和 Segur 提出了判断一个常微分方程是否具有 Painlevé 性质的检验方法。这种方法与 Kovalevevskaya 在研究旋转陀螺问题时所用的方法相同。正如前面已经指出的那样,如果一个常微分方程解的可移动奇点只是简单极点的话,我们就说这个方程具有 Painlevé

性质。这个性质的等价说法是，微分方程的解除了在与系数有关的固定奇点处外，是处处单值的，则说这个微分方程具有 Painlevé 性质。ARS(Ablowitz、Ramani 和 Segur)算法就是建立在这个意义上的。下面我们以方程

$$w''=z^m w+2w^3 \tag{5.1.18}$$

为例来说明 ARS 方法。在方程(5.1.18)中，当 $m=0$ 时，方程定义了椭圆函数；当 $m=1$ 时，方程是 P_{II} 型的；现在讨论当 $m\neq 0,1$ 时，方程是否具有 Painlevé 性质。假设 $z=z_0$ 是方程(5.1.18)的解 $w(z)$ 的可移动奇点，分三步进行研究。

第一步是确定 $w(z)$ 在 z_0 邻域中的主要形态。设

$$w(z)\sim\frac{A}{(z-z_0)^{\alpha}}\quad (z\to z_0)$$

则有

$$w''\sim A(-\alpha)(-\alpha-1)(z-z_0)^{-\alpha-2}\quad (z\to z_0)$$

$$w^3\sim A^3\,(z-z_0)^{-3\alpha}\quad (z\to z_0)$$

这两项是方程(5.1.18)的主项，由“主项平衡”(即平衡最高阶导数项与最高阶非线性项的次数与系数)得

$$-\alpha-2=-3\alpha, \text{即 } \alpha=1$$

以及

$$A^2=1,\quad \text{取 } A=1$$

于是当 $z\to z_0$ 时，有

$$w\sim(z-z_0)^{-1}+o(|z-z_0|^{-1}) \tag{5.1.19}$$

在这一步的分析中，如果 α 为非整数，意味着 $w(z)$ 的主要性态有代数支点，从而方程不具有 Painlevé 性质。但算法最好继续下去，因为也有可能经过某种变换将方程化成 Painlevé 型的。当 α 可取几个值时，对每一个值都要继续分析。由于方程(5.1.18)是二阶方程，$w(z)$ 应含有两个任意常数，z_0 是其中之一，我们还须再找一个任意常数。

若 $w(z)$ 的 Laurent 展开式中 $(z-z_0)^k$ 的系数可取任意常数，可知方程成立，则这个 k 对应的项称为“共鸣”项。

第二步是确定方程的“共鸣”项。令 $\xi=z-z_0$，将

$$w(z)\sim\xi^{-1}-\beta\xi^{-1+\gamma} \tag{5.1.20}$$

代入式(5.1.18)的主要形态，考虑“次主项”(这里是 β 的一次项)的平衡，有

$$\beta[(\gamma-1)(\gamma-2)-6]\xi^{\gamma-3}\sim 0\quad (\xi\to 0)$$

由此得 $\gamma=-1$ 或 $\gamma=4$。$\gamma=-1$ 对应于 z_0 的任意性，$\gamma=4$ 即是所谓的“共鸣”项。若从 γ 的代数方程(这里是 $\gamma^2-3\gamma-4=0$)中求出的根 γ 不是整数，则意味着会出现代数支点，方程不是 Painlevé 型的。

第三步是考察由共振产生的方程是否相容。即将

$$w(z)\sim\xi^{-1}+a_0+a_1\xi+a_2\xi^2+a_3\xi^3+\cdots \tag{5.1.21}$$

代入方程(5.1.18)中，考察 a_3 能否取任意常数。

将式(5.1.21)代入方程(5.1.18)，比较 ξ 的同次幂系数，得到

$$a_0=0,\quad a_1=-z_0^m/6,\quad a_2=mz_0^{m-1}/4 \tag{5.1.22}$$

比较 ξ^3 的系数，有

$$0 \cdot a_3 = \frac{1}{2} m(m-1) z_0^{m-2} \tag{5.1.23}$$

由式(5.1.23)可知，当 $m=0$ 或 $m=1$ 时，a_3 取任何常数，方程都成立，说明方程是相容的。进一步可以证明，式(5.1.21)连同决定的系数 $a_0, a_1, \cdots (a_3$ 任意)确实表示方程在 $z=z_0$ 邻域中的一般解，方程(5.1.18)具有 Painlevé 性质。若 $m \neq 0, 1$，无论 a_3 怎样取，方程(5.1.23)都是矛盾方程，这时必须在展开式(5.1.21)中引入对数项

$$w(z) \sim \xi^{-1} + a_0 + a_1 \xi + a_2 \xi^2 + (a_3 \xi^3 + b_3 \xi^3 \ln \xi) + \cdots \tag{5.1.24}$$

其中，a_0，a_1 和 a_2 仍由式(5.1.22)确定。要求 a_3 为任意常数来决定 b_3，这时方程的解有对数型支点，不具有 Painlevé 性质，因此方程(5.1.18)仅在 $m=0,1$ 时才是 Painlevé 型方程。

人们自然要问，能不能将 Painlevé 性质直接用来研究偏微分方程的可积性？回答这个问题首先遇到的障碍是，偏微分方程的解至少是两个自变量的函数，其解析性质无疑比常微分方程情形复杂得多。

1981 年后，Ablowitz、Ramani 和 Segur 在研究可以用 IST 方法求解的非线性偏微分方程的相似约化时，得到现在被称为 ARS 猜测(又称 Painlevé 猜测)的断言：可以用 IST 方法求解的非线性偏微分方程，经过相似约化得到的每一个常微分方程都具有 Painlevé 性质(或经过变量变换可以化成 Painlevé 型方程)。这个猜测提供了一个判断偏微分方程是否可积的必要条件。ARS 猜测还可以理解为如果一个偏微分方程经过相似约化得到的常微分方程不是 Painlevé 型的(也不能通过变量变换变成 Painlevé 型的)，则原偏微分方程是不可积的。尽管如此，要应用 ARS 方法判定一个偏微分方程是否可积的，首先必须找到这个偏微分方程所有的相似约化，再分析所有相似约化得到常微分方程是否具有 Painlevé 性质，这是一个相当烦琐的计算过程，况且并不是所有的偏微分方程都能够通过相似约化成常微分方程。因此，ARS 方法并不是研究偏微分方程是否可积的最有效的工具。

ARS 方法的局限性迫使人们寻找直接判断一个偏微分方程是否可积的直接方法。这就要求人们用 Painlevé 的原始思想将 Painlevé 性质的定义扩展到偏微分方程领域，并且找到一个确定偏微分方程是否具有这种性质(而不是通过相似约化成常微分方程)，进而确定它们是否是可积的方法。

1983 年，Weiss、Tabor 和 Carnevale 通过推广常微分方程的 Painlevé 性质，提出了偏微分方程的 Painlevé 性质与可积性之间的联系，即直接判断偏微分方程是否具有 Painlevé 性质的方法(与判别常微分方程是否具有 Painlevé 性质的 ARS 方法类似)。他们指出，如果一个偏微分方程的解在其可移动的奇异流型(可以理解成点、线、面的概念在多维空间的推广)的一个邻域内是单值的，则称这个偏微分方程具有 Painlevé 性质。这种方法称为偏微分方程的 Painlevé 检验方法，简称 WTC 方法。在 5.2 节中，我们介绍 WTC 方法的解题原理以及用 WTC 方法判断所要讨论的偏微分方程是否具有 Painlevé 性质的过程。

5.2 WTC 算法

按照 WTC 的定义，如果一个非线性偏微分方程

$$P(u, u_t, u_x, u_{xx}, \cdots) = 0 \tag{5.2.1}$$

的解 u 具有如下的 Laurent 展开的形式

$$u = \varphi^{\alpha} \sum_{j=0}^{\infty} u_j \varphi^j \tag{5.2.2}$$

且满足：

① α 是一个负整数；

② $u_j = u_j(t, z_1, z_2, \cdots, z_n)(j=1,2,\cdots)$在流形

$$\varphi(z_1, z_2, \cdots, z_n) = 0 \tag{5.2.3}$$

的邻域内解析；

③ $u_j(j=1,2,\cdots)$满足的方程有自相容的解，则称偏微分方程(5.2.1)具有 Painlevé 性质。

WTC 算法的具体过程如下。

考虑微分方程系统

$$P(u(z), u'(z), u''(z), \cdots, u^{(m)}(z)) = 0 \tag{5.2.4}$$

其中，P 有 M 个分量 $P_1, \cdots, P_M$，非自由变量 $u(z)$有 M 个分量 $u_1(z), \cdots, u_M(z)$，自由变量 z 有 M 个分量 $z_1, \cdots, z_M$，且 $u^{(m_i)}(Z)$表示 m_i 阶混合偏导数的集合，因此这个系统的幂次是 $m = \sum_{i=1}^{M} m_i$。如果系统含有任意含参数的系数(常数或者 z 的任意解析函数)，那么可以设它们是非零的。

一般地，几个复变量的函数是不会有孤立奇点的。例如，$f(z)=1/z$ 在 $z=0$ 有一个孤立奇点，但是两个复变量的函数 $w=u+\mathrm{i}v$，$z=x+\mathrm{i}y$，

$$f(w, z) = 1/z \tag{5.2.5}$$

在这些变量的四维空间中有一个二维奇异分支，称为点$(u, v, 0, 0)$。因此，我们定义 N 个复变量$(z_1, z_2, \cdots, z_N)$的函数的支点，在其邻域内这个函数可以写成如下形式

$$f(Z) = \frac{\psi(Z)}{\varphi(Z)} \tag{5.2.6}$$

其中，ψ 和 φ 在包含$(z_1, z_2, \cdots, z_N)$在内的区域上是解析的，且

$$\varphi(z_1, z_2, \cdots, z_N) = 0, \quad \psi(z_1, z_2, \cdots, z_N) \neq 0 \tag{5.2.7}$$

因此，WTC 方法考虑流形

$$\varphi(Z) = 0 \tag{5.2.8}$$

的邻域内的解奇异结构，其中 $\varphi(Z)$在该流形的一个邻域内是 $Z=(z_1, z_2, \cdots, z_N)$的解析函数。特别地，如果奇异流形由式(5.5.8)定义且 $U(Z)$是 PDE 的一个解，那么我们设有一个罗朗级数解

$$u_i(Z) = \varphi^{\alpha_i}(Z) \sum_{k=0}^{\infty} u_{i,k}(Z) \varphi^{k_i}(Z), \quad i = 1, 2, \cdots, M \tag{5.2.9}$$

其中，$u_{i,k}(Z)$是 Z 的解析函数，在这个流形的邻域内 $u_{i,0}(Z) \neq 0$ 且 α_i 是积分常数(至少有一个 $\alpha_i < 0$)。

将式(5.2.9)代入式(5.2.4)，方程 $\varphi(Z)$各幂次的系数决定了可能的 α_i 和 $u_{i,k}(Z)$的递归关系。这个递归关系具有如下形式：

$$\boldsymbol{Q}_k \boldsymbol{U}_k = \boldsymbol{G}_k(U_0, U_1, \cdots, U_{k-1}, \varphi, Z) \tag{5.2.10}$$

其中，$\boldsymbol{Q}_k$ 是 M 阶方阵，$\boldsymbol{U}_k = (u_{1,k}, u_{2,k}, \cdots, u_{M,k})$。

若式(5.2.4)具有 Painlevé 性质，则级数(5.2.9)应有 $m-1$ 个满足 Cauchy-Kowalevski 定

理($\varphi(Z)$是 m 维的任意函数)的任意函数且分别对应着原方程的通解。当 k 是 $\det(Q_k)=0$ 的一个根时，$m-1$ 维任意函数 $u_{i,k}(Z)$出现。根 $r_1\leqslant r_2\leqslant\cdots\leqslant r_m$ 被称为共鸣。共鸣等于 Darbux 辅助方程的 Fuchs 指数。

Painlve 检验包括以下三步。

第一步，主项平衡。

将
$$u_i(Z)=C_i\varphi^{\alpha_i}(Z),\quad i=1,2,\cdots,M \tag{5.2.11}$$
其中,C_i 是常数，代入式(5.2.4),可以确定主项的指数 $\alpha_i\in\mathbf{Z}$(其中必有一个负整数)。在得到的多项式系统中，让每一个方程中任意两个可能的 $\varphi(Z)$的最低幂次相等得到一个关于 α_i 的线性系统。由该系统可以求解 α_i。

在求得 α_i 之后，将
$$u_i(Z)=u_{i,0}(Z)\varphi^{\alpha_i}(Z),\quad i=1,2,\cdots,M \tag{5.2.12}$$
代入式(5.2.4),接着求解由主项平衡得到的 $u_{i,0}(Z)$的非线性方程,其中主项是指 $\varphi(Z)$的最低幂次项。

如果任意一个 α_i 都不是整数，所有的 α_i 都是正数，或者任意一个 $u_{i,0}(Z)\equiv0$，那么终止运算。

第二步，确定共振项。

对于每一对儿 α_i 和 $u_{i,0}(Z)$，我们计算出式(5.2.9)中使得 $u_{i,r_j}(Z)$是任意函数的整数 $r_1\leqslant r_2\leqslant\cdots\leqslant r_m$。首先将
$$u_i(Z)=u_{i,0}(Z)\varphi^{\alpha_i}(Z)+u_{i,r}(Z)\varphi^{\alpha_i+r}(Z) \tag{5.2.13}$$
代入式(5.2.4)。仅保留 $\varphi(Z)$的最低幂次项，要求 $u_{i,r}(Z)$的系数等于 0。可以通过 $\det(Q_r)=0$ 求得 r，其中 M 阶方阵 $\boldsymbol{Q}_r$ 满足
$$Q_rU_r=0,\qquad U_r=(u_{1,r},u_{2,r},\cdots,u_{M,r})^{\mathrm{T}} \tag{5.2.14}$$
如果任意一个共振不是整数，那么式(5.2.4)的解有一个流动的代数支点，计算终止。如果 $r_m\notin\mathbf{Z}^+$，那么运算终止。如果 $r_{m-s+1}=\cdots=r_m=0$ 且第一步中满足 $u_{i,0}(Z)$的 s 是任意的，那么式(5.2.4)具有 Painlevé 性质。如果式(5.2.4)含参数，那么 $r_1\leqslant r_2\leqslant\cdots\leqslant r_m$ 的值可能与参数有关，并且可能会得到系数的约束条件。

总会一个共振项为-1，它对应着 $\varphi(Z)$的任意性，通常称之为普遍共振项。如果有其他不是-1 的负的共振项，那么这个级数解不是通解，需要进一步分析式(5.2.14)是否具有 Painlevé 性质。

第三步，确定任意函数并检查相容性。

要使这个系统具有 Painlevé 性质，$u_{i,r}(Z)$的任意性必须被证明具有高度的共鸣。将
$$u_i(Z)=\varphi^{\alpha_i}(Z)\sum_{k=0}^{r_m}u_{i,k}(Z)\varphi^k(Z) \tag{5.2.15}$$
代入式(5.2.4)，其中,r_m 为共振中最大的正整数。

要使式(5.2.4)具有 Painlevé 性质，$(M+1)\times M$ 增广矩阵$(\boldsymbol{Q}_k\,|\,\boldsymbol{G}_k)$必须满足，当 $k\neq r$ 时，它的秩为 r；当 $k=r$ 时，它的秩为 $M-s$，其中 s 是 $\det(Q_r)=0$ 中 r 的重数，$1\leqslant k\leqslant r_m$，且 Q_k 和 G_k 满足式(5.2.10)。如果增广矩阵的秩满足上述条件，那么求解 $u_{1,k}(Z)$，$u_{2,k}(Z)$，…，$u_{M,k}(Z)$的线性系统(5.2.10)并在 $k+1$ 时将这一结果利用到该线性系统。

如果线性系统(5.2.10)无解，那么式(5.2.4)的解有一个可移动的代数支点，终止运

算。通常当式(5.2.4)含参数时，需要根据 Q_k 和 $(Q_k \mid G_k)$ 秩的不同选择合适的参数求解它。

如果算法没有终止，那么式(5.2.4)的解没有代数支点和对数支点，即式(5.2.4)具有 Painlevé 性质。但是需要确定这些解是否也没有本性奇点，在实际当中我们却很少去验证。

如果通过上述过程，证明一个非线性偏微分方程具有 Painlevé 性质，我们也说这个方程通过了 Painlevé 检验，因此 WTC 方法又常称为偏微分方程的 Painlevé 检验。下面是用 WTC 方法进行 Painlevé 检验的实例。

例 5.2.1 讨论 Burgers 方程是否具有 Painlevé 性质。

在第 1 章中我们已经讨论过 Burgers 方程

$$u_t = uu_x + u_{xx} \tag{5.2.16}$$

它常常被称为是最简单的非线性偏微分方程。我们现在来验证式(5.2.16)是否具有 Laurent 级数

$$u(x,t) = \varphi^{-\alpha}(x,t)\sum_{j=0}^{\infty} u_j(x,t)\varphi^j(x,t) \quad (\alpha > 0) \tag{5.2.17}$$

形式的解。

首先进行主项分析，令

$$u(x,t) \sim u_0(x,t)\varphi^{-\alpha} \tag{5.2.18}$$

有

$$u_x(x,t) \sim -\alpha u_0(x,t)\varphi^{-\alpha-1}\varphi_x$$

$$u_{xx}(x,t) \sim -\alpha(-\alpha-1)u_0(x,t)\varphi^{-\alpha-2}\varphi_x^2$$

由主项—最高阶导数项“u_{xx}”和最高阶非线性项“uu_x”的平衡，得到

$$-2u_0^2\varphi_x\varphi^{-2\alpha-1} - \alpha(-\alpha-1)u_0\varphi_x^2\varphi^{-\alpha-2} = 0$$

由指数平衡，有

$$-2\alpha - 1 = -\alpha - 2$$

解得

$$\alpha = 1 \tag{5.2.19}$$

及

$$u_0 = \varphi_x$$

将式(5.2.19)代入式(5.2.17)，得到

$$u = u_0\varphi^{-1} + u_1 + u_2\varphi + \cdots + u_{j-2}\varphi^{j-3} + u_{j-1}\varphi^{j-2} + u_j\varphi^{j-1}\cdots \tag{5.2.20}$$

将式(5.2.20)代入式(5.2.16)，比较最低幂次项 φ^{j-3} 的系数，得到

$$(j+1)(j-2)\varphi_x^2 u_j = 2u_1 u_{j-2,x} + 2u_{1,x}u_{j-2} + 2u_2 u_{j-2}\varphi_x - 4u_2 u_{j-2}\varphi_x + u_{j-2,xx} - u_{j-2,t} \tag{5.2.21}$$

当 $j=-1, j=2$ 时，u_j 无法确定，将 $j=2$ 称为共振，$j=-1$ 对应 φ 的任意性，也可以将式(5.2.21)写成

$$(j+1)(j-2)\varphi_x^2 u_j = F[u_{j-1}, u_{j-2}, \cdots u_2, u_1, \varphi_x, \cdots] \tag{5.2.22}$$

的形式，当 $j=2$ 时，方程(5.2.22)的左端为零，若右端为零，则称方程是相容的，对应 u_2 的任意性，因为式(5.2.16)为二阶方程，它的解在奇异流形 $\varphi=0$ 的领域里有罗朗展开式(5.2.17)，则方程具有 Painlevé 性质，式(5.2.22)称为相容条件。若右端不为零，则 u_2 取任

意函数时式(5.2.22)为矛盾等式,我们不得不引入 $\lambda\varphi^j\ln\varphi_j$ 之类的项,这会导致多值的 φ 级数,这时方程不具有 Painlevé 性质。

现在将式(5.2.17)代入 Burgers 方程(5.2.16)中,比较 φ 的各次幂系数,依次有

① $j=0$,φ^{-3}的系数:

$$-2u_0{}^2\varphi_x+2u_0\varphi_x{}^2=0$$

由此可以解得

$$u_0=\varphi_x \tag{5.2.23}$$

这与主项平衡时得到的结果相同。

② $j=1$,φ^{-2}的系数:

$$-u_0\varphi_t=2u_0u_{0x}-2u_1u_0\varphi_x-2u_{xx}\varphi_x-u_0\varphi_{xx}$$

即

$$\varphi_t=\varphi_{xx}+2u_1\varphi_x \tag{5.2.24}$$

由此关系得到

$$u_1=\frac{\varphi_t-\varphi_{xx}}{2\varphi_x} \tag{5.2.25}$$

③ $j=2$,φ^{-1}的系数:

$$u_{0t}=2u_0u_{1x}+2u_1u_{0\ x}+u_{0\ xx}$$

考虑式(5.2.23),有

$$\varphi_{xt}=\varphi_{xxx}+2\ (u_1u_0)_x \tag{5.2.26}$$

可见这就是式(5.2.24)对 x 的微分所得到的结果,即相容条件满足,Burgers 方程具有 Painlevé 性质。

④ $j=3$,φ^0 的系数:

$$u_{1t}+u_2\varphi_t=u_2\varphi_{xx}+2u_2u_1\varphi_x+2u_0u_3\varphi_x+2u_{2x}\varphi_x+$$
$$2u_3\varphi_x{}^2+2u_1u_{1\ x}+2u_2u_{0x}+2u_0u_{2\ x}+u_{1xx}$$

即

$$4u_3\varphi_x{}^2=u_{tt}-u_2\varphi_t-2[u_0u_{2\ x}+u_1(u_{1x}+u_2\varphi_x)+u_2u_{0\ x}-2u_{2x}\varphi_x-u_2\varphi_{xx}-u_{1xx}]$$

当 u_2 为任意函数时,u_3 也为任意函数。

若取 $u_2=0$,则 $u_3=0$,同理可以证明 $u_j=0$,$(j\geqslant 2)$,而

$$u_{1t}=2u_1u_{1x}+u_{1xx} \tag{5.2.27}$$

即 u_1 满足 Burgers 方程,这时式(5.2.17)退化为

$$u=\frac{\varphi_x}{\varphi}+u_1 \tag{5.2.28}$$

式(5.2.28)和式(5.2.27)称为 Burgers 方程的 Bäcklund 变换。

若取 $u_1=0$(平凡解),从式(5.2.28)得到

$$u=\frac{\varphi_x}{\varphi} \tag{5.2.29}$$

式(5.2.29)就是 Cole-Hopf 变换,它将 Burgers 方程化成线性方程

$$\varphi_t=\varphi_{xx}$$

例 5.2.2 讨论 KdV 方程的 Painlevé 性质。

KdV 方程

$$u_t + uu_x + \sigma u_{xxx} = 0 \tag{5.2.30}$$

是我们曾经讨论多次的，非常重要的一类非线性偏微分方程。

首先进行主项平衡，令

$$u(x,t) \sim u_0 \varphi^{-\alpha} \tag{5.2.31}$$

代入主项 uu_x, u_{xxx}，得到

$$\alpha = 2, \quad u_0 = -12\sigma\varphi_x^2$$

将 $\alpha=2$ 代入式(5.2.17)中，有

$$u(x,t) = \varphi^{-2}(x,t)\sum_{j=0}^{8} u_j(x,t)\varphi^j(x,t) = u_0(x,t)\varphi^{-2}(x,t) + u_1(x,t)\varphi^{-1}(x,t) + u_2(x,t) +$$
$$u_3(x,t)\varphi(x,t) + u_4(x,t)\varphi^2(x,t) + \cdots + u_{j-2}(x,t)\varphi^{j-4}(x,t) + \cdots + u_j(x,t)\varphi^{j-2}(x,t) \tag{5.2.32}$$

然后将式(5.2.32)代入方程(5.2.30)，比较最低项 $\varphi^{j-5}(\varphi^{j-\alpha-n})$ 的系数，有

$$(j^3 - 9j^2 + 14j + 24)\sigma\varphi_x^3 u_j = F(u_{j-1}, u_{j-2}, \cdots u_0, \varphi_x, \cdots)$$

即

$$(j+1)(j-4)(j-6)\sigma\varphi_x^3 u_j = F(u_{j-1}, u_{j-2}, \cdots u_0, \varphi_x, \cdots)$$

$j=-1$，对应 φ 的任意性；$j=4,6$ 为共振项。

$j=0$，φ^{-5} 的系数：

$$-2u_0^2\varphi_x - 24\sigma u_0\varphi_x^3 = 0$$

由此可以解出

$$u_0 = -12\sigma\varphi_x^2$$

$j=1$，φ^{-4} 的系数：

$$u_1 = 12\sigma\varphi_{xx}$$

$j=2$，φ^{-3} 的系数：

$$\varphi_x\varphi_t + 4\varphi_x\varphi_{xxx} - 3\varphi_{xx}{}^2 + \sigma\varphi_x^2 u_2 = 0$$

$j=3$，φ^{-2} 的系数：

$$\varphi_{xt} + 6\varphi_{xx}u_2 - 2\varphi_x^2 u_3 + \sigma\varphi_{xxxx} = 0 \tag{5.2.33}$$

$j=4$，φ^{-1} 的系数：

$$\varphi_{xxx}u_2 + \varphi_{xx}u_{2x} - 2\varphi_x u_3\varphi_{xx} - \varphi_x^2 u_3 + \varphi_{xxt} + \sigma\varphi_{xxxx} = 0 \tag{5.2.34}$$

即

$$\frac{\partial}{\partial x}(\varphi_{xt} + \sigma\varphi_{xx}u_2 - 2\varphi_x^2 u_3 + \sigma\varphi_{xxxx}) = 0$$

亦即在式(5.2.33)得到满足的条件下，式(5.2.34)成立，即满足相容条件，$j=6$ 时，相容条件也成立，所以 KdV 方程具有 Painlevé 性质。即 KdV 方程具有形如式(5.2.17)的 Laurent 级数解，其中 u_j 满足递推公式：

$$(j+1)(j-4)(j-6)\sigma\varphi_x^3 u_j = u_0 u_{j-1,x} + u_1[u_{j-1}\varphi_x(j-4) + u_{j-2,x}] + u_2 u_{j-2}\varphi_x(j-4) +$$
$$u_{j-1}[6\varphi_{xx}\varphi_x(3j^2 - 21j + 36) + u_{0x}] + u_{j-2}[6j\varphi_{xx} - 4\varphi_{xx} + \varphi_{tj} - 4\varphi_t + u_{j-2,xx}\varphi_x\sigma(3j-12) +$$
$$u_{j-2,x}\varphi_x] + u_{j-1,x}\varphi_x^2\sigma(3j^2 - 21j + 36)$$

并且已经求出

$$u_0=-12\sigma\varphi_x^2$$

$$u_1=12\sigma\varphi_{xx}$$

$$\varphi_x\varphi_t+\varphi_x^2u_2+4\sigma\varphi_x\varphi_{xxx}-3\sigma\varphi_{xx}^2=0$$

等等，由于 u_4，u_6 的任意性，我们设 $u_4=u_6=0$。如果进一步假设 $u_3=0$。由递推公式可得

$$u_j=0,\quad j\geqslant 3$$

由上述分析，我们可以得到如下结论：

（ⅰ）$u_j=0,\quad j\geqslant 3$

（ⅱ）$u_0=-12\sigma\varphi_x^2,\quad u_1=12\sigma\varphi_{xx}$

（ⅲ）$\varphi_x\varphi_t+\varphi_x^2u_2+4\sigma\varphi_x\varphi_{xxx}-3\sigma\varphi_{xx}^2=0$ 且 u_2 满足原 KdV 方程：

$$u_{2t}+u_2u_{2x}+\sigma u_{2xxx}=0$$

（ⅳ）$\varphi_{xt}+\varphi_{xx}u_2+\sigma\varphi_{xxx}=0$

（ⅴ）$u=12\sigma\dfrac{\varphi_x^2}{\varphi^2}+12\sigma\dfrac{\varphi_{xx}}{\varphi}+u_2$

这些关系实际表明 KdV 方程的两个解之间的联系，即得到了 KdV 方程的一个 Bäcklund 变换。

应用 WTC 方法，人们证明了一大批具有孤立子解的非线性偏微分方程具有 Painlevé 性质，或称是 Painlevé 可积的。这些方程包括非线性 Schrödinger 方程、Boussinesq 方程和 KP 方程等，这里就不一一说明了。

1984 年，Kruskal 等人对 WTC 方法进行了简化，将奇异流形上的函数假设为其中一个变量的线性关系，从而大大简化了计算的复杂性。即假设非本征奇异流形为

$$\varphi(x,t)=x+\psi(t)=0 \tag{5.2.35}$$

其中，$\psi(t)$是任意解析函数。然后寻找偏微分方程下列形式的解

$$u(x,t)=\varphi^{\alpha}(x,t)\sum_{j=0}^{\infty}u_j(t)\varphi^j(x,t) \tag{5.2.36}$$

其中，$u_j(t)(j=0,1,2,\cdots)$，$u_0\neq 0$ 是奇异流形(5.2.35)的邻域内关于 t 的解析函数。下面我们讨论一下 Painlevé 分析方法在变系数非线性偏微分方程中的应用。

例 5.2.3 广义变系数 KP 方程的 Painlevé 分析和可积性讨论

KP 方程

$$(u_t+uu_x+u_{xxx})_x+3\sigma^2u_{yy}=0\quad(\sigma^2=\pm 1) \tag{5.2.37}$$

是第一个用反散射法求解的 2+1 维方程。它的更一般的形式是

$$(u_t+uu_x+u_{xxx})_x+a(y,t)u_x+b(y,t)u_y+c(y,t)u_{yy}+d(y,t)u_{xy}+e(y,t)u_{xx}=0 \tag{5.2.38}$$

（其中 $a(y,t)$，$b(y,t)$，$c(y,t)$，$d(y,t)$和 $e(y,t)$为解析且多次可微的函数）是更接近于实际的模型，在深度和宽度都变化的运河中的水波就有和式(5.2.38)相似的模型。下面我们来讨论，在系数满足什么条件时，式(5.2.38)具有 Painlevé 性质。

首先令

$$u(x,y,t)=\varphi^p\sum_{j=0}^{\infty}u_j(y,t)\varphi^j \tag{5.2.39}$$

其中，

$$\varphi(x,y,t)=x+\varphi(y,t) \tag{5.2.40}$$

φ 为 y,t 的任意函数，$u_j(y,t)$为 y,t 的解析函数，由主项分析得

$$p=-2,\quad u_0=-12 \tag{5.2.41}$$

$u_j(j=1,2,\cdots)$之间的递推公式为

$$\begin{aligned}(j+1)(j-4)(j-5)(j-6)u_j =&-\{\frac{1}{2}(j-4)(j-5)\sum_{k=1}^{j-1}u_k u_{j-k}+\\&(j-4)(j-5)u_{j-2}(\varphi_t+c\varphi_y^2+d\varphi_y+e)+\\&(j-5)u_{j-3}(a+b\varphi_y+c\varphi_{yy})+\\&(j-5)[u_{j-3,t}+(2c+\varphi_y+d)u_{j-3,y}]+bu_{j-4,y}+cu_{j-4,yy}\}\end{aligned} \tag{5.2.42}$$

$j=-1$ ，对应 φ 的任意性，$j=4,5,6$ 为共振项 ，比较 φ 的各次幂系数得

$$u_1=0 \tag{5.2.43a}$$

$$u_2=-(\varphi_t+c\varphi_y^2+d\varphi_y+e) \tag{5.2.43b}$$

$$u_3=a+b\varphi_y+c\varphi_{yy} \tag{5.2.43c}$$

$j=4,5$ 时，协调条件得到满足，$j=6$ 时的协调条件变为

$$\begin{aligned}&2(u_1u_5+2u_2u_4+u_3^2)+2u_4(\varphi_t+c\varphi_y^2+d\varphi_y+e)+u_3(a+b\varphi_y+c\varphi_{yy})+\\&[u_{3,t}+(2c\varphi_y+d)u_{3,y}]+bu_{2,y}+cu_{2,yy}=0\end{aligned} \tag{5.2.44}$$

将式(5.2.43)代入式(5.2.44)，并取 $u_4=u_5=0$，得到

$$\begin{aligned}&(a_t+2a^2+da_y-be_y-ce_{yy})+(b_t+4ab-bd_y-cd_{yy}+2ca_y+db_y)\varphi_y+(c_t+\\&4ac-2cd_y+dc_y)\varphi_{yy}+(2b^2-bc_y-cc_{yy}+2cb_y)\varphi_y{}^2+2c(2b-c_y)\varphi_y\varphi_{yy}=0\end{aligned} \tag{5.2.45}$$

因为 φ 为任意函数，要使式(5.2.45)成立，φ 的导数的系数应该为零，即有

$$a_t+2a^2+da_y-be_y-ce_{yy}=0 \tag{5.2.46a}$$

$$b_t+4ab-bd_y-cd_{yy}+2ca_y+db_y=0 \tag{5.2.46b}$$

$$c_t+4ac-2cd_y+dc_y=0 \tag{5.2.46c}$$

$$2b^2-bc_y-cc_{yy}+2cb_y=0 \tag{5.2.46d}$$

$$2c(2b-c_y)=0 \tag{5.2.46e}$$

由式(5.2.46e)得

$$c=0\ 或\ b=\frac{c_y}{2}$$

情形 1 当 $c=0$ 时，由式(5.2.46d)得 $b=0$，这时式(5.2.46b)、式(5.2.46c)自动满足，而式(5.2.45)简化为

$$a_t+2a^2+da_y=0 \tag{5.2.47}$$

如果进一步假设 $d=0$，$e=0$(下面的讨论说明这是不失一般性的结果)，因为 y 在式(5.2.38)中是作为系数出现的，因此可以假设 a 与 y 无关，这时式(5.2.47)成为

$$a_t+2a^2=0 \tag{5.2.48a}$$

这个方程有两个解

$$a_1(t)=0,\quad a_2(t)=\frac{1}{2}(t+t_0)^{-1} \tag{5.2.48b}$$

其中，t_0 为积分常数，可以取为零，这时式(5.2.38)退化为 KdV 方程

$$u_t+uu_x+u_{xxx}=0$$

或柱 KdV 方程

$$u_t+uu_x+u_{xxx}+\frac{1}{2t}u=0$$

已经证明这两个方程都可以用反散射方法求解，当然也具有 Painlevé 性质。

情形 2 当 $b=\frac{1}{2}c_y$ 时，式(5.2.46d)自动满足，式(5.2.46b)为式(5.2.46c)对 y 的一阶偏导数，要求 a,c,d,e 满足式(5.2.46a)、式(5.2.46c) 两式：

$$a_t+2a^2+da_y-\frac{1}{2}c_ye_y-ce_{yy}=0 \tag{5.2.49a}$$

$$c_t+4ac-2cd_y+dc_y=0 \tag{5.2.49b}$$

若取 a,c 任意，则 d,e 可由 a,c 表示，式(5.2.49)就成为广义的 KP 方程具有 Painlevé 性质的必要条件。

可以验证，球 KP 方程

$$(u_t+uu_x+u_{xxx})_x+\frac{1}{2t}u_x+\frac{2\sigma^2}{t^2}u_{yy}=0$$

和广义 KP 方程

$$(u_t+uu_x+u_{xxx})_x+\frac{1}{2t}u_x+\frac{\alpha^2}{4t^2}u_{yy}+f(t)u_{xy}+(yg(t)+h(t))u_{xx}=0$$

都具有 Painlevé 性质，它们都满足式(5.2.49)。

例 5.2.4 描述顺流方向可变剪切流动的一类变系数 Boussinesq 方程的 Painlevé 分析。

在研究顺流方向上存在可变剪切流动的超临界和次临界区弱非线性动力学时，Hodyss 和 Nathan 介绍了一类变系数 Boussinesq 方程

$$u_{tt}+\{\alpha u_{xxx}+[\beta+f(x)]u_x+\omega uu_x+g(x)u\}_x=0 \tag{5.2.50}$$

其中，α, β 和 ω 是常数；系数 $f(x)$ 和 $g(x)$ 是顺流方向上变化剪切流动引起的新的函数。当顺流方向上的剪切流没有变化($f(x)=0$，$g(x)=0$)时，方程(5.2.50)便退化成了经典的 Boussinesq 方程。

下面我们对方程(5.2.50)进行 Painlevé 检验。

(1) 主项分析

将 $u\propto u_0\varphi^\alpha$ 代入方程(5.2.50)，由主项平衡，即平衡最高阶导数项 u_{xxxx} 和最高阶非线性项 $(uu_x)_x$ 中 φ 的最低次幂，得到 $\alpha=2$，$u_{01}=0$ 和 $u_{02}=-\frac{12\alpha\varphi_x^2}{\omega}$，其中 $\{\bullet\}_x$ 表示 $\frac{\partial}{\partial x}$。取 $u_0=u_{02}=-\frac{12\alpha\varphi_x^2}{\omega}$，进行下一步。

(2) 确定共振项

这一步是依据取定的 α 和 $u_0(x,t)$ 计算称为共振项的非负整数指数 r。令 $u\propto u_0\varphi^{-2}+u_r\varphi^{-2+r}$，并代入方程(5.2.50)，只考虑主导项 $\alpha u_{xxxx}+\omega(uu_x)_x$，得到

$$(r+1)(r-4)(r-50(r-6)u_r=F(u_0,u_1,\cdots,u_{r-1},\varphi_t,\varphi_x,\cdots) \tag{5.2.51}$$

由方程(5.4.15)可得当 $r=-1,4,5,6$ 时 u_r 的系数为零，若上式右端也为零，则 u_r 可以是

任意函数。这里 $r=-1$ 对应于 $\varphi(x,t)$ 的任意性，$r=4,5,6$ 时 u_r 称为共振项。

(3) 确定任意函数并检查相容性

将截断 Laurent 级数

$$u(x,t)=\sum_{j=0}^{\infty}u_j(x,t)\varphi(x,t)^{(-2+j)} \tag{5.2.52}$$

($r_{\max}$表示最大共振项,在该问题中 $r_{\max}=6$)代入式(5.2.50)，对于非共振项的 j，u_j 应该可以确定；对于共振项，u_j 是任意的，我们将得到非线性偏微分方程(5.2.50)具有 Painlevé 性质所要满足的相容条件。将式(5.2.52)代入方程(5.2.50)，比较 φ 的各次幂系数，我们有

$$j=0\quad 120\alpha u_0\varphi_x^4+10\omega u_0^2\varphi_x^2=0\,,\quad u_0=-\frac{12\alpha\varphi_x^2}{\omega} \tag{5.2.53}$$

$$j=1\quad 12\omega u_0\varphi_x^2u_1-96\alpha u_{0x}\varphi_x^3-8\omega u_{0x}\varphi_x-144\alpha u_0\varphi_x^2\varphi_{xx}-2\omega u_0^2\varphi_{xx}+24\alpha u_1\varphi_x^4=0,$$

$$u_1=-\frac{12\alpha\varphi_{xx}}{\omega} \tag{5.2.54}$$

$$\begin{aligned}j=2\quad &6\beta u_0\varphi_x^2+72\alpha u_{0x}\varphi_x\varphi_{xx}+24\alpha u_0\varphi_x\varphi_{xxx}+\omega u_{0x}^2+6\omega u_2u_0\varphi_x^2-3\omega u_0u_1\varphi_{xx}+\\&6u_0\varphi_t^2-36\alpha u_1\varphi_x^2\varphi_{zz}+\omega u_0u_{0xx}-6\omega u_{0x}u_1\varphi_x+36\alpha u_{0xx}\varphi_x-24\alpha u_{1x}\varphi_x^3+\\&3\omega u_1^2\varphi_x^2+6f(x)u_0\varphi_x^2+18\alpha u_0\varphi_{xx}^2-6\omega u_0\varphi_xu_{1x}=0\\&u_2=\frac{-\beta\varphi_x^2-3\alpha\varphi_{xx}^2+4\alpha\varphi_x\varphi_{xxx}+\varphi_t^2+f(x)\varphi_x^2}{\omega\varphi_x^2}\end{aligned} \tag{5.2.55}$$

$$\begin{aligned}j=3\quad &2u_1\varphi_t^2-4u_{0t}\varphi_t-2u_0\varphi_{tt}+2\omega u_0\varphi_x^2u_3-4\omega u_2u_{0x}\varphi_x-4\omega u_{1x}u_1\varphi_x-\\&4\omega u_0\varphi_xu_{2x}+2\omega u_2u_1\varphi_x^2-2\omega u_2u_0\varphi_{xx}+24\alpha u_{1x}\varphi_x\varphi_{xx}+8\alpha u_1\varphi_x\varphi_{xxx}-\\&\omega u_1^2\varphi_{xx}+\omega u_1u_{0xx}+\omega u_0u_{1xx}-2g(x)u\varphi_x+2\beta u_1\varphi_x^2-4f(x)u_{0x}\varphi_x-\\&2f'(x)u_0\varphi_x-4\beta u_{0x}\varphi_x+2\omega u_{0x}u_{1x}-2f(x)u_1\varphi_x^2+12\alpha u_{1xx}\varphi_x^2-\\&8\alpha u_{0xx}\varphi_x-12\alpha u_{0xx}\varphi_{xx}-8\alpha u_{0x}\varphi_{xxx}-2\alpha u_0\varphi_{xxxx}+6\alpha u_1\varphi_{zz}^2-\\&2f(x)u_0\varphi_{xx}-2\beta u_0\varphi_{xx}=0\\&u_3=\frac{1}{\varphi_x^4\omega}[-\varphi_{xx}\varphi_t^2+\varphi_x^2\varphi_{tt}+3\alpha\varphi_{xx}^3-4\alpha\varphi_x\varphi_{xx}\varphi_{xxx}+g(x)\varphi_x^3-f'(x)\varphi_x^3+\alpha\varphi_x^2\varphi_{xxx}]\end{aligned} \tag{5.2.56}$$

$$j=4\quad -\frac{12\alpha\varphi_x^2[f''(x)-g'(x)]}{\omega}=0 \tag{5.2.57}$$

这里方程(5.2.57)是相容条件，因为 $j=4$ 是一个共振项. 由方程(5.2.57)，我们得到方程(5.2.50)的变系数 $f(x)$ 和 $g(x)$ 应该满足

$$g'(x)=f''(x),\quad g(x)=f'(x) \tag{5.2.58}$$

$$j=5\quad \frac{12\alpha}{\omega}[-g'(x)\varphi_{xx}+f''(x)\varphi_{xx}-g''(x)\varphi_x+f'''(x)\varphi_x]=0 \tag{5.2.59}$$

注意到方程(5.2.58)、方程(5.2.59)自动满足。

$$j=6\quad -\frac{1}{\omega}[f'(x)^2+\alpha f^{(4)}(x)+f(x)f''(x)+\beta f''(x)]=0 \tag{5.2.60}$$

将方程(5.2.60)积分两次，得到 $f(x)$ 满足

$$\alpha f''(x)+\frac{1}{2}f^2(x)+\beta f(x)=0 \tag{5.2.61}$$

这是一个椭圆方程,其解是

$$f(x)=\begin{cases}-\dfrac{a_2}{a_3}\mathrm{sech}^2\left[\dfrac{\sqrt{a_2}}{2}(x-x_0)\right] & a_2>0,\quad a_3f(x)<0\\ \dfrac{a_2}{a_3}\mathrm{csch}^2\left[\dfrac{\sqrt{a_2}}{2}(x-x_0)\right] & a_2>0,\quad a_3f(x)>0\\ -\dfrac{a_2}{a_3}\sec^2\left[\dfrac{\sqrt{-a_2}}{2}(x-x_0)\right] & a_2<0\end{cases} \tag{5.2.62}$$

其中,$a_2=-\dfrac{\beta}{\alpha}$，$a_3=-\dfrac{1}{3\alpha}$,$x_0$ 是积分常数。因此，当变系数 $f(x)$ 满足式(5.2.61)(或式(5.2.62))，且 $g(x)$ 满足方程(5.2.58)时，变系数 Boussinesq 方程(5.2.50)具有 Painlevé 性质，即满足了完全可积的必要条件。

在满足约束条件(5.2.58)和条件(5.4.61)时，相应地也可以得到变系数 Boussinesq 方程(5.2.50) 的 Bäcklund 变换

$$u=\frac{\partial^2}{\partial x^2}(\ln\varphi)+u_2$$

其中,u_2 是变系数 Boussinesq 方程(5.2.50)的解，φ 满足约束条件：

$$-\varphi_{xx}\varphi_t^2+\varphi_x^2\varphi_{tt}+3\alpha\varphi_{xx}^3-4\alpha\varphi_x\varphi_{xx}\varphi_{xxx}+\alpha\varphi_x^2\varphi_{xxx}=0$$

5.3 相似变换与相似解

5.3.1 引言

在 5.1 节中,我们给出过 ARS 猜测,或称 Painlevé 猜测的断言:可以用 IST 方法求解的非线性偏微分方程,经过相似约化得到的每一个常微分方程都具有 Painlevé 性质,或经过变量变换可以化成 Painlevé 型方程.下面我们就来讨论相似约化。

19 世纪末,挪威数学家 S. M. Lie 在 Galois 和 Abel 关于代数方程和置换群结果的启发下,引进了 Lie 群(不变群或对称群)的概念。1881 年，S. M. Lie 证明了一个微分方程如果在单参数群的变换下不变,则其阶数可减少一阶。之后他又考察了偏微分方程，建立了一维热传导方程的局部变换群，开创了 Lie 群在偏微分方程中应用的先河。经典 Lie 群是求偏微分方程相似解的有效方法，然而这种方法需要进行大量而又复杂的代数运算。

1905 年，Poincaré 发现 Lorentz 变换可以构成 Maxwell 方程的对称群，使人们开始重视 Lie 群理论。1909 年，Bateman、Cunningham 和 Carmichael 推广了 Poincaré 的结论，用对称群理论求得了波动方程的精确解。1918 年，对称理论中著名的 Noether 定理的提出，进一步引起了人们对 Lie 对称理论的注意。但是由于受计算复杂性和研究手段等历史条件的限制，对称群在偏微分方程上的应用一直没有很大的发展。直至 20 世纪 50 年代，对称群理论应用才进入了一个新的发展时期。

1950 年,G . Birkhof 把对称群应用到了流体力学方程上，之后 E. Cartan 推动了对称群在理论上的发展。20 世纪 50 年代，Ovsiannikov 和其合作者成功地把对称群应用于求解数

学物理方程，并获得了引人瞩目的成果。20 世纪 70 年代开始，由于计算机的普及和符号运算的初步应用，对称群在偏微分方程中的应用进入了快速发展阶段。相继出现了对称群理论和应用方面的专著，得到了大量数学物理方程的对称性。

求解微分方程的 Lie 变换群方法，通常称为经典（或古典）无穷小变换方法。这种方法的思想和原理在数学物理的研究中扮演着非常重要的角色。在一定的变换下，可以使用微分方程的某些对称去构造或寻找其精确解。因此 Lie 对称的分析方法提供了获得微分方程的精确解或相似解的一种系统和精确的途径。此外，通过 Lie 对称技巧获得的群不变解可以对物理模型本身进行深刻的解释，同时这些精确解也可用于检验数值计算结果的正确性和精确度。

1969 年，Blumman 和 Cole 推广了 Lie 群方法，提出了非经典 Lie 群方法，即非经典无穷小变换（或称约化）方法。与经典无穷小约化相比，非经典无穷小约化的计算量更大、计算过程更复杂，但由于它们在寻求使方程形式不变的变换群时的差异使得非经典无穷小约化方法有可能求出不同于用经典无穷小约化方法得到的新的不变变换和相似解，这使得非经典相似约化方法得到更为广泛的应用和发展。

1989 年，Peter A. Clarkson 与 Martin D. Kruskal 首次用一种直接变换的方法求得 Boussinesq 方程的相似解，这是一种不涉及群论的直接约化方法，现在经常称为 CK 直接变换方法或 CK 直接约化方法。

下面我们将逐次讨论这三种常用的约化方法，即 Lie 的经典无穷小变换法、Bluman 和 Cole 的非经典无穷小变换法和 Clarkson 与 Kruskal 的 CK 直接法。

5.3.2 偏微分方程的经典 Lie 群约化法

设函数 $u(x,t)$ 满足偏微分方程

$$P(x,t,u,u_x,u_t,u_{xx},u_{xt},u_{tt},\cdots)=0 \tag{5.3.1}$$

及 n 个边界条件

$$B_i(x,t,u,u_x,u_t)=0 \tag{5.3.2}$$

而边界曲线为

$$\omega_i(x,t)=0,\quad i=1,2,\cdots,n \tag{5.3.3}$$

把上述定解问题(5.3.1)～定解问题(5.3.3)记为系统 S。考虑如下的单参数 ε 的 Lie 变换群

$$x'=x'(x,t,u;\varepsilon),\quad t'=t'(x,t,u;\varepsilon),\quad u'=u'(x,t,u;\varepsilon) \tag{5.3.4}$$

设 $u=u(x,t)$ 为系统 S 的一个解，我们在系统 S 中以 v 代替 u，$x'=x'(x,t,u(x,t);\varepsilon)$ 代替 x，$t'=t'(x,t,u(x,t);\varepsilon)$ 代替 t，所得系统记为 S'，则 $v=u(x',t')$ 是系统 S' 的一个解。

定义 5.3.1 如果 $u=u(x,t)$ 是系统 S 的解，那么 $v=u'(x,t,u(x,t);\varepsilon)$ 也是系统 S' 的解，我们称系统 S 在变换(5.3.4)下是不变的。

由此可得 $u(x,t)$ 必须满足单参数 ε 的泛函方程

$$u(x'(x,t,u(x,t);\varepsilon),t'(x,t,u(x,t);\varepsilon))=u'(x,t,u(x,t);\varepsilon) \tag{5.3.5}$$

如果有 $v=u(x',t')=u'(x,t,u)$，则称偏微分方程(5.3.1)在变换(5.3.4)下不变，我们把变换(5.3.4)称为方程(5.3.1)的不变变换。将式(5.3.4)在 $\varepsilon=0$ 处展开，可得

$$\begin{cases} x'=x+\varepsilon\xi(x,t,u)+O(\varepsilon^2) \\ t'=t+\varepsilon\tau(x,t,u)+O(\varepsilon^2) \\ u'=u+\varepsilon\eta(x,t,u)+O(\varepsilon^2) \end{cases} \tag{5.3.6}$$

利用式(5.3.5)，将泛函方程在 $\varepsilon=0$ 处展开，有

$$
\begin{aligned}
&u(x+\varepsilon\xi(x,t,u)+o(\varepsilon^2),t+\varepsilon\tau(x,t,u)+O(\varepsilon^2))\\
&=u(x,t)+u_{x_1}\frac{\partial x_1}{\partial\varepsilon}\varepsilon+u_{t_1}\frac{\partial t_1}{\partial\varepsilon}\varepsilon+O(\varepsilon^2)\\
&=u(x,t)+[u_x\xi(x,t)+u_t\eta(x,t)]\varepsilon+O(\varepsilon^2)
\end{aligned}
$$

与式(5.3.6)中的第三式 $u'=u(x,t)+\varepsilon\eta(x,t,u)+o(\varepsilon^2)$ 比较，得泛函方程(5.3.5)中 ε 的一次项满足如下的一阶偏微分方程

$$
\xi(x,t,u)u_x+\tau(x,t,u)u_t=\eta(x,t,u) \tag{5.3.7}
$$

称方程(5.3.7)为偏微分方程(5.3.1)的不变曲面条件或不变变换条件，因为方程(5.3.7)的一般解是一组曲面。如果 $F(x,t,u(x,t))=0$ 表示满足方程(5.3.7)的一个曲面，那么这个曲面是群(5.3.6)的一个不变量。即

$$
\xi(x,t,u(x,t))F_x+\tau(x,t,u(x,t))F_t+\eta(x,t,u(x,t))F_u=0
$$

方程(5.3.7)是一阶拟线性偏微分方程(一阶偏微分方程的求解见附录 B)，其通解可通过如下的特征方程

$$
\frac{\mathrm{d}x}{\xi(x,t,u)}=\frac{\mathrm{d}t}{\tau(x,t,u)}=\frac{\mathrm{d}u}{\eta(x,t,u)} \tag{5.3.8}
$$

的首次积分(详见附录 B)得到。

如果我们已经求得了 ξ,τ,η，则由式(5.3.8)中 $\mathrm{d}x/\xi=\mathrm{d}t/\tau$ 积分求得 $f(x,t)=C_1$，由 $\mathrm{d}t/\tau=\mathrm{d}u/\eta$ 积分求得 $g(x,t,u)=C_2$，令 $f(x,t)=z,g(x,t,u)=V(z)$，即有

$$
V(z)=g(x,t,u) \tag{5.3.9}
$$

其中，

$$
z=f(x,t) \tag{5.3.10}
$$

我们称式(5.3.9)为相似变换，式(5.3.10)为相似变量。由式(5.3.9)可以求得方程(5.3.1)的解 $u(x,t)$，一般地，将用这种变换方法求得的原偏微分方程的解称为相似解，而这种求解偏微分方程，特别是非线性偏微分方程的方法本身称为**相似变换方法**或**相似约化方法**，由于所用变换(5.3.6)是 Lie 群变换，所以又称这种方法为经典 Lie 群变换方法，所谓“经典”是为了与下面介绍的“非经典”相区别。

用经典 Lie 群变换方法求解非线性偏微分方程的一般过程是，将式(5.3.10)代入偏微分方程(5.3.1)中，得到关于 $V(z)$ 的常微分方程，解之可以求得 $V(z)$，再利用式(5.3.9)求得偏微分方程(5.3.1)的相似解。

由上面的讨论可以看出，要求偏微分方程(5.3.1)的相似解，关键是求出无穷小变换(5.3.6)中的无穷小 ξ,τ,η，下面介绍求 ξ,τ,η 的具体方法。

首先需要确定一些导数的关系式 $\partial x/\partial x'$，$\partial t/\partial x'$，$\partial x/\partial t'$，$\partial t/\partial t'$。

将变换

$$
\begin{cases}
x'=x+\varepsilon\xi(x,t,u)+O(\varepsilon^2)\\
t'=t+\varepsilon\tau(x,t,u)+O(\varepsilon^2)
\end{cases} \tag{5.3.11}
$$

两式的两端分别对 x' 求导数，得到

$$
\begin{cases}
1=\dfrac{\partial x}{\partial x'}+\varepsilon\left(\xi_x\dfrac{\partial x}{\partial x'}+\xi_t\dfrac{\partial t}{\partial x'}+\xi_u u_x\dfrac{\partial x}{\partial x'}+\xi_u u_t\dfrac{\partial t}{\partial x'}\right)+O(\varepsilon^2)\\
0=\dfrac{\partial t}{\partial x'}+\varepsilon\left(\tau_x\dfrac{\partial x}{\partial x'}+\tau_t\dfrac{\partial t}{\partial x'}+\tau_u u_x\dfrac{\partial x}{\partial x'}+\tau_u u_t\dfrac{\partial t}{\partial x'}\right)+O(\varepsilon^2)
\end{cases} \tag{5.3.12}
$$

将式(5.3.12)看成关于$\frac{\partial x}{\partial x'}$,$\frac{\partial t}{\partial x'}$的方程组,整理后由 Cramer 法则得

$$\frac{\partial x}{\partial x'}=\frac{1+\varepsilon(\tau_t+\tau_u u_t)+O(\varepsilon^2)}{1+\varepsilon(\xi_x+\xi_u u_x+\tau_t+\tau_u u_t)+O(\varepsilon^2)}$$

利用几何级数$\frac{1}{1-x}=1-x+x^2-\cdots$,$|x|<1$,将上式展开,得

$$\begin{aligned}\frac{\partial x}{\partial x'}&=[1+\varepsilon(\tau_t+\tau_u u_t)]\cdot[1-\varepsilon(\xi_x+\xi_u u_x+\tau_t+\tau_u u_t)]+O(\varepsilon^2)\\&=1-\varepsilon(\xi_x+\xi_u u_x)+O(\varepsilon^2)\end{aligned}\tag{5.3.13}$$

同理可得$\frac{\partial t}{\partial x'}=-\varepsilon(\tau_x+\tau_u u_x)+O(\varepsilon^2)$。

再将式(5.3.11)两式两端分别对 t' 求导得到

$$\begin{cases}\frac{\partial x}{\partial t'}=-\varepsilon(\xi_t+\xi_u u_t)+O(\varepsilon^2)\\\frac{\partial t}{\partial t'}=1-\varepsilon(\tau_t+\tau_u u_t)+O(\varepsilon^2)\end{cases}\tag{5.3.14}$$

其次,再求出 $u'(x',t')$对 x',t'的各阶导数。

先求一阶导数,因为 $u'=u+\varepsilon\eta+O(\varepsilon^2)$,并由式(5.3.1)和式(5.3.14),有

$$\begin{aligned}\frac{\partial u'}{\partial x'}&=\frac{\partial u'}{\partial x}\frac{\partial x}{\partial x'}+\frac{\partial u'}{\partial t}\frac{\partial t}{\partial x'}=(u+\varepsilon\eta)_x\frac{\partial x}{\partial x'}+(u+\varepsilon\eta)_t\frac{\partial t}{\partial x'}+O(\varepsilon^2)\\&=(u_x+\varepsilon\eta_x+\varepsilon\eta_u u_x)[1-\varepsilon(\xi_x+\xi_u u_x)]+(u_t+\varepsilon\eta_t+\varepsilon\eta_u u_t)[-\varepsilon(\tau_x+\tau_u u_x)]+O(\varepsilon^2)\\&=u_x+\varepsilon[\eta_x+(\eta_u-\xi_x)u_x-\tau_t u_t-\xi_u\ (u_x)^2-\tau_u u_x u_t]+O(\varepsilon^2)\end{aligned}\tag{5.1.15}$$

记$\frac{\partial u'}{\partial x'}=u_x+\varepsilon\eta_x^{(1)}+O(\varepsilon^2)$,则

$$\eta_x^{(1)}=\eta_x+(\eta_u-\xi_x)u_x-\tau_x u_t-\xi_u\ (u_x)^2-\tau_u u_x u_t\tag{5.3.16}$$

将 $\eta_x^{(1)}$ 称为 u_x 的一阶无穷小。

同理,可得$\frac{\partial u'}{\partial t'}=u_t+\varepsilon\eta_t^{(1)}+O(\varepsilon^2)$,$\eta_t^{(1)}$ 称为 u_t 的一阶无穷小,

$$\eta_t^{(1)}=\eta_t+(\eta_u-\tau_t)u_t-\xi_t u_x-\tau_u\ (u_t)^2-\xi_u u_x u_t\tag{5.3.17}$$

再求 $u'(x',t')$对 x',t'的二阶导数,先求 $u'(x',t')$对 x'的二阶导数

$$\begin{aligned}\frac{\partial^2 u'}{\partial x'^2}&=\frac{\partial}{\partial x'}\left(\frac{\partial u'}{\partial x'}\right)=\frac{\partial}{\partial x}\left(\frac{\partial u'}{\partial x'}\right)\frac{\partial x}{\partial x'}+\frac{\partial}{\partial t}\left(\frac{\partial u'}{\partial x'}\right)\frac{\partial t}{\partial x'}\\&=\frac{\partial}{\partial x}[u_x+\varepsilon\eta_x^{(1)}+O(\varepsilon^2)]\frac{\partial x}{\partial x'}+\frac{\partial}{\partial t}[u_x+\varepsilon\eta_x^{(1)}+O(\varepsilon^2)]\frac{\partial t}{\partial x'}\\&=\left[u_{xx}+\varepsilon\frac{\partial}{\partial x}(\eta_x^{(1)})\right]\cdot[1-\varepsilon(\xi_x+\xi_u u_x)]+\left[u+\varepsilon\frac{\partial}{\partial t}(\eta_x^{(1)})\right]\cdot[-\varepsilon(\tau_x+\tau_u u_x)]+O(\varepsilon^2)\\&=u_{xx}+\varepsilon\left(\frac{\partial}{\partial x}(\eta_x^{(1)})-\xi_x u_{xx}-\xi_u u_{xx}u_x-\tau_x u_{xt}-\tau_u u_{xt}u_x\right)+O(\varepsilon^2)\\&=u_{xx}+\varepsilon\eta_{xx}^{(2)}+O(\varepsilon^2)\end{aligned}\tag{5.3.18}$$

其中,

$$\eta_{xx}^{(2)}=\frac{\partial}{\partial x}(\eta_x^{(1)})-\xi_x u_{xx}-\xi_u u_{xx}u_x-\tau_x u_{xt}-\tau_u u_{xt}u_x$$

$$=\frac{\partial}{\partial x}[\eta_x+(\eta_u-\xi_x)u_x-\tau_x u_t-\xi_u(u_x)^2-\tau_u u_x u_t]-\xi_x u_{xx}-\xi_u u_{xx}u_x-\tau_x u_{xt}-\tau_u u_{xt}u_x$$

$$=\eta_{xx}+\eta_{xu}u_x+(\eta_{ux}-\xi_{xx}+\eta_{uu}u_x-\xi_{xu}u_x)u_x+(\eta_u-\xi_x)u_{xx}-(\tau_{xx}+\tau_{xu}u_x)u_t-$$
$$\tau_x u_{tx}-(\xi_{ux}+\xi_{uu}u_x)u_x^2-2\xi_u u_x u_{xx}-(\tau_{ux}+\tau_{uu}u_x)u_t u_x-\tau_u u_{xx}u_t-\tau_u u_x u_{tx}-$$
$$\xi_x u_{xx}-\xi_u u_{xx}u_x-\tau_x u_{xt}-\tau_u u_{xt}u_x$$

$$=\eta_{xx}+(2\eta_{ux}-\xi_{xx})u_x-\tau_{xx}u_t+(\eta_{uu}-\xi_{ux})u_x^2-2\tau_{xu}u_x u_t-\xi_{uu}u_x^3-\tau_{uu}u_x^2u_t+$$
$$(\eta_u-2\xi_x)u_{xx}-2\tau_x u_{xt}-3\xi_u u_{xx}u_x-\tau_u u_{xx}u_t-2\tau_u u_{xt}u_x \tag{5.3.19}$$

即 $\frac{\partial^2 u'}{\partial x'^2}=u_{xx}+\varepsilon\eta_{xx}^{(2)}+O(\varepsilon^2)$，而 $\eta_{xx}^{(2)}$ 为 u_{xx} 的无穷小，

$$\eta_{xx}^{(2)}=\eta_{xx}+(2\eta_{ux}-\xi_{xx})u_x-\tau_{xx}u_t+(\eta_{uu}-2\xi_{ux})u_x^2-2\tau_{xu}u_x u_t-\xi_{uu}u_x^3-\tau_{uu}u_x^2u_t+$$
$$(\eta_u-2\xi_x)u_{xx}-2\tau_x u_{xt}-3\xi_u u_{xx}u_x-\tau_u u_{xx}u_t-2\tau_u u_{xt}u_x \tag{5.3.20}$$

同理，我们可以求得 $u'(x',t')$ 对 t' 的二阶导数，$\frac{\partial^2 u'}{\partial t'^2}=u_{tt}+\varepsilon\eta_{tt}^{(2)}+O(\varepsilon^2)$，其中 $\eta_{tt}^{(2)}$ 为 u_{xx} 的无穷小，

$$\eta_{tt}^{(2)}=\eta_{tt}+(2\eta_{tu}-\tau_{tt})u_t-\xi_{tt}u_x+(\eta_{uu}-2\tau_{ut})u_t^2-2\xi_{ut}u_x u_t-\tau_{uu}u_t^3-\xi_{uu}u_t^2u_x+$$
$$(\eta_u-2\tau_t)u_{tt}-2\xi_t u_{xt}-3\tau_u u_{tt}u_t-\xi_u u_{tt}u_x-2\xi_u u_{xt}u_t \tag{5.3.21}$$

将我们所得到的导数关系(一般来说，我们还要根据所讨论的目标偏微分方程中含有的偏导数项来确定需要求出的无穷小项)代入目标偏微分方程(5.3.1)中，由于假设方程(5.3.1)在无穷小变换(5.3.6)下是不变的，因此有

$$P(x',t',u',u'_{x'},u'_{t'},u'_{x'x'},u'_{x't'},u'_{t't'},\cdots)=0 \tag{5.3.22}$$

方程(5.3.1)在无穷小变换(5.3.6)下不变的充分必要条件是，方程(5.3.22)中的无穷小项($O(\varepsilon)$的系数)要恒等于零。我们把方程(5.3.22)看作具有自己无穷小变元的 8 个变元的方程，要求式(5.3.1)在式(5.3.6)变换下保持不变。对于式(5.3.1)给定的解 $u=u(x,t)$，它应该满足以下方程

$$\eta_{xx}\frac{\partial H}{\partial u_{xx}}+\eta_{xt}\frac{\partial H}{\partial u_{xt}}+\eta_{tt}\frac{\partial H}{\partial u_{tt}}+\eta_x\frac{\partial H}{\partial u_x}+\eta_t\frac{\partial H}{\partial u_t}+\eta\frac{\partial H}{\partial u}+\xi\frac{\partial H}{\partial x}+\eta\frac{\partial H}{\partial t}=0 \tag{5.3.23}$$

无穷小变换形式(5.3.6)，即 ξ,τ,η 可从方程(5.3.23)得到。此时方程组中含有 u 的各阶导数项，它的系数依赖于(x, t, u)和未知的(ξ,τ,η)。合并同类项，使 u 的各阶导数的系数为零，即可得到无穷小变换的决定方程组，由此可求得(ξ,τ,η)。下面我们通过具体例子来说明这种技巧。

例 5.3.1 求热传导方程的相似解

$$u_{xx}-u_t=0 \tag{5.3.24}$$

解 假设式(5.3.24)的无穷小变换，即单参数 ε 的 Lie 变换群为

$$\begin{cases}x'=x+\varepsilon\xi(x,t,u)+O(\varepsilon^2)\\ t'=t+\varepsilon\tau(x,t,u)+O(\varepsilon^2)\\ u'=u+\varepsilon\eta(x,t,u)+O(\varepsilon^2)\end{cases} \tag{5.3.25}$$

由前面的讨论有

$$\begin{cases}u'_{x'}=u_x+\varepsilon\eta_x^{(1)}+O(\varepsilon^2)\\ u'_{t'}=u_t+\varepsilon\eta_t^{(1)}+O(\varepsilon^2)\\ u'_{x'x'}=u_{xx}+\varepsilon\eta_{xx}^{(2)}+O(\varepsilon^2)\end{cases} \tag{5.3.26}$$

由不变变换的定义，要求方程(5.3.24)在无穷小变换(5.3.26)下不变，即有

$$u'_{x'x'}-u'_{t'}=0 \tag{5.3.27}$$

成立，将式(5.3.26)中的第二式、第三式代入式(5.3.27)中，得到

$$\begin{aligned}u'_{x'x'}-u'_{t'}&=u_{xx}+\varepsilon\eta^{(2)}_{xx}-(u_t+\varepsilon\eta^{(1)}_t)+O(\varepsilon^2)\\&=u_{xx}-u_t+\varepsilon(\eta^{(2)}_{xx}-\eta^{(1)}_t)+O(\varepsilon^2)=0\end{aligned} \tag{5.3.28}$$

根据原方程，要使上式成立，必有

$$\eta^{(2)}_{xx}-\eta^{(1)}_t=0 \tag{5.3.29}$$

将式(5.3.17)和式(5.3.20)代入式(5.3.29)中，同时注意 $u_{xx}=u_t$，经过整理，可得

$$\begin{aligned}&\eta_{xx}-\eta_t+(2\eta_{ux}-\xi_{xx}+\xi_t)u_x+(\tau_t-2\xi_x-\tau_{xx})u_t+(\eta_{uu}-2\xi_{ux})u_x^2-\\&2(\xi_u+\tau_{xu})u_xu_t-\xi_{uu}u_x^3-\tau_{uu}u_x^2u_t-2\tau_xu_{xt}-2\tau_uu_{xt}u_x=0\end{aligned} \tag{5.3.30}$$

下面令 u 及其各阶偏导数的系数为 0，得到确定 ξ,τ,η 的超定方程组(当方程组中方程的个数多于未知量的个数时，称为超定方程组)。

首先，由 $u_{xt}u_x,u_xu_t,u_x^2$ 的系数为 0，可以知道 $\tau_u=0,\xi_u=0,\eta_{uu}=0$，所以式(5.3.30)可以简化为

$$\eta_{xx}-\eta_t+(2\eta_{ux}-\xi_{xx}+\xi_t)u_x+(\tau_t-2\xi_x-\tau_{xx})u_t-2\tau_xu_{xt}=0 \tag{5.3.31}$$

再由 $\tau_u=0,\xi_u=0,\eta_{uu}=0$，有

$$\xi=h(x,t),\quad \tau=w(x,t),\quad \eta=f(x,t)u+g(x,t) \tag{5.3.32}$$

以及

常数项： $\eta_{xx}-\eta_t=0$

u_x 项的系数： $2\eta_{xu}-\xi_{xx}+\xi_t=0$

u_t 项的系数： $\tau_t-2\xi_x-\tau_{xx}=0$

u_{xt} 项的系数： $2\tau_x=0$

由此又可以得到

$$\begin{cases}\tau=w(t)\\w'(t)-2h_x=0\\2f_x-h_{xx}+h_t=0\\f_{xx}-f_t=0\\g_{xx}-g_t=0\end{cases} \tag{5.3.33}$$

在方程组(5.3.33)中，第五个方程是独立的，即表明 $g(x,t)$ 满足热传导方程，为了计算简单，可取 $g(x,t)$ 为 0(平凡解)，由方程组(5.3.33)的第一、二两式可得 $h_{xx}=0$，设 $h(x,t)=a(t)x+b(t)$，这时求解方程组(5.3.33)，得到

$$\begin{cases}\xi(x,t,u)=k+\delta t+\beta x+\gamma xt\\\tau(x,t,u)=\alpha+2\beta t+\gamma t^2\\\eta(x,t,u)=\left[-\gamma\left(\dfrac{x^2}{4}+\dfrac{t}{2}\right)-\dfrac{\delta}{2}x+\lambda\right]u\end{cases} \tag{5.3.34}$$

其中，$\alpha,\beta,\gamma,\delta,\lambda$ 和 k 为任意常数。求得 ξ,τ,η 之后，可以用特征方程(5.3.8)求相似变量和相似变换(5.3.9)，进而求得相似解。

下面分四种情况讨论。

(1) $\beta^2\neq\alpha\gamma$，这时可得相似变量为

$$z=\frac{x-(At+B)}{\sqrt{\alpha+2\beta t+\gamma t^2}}$$

其中，

$$A=\frac{k\gamma-\delta\beta}{\alpha\gamma-\beta^2},\quad B=\frac{k\beta-\delta\alpha}{\alpha\gamma-\beta^2}$$

相似解为

$$u(x,t)=w(z)\frac{1}{(\alpha+2\beta t+\gamma t^2)^{\frac{1}{4}}}\left(\frac{\gamma t+\beta-C}{\gamma t+\beta+C}\right)^{\rho}\exp\left[-\frac{1}{4}(A^2+\gamma z^2)+\frac{Az}{2}\sqrt{\alpha+2\beta t+\gamma t^2}\right]\tag{5.3.35}$$

其中，

$$C=\sqrt{\beta^2-2\gamma},\quad \rho=\frac{1}{2C}\left(\frac{\beta}{2}+\lambda+\frac{1}{4\gamma}(\delta^2-A^2C^2)\right)$$

将式(5.3.35)代入热传导方程(5.3.24)，得到 $w(z)$ 满足的常微分方程为

$$w''+\beta zw'+(Dz^2+E)F=0\tag{5.3.36}$$

其中，

$$D=\frac{\alpha\gamma}{2},\quad E=\frac{A^2C^2}{4\gamma}-\left(\lambda+\frac{\delta^2}{4}\right)=-2C\rho+\frac{\beta}{2}$$

再令 $x=z\sqrt{C}$，$w(z)=\varphi(z)\mathrm{e}^{-\frac{\beta z^2}{4}}$，则将式(5.3.36)变成

$$\frac{\mathrm{d}^2\varphi}{\mathrm{d}z^2}+\left(\frac{1}{2}+\nu-\frac{1}{4}z^2\right)\varphi=0\tag{5.3.37}$$

其中，

$$\nu=\frac{E-\frac{\beta}{2}}{C}-\frac{1}{2}=-2\rho-\frac{1}{2}$$

方程(5.3.37)是标准超几何方程。它的解可以表示为抛物圆柱函数 $D_\nu(z)$，$D_\nu(-z)$，$D_{-\nu-1}(\mathrm{i}z)$，$D_{-\nu-1}(-\mathrm{i}z)$，其中任何两个都是方程(5.3.37)的解。它们有许多共同的性质。

$$D_\nu(z)=2^{\frac{\nu}{2}}\mathrm{e}^{-\frac{z^2}{4}}\left[\frac{\Gamma\left(\frac{1}{2}\right)}{\Gamma\left(\frac{1}{2}-\frac{1}{2}\nu\right)},F_1\left(-\frac{1}{2}\nu,\frac{1}{2};\frac{1}{2}z\right)^2+2^{-\frac{\nu}{2}}z\frac{\Gamma\left(-\frac{1}{2}\right)}{\Gamma\left(-\frac{1}{2}\nu\right)},F_1\left(\frac{1}{2}-\frac{1}{2}\nu;\frac{3}{2};\frac{1}{2}z^2\right)\right]$$

当 ν 为整数，即 $\nu=n=0,1,2,\cdots$ 时，上述解可以表示为 Hermite 多项式

$$D_n(z)=\mathrm{e}^{-\frac{z^2}{4}}\mathrm{He}_n(z)$$

$$\mathrm{He}_n(z)=(-1)^n\mathrm{e}^{\frac{z^2}{2}}\frac{\mathrm{d}^n}{\mathrm{d}z^n}\mathrm{e}^{-\frac{z^2}{2}}$$

$$\mathrm{He}_0(z)=1,\quad \mathrm{He}_1(z)=z,\quad \mathrm{He}_2(z)=z^2-1,\cdots$$

而

$$D_{-1}(z)=\mathrm{e}^{\frac{z^2}{4}}(2\pi)^{-\frac{1}{2}}\mathrm{erfc}(2^{-\frac{1}{2}}z),\cdots$$

等等。

(2) $\beta^2=\alpha\nu$，$\nu\neq0$，这时相似变量为

$$z=\left[x+\delta+\frac{k-\delta\beta}{2(t+\beta)}\right]\frac{1}{t+\beta}$$

相似解为

$$u=u(x,t)=\frac{w(z)}{\sqrt{t+\beta}}\exp\left[\frac{L^2}{12(t+\beta)^3}+\frac{M}{t+\beta}-\frac{Lz}{2(t+\beta)}-\frac{z^2(t+\beta)}{4}\right] \tag{5.3.38}$$

其中，$L=\frac{k-\delta\beta}{2}$，$M=-\left(\frac{\beta}{2}+\lambda+\frac{\delta^2}{4}\right)$，而 $w(z)$ 满足方程

$$\frac{d^2w}{dz^2}-(Lz-M)w=0 \tag{5.3.39}$$

如果令 $\zeta=L^{\frac{1}{3}}z$，$w(z)=\varphi(\zeta)$，则式(5.3.39)变成

$$\frac{d^2\varphi}{d\zeta^2}-(\zeta-\nu)\varphi=0 \tag{5.3.40}$$

其中，$\nu=\frac{M}{L^{\frac{2}{3}}}$。

方程(5.3.40)的两个线性无关的解可以用 Airy 函数 $A_i(\zeta-\nu)$ 和 $B_i(\zeta-\nu)$ 表示，而 Airy 函数又可以用$\frac{1}{3}$阶 Bessel 函数表示。即如果令 $\theta=\frac{2}{3}\zeta^{\frac{3}{2}}$，则有

$$A_i(\zeta)=\pi^{-1}\sqrt{\frac{z}{3}}k_{\frac{1}{3}}(\theta),\quad A_i(-\zeta)=\frac{1}{3}\sqrt{\zeta}[J_{\frac{1}{3}}(\theta)+J_{-\frac{1}{3}}(\theta)]$$

$$B_i(\zeta)=\sqrt{\frac{1}{3}\zeta}[I_{\frac{1}{3}}(\theta)+I_{-\frac{1}{3}}(\theta)],\quad B_i(-\zeta)=\sqrt{\frac{1}{3}\zeta}[J_{-\frac{1}{3}}(\theta)-J_{\frac{1}{3}}(\theta)]$$

(3) $\beta^2=\alpha\nu$，$\beta=\gamma=0$，$\alpha\neq0$，这时相似变量为

$$z=x-\frac{\delta t^2}{2\alpha}-\frac{k}{\alpha}t$$

相似解为

$$u=u(x,t)=w(z)\exp\left(-\frac{\delta^2}{12}t^3-\frac{k\delta t^2}{4}+\lambda t-\frac{\delta}{2}zt\right) \tag{5.3.41}$$

其中，$w(z)$ 满足方程

$$\frac{d^2w}{dz^2}+k\frac{dw}{dz}+\left(\frac{\delta}{2}z-\lambda\right)w=0 \tag{5.3.42}$$

如果令 $\zeta=-\left(\frac{\delta}{2}\right)^{\frac{1}{3}}z$，$w(z)=\varphi(\zeta)e^{-\frac{k}{2}z}$，$\delta\neq0$，则式(5.3.42)变成

$$\frac{d^2\varphi}{d\zeta^2}-(\zeta-\nu)\varphi=0 \tag{5.3.43}$$

其中，$\nu=-\left(\frac{k^2}{4}+\lambda\right)\left(\frac{2}{\delta}\right)^{\frac{2}{3}}$。

方程(5.3.43)与方程(5.3.40)相同，若 $k=0$，由经典分离变量法，可得

$$u(x,t)=e^{\lambda t}(A\cos\sqrt{-\lambda}x+B\sin\sqrt{-\lambda}x)$$

(4) $\alpha=\beta=\gamma$，$\delta\neq0$，这时相似变量具有简单形式

$$z=t$$

而相似解为

$$u=u(x,t)=w(t)e^{\frac{x}{4(t+k)}(\lambda-x)} \tag{5.3.44}$$

其中，$w(t)$满足一阶方程

$$\frac{\mathrm{d}w}{\mathrm{d}t}=\frac{\lambda^2-8(t+k)}{16\,(t+k)^2}w(t) \tag{5.3.45}$$

容易求出式(5.3.45)的通解为

$$w(t)=C\,\frac{\mathrm{e}^{-\frac{\lambda^2}{16(t+k)}}}{\sqrt{t+k}} \tag{5.3.46}$$

其中，C为积分常数。将式(5.3.46)代入式(5.3.44)，得到相似解的显式是

$$u(x,t)=\frac{C}{\sqrt{t+k}}\mathrm{e}^{-\frac{\left(x-\frac{\lambda}{2}\right)^2}{4(t+k)}} \tag{5.3.47}$$

其中，C为任意常数。

附注 5.3.1 在式(5.3.25)中只含有u_{xx}，u_t两项，所以我们只需要求u_{xx}，u_t的无穷小即可，但对于一个高阶的非线性偏微分方程，就需要求出高阶无穷小。

附注 5.3.2 在例 5.3.1 中我们得出

$$\tau_u=0,\quad \xi_u=0,\quad \eta_{uu}=0 \tag{5.3.48}$$

在很多方程中都能得到关系式(5.3.48)，虽然没有严格的证明，但目前也没有关系式(5.3.48)不成立的反例。所以为了处理问题的方便，我们一般是在关系式(5.3.48)成立的条件下求ξ，τ，η的特解。这时一、二阶导数的无穷小〔式(5.3.16)、式(5.3.17)、式(5.3.20)、式(5.3.21)〕可以简化为

$$\eta_x^{(1)}=\eta_x+(\eta_u-\xi_x)u_x-\tau_x u_t \tag{5.3.49a}$$

$$\eta_t^{(1)}=\eta_t+(\eta_u-\tau_t)u_t-\xi_t u_x \tag{5.3.49b}$$

$$\eta_{xx}^{(2)}=\eta_{xx}+(2\eta_{ux}-\xi_{xx})u_x-\tau_{xx}u_t+(\eta_u-2\xi_x)u_{xx}-2\tau_x u_{xt} \tag{5.3.49c}$$

$$\eta_{tt}^{(2)}=\eta_{tt}+(2\eta_{tu}-\tau_{tt})u_t-\xi_{tt}u_x+(\eta_u-2\tau_t)u_{tt}-2\xi_t u_{xt} \tag{5.3.49d}$$

在此假设基础上，可以给出u_{xxx}，u_{xxxx}的无穷小：

$$\begin{aligned}\eta_{xxx}^{(3)}=&\eta_{xxx}+(3\eta_{xxu}-\xi_{xxx})u_x-\tau_{\mathrm{xxx}}u_t+3(\eta_{xu}-\xi_{xx})u_{xx}-3\tau_{xx}u_{xt}+\\&(\eta_u-3\xi_x)u_{xxx}-3\tau_x u_{xxt}\end{aligned} \tag{5.3.50}$$

$$\begin{aligned}\eta_{xxxx}^{(4)}=&\eta_{xxxx}+(4\eta_{xxxu}-\xi_{xxxx})u_x-\tau_{\mathrm{xxxx}}u_t+(6\eta_{xxu}-4\xi_{xxx})u_{xx}-4\tau_{xxx}u_{xt}+\\&(4\eta_{xu}-6\xi_{xx})u_{xxx}-6\tau_{xx}u_{xxt}+(\eta_u-4\xi_x)u_{xxxx}-4\tau_x u_{xxxt}\end{aligned} \tag{5.3.51}$$

等等。

下面我们看一个高阶的非线性偏微分方程的例子。

考虑 Boussinesq 方程

$$u_{tt}+au_{xx}+b\,(u^2)_{xx}+cu_{xxxx}=0 \tag{5.3.52}$$

其中，a，b，c为常数，是 1871 由 Boussinesq 引入的描述长波在浅水中传播过程的数学模型。属于经典的数学物理方程，直到今天仍然受到广泛的重视。

做适当的标度变换，可以将式(5.4.3)变成

$$u_{tt}+\frac{1}{2}(u^2)_{xx}\pm u_{xxxx}=0 \tag{5.3.53}$$

即相当于在式(5.3.52)中取$a=0$，$b=\frac{1}{2}$，$c=\pm 1$。式(5.3.53)也是 Boussinesq 方程经常出现的形式。将中间项的导数写开来，就是

$$u_{tt}+u_x^2+uu_{xx}+u_{xxxx}=0 \tag{5.3.54}$$

做变换(5.3.25),则

$$u'_{t't'}=u_{tt}+\varepsilon\eta_{tt}^{(2)}+O(\varepsilon^2) \tag{5.3.55a}$$

$$u_x'{}'=u_x+\varepsilon\eta_x^{(1)}+O(\varepsilon^2) \tag{5.3.55b}$$

$$u'_{x'x'}=u_{xx}+\varepsilon\eta_{xx}^{(2)}+O(\varepsilon^2) \tag{5.3.55c}$$

$$u'_{x'x'x'x'}=u_{xxxx}+\varepsilon\eta_{xxxx}^{(4)}+O(\varepsilon^2) \tag{5.3.55d}$$

其中,$\eta_{tt}^{(2)}$,$\eta_x^{(1)}$,$\eta_{xx}^{(2)}$和$\eta_{xxxx}^{(4)}$分别见式(5.3.49d)、式(5.3.49a)、式(5.3.49c)和式(5.3.51)。Boussinesq 方程(5.3.53)在上述变换下保持不变,即有

$$u'_{t't'}+\frac{1}{2}(u'^2)_{x'x'}+u'_{x'x'x'x'}=0$$

由式(5.3.25)和式(5.3.55),ε 一次项的系数应该为 0,即

$$\eta_{tt}^{(2)}+u\eta_{xx}^{(2)}+u_{xx}\eta+2u_x\eta_x^{(1)}+\eta_{xxxx}^{(4)}=0 \tag{5.3.56}$$

将式(5.3.49d)、式(5.3.49a)、式(5.3.49c)和式(5.3.51)代入式(5.3.56),由 u_x,u_t 及更高阶导数项的系数,得到确定 ξ,η 和 τ 的超定方程组,解这个超定方程组,得到

$$\xi=\alpha x+\beta,\quad \tau=2\alpha t+\gamma,\quad \eta=-2\alpha(u-1) \tag{5.3.57}$$

其中,α,β 和 γ 为任意常数。相似约化形式可以从式(5.3.7)的特征方程

$$\frac{dx}{\xi(x,t,u)}=\frac{dt}{\tau(x,t,u)}=\frac{du}{\eta(x,t,u)} \tag{5.3.58}$$

得到。

将式(5.3.57)代入式(5.3.58),并积分这个常微分方程组,得出以下结果。

(1) 当 $\alpha=0$ 时,得到行波约化

$$u(x,t)=f(z),\quad z=\gamma x-\beta t \tag{5.3.59}$$

而 $f(z)$满足

$$\beta^2 f(z)+\frac{1}{2}\gamma^2 f^2(z)+\gamma^4\frac{d^2 f}{dz^2}=Az+B \tag{5.3.60}$$

其中,A 和 B 是积分常数。当 $B=0$,式(5.3.60)是第 I 类 Painlevé 方程,当 $A=0$ 时,它是 Weierstrass 椭圆方程。总之这些方程都具有 Painlevé 性质,因为 Boussinesq 方程可以用反散射方法求解,所以符合 ARS 猜测。

(2) 当 $\alpha\neq 0$ 时,得到标度变换

$$u(x,t)=\frac{g(z)}{t+\gamma/(2\alpha)},\quad z=\frac{x+\beta/\alpha}{[t+\gamma/(2\alpha)]^{1/2}} \tag{5.3.61}$$

而 $g(z)$满足

$$\frac{z^2}{4}\frac{d^2 g}{dz^2}+\frac{7z}{4}\frac{dg}{dz}+2g+g\frac{d^2 g}{dz^2}+\left(\frac{dg}{dz}\right)^2+\frac{d^4 g}{dz^4}=0 \tag{5.3.62}$$

这个方程可以用第 IV 类 Painlevé 方程求解。

从上述例子来看,我们用经典 Lie 群变换方法求出了 Boussinesq 方程的相似约化,并且约化得到的常微分方程具有 Painlevé 性质。但是 Boussinesq 方程还存在其他形式的相似约化时不能用经典无穷小变换得到,比如

$$u(x,t)=f(z)-4\lambda^2 t^2,\quad z=x+\lambda t^2 \tag{5.3.63}$$

其中,λ 是常数,而 $f(z)$满足:

$$\frac{d^3 f}{dz^3}+f\frac{df}{dz}+2\lambda f=8\lambda^2 z+A$$

其中，A 是积分常数。这样就促使人们寻找其他的相似约化方法，下面介绍的非经典无穷小方法和 CK 直接方法就是发展的结果。在研究这些新方法之前，我们再看一个例子。

例 5.3.2 求修正 Boussinesq（简称 mBq）方程

$$u_{tt}-u_t u_{xx}-\frac{1}{2}u_x{}^2 u_{xx}+u_{xxxx}=0 \tag{5.3.64}$$

的相似解。

解 假设 mBq 方程的无穷小变换，即单参数 ε 的 Lie 变换群为

$$\begin{cases} x'=x+\varepsilon\xi(x,t,u)+O(\varepsilon^2) \\ t'=t+\varepsilon\tau(x,t,u)+O(\varepsilon^2) \\ u'=u+\varepsilon\eta(x,t,u)+O(\varepsilon^2) \end{cases}$$

由上面的讨论有

$$\begin{cases} u'_{x'}=u_x+\varepsilon\eta_x^{(1)}+O(\varepsilon^2) \\ u'_{t'}=u_t+\varepsilon\eta_t^{(1)}+O(\varepsilon^2) \\ u'_{x'x'}=u_{xx}+\varepsilon\eta_{xx}^{(2)}+O(\varepsilon^2) \\ u'_{t't'}=u_{tt}+\varepsilon\eta_{tt}^{(2)}+O(\varepsilon^2) \\ u'_{x'x'x'x'}=u_{xxxx}+\varepsilon\eta_{xxxx}^{(4)}+O(\varepsilon^2) \end{cases} \tag{5.3.65}$$

由不变变换的定义，应该有

$$u'_{t't'}-u'_{t'}u'_{x'x'}-\frac{1}{2}u'_{x'}{}^2 u'_{x'x'}+u'_{x'x'x'x'}=0 \tag{5.3.66}$$

成立，将式(5.3.65)代入式(5.3.66)，得

$$\begin{aligned} & u'_{t't'}-u'_{t'}u'_{x'x'}-\frac{1}{2}u'_{x'}{}^2 u'_{x'x'}+u'_{x'x'x'x'} \\ ={}&(u_{tt}+\varepsilon\eta_{tt}^{(2)})-(u_t+\varepsilon\eta_t^{(1)})(u_{xx}+\varepsilon\eta_{xx}^{(2)})-\frac{1}{2}(u_x+\varepsilon\eta_x^{(1)})^2(u_{xx}+\varepsilon\eta_{xx}^{(2)})+ \\ & (u_{xxxx}+\varepsilon\eta_{xxxx}^{(4)})+O(\varepsilon^2) \\ ={}&u_{tt}-u_t u_{xx}-\frac{1}{2}u_x{}^2 u_{xx}+u_{xxxx}+ \\ & \varepsilon\left[\eta_{tt}^{(2)}-(\eta_t^{(1)}u_{xx}+\eta_{xx}^{(2)}u_t)-\frac{1}{2}(\eta_{xx}^{(2)}u_x{}^2+2\eta_x^{(1)}u_x u_{xx})+\eta_{xxxx}^{(4)}\right]+O(\varepsilon^2)=0 \end{aligned}$$

由于原 mBq 方程成立，要使上式成立，必有

$$\eta_{tt}^{(2)}-\eta_t^{(1)}u_{xx}-\eta_{xx}^{(2)}u_t-\frac{1}{2}\eta_{xx}^{(2)}u_x{}^2-\eta_x^{(1)}u_x u_{xx}+\eta_{xxxx}^{(4)}=0 \tag{5.3.67}$$

将式 (5.3.49a)、式(5.3.49b)、式(5.3.49c) 、式(5.3.49d)和式(5.3.51)代入式(5.3.67)，然后令 u 不同导数的系数为 0，得到确定 ξ,τ,η 的超定方程组

u_x：　$4\eta_{xxxu}-\xi_{xxxx}-\xi_{tt}=0$

u_t：　$2\eta_{ut}-\tau_{tt}-\eta_{xx}-\tau_{xxxx}=0$

u_{xx}：　$-\eta_t+6\eta_{xxu}-4\xi_{xxx}=0$

$(u_x)^2$：　$-\frac{1}{2}\eta_{xx}=0$

$(u_x)^3$：　　$-\eta_{xu}+\frac{1}{2}\xi_{xx}=0$

$u_x u_{xx}$：　　$\xi_t-\eta_x=0$

u_{xt}：　　$-2\xi_t-4\tau_{xxx}=0$

u_{xxxt}：　　$-4\tau_x=0$

解得

$$\begin{cases}\xi_t=0, & \xi_{xx}=0\\ \tau_x=0, & \tau_{tt}=0\\ \eta_x=0, & \eta_t=0\end{cases} \tag{5.3.68}$$

由于原方程为 $u_{tt}-u_t u_{xx}-\frac{1}{2}u_x{}^2 u_{xx}+u_{xxxx}=0$，所以令 u_{tt}，$-u_t u_{xx}$，$-\frac{1}{2}u_x{}^2 u_{xx}$，$u_{xxxx}$ 的系数相等，即

$$\eta_u-2\tau_t=2\eta_u-\tau_t-2\xi_x=3\eta_u-4\xi_x=\eta_u-4\xi_x \tag{5.3.69}$$

解得 $\eta_u=0$，$\tau_t=2\xi_x$，再由式(5.3.68)得

$$\xi(x,t)=\alpha x+\beta,\quad \tau(x,t)=2\alpha t+\gamma,\quad \eta(x,t,u)=\delta \tag{5.3.70}$$

其中，$\alpha,\beta,\gamma,\delta$ 为任意常数。下面我们来求 mBq 的相似变换和相似解。

(1) 当 $\alpha=0$ 时，有 $\xi=\beta,\tau=\gamma,\eta=\delta$，特征方程为 $\frac{\mathrm{d}x}{\beta}=\frac{\mathrm{d}t}{\gamma}=\frac{\mathrm{d}u}{\delta}$，从 $\frac{\mathrm{d}x}{\beta}=\frac{\mathrm{d}t}{\gamma}$ 解出 $\gamma x-\beta t=C_1$，由 $\frac{\mathrm{d}t}{\gamma}=\frac{\mathrm{d}u}{\delta}$ 解出 $u-\frac{\delta}{\gamma}t=C_2$，故令 $z=\gamma x-\beta t$，$u-\frac{\delta}{\gamma}t=V(z)$，可以得到 mBq 方程的相似解和相似变量为

$$u(x,t)=\frac{\delta}{\gamma}t+V(z),\quad z=\gamma x-\beta t$$

再做变换

$$u(x,t)=\int^z f(z)\mathrm{d}z,\quad z=\gamma x-\beta t \tag{5.3.71}$$

将式(5.3.71)代入 mBq 方程(5.3.64)，对 z 积分一次，得到 f 关于 z 的常微分方程，

$$\gamma^4 f''+\beta^2 f+\frac{1}{2}\gamma^2\beta f^2-\frac{1}{6}\gamma^4 f^3=0 \tag{5.3.72}$$

当 $\gamma\neq 0$ 时，式(5.3.72)的解可用椭圆函数表示。

(2) 若 $\alpha\neq 0$，特征方程为

$$\frac{\mathrm{d}x}{\alpha x+\beta}=\frac{\mathrm{d}t}{2\alpha t+\gamma}=\frac{\mathrm{d}u}{\delta}$$

由

$$\frac{\mathrm{d}x}{\alpha x+\beta}=\frac{\mathrm{d}t}{2\alpha t+\gamma}$$

解出

$$\frac{x+\beta/\alpha}{(t+\gamma/2\alpha)^{1/2}}=C_1$$

由

$$\frac{\mathrm{d}t}{2\alpha t+\gamma}=\frac{\mathrm{d}u}{\delta}$$

解出

$$u-\frac{\delta}{2\alpha}\ln\left(t+\frac{\gamma}{2\alpha}\right)=C_2$$

故令

$$z=\frac{x+\beta/\alpha}{(t+\gamma/2\alpha)^{1/2}},\quad u-\frac{\delta}{2\alpha}\ln\left(t+\frac{\gamma}{2\alpha}\right)=V(z)$$

此时可得相似解和相似变量依次为

$$u(x,t)=\frac{\delta}{2\alpha}\ln\left(t+\frac{\gamma}{2\alpha}\right)+V(z),\quad z=\frac{x+\beta/\alpha}{(t+\gamma/2\alpha)^{1/2}}$$

再做变换

$$u(x,t)=\frac{\delta}{2\alpha}\ln\left(t+\frac{\gamma}{2\alpha}\right)+\int^{z}g(z)\mathrm{d}z,\quad z=\frac{x+\beta/\alpha}{(t+\gamma/2\alpha)^{1/2}} \tag{5.3.73}$$

将式(5.3.73)代入 mBq 方程(5.3.64),得到 $g(z)$关于 z 的常微分方程,

$$g'''-\frac{1}{2}g^2g'+\frac{z}{2}gg'-\frac{\delta}{2\alpha}g'+\frac{z^2}{4}g'+\frac{3z}{4}g-\frac{\delta}{2\alpha}=0$$

又令

$$g(z)=-3^{3/4}Y(X)-z,\quad X=3^{1/4}\frac{z}{2}$$

得到 $Y(X)$满足第 IV 种 Painlevé 方程

$$Y_{XX}=\frac{1}{2Y}{Y_X}^2+\frac{3}{2}Y^3+4XY^2+2(X^2-A)Y+\frac{B}{Y}$$

其中,$A=-4\delta/9\sqrt{3}\alpha$,$B$ 是积分常数。

5.4 非经典无穷小变换方法

5.3 节我们介绍的经典 Lie 群变换法或称经典无穷小变换法的原理是找到使微分方程不变的对称群。这种不变性使得我们可以用群的无穷小变量重写方程,以减少自变量的个数,在所选择的群满足一定的条件时,将偏微分方程化成常微分方程。

本节我们介绍由 Bluman 和 Cole 提出的"非经典 Lie 群方法"或称"非经典无穷小变换"方法。非经典方法与经典方法的不同之处在于"非经典方法"不是仅考虑方程本身的不变性,而是把方程的对称性和不变曲面条件放在一起来考虑。非经典 Lie 群变换方法可以简述如下。

考虑 m 阶偏微分方程

$$P(x,u,u_i,\cdots)=0,\quad x\in\mathbf{R}^n \tag{5.4.1}$$

(其中,$u_i\equiv\dfrac{\partial u}{\partial x_i}$)和不变曲面条件

$$P_1(x,u,u_i,\cdots)=\sum_{i=1}^{n}\xi_i(x,u)u_i-\eta(x,u)=0 \tag{5.4.2}$$

在单参数 Lie 群变换

$$\begin{cases}x'=x+\varepsilon\xi(x,t,u)+O(\varepsilon^2)\\ t'=t+\varepsilon\tau(x,t,u)+O(\varepsilon^2)\\ u'=u+\varepsilon\eta(x,t,u)+O(\varepsilon^2)\end{cases} \tag{5.4.3}$$

下的不变性。曲面条件(5.4.2)表明解曲面在具有无穷小生成子

$$X=\sum_{i=1}^{n}\xi_i(x,u)\frac{\partial}{\partial x_i}+\eta(x,u)\frac{\partial}{\partial u} \tag{5.4.4}$$

的单参数 Lie 群变换(5.4.3)下是不变的。相应的对称条件是

$$\begin{cases}X^{[m]}P\,|_{P=0\cap P1=0}=0\\ X^{[1]}P1\,|_{P=0\cap P1=0}=0\end{cases} \tag{5.4.5}$$

同经典无穷小变换相比,非经典无穷小变换计算量更大、更复杂,但它有可能求出新的、不同于用经典无穷小变换求出的相似变换和相似解。下面以 Burgers 方程为例,具体说明非经典无穷小变换法的应用。

Burgers 方程

$$u_t+uu_x-u_{xx}=0 \tag{5.4.6}$$

是两个自变量偏微分方程,不变曲面条件是

$$\xi(x,t,u)u_x+\tau(x,t,u)u_t=\eta(x,t,u) \tag{5.4.7}$$

现在考虑 Burgers 方程(5.4.6)和不变曲面条件(5.4.7)在单参数 Lie 群变换(5.4.3)之下的不变性。

由于式(5.4.7)中的三个无穷小只有两个是独立的,不失一般性,设 $\tau(x,t,u)\equiv1$,这样不变曲面条件(5.4.7)就变成

$$u_t=\eta(x,t,u)-\xi(x,t,u)u_x \tag{5.4.8}$$

对 Burgers 方程(5.4.6)做单参数 Lie 群变换(5.4.3),由方程的不变性,应有

$$u'_{t'}+u'u'_{x}-u'_{x'x'}=0 \tag{5.4.9}$$

由 5.4 节的讨论有

$$u'_{t'}=u_t+\varepsilon\eta_t^{(1)}+O(\varepsilon^2) \tag{5.4.10a}$$

$$u'_{x}=u_x+\varepsilon\eta_x^{(1)}+O(\varepsilon^2) \tag{5.4.10b}$$

$$u'_{x'x'}=u_{xx}+\varepsilon\eta_{xx}^{(2)}+O(\varepsilon^2) \tag{5.4.10c}$$

其中,

$$\eta_t^{(1)}=\eta_t+(\eta_u-\tau_t)u_t-\xi_t u_x-\tau_u\ (u_t)^2-\xi_u u_x u_t \tag{5.4.11a}$$

$$\eta_x^{(1)}=\eta_x+(\eta_u-\xi_x)u_x-\tau_x u_t-\xi_u\ (u_x)^2-\tau_u u_x u_t \tag{5.4.11b}$$

$$\eta_{xx}^{(2)}=\eta_{xx}+(2\eta_{ux}-\xi_{xx})u_x-\tau_{xx}u_t+(\eta_{uu}-2\xi_{ux})u_x^2-2\tau_{xu}u_xu_t-\xi_{uu}u_x^3-\\ \tau_{uu}u_x^2u_t+(\eta_u-2\xi_x)u_{xx}-2\tau_x u_{xt}-3\xi_u u_{xx}u_x-\tau_u u_{xx}u_t-2\tau_u u_{xt}u_x \tag{5.4.11c}$$

将式(5.4.10)代入式(5.4.9),得到

$$u_t+\varepsilon\eta_t^{(1)}+uu_x+\varepsilon u\eta_x^{(1)}+\varepsilon\eta u_x-u_{xx}-\varepsilon\eta_{xx}^{(2)}+O(\varepsilon^2)=0 \tag{5.4.12}$$

由原方程(5.4.6),则式(5.4.12)成立要求

$$\eta_t^{(1)}+u\eta_x^{(1)}+\eta u_x-\eta_{xx}^{(2)}=0 \tag{5.4.13}$$

将式(5.4.11)代入式(5.4.13),并考虑 $\tau(x,t,u)\equiv1$,有

$$\eta_t+\eta_u u_t-\xi_t u_x-\xi_u u_x u_t+u(\xi_x+\eta_u u_x-\xi_x u_x-\xi_u {u_x}^2)+\eta u_x-\eta_{xx}-\\ (2\eta_{ux}-\xi_{xx})u_x-\eta_{uu}u_x^2+2\xi_{ux}u_x^2+\xi_{uu}u_x^3-(\eta_u-2\xi_x-3\xi_u u_x)u_{xx}=0 \tag{5.4.14}$$

由 Burgers 方程(5.4.6)可得

$$u_{xx}=u_t+uu_x \tag{5.4.15}$$

和不变曲面条件(5.4.8)。

将式(5.4.15)和式(5.4.8)代入式(5.4.14)，并按 u_x 进行降幂整理，得

$$\xi_{uu}u_x{}^3+(2\xi_{ux}-\eta_{uu}-\xi_u u+\xi_u\xi+3\xi_u u-3\xi_u\xi)u_x^2+$$
$$(u\eta_u-\eta_u\xi-\xi_t-\xi_u\eta-\xi_x u+\eta-2\eta_{ux}+\xi_{xx}+\eta_u\xi-\eta_u u-2\xi_x\xi+2\xi_x u+3\xi_u\eta)u_x+$$
$$\eta_t+\eta_u\eta+u\eta_x-\eta_{xx}-\eta_u\eta+2\xi_x\eta=0$$

由方程的不变性，可得 $u_x{}^3$，$u_x{}^2$，u_x 的系数以及不包含 u_x 的项为 0。

由 $u_x{}^3$ 系数为 0，即 $\xi_{uu}=0$，推出 ξ 为 u 的线性函数，即

$$\xi=A_2(x,t)u+A_1(x,t) \tag{5.4.16}$$

其中，$A_1(x,t)$，$A_2(x,t)$为积分常数。

由 $u_x{}^2$ 系数为 0，得

$$\eta_{uu}=2\xi_{xu}+2u\xi_u-2\xi\xi_u \tag{5.4.17}$$

将式(5.4.16)代入得

$$\eta_{uu}=2[(A_2)x+A_2(1-A_2)u-A_2A_1]$$

积分两次，得到

$$\eta=B(x,t)u+C(x,t)+u^2[(A_2)x-A_2A_1]+\frac{1}{3}u^3A_2(1-A_2) \tag{5.4.18}$$

其中，$B(x,t)$，$C(x,t)$为积分常数。

再由 u_x 和$(u_x)^0$ 项的系数为 0，分别得到

$$\eta-\xi_t-2(\eta_{xu}-\xi_{xx})+u\xi_x-2\xi\xi_x+2\xi_u\eta=0 \tag{5.4.19}$$

$$\eta_t+u\eta_x-\eta_{xx}+2\eta\xi_x=0 \tag{5.4.20}$$

于是求 Burgers 方程相似解的问题就转化为求解超定方程组(5.4.16)～方程组(5.4.20)的问题。一般来说，要找出这个超定方程组的一般解是困难的，所以在许多情况下，都是考虑方程的某些特解。

写出不变曲面条件(5.4.8)的特征方程

$$\frac{\mathrm{d}x}{\xi}=\frac{\mathrm{d}t}{1}=\frac{\mathrm{d}u}{\eta} \tag{5.4.21}$$

由式(5.4.21)中第一个等式，可以得到相似变量 $z(x,t)=$常数，由此可得，$\xi=\xi(t,z)$。再由式(5.4.17)的第二式积分可得相似变换。为了简单起见，设积分常数 $A_2=0$，则由式(5.4.16)和式(5.4.18)得

$$\xi=A_1(x,t)=D(x,t),\quad \eta=B(x,t)u+D(x,t) \tag{5.4.22}$$

将式(5.4.22)代入式(5.4.19)和式(5.4.20)，得

$$Bu+C-D_t-2B_x+D_{xx}+uD_x-2DD_x=0 \tag{5.4.23}$$

$$B_tu+C_t+u(B_xu+C_x)-(B_{xx}u+C_{xx})+2(Bu+C)D_x=0 \tag{5.4.24}$$

由于 B、C、D 与 u 无关，令上述方程中 u 和 u^2 项的系数为 0，则由式(5.4.23)得

$$B=-D_x \tag{5.4.25}$$

由式(5.4.24)得

$$B_t+C_x-B_{xx}+2BD_x=0 \tag{5.4.26}$$

$$B_x=0 \tag{5.4.27}$$

由式(5.4.27)可得 $B=B(t)$，代入式(5.4.25)，积分得

$$D=-B(t)x+E(t) \tag{5.4.28}$$

于是方程(5.4.26)变成

$$B_t+C_x-2B^2=0$$

由此得

$$C_x=F(t)-2[B^2(t)-B'(t)]$$

即

$$C=F(t)x+G(t) \tag{5.4.29}$$

将式(5.4.25)～式(5.4.29)代入式(5.4.23)和式(5.4.24)，得到

$$C-D_t-2DD_x=0,\quad C_t+2CD_x=0 \tag{5.4.30}$$

下面分几种情况讨论。

(1) $E=0$，这时

$$\xi=D=\frac{x}{2t+k},\quad \eta=\frac{u}{2t+k}\quad (k\text{ 为常数}) \tag{5.4.31}$$

由此可得相似变量和相似形式为

$$z=\frac{x}{\sqrt{2t+k}},\quad f(z)=u\sqrt{2t+k} \tag{5.4.32}$$

其中，$f(z)$满足：

$$f''+(z-f)f'+f=0$$

(2) $E=RB$(R 为常数)，这时有

$$G=b\left[\left(\frac{b^2}{2}\right)(t+d)+e\right]^{-1}\quad (b,d,e\text{ 为常数})$$

而

$$\xi=D=\frac{G'}{2G}(x+k),\quad \eta=\frac{G'}{2G}u+\left(\frac{b}{2}x+1\right) \tag{5.4.33}$$

由此可得相似变量和相似形式分别为

$$z=\frac{t+d}{x+k},\quad f(z)=\frac{(t+d)^{-1}}{u-\frac{1}{z}} \tag{5.4.34}$$

其中，$f(z)$满足：

$$z^2f''+2zf'+ff'=0 \tag{5.4.35}$$

积分式(5.4.35)，得

$$f=\alpha\tanh\left(\frac{\alpha}{2}\left(\beta-\frac{1}{z}\right)\right) \tag{5.4.36}$$

于是得到 Burgers 方程的类孤立波解

$$u=\frac{\alpha}{t+d}\tanh\left[\frac{\alpha}{2}\left(\beta-\frac{x+R}{t+d}\right)\right]+\frac{x+R}{t+d} \tag{5.4.37}$$

(3) 不对 E 做任何限制，这时，

$$\xi=(t+d)^{-2}\left(x+\frac{1}{2}\right)+H(t+d)^{-2}\quad (d,H\text{ 为常数})$$

$$\eta=-(t+d)^{-1}u+(t+d)^{-2}\left(x+\frac{1}{2}\right)$$

由此求得相似变量和相似形式分别是

$$z=\frac{x+\frac{1}{2}+\frac{H}{2}\frac{1}{t+d}}{t+d},\quad f(z)=\left[u-z-\frac{1}{2}H\frac{1}{(t+d)^2}\right](t+d)$$

这时 Burgers 方程的解可以用 Bessel 函数表示。

下面我们再用非经典无穷小变换方法来求 mBq 方程的相似约化。

对 mBq 方程

$$u_{tt}-u_tu_{xx}-\frac{1}{2}u_x{}^2u_{xx}+u_{xxxx}=0 \tag{5.4.38}$$

作单参数 Lie 群变换(5.4.3),得到方程

$$\eta_{tt}^{(2)}-\eta_t^{(1)}u_{xx}-\eta_{xx}^{(2)}u_t-\frac{1}{2}\eta_{xx}^{(2)}u_x{}^2-\eta_x^{(1)}u_xu_{xx}+\eta_{xxxx}^{(4)}=0 \tag{5.4.39}$$

在不变曲面条件中,令 $\tau=1$,有 $\tau_x=\tau_t=0$,将各阶导数的无穷小及不变曲面条件 $u_t=\eta-\xi u_x$ 代入式(5.4.39),由原 mBq 方程的形式,所以要求 u_{tt},$-u_tu_{xx}$,$-\frac{1}{2}u_x{}^2u_{xx}$,$u_{xxxx}$ 各项系数相等,得到

$$\eta_u=2\eta_u-2\xi_x=3\eta_u-4\xi_x=\eta_u-4\xi_x \tag{5.4.40}$$

由此解得

$$\eta_u=0,\xi_x=0 \tag{5.4.41}$$

将其他项中的 u_t 用 $u_t=\eta-\xi u_x$ 全部换成 u 关于 x 的导数,然后令常数项及 u 的不同导数的系数为零,有

$(u_x)^0$: $\eta_{tt}+2\eta\eta_{tu}-2\xi_t\eta_x-\eta\eta_{xx}+\eta_{xxxx}=0$

u_x: $-2\xi\eta_{ut}-\xi_{tt}-2\xi_t\eta_u+2\xi_t\xi_x+\xi\eta_{xx}-2\eta\eta_{xu}+\eta\xi_{xx}+4\eta_{xxxu}-\xi_{xxxx}=0$

u_{xx}: $2\xi\xi_t-\eta_t+6\eta_{xxu}-4\xi_{xxx}=0$

$(u_x)^2$: $2\xi\eta_{xu}-\xi\xi_{xx}-\frac{1}{2}\eta_{xx}=0$

$(u_x)^3$: $-\eta_{xu}+\frac{1}{2}\xi_{xx}=0$

u_xu_{xx}: $\xi_t-\eta_x=0$

u_{xxx}: $-4\eta_{xu}-6\xi_{xx}=0$

将式(5.4.41)代入上面各式,得到

$$\begin{cases}\xi_x=0,\quad \xi_{tt}=0\\ \eta_u=0,\quad \eta_{xx}=0\\ \xi_t=\eta_x,\quad \eta_t=2\xi\xi_t,\quad \eta_{tt}=2\xi_t^2\end{cases} \tag{5.4.42}$$

从式(5.4.42)中解得 $\xi=\lambda+\mu t$,$\eta=(\lambda+\mu t)^2+\mu x$,即有

$$\xi=\lambda+\mu t,\quad \tau=1,\quad \eta=(\lambda+\mu t)^2+\mu x$$

其中,λ,μ 为常数。

下面求相似变换,此时特征方程为

$$\frac{\mathrm{d}x}{\lambda+\mu t}=\frac{\mathrm{d}t}{1}=\frac{\mathrm{d}u}{(\lambda+\mu t)^2+\mu x}$$

由 $\frac{\mathrm{d}x}{\lambda+\mu t}=\frac{\mathrm{d}t}{1}$ 解得 $x-\lambda t-\frac{1}{2}\mu t^2=C_1$,由 $\frac{\mathrm{d}t}{1}=\frac{\mathrm{d}u}{(\lambda+\mu t)^2+\mu x}$ 解得 $u=x(\lambda+\mu t)+C_2$,令

$z=x-\lambda t-\frac{1}{2}\mu t^2$，$g(z)=u-x(\lambda+\mu t)$，故得相似解和相似变量为

$$u=x(\lambda+\mu t)+g(z),\quad z=x-\lambda t-\frac{1}{2}\mu t^2$$

为了降阶，作变换

$$u=x(\lambda+\mu t)+\int^z h(z_1)dz_1,\quad z=x-\lambda t-\frac{1}{2}\mu t^2 \tag{5.4.43}$$

将式(5.4.43)代入 mBq 方程，得到 $h(z)$ 关于 z 的常微分方程，并对 z 积分一次可得

$$h''-\frac{1}{6}h^3-\left(\mu z-\frac{1}{2}\lambda^2\right)h=\alpha \tag{5.4.44}$$

α 为积分常数，通过变换可将式(5.4.44)变为第二种 Painlevé 方程。

从这个例子的求解可以可出，用非经典无穷小变换方法可以求出新的、不同于用经典无穷小变换方法求出的相似约化。

从上面的分析、讨论可知，用相似约化方法将非线性偏微分方程约化成常微分方程，需要做大量的运算，现在国外已经有不少计算机程序来帮助人们进行计算。

5.5 求相似解的直接方法(CK 方法)

CK 方法是 Peter A. Clarkson 和 Martin D. Kruskal 在 1989 年首次提出的用来推导非线性偏微分方程相似约化的直接方法，他们用这个方法最先求解的是 Boussinesq 方程，得出很多不同于用经典无穷小变换和非经典无穷小变换方法求出的相似解。后来又有许多方程用这种方法求出了相似解。与经典无穷变换和非经典无穷小变换方法相比，这种方法的突出特点是不涉及群变换。直接寻找偏微分方程的形如

$$u(x,t)=U\{x,t,w[z(x,t)]\} \tag{5.5.1}$$

(其中，函数 U，z 待定)的相似解，这是最一般的相似约化的形式。将此式代入所讨论的偏微分方程中，要求结果是关于 $w(z)$ 的常微分方程，这样可以得到关于 U 及其导数的一些关系式，从中可以解出 U，对于 Boussinesq 方程可以得出

$$u(x,t)=\alpha(x,t)+\beta(x,t)w(z(x,t)) \tag{5.5.2}$$

这个关系对许多偏微分方程都成立。再把这个关系代入原非线性偏微分方程，并且始终要求结果是关于 $w(z)$ 的常微分方程，可以逐步确定 $\alpha(x,t)$，$\beta(x,t)$ 和 $z(x,t)$，直至得到相似变换和相似解。

下面就讨论用这种方法求解 Boussinesq 方程的具体过程。

Boussinesq 方程

$$u_{tt}+au_{xx}+b(u^2)_{xx}+cu_{xxxx}=0 \tag{5.5.3}$$

其中，a，b，c 为常数，做适当的标度变换，可以将式(5.5.3)变成

$$u_{tt}+\frac{1}{2}(u^2)_{xx}\pm u_{xxxx}=0 \tag{5.5.4}$$

即相当于在式(5.5.3)中取 $a=0$，$b=\frac{1}{2}$，$c=\pm 1$。式(5.5.4)也是 Boussinesq 方程经常出现的形式。将中间项的导数写开来，就是

$$u_{tt}+u_x^2+uu_{xx}+u_{xxxx}=0 \tag{5.5.5}$$

（取 $c=1$）。将式(5.5.1)代入式(5.5.5)，经过 Maple 运算，得到

$$\begin{aligned}&U_w[w''''z_x^4+6w'''z_x^2z_{xx}+w''(4z_xz_{xxx}+3z_{xx}^2)+w'z_{xxxx}]+\cdots+\\&U_{ww}\{[4w'w'''+3(w'')^2]z_x^4+18w'w''z_x^2z_{xx}+(w')^2(4z_xz_{xxx}+3z_{xx}^2)\}=0\end{aligned} \tag{5.5.6}$$

将 z 看成自变量，$w(z(x,t))$ 是关于 z 的函数，为了使式(5.5.6)是 w 关于 z 的常微分方程，则 $w(z)$ 各阶导数（包括它们乘积的组合）的系数的比值只能是 w 和 z 的函数。一般以最高阶导数的系数作为规范系数，在本问题中以 w'''' 的系数（即 $U_wz_x^4$）作为规范系数，则 $w'w'''$ 和 $(w'')^2$ 的系数应该为

$$U_wz_x^4\Gamma(w,z)=U_{ww}z_x^4 \tag{5.5.7}$$

其中，$\Gamma(w,z)$ 是待定的函数，假设 $z_x\neq 0$，由式(5.5.7)得

$$\Gamma(w,z)=\frac{U_{ww}}{U_w} \tag{5.5.8}$$

对 w 积分一次，得到

$$\ln\Gamma_1(w,z)=\int\Gamma(w,z)\mathrm{d}w=\ln U_w-\ln\beta_0(x,t) \tag{5.5.9}$$

或

$$\Gamma_1(w,z)=\frac{U_w}{\beta_0(x,t)} \tag{5.5.10}$$

其中，$\beta_0(x,t)$ 为积分函数。

将式(5.5.10)再对 w 积分一次得

$$\begin{aligned}U&=\beta_0(x,t)\int\Gamma_1(w,z)\mathrm{d}w+\alpha_0(x,t)\\&=\beta_0(x,t)\Gamma_2(w,z)+\alpha_0(x,t)\end{aligned} \tag{5.5.11}$$

记 $\alpha_0(x,t)=\alpha(x,t)$，$\beta_0(x,t)=\beta(x,t)$，$\Gamma_2(w,z)=w(z)$，则有

$$u(x,t)=U=\alpha(x,t)+\beta(x,t)w[z(x,t)] \tag{5.5.12}$$

下面再逐步确定 $\alpha(x,t)$，$\beta(x,t)$ 和 $z(x,t)$。

将式(5.5.12)代入原方程(5.5.5)，应用 Maple 运算，得到

$$\begin{aligned}&\beta z_x^4w''''+(6\beta z_x^2z_{xx}+4\beta_xz_x^3)w'''+\cdots+\\&[\beta(3z_{xx}^2+4z_xz_{xxx})+12\beta_xz_xz_{xx}+6\beta_{xx}z_x^2+\alpha\beta z_x^2+\beta z_t^2]+\cdots+\\&\beta^2z_x^2ww''+\cdots+\beta^2z_x^2(w')^2+\cdots=0\end{aligned} \tag{5.5.13}$$

还是要求方程(5.5.13)是 $w(z)$ 关于 z 的常微分方程，即 $w(z)$ 各阶导数（包括它们乘积的组合）的系数的比值只能是 z 的函数。在对方程(5.5.13)进行处理以前，作如下的附注。

附注 5.5.1 用最高阶导数项 w'''' 的系数（βz_x^4）作为规范系数，其他项（如 $w'w'''$、w''^2，w'''，…）的系数可以表示为 $\beta z_x^4\Gamma(z)$ 的形式，$\Gamma(z)$ 为待定函数。

附注 5.5.2 用大写希腊字母（$\Gamma(z)$、$\Omega(z)$ 等）表示 z 的待定函数，为了方便计算，将经过积分、微分、求指数或对数、尺度变换后的待定函数仍然用原来字母表示。（比如，$\Gamma(z)$ 的导数仍记为 $\Gamma(z)$ 等）。

附注 5.5.3 在 $U=\alpha(x,t)+\beta(x,t)w[z(x,t)]$ 中 $\alpha(x,t)$，$\beta(x,t)$，$z(x,t)$，$w(z)$ 四个函数满足一个关系式，因此只有三个是独立的，在保证此方法仍有效的前提下，可以不失一般性地进一步假设。

附注 5.5.3.1 若有 $\alpha(x,t)=\alpha_0(x,t)+\beta(x,t)\Omega(z)$，可以取 $\Omega(z)=0$，因为这时有

$$\begin{aligned}u(x,t)&=\alpha(x,t)+\beta(x,t)w[z]\\&=\alpha(x,t)+\beta(x,t)[w(z)+\Omega(z)]\\&=\alpha(x,t)+\beta(x,t)w_1(z)\end{aligned}$$

令 $w_1(z)=w(z)$，即相当于取 $\Omega(z)=0$，函数形式不变。

附注 5.5.3.2 若有 $\beta(x,t)=\beta_0(x,t)\Omega(z)$，可取 $\Omega(z)=1$，因为这时有

$$\begin{aligned}u(x,t)&=\alpha(x,t)+\beta(x,t)w[z]\\&=\alpha(x,t)+\beta(x,t)w(z)\Omega(z)\\&=\alpha(x,t)+\beta(x,t)w_2(z)\end{aligned}$$

令 $w_2(z)=w(z)$，即相当于 $\Omega(z)=1$，函数形式不变。

附注 5.5.3.3 若 $z(x,t)$ 是由方程 $\Omega(z)=z_0(x,t)$ 确定的，可取 $\Omega(z)=z$，因为这时相当于做变换

$$z(x,t)=\Omega^{-1}(z_0(x,t))\overset{\Delta}{=}z_0(x,t)$$

下面就在这些附注的基础上求 Boussinesq 方程的相似解和相似变换。以 w'''' 的系数 βz_x^4 作为规范系数，考虑 $w'w'''$ 和 $(w')^2$ 项的系数，得到

$$\beta z_x^4\Gamma_1(z)=\beta^2 z_x^2$$

$\Gamma_1(z)$ 是一待定函数，由附注 5.5.3.2，取 $\Gamma(z)=1$，得到

$$\beta=z_x^2 \tag{5.5.14}$$

再由 w''' 的系数，有

$$\beta z_x^4\Gamma_2(z)=4\beta_x z_x^3+6\beta z_x^2 z_{xx}$$

其中，$\Gamma_2(z)$ 是另一个待定函数，由式(5.5.14)，并对 $\Gamma_2(z)$ 作标度变换，得 $z_x^2\Gamma(z)=14z_{xx}$，由附注 5.5.2 得 $z_x\Gamma(z)+\dfrac{z_{xx}}{z_x}=0$，对 x 积分一次得 $\Gamma(z)+\ln z_x=\Theta(t)$，其中 $\Theta(t)$ 是一个积分函数，两边取指数并再利用附注 5.5.2 得，$z_x\Gamma(z)=\Theta(t)$，再对 x 积分一次得 $\Gamma(z)=x\Theta(t)+\Sigma(t)$，$\Sigma(t)$ 是另一个积分函数，由附注 5.5.3.3，可以得到

$$z=x\theta(t)+\sigma(t) \tag{5.5.15}$$

（上述过程用到 4 次附注 5.5.2，用到 1 次附注 5.5.3.3）这里 $\theta(t)$，$\sigma(t)$ 是待定函数，由式(5.5.14)、式(5.5.15)得

$$\beta=\theta^2(t) \tag{5.5.16}$$

现在考虑 w'' 的系数，有关系式

$$\beta z_x^4\Gamma_3(z)=\beta(3z_{xx}^2+4z_x z_{xxx})+12\beta_x z_x z_{xx}+6\beta_{xx}z_x^2+\beta(\alpha z_x^2+z_t^2)$$

$\Gamma_3(z)$ 是一个待定函数，将式(5.5.15)和式(5.5.16)代入上式，将其化简为

$$\theta^4\Gamma_3(z)=\alpha\theta^2+\left(x\frac{\mathrm{d}\theta}{\mathrm{d}t}+\frac{\mathrm{d}\sigma}{\mathrm{d}t}\right)^2$$

由附注 5.5.3.1 得到

$$\alpha=-\frac{1}{\theta^2(t)}\left(x\frac{\mathrm{d}\theta}{\mathrm{d}t}+\frac{\mathrm{d}\sigma}{\mathrm{d}t}\right)^2 \tag{5.5.17}$$

将式(5.5.15)～式(5.5.17)代入式(5.5.13)中，经过化简，得到

$$\theta^6[w''''+ww''+(w')^2]+\theta^2\left(x\frac{\mathrm{d}^2\theta}{\mathrm{d}t^2}+\frac{\mathrm{d}^2\sigma}{\mathrm{d}t^2}\right)w'+2\theta\frac{\mathrm{d}^2\theta}{\mathrm{d}t^2}w-$$

$$\frac{d^2}{dt^2}\left\{\left[\frac{1}{\theta}\left(x\frac{d\theta}{dt}+\frac{d\sigma}{dt}\right)\right]^2\right\}+\frac{6}{\theta^4}\left[\frac{d\theta}{dt}\left(x\frac{d\theta}{dt}+\frac{d\sigma}{dt}\right)\right]^2=0 \tag{5.5.18}$$

为了使式(5.5.18)是 $w(z)$ 关于自变量 z 的常微分方程，我们继续讨论各项系数之间的关系，将 w'''' 的系数 θ^6 作为规范系数，得到

$$\theta^6\gamma_1(z)=\theta^2\left(x\frac{d^2\theta}{dt^2}+\frac{d^2\sigma}{dt^2}\right) \tag{5.5.19}$$

$$\theta^6\gamma_2(z)=2\theta\frac{d^2\theta}{dt^2} \tag{5.5.20}$$

$$\theta^6\gamma_3(z)=-\frac{d^2}{dt^2}\left\{\left[\frac{1}{\theta}\left(x\frac{d\theta}{dt}+\frac{d\sigma}{dt}\right)\right]^2\right\}+\frac{6}{\theta^4}\left[\frac{d\theta}{dt}\left(x\frac{d\theta}{dt}+\frac{d\sigma}{dt}\right)\right]^2 \tag{5.5.21}$$

其中，$\gamma_1(z)$、$\gamma_2(z)$ 和 $\gamma_3(z)$ 是待定函数。首先因为 $z=x\theta(t)+\sigma(t)$，式(5.5.19)的右端为 x 的线性函数，所以可以令 $\gamma_1(z)=Az+B$，A、B 为常数，代入式(5.5.19)并化简得到

$$\theta^4[A(x\theta+\sigma)+B]=x\frac{d^2\theta}{dt^2}+\frac{d^2\sigma}{dt^2} \tag{5.5.22}$$

比较等式两边 x 的系数得

$$\frac{d^2\theta}{dt^2}=A\theta^5 \tag{5.5.23}$$

$$\frac{d^2\sigma}{dt^2}=\theta^4(A\sigma^4+B) \tag{5.5.24}$$

将式(5.5.23)和式(5.5.24)代入式(5.5.20)和式(5.5.21)中，得到

$$\gamma_2(z)=2A,\quad \gamma_3(z)=-2(Az+B)^2$$

现在可以给出 Boussinesq 方程的相似变换和相似变量依次为

$$u(x,t)=\theta^2(t)w(z)-\frac{1}{\theta^2(t)}\left(x\frac{d\theta}{dt}+\frac{d\sigma}{dt}\right)^2 \tag{5.5.25a}$$

$$z=x\theta(t)+\sigma(t) \tag{5.5.25b}$$

其中，$\theta(t)$，$\sigma(t)$ 满足式(5.5.23)和式(5.5.24)，而 $w(z)$ 满足常微分方程

$$w''''+ww''+(w')^2+(Az+B)w'+2Aw=2(Az+B)^2 \tag{5.5.26}$$

可以证明在形如

$$w''''+ww''+(w')^2+f(z)w'+g(z)w=h(z) \tag{5.5.27}$$

（其中，$f(z)$、$g(z)$ 和 $h(z)$ 为 z 的解析函数）的方程中，式(5.5.26)是具有 Painlevé 性质的最普通形式。一般来说，方程(5.5.26)等价于第 IV 类 Painlevé 方程。但当 $A=0$ 时，它等价于第 II 类 Painlevé 方程，当 $A=0$，$B=0$ 时，它等价于第 I 类 Painlevé 方程或 Weierstrass 椭圆方程。当然它们都具有 Painlevé 性质。Boussinesq 方程是可以用反散射方法求解的非线性偏微分方程，应该符合 ARS 猜测，即可以用反散射方法求解的偏微分方程，经过相似约化方法得到的常微分方程都具有 Painlevé 性质。

下面通过讨论常微分方程(5.5.26)解的性质来讨论 Boussinesq 方程的解的形式或解的性质，分三种情况。

情形 1 设 $A=0$，$B=0$，在这种情况下，方程(5.5.23)和方程(5.5.24)的解为

$$\theta(t)=a_1t+a_0,\quad \sigma(t)=b_1t+b_0$$

所以 Boussinesq 方程的相似变换和相似变量为

$$u(x,t)=(a_1t+a_0)^2w(z)-\left(\frac{a_1x+b_1}{a_1t+a_0}\right)^2 \tag{5.5.28a}$$

$$z(x,t)=x(a_1t+a_0)+b_1t+b_0 \tag{5.5.28b}$$

这时 $w(z)$ 满足：

$$w''''+ww''+(w')^2=0$$

对 z 积分两次得

$$w''+\frac{1}{2}w^2=c_1z+c_0 \tag{5.5.28c}$$

方程(5.5.28c)等价于第 I 类的 Painlevé 方程或 Weierstrass 椭圆方程。当 $a_1=0,b_1\neq0$ 时，即得到 Boussinesq 方程的行波约化。而当取 $a_1=1,a_0=b_0=b_1=0$ 时，得到 Boussinesq 方程如下形式的相似约化

$$u(x,t)=t^2w(z)-\frac{x^2}{t^2},\quad z=xt \tag{5.5.29}$$

$w(z)$ 满足式(5.5.28c)，这是 Boussinesq 方程到第 I 类 Painlevé 方程的一种新的相似约化。

将 z 和 w 作为不变量，方程(5.5.28)定义点变换群

$$(x,t,u)\to(\gamma^{-1}x,\gamma t,\gamma^2u+(\gamma^2-\gamma^{-4})x^2/t^2)$$

相应的无穷小是

$$\xi=-x,\quad \tau=t,\quad \eta=2u+6x^2/t^2 \tag{5.5.30}$$

可以证明用经典 Lie 群变换法不能得到这个无穷小形式。

情形 2 设 $A=0,B\neq0$，这时方程(5.5.23)和式(5.5.24)的解分别为

$$\theta(t)=a_1t+a_0$$

$$\sigma(t)=\begin{cases}\frac{1}{30}Ba_1^{-2}(a_1t+a_0)^6+b_1t+b_0, & a_1\neq0\\ \frac{1}{2}Ba_0^2t^2+b_1t+b_0, & a_1=0\end{cases}$$

情形 2.1 在 $a_1=0$ 时，Boussinesq 方程的相似约化为

$$u(x,t)=a_0^2w(z)-\frac{(Ba_0^2t+b_1)^2}{a_0^2} \tag{5.5.31}$$

$$z(x,t)=a_0x+\frac{1}{2}Ba_0^2t^2+b_1t+b_0 \tag{5.5.32}$$

此时 $w(z)$ 满足：

$$w''''+ww''+(w')^2+Bw'=2B^2$$

积分一次得

$$w'''+ww'Bw=2B^2z+c_0 \tag{5.5.33}$$

式(5.5.33)是第 II 类 Painlevé 方程。

情形 2.2 当 $a_1\neq0$ 时，Boussinesq 方程的相似约化为

$$u(x,t)=(a_1t+a_0)^2w(z)-\left[\frac{a_1^2x+\frac{1}{5}B(a_1t+a_0)^5+a_1b_1}{a_1(a_1t+a_0)}\right]^2 \tag{5.5.34}$$

$$z(x,t)=x(a_1t+a_0)+(B/30a_1^2)(a_1t+a_0)^6+b_1t+b_0 \tag{5.5.35}$$

而 $w(z)$ 满足式(5.5.33)，我们再令 $a_1=1,a_0=b_0=b_1=0$ 得新的相似约化

$$u(x,t)=t^2w(z)-\frac{(x+\lambda t^5)^2}{t^2},\quad z=xt+\frac{1}{6}\lambda t^6 \tag{5.5.36}$$

(在上式中已经设 $B=5\lambda$)，同样 $w(z)$也满足式(5.5.33)。式(5.5.36)是 Boussinesq 方程新的相似约化，可将 Boussinesq 方程化为第 II 类的 Painlevé 方程。

情形 3 当 $A\neq 0, B=0$ 时，先解方程(5.5.23)和方程(5.5.24)。以 $\mathrm{d}\theta/\mathrm{d}t$ 乘以式(5.5.23)，并对 t 积分一次得

$$\left(\frac{\mathrm{d}\theta}{\mathrm{d}t}\right)^2=\frac{1}{3}A\theta^6+A_0 \tag{5.5.37}$$

其中，A_0 是积分常数，可能有两种情况：

情形 3.1 当 $A_0=0$ 时，方程(5.5.37)的解为

$$\theta(t)=c_0\ (t+t_0)^{-\frac{1}{2}} \tag{5.5.38}$$

其中，$c_0^4=3/(4A)$，将式(5.5.38)代入式(5.5.24)，并求解得到

$$\sigma(t)=c_1\ (t+t_0)^{\frac{3}{2}}+c_2\ (t+t_0)^{-\frac{1}{2}}$$

这里，可以令 $t_0=0, c_0=1$ 和 $c_2=0$，解得 Boussinesq 方程的相似约化为

$$\begin{cases}u(x,t)=t^{-1}w(z)-\dfrac{1}{4}t^{-2}(x-3c_1t^2)^2\\ z(x,t)=xt^{\frac{1}{2}}+c_1t^{\frac{3}{2}}\end{cases} \tag{5.5.39}$$

此时 $w(z)$满足：

$$w''''+ww''+(w')^2+\frac{3}{4}zw'+\frac{3}{2}w=\frac{9}{8}z^2 \tag{5.5.40}$$

在 $c_1\neq 0$ 时，式(5.5.39)是 Boussinesq 方程的一个新的相似约化，做变换 $w(z)=g(z)+z^2/4$，可将式(5.5.40)化为第 IV 类的 Painleve 方程。

情形 3.2 当 $A_0\neq 0$ 时，方程(5.5.37)的解可用 Jacobi 椭圆函数的形式表示，首先令 $A_0=k^2, A=(k^2+1)/3k^2$，其中 k 是待定的常数，变换 $\theta^2(t)=1/[\eta^2(t)-A]$将方程(5.5.37)化为

$$\left(\frac{\mathrm{d}\eta}{\mathrm{d}t}\right)^2=(1-\eta^2)(1-k^2\eta^2) \tag{5.5.41}$$

不失一般性可取 $k^2=\dfrac{1}{2}(1\pm\mathrm{i}\sqrt{3})$，方程(5.5.41)的解是 Jacobi 椭圆函数 $\mathrm{sn}(t+t_0;k)$。因此

$$\theta(t)=[\mathrm{sn}^2(t+t_0;k)-(k^2+1)/3k^2]^{-\frac{1}{2}} \tag{5.5.42}$$

方程(5.5.24)变为

$$\frac{\mathrm{d}^2\sigma}{\mathrm{d}t^2}=\frac{k^2+1}{3k^2}\theta^4\sigma$$

其解为

$$\sigma(t)=\left\{C\left[\frac{2-k^2}{3k^2}t-k^{-2}E(t+t_0;k)+D\right]\right\}\theta(t) \tag{5.5.43}$$

$E(t+t_0;k)$是椭圆积分函数

$$E(t+t_0;k)=\int_0^{t+t_0}[1-k^2\mathrm{sn}^2(s;k)]\mathrm{d}s$$

其中，C,D 是任意常数，可令 $D=0$。这样我们得到 Boussinesq 方程的相似约化：

$$u(x,t)=(\mathrm{sn}^2(t+t;k)-A)^{-1}w(z)-C[\mathrm{sn}^2(t+t_0;k)-A]-\{x+C[((2-k^2)/3k^2)t-k^{-2}E(t+t_0;k)]\}\cdot\left[\mathrm{sn}(t+t_0;k)\sqrt{[1-\mathrm{sn}^2(t+t_0;k)][1-k^2\mathrm{sn}^2(t+t_0;k)]/[\mathrm{sn}^2(t+t_0;k)-A]}\right]^2 \tag{5.5.44}$$

$$z(x,t)=\{x+C[((2-k^2)/3k^2)t-k^{-2}E(t+t_0;k)]\}\cdot[\mathrm{sn}^2(t+t_0;k)-A]^{-\frac{1}{2}} \tag{5.5.45}$$

其中，$k^2=\frac{1}{2}\pm\mathrm{i}\frac{\sqrt{3}}{2}$， $A=\frac{k^2+1}{3k^2}=\frac{1}{2}\mp\frac{\mathrm{i}}{2\sqrt{3}}$。这时 $w(z)$满足

$$w''''+ww''+(w')^2+Azw'+2Aw=2A^2z^2 \tag{5.5.46}$$

式(5.5.45)是 Boussinesq 方程的一新的相似约化，可将 Boussinesq 方程化为第 IV 类的 Painlevé 方程。

从以上的求解可以看出，CK 方法可以求出 Boussinesq 方程的不同于用经典无穷小方法和非经典无穷小方法求出的新的相似变换，并且在求解的过程中没有用到 Lie 群变换的知识，相对于经典无穷小和非经典无穷小变换来说，计算相对简单，对于求非线性偏微分方程的相似约化来说，是一种很有效的方法。

下面我们再用一个例子，说明 CK 直接方法在讨论变系数非线性偏微分方程中的应用。

考虑一类变系数 Boussinesq 方程

$$u_{tt}+\{\alpha u_{xxx}+[\beta+f(x)]u_x+\omega uu_x+g(x)u\}_x=0 \tag{5.5.47}$$

这个方程是 Hodyss 和 Nathan 在研究顺流方向上存在可变剪切流动的超临界和次临界区弱非线性动力学时提出的。式中 α，β 和 ω 是常数；系数 $f(x)$和 $g(x)$是顺流方向上变化剪切流动引起的新的函数。当顺流方向上的剪切流没有变化($f(x)=0$，$g(x)=0$)时，方程(5.5.7)便退化成了经典的 Boussinesq 方程(5.5.5)。

设方程(5.5.47)的相似解具有形式(5.5.1)，在变换(5.5.1)下，我们希望得到关于 $w(z)$的常微分方程。经过运算，可以得到线性形式的变换

$$u(x,t)=\xi(x,t)+\eta(x,t)w(z(x,t)) \tag{5.5.48}$$

其中，$\xi(x,t)$，$\eta(x,t)$和 $z(x,t)$是待定函数。

将式(5.5.8) 代入方程(5.5.47)， 应用 Maple 计算并整理，得到 w 关于 z 的常微分方程如下：

$$\begin{aligned}&\alpha\eta z_x^4w''''+[4\alpha\eta_xz_x^3+6\alpha\eta z_x^2z_{xxx}]w'''+\omega\eta^2z_x^2ww''+\\&[\eta z_t^2+12\alpha\eta_xz_xz_{xx}+6\alpha\eta_{xx}z_x^2+3\alpha\eta z_{xx}^2+\beta\eta z_x^2f(x)\eta z_x^2+\\&4\alpha\eta z_xz_{xxx}+\omega\xi\eta z_x^2+\omega\eta^2]w''+\omega\eta^2z_x^2(w')^2+[4\omega\eta\eta_xz_x+\\&\omega\eta^2z_{xxx}]w'w+[\eta z_{tt}+2\eta_tz_t+4\alpha\eta_{xxx}z_x+6\alpha\eta_{xx}z_{xx}+4\alpha\eta_xz_{xxx}+\\&\alpha\eta z_{xxxx}+f'(x)\eta z_x+2\beta\eta_xz_x+\beta\eta z_{xx}+2f(x)\eta_xz_x+f(x)\eta z_{xx}+\\&g(x)\eta z_x+2\omega\xi_x\eta z_x+4\omega\eta_x+2\omega\xi\eta_xz_x+\omega\xi\eta z_{xx}]w'+\\&[\omega\eta\xi_{xx}+\omega\xi\eta_{xx}+\eta_{tt}+g(x)\eta_x+g'(x)\eta+\beta\eta_{xx}+f'(x)\eta_x+\alpha\eta_{xxxx}+\\&f(x)\eta_{xx}+2\omega\xi_x\eta_x]w+[\omega\eta\eta_{xx}+\omega\eta\eta_x^2]w^2+\xi_{tt}+\omega\xi\xi_{xx}+\\&\alpha\xi_{xxxx}+f'(x)\xi_x+\beta\xi_{xx}+f(x)\xi_{xx}+\omega\xi_x^2+g'(x)\xi+g(x)\xi_x=0\end{aligned} \tag{5.5.49}$$

这里$'=\frac{\mathrm{d}}{\mathrm{d}x}$。为了使方程(5.5.49)成为 $w(z)$的常微分方程，$w(z)$(或其导数)的不同幂次

(阶数)项的系数应该只是 z 的函数，即式(5.5.49)可以表示成

$$w''''+\Gamma_1(z)w'''+\Gamma_2(z)w''+\Gamma_3(z)w'+\Gamma_4(z)w+$$
$$\Gamma_5(z)ww''+\Gamma_6(z)ww'+\Gamma_7(z)(w')2+\Gamma_8(z)w^2+\Gamma_9(z)=0 \qquad (5.5.50)$$

这将给出一系列关于 $\xi(x,t)$，$\eta(x,t)$ 和 $z(x,t)$ 满足的微分方程，它们的每一组解，对应原方程(5.5.47)的一组相似变换。

应用 5.5.1 中的附注，经过类似的运算，我们得到

$$u(x,t)=\theta^2 w(z)-\frac{1}{\omega\theta^2}\left(x\frac{\mathrm{d}\theta}{\mathrm{d}t}+\frac{\mathrm{d}\sigma}{\mathrm{d}t}\right)^2-\frac{f(x)+\beta}{\omega} \qquad (5.5.51)$$
$$z=x\theta(t)+\sigma(t)$$

其中，变系数 $f(x)$ 满足椭圆方程

$$[f'(x)]^2=-f^2(x)\left[\frac{\beta}{\alpha}+\frac{f(x)}{3\alpha}\right] \qquad (5.5.52)$$

它的解是

$$f(x)=\begin{cases}-3\beta\mathrm{sech}^2\left(\sqrt{\dfrac{-\beta}{\alpha}}\dfrac{x-x_0}{2}\right) & \alpha\beta<0,\alpha f>0\\ 3\beta\mathrm{csch}^2\left(\sqrt{\dfrac{-\beta}{\alpha}}\dfrac{x-x_0}{2}\right) & \alpha\beta<0,\alpha f<0\\ 3\beta\sec^2\left(\sqrt{\dfrac{\beta}{\alpha}}\dfrac{x-x_0}{2}\right) & \alpha\beta>0\end{cases} \qquad (5.5.53)$$

并且 $g(x)$ 满足 $g(x)=f'(x)$。这些条件与方程(5.5.47)具有 Painlevé 性质的条件相同。式(5.5.51)中的 θ 和 σ 分别满足：

$$\frac{\mathrm{d}^2\theta}{\mathrm{d}t^2}=A\theta^5,\quad \frac{\mathrm{d}^2\sigma}{\mathrm{d}t^2}=(A\sigma+B)\theta^4 \qquad (5.5.54)$$

而 $w(z)$ 满足：

$$\alpha w''''+\omega w''w+\omega(w')^2+(Az+B)w'+2Aw-\frac{2}{\omega}(Az+B)^2=0 \qquad (5.5.55)$$

其中，A 和 B 是任意常数。

对于 A 和 B 的不同取值，我们可得到方程(5.5.47)的不同形式的相似约化和相似解。以下我们根据 A 和 B 的不同值分别讨论原方程(5.5.47)的相似解和相似约化。

(1) $A=B=0$

在这种情形下，方程(5.5.54)的一般解为

$$\theta=a_1t+a_0,\quad \sigma=b_1t+b_0$$

相应地，方程(5.5.47)的相似解是

$$u(x,t)=(a_1t+a_0)^2w(z)-\frac{1}{\omega}\left(\frac{a_1x+b_1}{a_1t+a_0}\right)^2-\frac{f(x)+\beta}{\omega} \qquad (5.5.56)$$

其中，

$$z=x(a_1t+a_0)+b_1t+b_0 \qquad (5.5.57)$$

a_0，a_1，b_0，b_1 是积分常数。$f(x)$ 满足方程(5.5.52)，$w(z)$ 满足

$$\alpha w''''+\omega w''w+\omega(w')^2=0 \qquad (5.5.58)$$

将式(5.5.58)积分两次得

$$w''+\frac{\omega}{2\alpha}w^2=d_1z+d_2 \tag{5.5.59}$$

其中，d_1，d_2 是积分常数。方程(5.5.59)是第一类 Painlevé 方程。如果取 $d_1=0$，则式(5.5.59)变为 Weiserstrass 椭圆方程。取 $\omega=-12\alpha, d_2=-\frac{3k^2}{2}$，可以得到方程(5.5.47)的相似解

$$u(x,t)=(a_1t+a_0)^2\left\{k+\frac{3k}{2}\tan^2\sqrt{\frac{3k}{2}}[x(a_1t+a_0)+b_1t+b_0-z_0]\right\}-\frac{1}{\omega}\left(\frac{a_1x+b_1}{a_1t+a_0}\right)^2-\frac{f(x)+\beta}{\omega} \tag{5.5.60}$$

其中，z_0 是积分常数。

(2) $A=0$，　$B\neq 0$

在这种情形下，方程(5.5.54)的一般解是

$$\theta=a_1t+a_0,\quad \sigma=\begin{cases}\frac{1}{30}Ba_1^{-2}({}^{a}_{1}t+a_0)6+b_1t+b_0, & a_1\neq 0\\ \frac{1}{2}Ba_0^2t^2+b_1t+b_0, & a_1=0\end{cases} \tag{5.5.61}$$

① $a_1=0$

方程(5.5.48)的相似解是

$$u(x,t)=(a_1t+a_0)^2w(z)-\frac{(Ba_0^2t+b_1)^2}{\omega a_0^2}-\frac{f(x)+\beta}{\omega} \tag{5.5.62}$$

其中，

$$z=a_0x+\frac{1}{2}Ba_0^2t^2+b_1t+b_0 \tag{5.5.63}$$

而 w 满足：

$$\alpha w''''+\omega w''w+\omega(w')^2+Bw'-\frac{2}{\omega}B^2=0 \tag{5.5.64}$$

积分上式，我们有

$$w'''-\frac{\omega}{\alpha}w'w+\frac{B}{\alpha}w=\frac{2B^2}{\omega\alpha}z+c_0 \tag{5.5.65}$$

其中，c_0 为积分常数。通过一个变换，方程(5.5.65)可以化成第二类 Painlevé 方程。

② $a_1\neq 0$

这时方程(5.5.47)的相似解是

$$u(x,t)=(a_1t+a_0)^2w(z)-\frac{1}{\omega}\left[\frac{a_1x^2+\frac{1}{5}B(a_1t+a_0)^5+a_1b_1}{a_1(a_1t+a_0)}\right]^2-\frac{f(x)+\beta}{\omega}$$

这里的 w 满足方程(5.5.65)。

(3) $A\neq 0$

在这种情形下，我们在方程(5.5.54)和方程(5.5.55)中令 $B=0$，从方程(5.5.54)中的第一个方程，我们得到

$$\left(\frac{\mathrm{d}\theta}{\mathrm{d}t}\right)^2=\frac{1}{3}A\theta^6+A_0 \tag{5.5.66}$$

这里的 A_0 是积分常数。

① $A_0=0$

方程(5.5.66)的解为

$$\theta(t)=c_0\ (t+t_0)^{-\frac{1}{2}} \tag{5.5.67}$$

其中，$c_0=3/4A$。将式(5.5.67)代入式(5.5.54)的第二式，解之可得

$$\sigma(t)=c_1\ (t+t_0)^{\frac{3}{2}}+c_2\ (t+t_0)^{-\frac{1}{2}} \tag{5.5.68}$$

取 $t_0=0$，$c_0=1$，$c_2=0$，可以得到原方程(5.5.47)的相似解

$$u(x,t)=\frac{w(z)}{t}-\frac{(x-3c_1t^2)^2}{4\omega t^2}-\frac{f(x)-\beta}{\omega} \tag{5.5.69}$$

其中，

$$z=xt^{-\frac{1}{2}}+c_1t^{\frac{3}{2}}$$

$w(z)$满足：

$$w''''+ww''+(w')^2+\frac{3}{4}zw'+\frac{3}{2}w=\frac{9}{8}z^2 \tag{5.5.70}$$

② $A_0\neq 0$

这时方程(5.5.66)的解可以用 Jacobi 椭圆函数表示。为此，令

$$A_0=k^2,\quad A=\frac{(1+k^2)}{3k^2}$$

其中，k 是常数。作变换

$$\theta^2=\frac{1}{\eta^2-A}$$

将式(5.5.66)化成

$$\left(\frac{\mathrm{d}\eta}{\mathrm{d}t}\right)^2=(1-\eta^2)(1-k^2\eta^2) \tag{5.5.71}$$

不失一般性，取 $k^2=\frac{1}{2}(1\pm\mathrm{i}\sqrt{3})$，方程(5.5.66)的解可以写成

$$\theta(t)=\left[\mathrm{sn}^2(t+t_0;k)-\frac{1+k^2}{3k^2}\right]^{-\frac{1}{2}} \tag{5.5.72}$$

式(5.5.54)中的第二个方程可以简化为

$$\frac{\mathrm{d}^2\sigma}{\mathrm{d}t^2}=\frac{1+k^2}{3k^2}\theta^4\sigma \tag{5.5.73}$$

方程(5.5.73)有解

$$\sigma(t)=\left[C\left(\frac{2-k^2}{3k^2}t-\frac{E(t+t_0;k)}{k^2}\right)+D\right]\theta(t) \tag{5.5.74}$$

其中，$E(t+t_0;k)$是第二类椭圆积分

$$E(t+t_0;k)=\int_0^{t+t_0}[1-k^2\mathrm{sn}^2(s;k)]\mathrm{d}s$$

C，D 是任意常数(这里我们令 $D=0$)。因此，我们得到方程(5.5.47)的相似解

$$u(x,t)=[\mathrm{sn}^2(t+t_0;k)-A]^{-1}w(z)-\frac{f(x)-\beta}{\omega}-$$

$$\frac{1}{\omega}\left\{c[\mathrm{sn}^2(t+t_0;k)-A]-\left[x+C\left(\frac{2-k^2}{3k^2}t-\frac{E(t+t_0;k)}{k^2}\right)\right]\times\right.$$

$$\left.\mathrm{sn}(t+t_0;k)\sqrt{[1-\mathrm{sn}^2(t+t_0;k)][1-k^2\mathrm{sn}^2(t+t_0;k)]/[\mathrm{sn}^2(t+t_0;k)-A]}\right\}^2 \tag{5.5.75}$$

其中，

$$z=\left[x+C\left(\frac{2-k^2}{3k^2}t-\frac{E(t+t_0;k)}{k^2}\right)\right][\mathrm{sn}^2(t+t_0;k)-A]^{-\frac{1}{2}}$$

而 $w(z)$满足：

$$\alpha w''''+\omega[w''w+(w')^2]+Azw'+2Aw=\frac{2}{\omega}A^2z^2 \tag{5.5.76}$$

这是第 IV 类 Painlevé 方程。

第 6 章　Hirota 双线性方法

1971 年 Hirota 提出一种获得非线性偏微分方程孤立子解的简单而直接的方法。在这个方法中，Hirota 引入两个函数的双线性导数概念，通过位势 u 的变换，目标方程可以化为双线性导数方程，将扰动展开式代入到双线性方程中，在一定条件下将展开式截断，就可以得到原目标方程具有线性指数函数形式的单孤立子解，双孤立子解和三孤立子解等具体表达式。并且可以用数学归纳法推测出 N 孤子解的一般表达式。Hirota 方法所引入的位势 u 的变换，往往以反散射变换的结果为基础或者 Painlevé 截断展开为基础，但要比反散射方法简单和直接。

6.1　Hirota 双线性变换的相关概念与性质

6.1.1　基本概念

为了研究非线性偏微分方程的孤立子解，Hirota 引进了如下形式的微分算子

$$D_t^m D_x^n (f \cdot g) = (\partial_t - \partial_{t'})^m (\partial_x - \partial_{x'})^n [f(t,x) \cdot g(t',x')]|_{t'=t,x'=x} \tag{6.1.1}$$

其中，$f(t,x)$ 与 $g(t,x)$ 是变量 t 与 x 的可微函数，m 和 n 为非负整数，D_x 和 D_t 称为双线性算子。

根据上述定义，有

$$D_x(f \cdot g) = f_x g - f g_x, \quad D_x^2(f \cdot g) = f_{xx} g - 2 f_x g_x + g_{xx} f$$

$$D_x^2(f \cdot f) = 2(f_{xx} f - f_x^2), \quad D_t D_x(f \cdot g) = f_{tx} g - f_t g_x - f_x g_t + g_{tx} f$$

$$D_x^3(f \cdot g) = f_{xxx} g - 3 f_{xx} g_x + 3 f_x g_{xx} - g_{xxx} f$$

……

与通常形式的微分算子

$$\partial_t^m \partial_x^n (f \cdot g) = (\partial_t + \partial_{t'})^m (\partial_x + \partial_{x'})^n f(t,x) g(t',x')|_{t'=t,x'=x} \tag{6.1.2}$$

相比，可以看出二者都是写成二项式形式，只是二项式和与差的区分，因此双线性微分算子与通常的微分算子的运算法则相类似。

双线性微分算子有着许多重要的性质，它们在非线性偏微分方程解的研究中起着重要的作用，列举如下。

性质 6.1.1　若 $m+n$ 为奇数，则

$$D_t^m D_x^n (f \cdot f) = 0 \tag{6.1.3}$$

性质 6.1.2

$$D_t^m D_x^n (f \cdot g) = (-1)^{m+n} D_t^m D_x^n (g \cdot f) \tag{6.1.4}$$

性质 6.1.3

$$D_x(f\cdot g)=0 \text{ 的充要条件是 } f=kg(k \text{ 为常数})。 \tag{6.1.5}$$

性质 6.1.4

$$D_t^s D_x^r(\eta_1\eta_2\cdots\eta_h e^{\xi_1})\cdot(\eta_{h+1}\eta_{h+2}\cdots\eta_m e^{\xi_2})=$$
$$e^{\xi_1+\xi_2}\sum\prod_{p=1}^{h}(\eta_p+\alpha_p\partial_{k_1}+\beta_p\partial_{w_1})\sum\prod_{q=h+1}^{m}(\eta_q+\alpha_q\partial_{k_2}+\beta_q\partial_{w_2})(w_1-w_2)^s(k_1-k_2)^r \tag{6.1.6}$$

其中，$\xi_j=w_jt+k_jx+\xi_j^{(0)}$，$\eta_j=\beta_jt+\alpha_jx+\eta_j^{(0)}(j=1,2,\cdots,m)$且 α_j，β_j 和 $\eta_j^{(0)}$ 都是实数。

6.1.2 Hirota 双线性方法的具体步骤

应用 Hirota 双线性方法求解非线性偏微分方程的首要任务是引入适当的新变量将方程化为用 D_x 和 D_t 表示的双线性形式。这个过程称为双线性化，可以通过变量变换来实现。常用的变换有有理型变换、对数型变换及 Painlevé 截断展开型变换等，这些变换的应用将在具体的例子中讨论。

以 KdV 方程

$$u_t+6uu_x+u_{xxx}=0 \tag{6.1.7}$$

为例，先做变换

$$u=w_x \tag{6.1.8}$$

将其化成等价形式

$$w_t+3w_x{}^2+w_{xxx}=0 \tag{6.1.9}$$

再做有理型变换

$$w=\frac{G}{F} \tag{6.1.10}$$

将式(6.1.10)代入式(6.1.9)，经整理得到

$$\frac{D_t(G,F)}{F^2}+3\left[\frac{D_x(G,F)}{F^2}\right]^2+\frac{D_x^3(G,F)-3\dfrac{D_x^2(F,F)}{F^2}D_x(G,F)}{F^2}=0 \tag{6.1.11}$$

或写成

$$F^2[D_t(G,F)+D_x^3(G,F)]+3D_x(G,F)[D_x(G,F)-D_x{}^2(F,F)]=0 \tag{6.1.12}$$

要使式(6.1.12)成立，只需令

$$\begin{cases}D_t(G,F)+D_x^3(G,F)=0\\ D_x^2(F,F)-D_x(G,F)=0\end{cases} \tag{6.1.13}$$

这就是 KdV 方程(6.1.9)的双线性形式，也称双线性 KdV 方程。

为了求解式(6.1.13)，需要将其进一步化简，由式(6.1.13)中的第二式有

$$D_x(G,F)=D_x^2(F,F)=2F^2(\ln F)_{xx} \tag{6.1.14}$$

即

$$\frac{D_x(G,F)}{F^2}=\left(\frac{G}{F}\right)_x=2(\ln F)_{xx} \tag{6.1.15}$$

积分此式，得

$$G=2\frac{\partial F}{\partial x} \tag{6.1.16}$$

将式(6.1.16)代入式(6.1.13)的第一式，得

$$(D_t+D_x^2)(F_x\cdot F)=0 \tag{6.1.17}$$

利用 $D_tD_x(F\cdot F)=2D_t(F_x\cdot F)$ 和 $D_x^4(F\cdot F)=2D_x^3(F_x\cdot F)$，将式(6.1.17)化成

$$D_x(D_t+D_x^3)(F\cdot F)=0 \tag{6.1.18}$$

式(6.1.18)也称为 KdV 方程的双线性方程。如果能从这个双线性方程中求出 F，那么由式(6.1.8)、式(6.1.10)和式(6.1.15)，就得到 KdV 方程(6.1.7)的解为

$$u=2\ (\ln F)_{xx} \tag{6.1.19}$$

一般地，采用形式展开法来求 F 和 G，即设 F 和 G 是关于 ε 的幂级数形式

$$F=\sum_{i=0}^{\infty}\varepsilon^iF_i=1+\varepsilon F_1+\varepsilon^2F_2+\cdots+\varepsilon^NF_N+\cdots \tag{6.1.20}$$

$$G=\sum_{i=0}^{\infty}\varepsilon^iG_i=1+\varepsilon G_1+\varepsilon^2G_2+\cdots+\varepsilon^MG_M+\cdots \tag{6.1.21}$$

根据不同的方程，F 和 G 的关于 ε 的幂级数形式可以有所不同。例如，F 可只取偶次幂，G 只取奇次幂等。

将式(6.1.20)、式(6.1.21)代入形如式(6.1.18)的双线性形式的方程中，可以具体求出 $F_i(i=1,2,\cdots,N,\cdots)$，$G_k(k=1,2,\cdots,M,\cdots)$。一般地，设 F_i 为指数形式，如

$$F_i=\exp(k_1x+\omega_1t)+\exp(k_2x+\omega_2t)+\cdots+\exp(k_nx+\omega_nt)$$

这里的 n 代表孤立子的个数。

把确定后的 $F_i(i=1,2,\cdots,N,\cdots)$ 和 $G_k(k=1,2,\cdots,M,\cdots)$ 代回式(6.1.20)、式(6.1.21)中即能得到 F 和 G 的具体形式。特别地，如果式(6.1.20)和式(6.1.21)退化成有限和的形式，就可以求出原非线性偏微分方程的显式解 $u(x,t)$。

对于 KdV 方程，令

$$F(x,t)=\sum_{n=0}^{\infty}F_n(x,t)\varepsilon^n \tag{6.1.22}$$

将式(6.1.22)代入式(6.1.18)，令 ε 的各幂次系数为零，可以得到关于 $F_n(x,t)$ 的递推公式。如果求得了 $F_n(x,t)$，并且式(6.1.22)退化为有限和形式，那么令 $\varepsilon=1$，就得到方程的解。

现在将式(6.1.22)代入式(6.1.18)，得

$$D_x(D_t+D_x^3)\Big(\sum_{n=0}^{\infty}F_n\varepsilon^n\cdot\sum_{n=0}^{\infty}F_n\varepsilon^n\Big)=\sum_{n=0}^{\infty}\varepsilon^nD_x(D_t+D_x^3)\Big(\sum_{m+l=n}F_m\cdot F_l\Big)=0 \tag{6.1.23}$$

令

$$D_x(D_t+D_x^3)\Big(\sum_{m+l=n}F_m\cdot F_l\Big)=0,\quad n\geqslant 0 \tag{6.1.24}$$

式(6.1.24)就是关于 $F_n(x,t)$ 的递推公式，还可以写成

$$2D_x(D_t+D_x^3)(F_n\cdot F_0)=-D_x(D_t+D_x^3)\sum_{\substack{m+l=n\\ m,l\geqslant 1}}F_m\cdot F_l \tag{6.1.25}$$

当 $n=0,1,2,3$ 时，依次有

$$D_x(D_t+D_x^3)(F_0\cdot F_0)=0 \tag{6.1.26}$$

$$D_x(D_t+D_x^3)(F_1\cdot F_0)=0 \tag{6.1.27}$$

$$2D_x(D_t+D_x^3)(F_2\cdot F_0)=-D_x(D_t+D_x^3)(F_1\cdot F_1) \tag{6.1.28}$$

$$\begin{aligned}2D_x(D_t+D_x^3)(F_3\cdot F_0)&=-D_x(D_t+D_x^3)(F_2\cdot F_1+F_1\cdot F_2)\\&=-2D_x(D_t+D_x^3)(F_2\cdot F_1)\end{aligned} \tag{6.1.29}$$

在以上各式中，式(6.1.26)表示原非线性方程，其余都是线性方程。

下面求解这些递推公式。

取

$$F_0=常数 \tag{6.1.30}$$

并令式(6.1.27)有指数形式的解，即令

$$F_1=e^{kx+\omega t+\delta} \tag{6.1.31}$$

因为

$$P(D_x,D_t)(e^{k_1x+\omega_1t}\cdot e^{k_2x+\omega_2t})=P(k_1-k_2,\omega_1-\omega_2)e^{(k_1+k_2)x+(\omega_1+\omega_2)t} \tag{6.1.32}$$

其中，P 是算子 D_x 和 D_t 的多项式。将式(6.1.30)和式(6.1.31)代入式(6.1.27)，并利用式(6.1.32)，有

$$D_x(D_t+D_x^3)(F_1\cdot F_0)=F_0k(\omega+k^3)e^{kx+\omega t+\delta}=0 \tag{6.1.33}$$

由式(6.1.33)解得

$$\omega=-k^3 \tag{6.1.34}$$

式(6.1.34)是 KdV 方程的色散关系。

因为式(6.1.27)是线性方程，所以按照线性叠加原理，它应该有如下形式的解

$$F_1=\sum_{j=1}^{N}e^{\theta_j},\quad \theta_j=k_jx+\omega_jt+\delta_j,\quad \omega_j=-k_j^3 \tag{6.1.35}$$

其中，$k_j,\delta_j\quad(j=1,2,\cdots,N)$为任意常数。将式(6.1.35)代入式(6.1.28)，得到

$$\begin{aligned}2D_x(D_t+D_x^3)(F_2\cdot F_0)&=-D_x(D_t+D_x^3)\left(\sum_{i=1}^{N}e^{\theta_i}\cdot\sum_{j=1}^{N}e^{\theta_j}\right)\\&=-\sum_{i=1}^{N}\sum_{j=1}^{N}(k_i-k_j)[(\omega_i-\omega_j)+(k_i-k_j)^3]e^{\theta_i+\theta_j}\\&=-2\sum_{1\leqslant i<j\leqslant N}(k_i-k_j)[(\omega_i-\omega_j)+(k_i-k_j)^3]e^{\theta_i+\theta_j}=0\end{aligned} \tag{6.1.36}$$

由式(6.1.32)知，方程(6.1.36)有解

$$F_2\cdot F_0=-\sum_{1\leqslant i<j\leqslant N}\frac{(k_i-k_j)[(\omega_i-\omega_j)+(k_i-k_j)^3]}{(k_i+k_j)[(\omega_i+\omega_j)+(k_i+k_j)^3]}e^{\theta_i+\theta_j}=\sum_{1\leqslant i<j\leqslant N}e^{\theta_i+\theta_j+\delta_{ij}} \tag{6.1.37}$$

其中，

$$e^{\delta_{ij}}=-\frac{(k_i-k_j)[(\omega_i-\omega_j)+(k_i-k_j)^3]}{(k_i+k_j)[(\omega_i+\omega_j)+(k_i+k_j)^3]}=\left(\frac{k_i-k_j}{k_i+k_j}\right)^2 \tag{6.1.38}$$

再将式(6.1.37)代入式(6.1.29)，有

$$2D_x(D_t+D_x^3)(F_3\cdot F_0)=-D_x(D_t+D_x^3)\Big(2\sum_{1\leqslant i<j\leqslant N}e^{\theta_i+\theta_j+\delta_{ij}}\cdot\sum_{l=1}^{N}e^{\theta_l}\Big)$$
$$=-2\sum_{1\leqslant i<j\leqslant N}(k_i+k_j-k_l)\cdot[(\omega_i+\omega_j-\omega_l)+(k_i+k_j-k_l)^3]e^{\theta_i+\theta_j+\theta_l+\delta_{ij}} \tag{6.1.39}$$

由式(6.1.32),可从式(6.1.39)解得

$$F_3\cdot F_0=-\sum_{\substack{1\leqslant i<j\leqslant N\\1\leqslant l\leqslant N}}\frac{(k_i+k_j-k_l)\cdot[(\omega_i+\omega_j-\omega_l)+(k_i+k_j-k_l)^3]}{(k_i+k_j+k_l)\cdot[(\omega_i+\omega_j+\omega_l)+(k_i+k_j+k_l)^3]}e^{\theta_i+\theta_j+\theta_l+\delta_{ij}}$$
$$=\sum_{1\leqslant i<j<l\leqslant N}e^{\theta_i+\theta_j+\theta_l+\delta_{ijl}} \tag{6.1.40}$$

其中,

$$e^{\delta_{ijl}}=e^{\delta_{ij}+\delta_{jl}+\delta_{li}} \tag{6.1.41}$$

类似地,可计算出 $F_4,F_5,\cdots$一直到 F_N,而 $F_{N+1}=0$,这时式(6.1.22)就退化为有限和,它就是双线性方程(6.1.18)的解。

具体地,当 $N=1$ 时,$F_2=0$;取 $F_0=1$,及

$$F=1+F_1=1+e^{\theta}=1+e^{kx+\omega t+\delta} \tag{6.1.42}$$

这时,有

$$u=2(\ln F)_{xx}=\frac{2k^2}{(e^{\frac{1}{2}\theta}+e^{-\frac{1}{2}\theta})^2}=\frac{k^2}{2}\mathrm{sech}^2\frac{k}{2}(x-k^2t+\delta) \tag{6.1.43}$$

这就是 KdV 方程的单孤立子解。

当 $N=2$ 时,令 $F_3=0$;取 $F_0=1$,及

$$F=F_0+F_1+F_2=F_0+e^{\theta_1}+e^{\theta_2}+\frac{1}{F_0}e^{\theta_1+\theta_2+\delta_{12}} \tag{6.1.44}$$

注意,由于方程本身的非线性性,所以当 $k_1\neq k_2$ 时,尽管 $1+F_1$ 和 $1+F_2$ 分别是其解,但它们的线性叠加却不再是方程的解了。因此,若令 $F_0=2$,那么除去以上两个解的线性叠加外,必须再加上一项$\frac{1}{2}e^{\theta_1+\theta_2+\delta_{12}}$,这一项表示两个孤立子的相互作用。式(6.1.41)表示 KdV 方程所遵循的非线性叠加原理。将式(6.1.44)代入式(6.1.19),即

$$u=2(\ln F)_{xx}$$

中,得到

$$u=2(\ln F)_{xx}$$
$$=2\frac{k_1^2e^{\theta_1}+k_2^2e^{\theta_2}+2(k_1-k_2)^2e^{\theta_1+\theta_2}+(k_2^2e^{\theta_1}+k_1^2e^{\theta_2})e^{\theta_1+\theta_2+\delta_{12}}}{(1+e^{\theta_1}+e^{\theta_2}+e^{\theta_1+\theta_2+\delta_{12}})^2} \tag{6.1.45}$$

这就是 KdV 方程的双孤立子解。

对于 n 孤子的情形,我们可以设

$$F=\sum_{\substack{\mu_i=0,1\\1\leqslant i\leqslant n}}\exp\Big(\sum_{1\leqslant i<j\leqslant n}\varphi(i,j)\mu_i\mu_j+\sum_{i=1}^{N}\mu_i\eta_i\Big)$$

这里 $A_{ij}=e^{\varphi(i,j)}$。这样 n 孤子解的形式就完全确定了,它是否是双线性方程

$$P(D_x,D_y,\cdots)F\cdot F=0$$

的解,完全取决于方程本身。只有对于可积方程我们才能将多孤子用这种简单组合的形式写出来,由此我们可以给出如下定义:

定义 6.1.1 一个写成 Hirota 双线性形式的方程(组)是 Hirota 可积的,如果可以将这个方程的任意 n 个单孤子解组合成 n 孤子解,并且这种组合是 e^{η} 的有限次多项式形式。

迄今为止,Hirota 可积性与其他更传统的可积性定义都是等价的。

例 6.1.1 用 Hirota 方法求解 Caudrey-Dodd-Gibbon-Kaeada(CDGK)方程

$$u_t+(60u^3+30uu_{xx}+u_{4x})_x=0 \tag{6.1.46}$$

这里 u 为 x,t 的函数。

解 先求方程的 Hirota 双线性形式。为了说明问题,采用三种变换方法来求 CDGK 方程的 Hirota 双线性形式。

(1) 有理法函数变换法

首先令

$$u(x,t)=\frac{\partial(w(x,t))}{\partial x} \tag{6.1.47}$$

代入式(6.1.46),得到

$$w_{xt}+180w_x^2w_{xx}+30w_{xx}w_{xxx}+30w_xw_{xxxx}+w_{6x}=0$$

对上式积分一次,并取积分常数为零,得

$$w_t+60w_x^3+30w_xw_{xxx}+w_{5x}=0 \tag{6.1.48}$$

再作有理函数变换

$$w(x,t)=\frac{G(x,t)}{F(x,t)} \tag{6.1.49}$$

将式(6.1.49)代入方程(6.1.48),并且按 $F(x,t)$ 的幂次整理,得到

$$\frac{1}{F^2}[D_t(G\cdot F)+D_x^5(G\cdot F)]+\frac{1}{F^4}\{5D_x(G\cdot F)\cdot[2D_x^3(G\cdot F)-D_x{}^4(F\cdot F)]+$$
$$10D_x{}^3(G\cdot F)\cdot[2D_x(G\cdot F)-D_x^2(F\cdot F)]\}+\frac{30}{F^6}D_x(G\cdot F)\cdot$$
$$\{[D_x{}^2(F\cdot F)-D_x(G\cdot F)]\cdot[D_x^2(F\cdot F)-2D_x(G\cdot F)]\}=0 \tag{6.1.50}$$

要使式(6.1.50)成立,只需下列式子成立:

$$D_t(G\cdot F)+D_x^5(G\cdot F)=0 \tag{6.1.51a}$$
$$2D_x^3(G\cdot F)-D_x^4(F\cdot F)=0 \tag{6.1.51b}$$
$$2D_x(G\cdot F)-D_x^2(F\cdot F)=0 \tag{6.1.51c}$$

由式(6.1.51c),可得 $2\left(\frac{G}{F}\right)_x=2(\ln F)_{xx}$,即

$$G=F_x \tag{6.1.52}$$

将式(6.1.52)代入式(6.1.51b),等式恒成立。将式(6.1.52)代入式(6.1.51a),得到

$$(D_tD_x+D_x^6)(F\cdot F)=0 \tag{6.1.53}$$

式(6.1.53)就是 CDGK 方程的 Hirota 双线性形式,而原 CDGK 方程的解为

$$u=w_x=\left(\frac{G}{F}\right)_x=\left(\frac{F_x}{F}\right)_x=(\ln F)_{xx} \tag{6.1.54}$$

(2) 阶平衡方法

阶平衡方法是由 J. Hietarinta 提出来的。他把 $u(x,t)$ 看作是一个 0 阶的函数，而 $u(x,t)$ 对 x 的一阶偏导数记为 1 阶(degree one)，再引入一个新变量，使方程的最高阶导数项与最高阶非线性项的阶数平衡。

以 CDGK 方程为例，式(6.1.48)的最高阶导数项的阶数为 5，最高阶非线性项的阶数为 3，因此我们需引入一个阶数为 2 的函数，即令

$$u(x,t)=\frac{\partial^2 w(x,t)}{\partial x^2} \tag{6.1.55}$$

代入式(6.1.48)，并整理得

$$w_{xt}+60w_{xx}^3+30w_{xx}w_{4x}+w_{6x}=0 \tag{6.1.56}$$

再设

$$w(x,t)=\alpha\cdot\ln f(x,t) \tag{6.1.57}$$

其中，α 为待定常数。将式(6.1.57)代入式(6.1.56)，经整理得

$$\frac{1}{2f^2}(D_tD_x+D_x^6)(f\cdot f)+\frac{30(f_{xx}f-f_x^2)}{f^6}\{[(2\alpha-6)f_x^4-4(\alpha-3)f_{xx}f_x^2f+ (2\alpha-3)f_{xx}^2f^2+f_{4x}f^3-4f_{xxx}f_xf^2]\cdot\alpha+[4f_x^4-8f_{xx}f_x^2f+f_{xx}^2f^2-f_{4x}f^3+4f_{xxx}f_xf^2]\}=0 \tag{6.1.58}$$

记“{}”内的式子为(＊)式，易知，当 $\alpha=1$ 时，(＊)为零。故式(6.1.58)化简为

$$(D_tD_x+D_x^6)(f\cdot f)=0 \tag{6.1.59}$$

这与式(6.1.53)相同，都是 CDGK 方程的双线性形式。

由于 $\alpha=1$，变换式(6.1.57)就是

$$u=w_{xx}=(\alpha\ln f)_{xx}=(\ln f)_{xx} \tag{6.1.60}$$

(3)Painlevé 截断展开法

通过前两种方法，我们不仅得到了一致的 Hirota 双线性形式，而且还得到了一致的变换(6.1.54)和变称(6.1.60)。事实上，这个变换也可以通过 Painlevé 截断展开得到。

令 $u(x,t)=\varphi^{-\alpha}(x,t)\sum\limits_{j=0}^{\infty}u_j(x,t)\phi^j(x,t)$，这里 α 为正整数。代入 CDGK 方程(6.1.46)，由首项分析可定出 $\alpha=1$。

利用 Painlevé 截断展开法，设

$$u(x,t)=\frac{u_0}{\varphi^2}+\frac{u_1}{\varphi}+u_2 \tag{6.1.61}$$

代入式(6.1.46)中，令 φ 的同幂次项系数为零，可求得

$$u_0=-\varphi_x^2,\quad u_1=\varphi_{xx} \tag{6.1.62}$$

u_2 是 CDGK 方程的一个特解，即有

$$\frac{\partial u_2}{\partial t}+180u_2^2\frac{\partial u_2}{\partial x}+30\frac{\partial u_2}{\partial x}\frac{\partial^2 u_2}{\partial x^2}+30u_2\frac{\partial^3 u_2}{\partial x^3}+\frac{\partial^5 u_2}{\partial x^5}=0 \tag{6.1.63}$$

不妨取 u_2 为平凡解，即令 $u_2=0$，将此式及式(6.1.62)代入式(6.1.61)，有

$$u(x,t)=\frac{-\varphi_x^2}{\varphi^2}+\frac{\varphi_{xx}}{\varphi}=(\ln\varphi)_{xx} \tag{6.1.64}$$

这样就得到了与式(6.1.53)和式(6.1.60)一致的变换。

现在，我们通过式(6.1.64)来求 CDGK 方程的 Hirota 双线性形式。

将式(6.1.64)代入方程(6.1.46)得

$$(\ln\varphi)_{xxt}+180\left[(\ln\varphi)_{xx}\right]^2(\ln\varphi)_{xxx}+30(\ln\varphi)_{xxx}(\ln\varphi)_{4x}+30(\ln\varphi)_{xx}(\ln\varphi)_{5x}+(\ln\varphi)_{7x}=0$$

对上式积分一次，并取积分常数为零，

$$(\ln\varphi)_{xt}+60\left[(\ln\varphi)_{xx}\right]^3+30(\ln\varphi)_{xx}(\ln\varphi)_{4x}+(\ln\varphi)_{6x}=0 \tag{6.1.65}$$

由于

$$\left.\begin{aligned}&(\ln f)_x=\frac{f_x}{f},\quad (\ln f)_t=\frac{f_t}{f},\quad (\ln f)_{xt}=\frac{D_tD_x(f\cdot f)}{2f^2}\\&(\ln f)_{xx}=\frac{D_x^2(f\cdot f)}{2f^2},\quad (\ln f)_{4x}=\frac{D_x^4(f\cdot f)}{2f^2}-\frac{3}{2}\left[\frac{D_x^2(f\cdot f)}{f^2}\right]^2\\&(\ln f)_{6x}=\frac{D_x^6(f\cdot f)}{2f^2}-\frac{15}{2}\frac{D_x^4(f\cdot f)D_x^2(f\cdot f)}{f^4}+15\left[\frac{D_x^2(f\cdot f)}{f^2}\right]^3\end{aligned}\right\} \tag{6.1.66}$$

利用式(6.1.66)对数的各阶导数与算子 D 的对应关系，式(6.1.65)可化简为

$$(D_tD_x+D_x^6)(\varphi\cdot\varphi)=0 \tag{6.1.67}$$

易知式(6.1.53)、式(6.1.59)和式(6.1.67)是一致的。

现在应用上面得到的双线性形式求 CDGK 方程的孤立子解。

将 f 展为小参数 ε 的幂级数形式：

$$f=1+\varepsilon f_1+\varepsilon^2 f_2+\varepsilon^3 f_3+\cdots \tag{6.1.68}$$

将式(6.1.68)代入式(6.1.60)，并令 ε 的同次幂系数为零，得到下面一组方程

$$\varepsilon^1:(D_tD_x+D_x^6)(f_1\cdot 1+1\cdot f_1)=0 \tag{6.1.69a}$$

$$\varepsilon^2:(D_tD_x+D_x^6)(f_2\cdot 1+1\cdot f_2)=-(D_tD_x+D_x^6)(f_1\cdot f_1) \tag{6.1.69b}$$

$$\varepsilon^3:(D_tD_x+D_x^6)(f_3\cdot 1+1\cdot f_3)=-(D_tD_x+D_x^6)(f_1\cdot f_2+f_2\cdot f_1) \tag{6.1.69c}$$

$$\vdots$$

设 $f_1=\sum\limits_{i=1}^{N}e^{\eta_i}$，$\eta_i=k_ix-w_it$，其中 $i=1,2,\cdots,N$，就可以得到想要的解。

(1)单孤子解

当 $N=1$ 时，有

$$f_1=\exp(\eta_1),\eta_1=k_1x-w_1t \tag{6.1.70}$$

将式(6.1.70)代入式(6.1.69a)得

$$w_1=k_1^5 \tag{6.1.71}$$

式(6.1.71)是 CDGK 方程的色散关系。代入式(6.1.70)，得

$$f_1=\exp(k_1x-k_1^5t) \tag{6.1.72}$$

将式(6.1.72)代入式(6.1.69b)，得到

$$(D_tD_x+D_x^6)f_2=0 \tag{6.1.73}$$

取

$$f_2=0 \tag{6.1.74}$$

将式(6.1.72)～式(6.1.74)代入式(6.1.69c)得

$$(D_tD_x+D_x^6)f_3=0 \tag{6.1.75}$$

取 $f_3=0$，就有

$$f_i=0,\quad i\geqslant 2 \tag{6.1.76}$$

将式(6.1.72)～式(6.1.76)代入式(6.1.68)，并取 $\varepsilon=1$，有 $f=1+\exp(k_1x-k_1^5t)$，所以

CDGK 方程的单孤子解为

$$u=(\ln f)_{xx}=\frac{k_1^2}{4}\operatorname{sech}^2\frac{1}{2}(k_1x-k_1^5t) \tag{6.1.77}$$

(2) 双孤子解

当 $N=2$ 时,设

$$f_1=\exp(\eta_1)+\exp(\eta_2),\quad \eta_i=k_ix-w_it,\quad i=1,2 \tag{6.1.78}$$

将式(6.1.78)代入式(6.1.69a)~式(6.1.69c)得

$$w_i=k_i^5(i=1,2)\quad f_i=0,i\geqslant 3 \tag{6.1.79}$$

$$f_2=A_{12}\cdot\exp(\eta_1+\eta_2),\quad A_{12}=\frac{(k_1-k_2)(w_2-w_1)+(k_1-k_2)^6}{(k_1+k_2)(w_2+w_1)-(k_1+k_2)^6} \tag{6.1.80}$$

将式(6.1.79)和式(6.1.80)代入式(6.1.68),并取 $\varepsilon=1$,得

$$f=1+\exp(\eta_1)+\exp(\eta_2)+A_{12}\cdot\exp(\eta_1+\eta_2) \tag{6.1.81}$$

这时,得到 CDGK 方程的双孤子解为

$$\begin{aligned}u(x,t)&=(\ln F)_{xx}=[\ln(1+\exp(\eta_1)+\exp(\eta_2)+A_{12}\cdot\exp(\eta_1+\eta_2))]_{xx}\\&=[\ln(1+\exp(\eta_1)+\exp(\eta_2)+\exp(\eta_1+\eta_2+\eta_0))]_{xx}\\&=\frac{k_1^2\cdot\exp(\eta_1)+k_2^2\cdot\exp(\eta_2)+(k_1-k_2)^2\exp(\eta_1+\eta_2)}{[1+\exp(\eta_1)+\exp(\eta_2)+\exp(\eta_1+\eta_2+\eta_0)]^2}+\\&\quad\frac{[k_2^2\cdot\exp(\eta_1)+k_1^2\cdot\exp(\eta_2)+(k_1+k_2)^2]\cdot\exp(\eta_1+\eta_2+\eta_0)}{[1+\exp(\eta_1)+\exp(\eta_2)+\exp(\eta_1+\eta_2+\eta_0)]^2}\end{aligned} \tag{6.1.82}$$

其中,$\exp(\eta_0)=A_{12}=\dfrac{(k_1-k_2)(w_2-w_1)+(k_1-k_2)^6}{(k_1+k_2)(w_2+w_1)-(k_1+k_2)^6}$,$w_i=k_i^5(i=1,2)$。

例 6.1.2 用 Hirota 方法求解耦合 Schrödinger-KdV 方程

解 耦合 Schrödinger-KdV (CSK)方程

$$\begin{cases}v_t+6vv_x+v_{xxx}=(|u|^2)_x\\ \mathrm{i}u_t=u_{xx}+uv\end{cases} \tag{6.1.83}$$

描述的是一维 Langmuir 波和离子声波的非线性动力系统,其中 u 和 v 分别代表 Langmuir 振荡的电场和离子干扰的低频密度场。下面先求耦合 Schrödinger-KdV 方程的双线性形式。

作变换

$$u=\frac{G}{F},\quad v=2(\ln F)_{xx} \tag{6.1.84}$$

其中,$G(x,t)$是复数域上的函数,$F(x,t)$为实函数。将式(6.1.84)代入式(6.1.83)中,得

$$\begin{cases}(D_xD_t+D_x^4)(F\cdot F)=|G|^2\\ \mathrm{i}D_t(G\cdot F)=D_x{}^2(G\cdot F)\end{cases} \tag{6.1.85}$$

方程组(6.1.85)即是目标方程组(6.1.83)的 Hirota 双线性形式。其中 D_x 和 D_t 是 Hirota 双线性算子。

求得 Hirota 双线性形式后,根据 Hirota 方法我们可以求出式(6.1.83)的单孤子解和双孤子解。首先引入一个关于任意参数 ε 的函数展开:

$$\begin{cases}F=1+\varepsilon^2f_2+\varepsilon^4f_4+\cdots\\ G=\varepsilon g_1+\varepsilon^3g_3+\varepsilon^5g_5+\cdots\end{cases} \tag{6.1.86}$$

把式(6.1.86)代入式(6.1.85),令 ε 的同幂次项系数为零,得到下列等式:

$$\varepsilon: \quad (\mathrm{i}D_t - D_x)(g_1 \cdot 1) = 0 \tag{6.1.87a}$$

$$\varepsilon^2: \quad (D_x D_t + D_x^4)(f_2 \cdot 1 + 1 \cdot f_2) = |g_1|^2 = g_1 \cdot g_1^* \tag{6.1.87b}$$

$$\varepsilon^3: \quad (\mathrm{i}D_t - D_x)(g_1 \cdot f_2 + g_3 \cdot 1) = 0 \tag{6.1.87c}$$

$$\varepsilon^4: \quad (D_x D_t + D_x^4)(f_4 \cdot 1 + 1 \cdot f_4 + f_2 \cdot f_2) = g_1 \cdot g_3^* + g_3 \cdot g_1^* \tag{6.1.87d}$$

$$\vdots \qquad \vdots \qquad \vdots$$

由式(6.1.87a)可得

$$g_1 = \sum_{j=1}^{N} \exp(\eta_j), \quad \eta_j = k_j x + \omega_j t, \quad \omega_j = -\mathrm{i}k_j^2, \quad j = 1,2,\cdots,N \tag{6.1.88}$$

其中,k_j,ω_j 均为复数。

首先考虑式(6.1.83)的单孤子解。在式(6.1.88)中,令 $N=1$,并将其代入式(6.1.87b)中,得

$$f_1 = \exp(\eta_1 + \eta_1^* + 2A), \quad \exp(2A) = 1/(8k_1\omega_1 + 32k_1^4) \tag{6.1.89}$$

将式(6.1.86)、式(6.1.88)和式(6.1.89)代入式(6.1.84)中,并令 $g_{(2j+1)}=0, f_{(2j)}=0, (j\geqslant 1)$,得到 CSK 方程组的单孤子解:

$$u = \frac{G}{F} = \frac{1}{2\mathrm{e}^A}\exp(\mathrm{i}\eta_{1I}) \cdot \operatorname{sech}(\eta_{1R} + A) \tag{6.1.90}$$

$$v = 2\,(\ln F)_{xx} = 2k_{1R}{}^2 \operatorname{sech}^2(\eta_{1R} + A) \tag{6.1.91}$$

其中,$\eta_{1R} = k_{1R}x + \omega_{1R}t$, $\eta_{1I} = k_{1I}x + \omega_{1I}t$。这里 k_{1I},ω_{1I},k_{1R},ω_{1R} 分别表示 k_1,ω_1 的实数部分和虚数部分。

再来求式(6.1.83)的双孤子解。在式(6.1.88)中,令 $N=2$,然后代入式(6.1.87a)和式(6.1.87b)中,有

$$\begin{cases} g_1 = \exp(\eta_1) + \exp(\eta_2) \\ f_2 = l_1 \cdot \exp(\eta_1 + \eta_1^*) + l_2 \cdot \exp(\eta_1 + \eta_2^*) + l_3 \cdot \exp(\eta_2 + \eta_1^*) + l_4 \cdot \exp(\eta_2 + \eta_2^*) \\ g_3 = \alpha \cdot \exp(\eta_1 + \eta_1^* + \eta_2) + \beta \cdot \exp(\eta_1 + \eta_2^* + \eta_2) \\ f_4 = \gamma \cdot \exp(\eta_1 + \eta_1^* + \eta_2 + \eta_2^*) \end{cases} \tag{6.1.92}$$

其中,

$$\eta_j = k_j x + \omega_j t, \quad \omega_j = -\mathrm{i}k_j^2, \quad j = 1,2 \tag{6.1.93}$$

$$l_1 = \frac{1}{2[(k_1 + k_1^*)^4 + \mathrm{i}\,(k_1 + k_1^*)^2 (k_1^* - k_1)]}$$

$$l_2 = \frac{1}{2[(k_1 + k_2^*)^4 + \mathrm{i}\,(k_1 + k_2^*)^2 (k_1^* - k_2)]}$$

$$l_3 = \frac{1}{2[(k_2 + k_1^*)^4 + \mathrm{i}\,(k_2 + k_1^*)^2 (k_1^* - k_2)]}$$

$$l_4 = \frac{1}{2[(k_2 + k_2^*)^4 + \mathrm{i}\,(k_2 + k_2^*)^2 (k_2^* - k_2)]}$$

$$\alpha = -\frac{(k_1 - k_2)[(k_1 + k_1^*)l_1 - (k_1^* + k_2)l_3]}{(k_1 + k_1^*)(k_1^* + k_2)}$$

$$\beta = -\frac{(k_1 - k_2)[(k_1 + k_2^*)l_2 - (k_2^* + k_2)l_4]}{(k_1 + k_2^*)(k_2^* + k_2)}$$

$$\gamma = \frac{2\alpha + 2\beta - M \cdot l_2 l_3 - N \cdot l_1 l_4}{8(k_1 + k_2)(\omega_1 + \omega_2) + 32\,(k_1 + k_2)^4}$$

$$M=(k_1-k_2-k_1^*+k_2^*)+\mathrm{i}(k_1-k_2-k_1^*+k_2^*)(k_2^2-k_1^2+k_2^{*2}-k_1^{*2})$$
$$N=(k_1-k_2+k_1^*-k_2^*)+\mathrm{i}(k_1-k_2+k_1^*-k_2^*)(k_1^2-k_2^2-k_2^{*2}+k_1^{*2})$$

并且，l_1,l_2,l_3,l_4 满足如下关系式

$$l_1 l_3 \cdot K=\alpha,\quad l_2 l_4 \cdot K=\beta$$
$$l_1 l_2 \cdot K^*=\alpha,\quad l_3 l_4 \cdot K^*=\beta$$
$$K=2(k_1-k_2)^4-2\mathrm{i}(k_1+k_2)(k_1+k_2)^2$$

将式(6.1.50)、式(6.1.54)和式(6.1.55)代入式(6.1.46)中，并令 $g_{(2j+1)}=0$，$f_{(2j)}=0$，$(j\geqslant 2)$，得到如下 CSK 方程组的双孤子解形式：

$$u=\frac{G}{F}=\frac{\mathrm{e}^{\eta_1}+\mathrm{e}^{\eta_2}+\alpha\cdot\mathrm{e}^{\eta_1+\eta_1^*+\eta_2}+\beta\cdot\mathrm{e}^{\eta_1+\eta_2^*+\eta_2}}{1+l_1\cdot\mathrm{e}^{\eta_1+\eta_1^*}+l_2\cdot\mathrm{e}^{\eta_1+\eta_2^*}+l_3\cdot\mathrm{e}^{\eta_2+\eta_1^*}+l_4\cdot\mathrm{e}^{\eta_2+\eta_2^*}+\gamma\cdot\mathrm{e}^{\eta_1+\eta_1^*+\eta_2+\eta_2^*}}\tag{6.1.94}$$

$$\begin{aligned}v=2(\ln F)_{xx}=\\
2\{&l_1(k_1+k_1^*)^2\mathrm{e}^{\eta_1+\eta_1^*}+l_2(k_1+k_2^*)^2\mathrm{e}^{\eta_1+\eta_2^*}+l_3(k_2+k_1^*)^2\mathrm{e}^{\eta_2+\eta_1^*}+\\
&l_4(k_2+k_2^*)^2\mathrm{e}^{\eta_2+\eta_2^*}+l_1l_2(k_1^*-k_2^*)^2\mathrm{e}^{2\eta_1+\eta_1^*+\eta_2^*}+l_1l_3(k_1-k_2)^2\mathrm{e}^{\eta_1+2\eta_1^*+\eta_2}+\\
&l_2l_4(k_1-k_2)^2\mathrm{e}^{\eta_1+2\eta_2^*+\eta_2}+l_3l_4(k_1^*-k_2^*)^2\mathrm{e}^{2\eta_2+\eta_1^*+\eta_2^*}+\gamma l_1(k_2+k_2^*)^2\mathrm{e}^{2\eta_1+2\eta_1^*+\eta_2+\eta_2^*}+\\
&\gamma l_2(k_2+k_1^*)^2\mathrm{e}^{2\eta_1+2\eta_2^*+\eta_2+\eta_1^*}+\gamma l_3(k_1+k_2^*)^2\mathrm{e}^{\eta_1+2\eta_1^*+2\eta_2+\eta_2^*}+\\
&\gamma l_4(k_1+k_1^*)^2\mathrm{e}^{\eta_1+\eta_1^*+2\eta_2+2\eta_2^*}+[\gamma(k_1+k_2+k_1^*+k_2^*)^2+l_2l_3(k_1-k_2-k_1^*+k_2^*)^2+\\
&l_1l_4(k_1-k_2+k_1^*-k_2^*)^2]\mathrm{e}^{\eta_1+\eta_1^*+\eta_2+\eta_2^*}\}\cdot(1+l_1\cdot\mathrm{e}^{\eta_1+\eta_1^*}+l_2\cdot\mathrm{e}^{\eta_1+\eta_2^*}+l_3\cdot\mathrm{e}^{\eta_2+\eta_1^*}+\\
&l_4\cdot\mathrm{e}^{\eta_2+\eta_2^*}+\gamma\cdot\mathrm{e}^{\eta_1+\eta_1^*+\eta_2+\eta_2^*})^{-2}\end{aligned}\tag{6.1.95}$$

6.2 Hirota 方法用于高阶方程和变系数方程

6.2.1 四阶非线性 Schrödinger 方程的 Hirota 方法求解

考虑如下的四阶非线性 Schrödinger 方程

$$\mathrm{i}u_t+u_{xx}+2u|u|^2+\gamma_1(u_{xxxx}+8|u|^2u_{xx}+2u^2u_{xx}^*+6u^2u_{xx}^*+4|u_x|^2u+6|u|^4u)=0\tag{6.2.1}$$

采用有理变换

$$u=g/f\tag{6.2.2}$$

将其改写用 Hirota 双线性算子 D 表示的形式如下：

$$\begin{aligned}&\frac{\mathrm{i}D_tg\cdot f}{f^2}+\frac{D_x^2g\cdot f}{f^2}-\frac{g}{f}\frac{D_x^2f\cdot f}{f^2}+2\frac{g}{f}\frac{|g|^2}{f^2}+\gamma_1\left[\frac{D_x^4g\cdot f}{f^2}-\frac{g}{f}\frac{D_x^4f\cdot f}{f^2}+6\frac{g}{f}\left(\frac{D_x^2f\cdot f}{f^2}\right)^2-\right.\\
&6\frac{D_x^2g\cdot f}{f^2}\frac{D_x^2f\cdot f}{f^2}+6\frac{g^*}{f}\left(\frac{D_x^2g\cdot f}{f^2}\right)^2+4\frac{g}{f}\frac{D_xg\cdot f}{f^2}\frac{D_xg^*\cdot f}{f^2}+\\
&\left.8\frac{gg^*}{f^2}\left(\frac{D_x^2g\cdot f}{f^2}-\frac{g}{f}\frac{D_x^2f\cdot f}{f^2}\right)+2\frac{g^2}{f^2}\left(\frac{D_x^2g^*\cdot f}{f^2}-\frac{g^*}{f}\frac{D_x^2f\cdot f}{f^2}\right)+6\frac{g}{f}\frac{|g|^4}{f^4}\right]\end{aligned}\tag{6.2.3}$$

其中，g 是复函数，f 是实函数。

这里，双线性算子 D 如式(6.1.1)所示，即

$$D_x^m D_t^n (f \cdot g) = \left(\frac{\partial}{\partial x} - \frac{\partial}{\partial x'}\right)^m \left(\frac{\partial}{\partial t} - \frac{\partial}{\partial t'}\right)^n f(x,t) g(x',t') \Big|_{\substack{x'=x \\ t'=t}}$$

作限制 $D_x^2 f \cdot f = 2|g|^2$，并代入公式 $\frac{D_x^4 f \cdot f}{f^2} = \left(\frac{D_x^2 f \cdot f}{f^2}\right)_{xx} + 3\left(\frac{D_x^2 f \cdot f}{f^2}\right)^2$

有

$$\frac{(\mathrm{i}D_t + D_x^2 + \gamma_1 D_x^4) g \cdot f}{f^2} - \frac{3\gamma_1 g^* (D_x^2 g \cdot g)}{f^3} = 0 \tag{6.2.4}$$

作辅助函数 $D_x^2 g \cdot g = sf$，得到如下双线性形式：

$$\begin{cases} D_x^2 f \cdot f = 2|g|^2 \\ (\mathrm{i}D_t + D_x^2 + \gamma_1 D_x^4) g \cdot f = 3\gamma_1 s g^* \\ D_x^2 g \cdot g = sf \end{cases} \tag{6.2.5}$$

基于上述双线性形式，对 s,f,g 进行小参数展开可以得到原方程的明孤子解，为此，设

$$\begin{cases} g = \varepsilon g_1(x,t) + \varepsilon^3 g_3(x,t) + \varepsilon^5 g_5(x,t) + \cdots \\ f = 1 + \varepsilon^2 f_2(x,t) + \varepsilon^4 f_4(x,t) + \cdots \\ s = \varepsilon^2 s_2(x,t) + \varepsilon^4 s_4(x,t) + \cdots \end{cases} \tag{6.2.6}$$

这里，$g_k(k=1,2,3,\cdots)$ 和 $s_k(k=1,2,3,\cdots)$ 是复函数，$f_k(k=1,2,3,\cdots)$ 是实函数。

将此形式代入双线性方程组(6.2.5)中，分别提取 ε 的系数后，得到如下方程组：

$$\begin{cases} \varepsilon^0: & D_x^2 1 \cdot 1 = 0 \\ \varepsilon^1: & (\mathrm{i}D_t + D_x^2 + \gamma_1 D_x^4)(g_1 \cdot 1) = 0 \\ \varepsilon^2: & D_x^2 (f_2 \cdot 1 + 1 \cdot f_2) = 2 g_1 \cdot g_1^*, D_x^2 g_1 \cdot g_1 = s_2 \\ \varepsilon^3: & (\mathrm{i}D_t + D_x^2 + \gamma_1 D_x^4)(g_3 \cdot 1 + g_1 \cdot f_2) = 3\gamma_1 s_2 g_1^* \\ \varepsilon^4: & D_x^2 (f_4 \cdot 1 + f_2 \cdot f_2 + 1 \cdot f_4) = 2 g_1 g_3^* + g_3 g_1^*, D_x^2 (g_1 \cdot g_3 + g_3 \cdot g_1) = s_2 \cdot f_2 + s_4 \cdot 1 \\ \cdots \end{cases} \tag{6.2.7}$$

为得到单孤子解，设 $g_1 = \mathrm{e}^{\eta}$，其中，$\eta = kx + \omega t + \eta_0$，$k,\omega$ 均为待定复数。将 g_1 代入方程组，递推可以解得

$$\begin{cases} \omega = \mathrm{i}k(1 + \gamma_1 k^2) \\ f_2 = a \cdot \mathrm{e}^{\eta + \eta^*}, \quad a = \frac{1}{(k + k^*)^2}, \quad s_2 = 0 \\ g_3 = f_4 = s_4 = \cdots = 0 \end{cases} \tag{6.2.8}$$

这表明 g,f 可以截断至有限项，从而得到单孤子解

$$u = \frac{g_1}{1 + a \cdot f_2} \tag{6.2.9}$$

为得到双孤子解，设 $g_1 = \mathrm{e}^{\eta_1} + \mathrm{e}^{\eta_2}$，$\eta_1 = k_1 x + \omega_1 t + \eta_1^0$，$\eta_2 = k_2 x + \omega_2 t + \eta_2^0$

代入双线性方程，依次可以解得

$$
\begin{cases}
f_2=a_{11}\cdot e^{\eta_1+\eta_1^*}+a_{12}\cdot e^{\eta_1+\eta_2^*}+a_{21}\cdot e^{\eta_2+\eta_1^*}+a_{22}\cdot e^{\eta_2+\eta_2^*}\\
a_{11}=\dfrac{1}{(k_1+k_1^*)^2},\quad a_{12}=\dfrac{1}{(k_1+k_2^*)^2},\quad a_{21}=\dfrac{1}{(k_2+k_1^*)^2},\quad a_{22}=\dfrac{1}{(k_2+k_2^*)^2}\\
s_2=b\cdot e^{\eta_1+\eta_2},\quad b=2\cdot(k_1-k_2)^2\\
g_3=a_{121}\cdot e^{\eta_1+\eta_2+\eta_1^*}+a_{122}\cdot e^{\eta_1+\eta_2+\eta_2^*}\\
a_{121}=\dfrac{(k_1-k_2)^2}{(k_1+k_1^*)^2(k_2+k_1^*)^2},\quad a_{122}=\dfrac{(k_1-k_2)^2}{(k_1+k_1^*)^2(k_2+k_1^*)^2}\\
f_4=a_{1122}\cdot e^{\eta_1+\eta_2+\eta_1^*+\eta_2^*},\quad a_{1122}=\dfrac{(k_1-k_2)^2(k_1^*-k_2^*)^2}{(k_1+k_1^*)^2(k_2+k_1^*)^2(k_2+k_2^*)^2(k_1+k_2^*)^2}\\
g_5=s_4=f_6=\cdots=0
\end{cases}
\tag{6.2.10}
$$

这表明 f,g 可以截断至 g_3,f_4 处，得到双孤子解：

$$
u=\frac{e^{\eta_1}+e^{\eta_2}+a_{121}\cdot e^{\eta_1+\eta_2+\eta_1^*}+a_{122}\cdot e^{\eta_1+\eta_2+\eta_2^*}}{1+a_{11}\cdot e^{\eta_1+\eta_1^*}+a_{12}\cdot e^{\eta_1+\eta_2^*}+a_{21}\cdot e^{\eta_2+\eta_1^*}+a_{22}\cdot e^{\eta_2+\eta_2^*}+a_{1122}e^{\eta_1+\eta_2+\eta_1^*+\eta_2^*}}
\tag{6.2.11}
$$

6.2.2 求解 2+1 维 Kadomtsev-Petviashvili 型方程的 Bäcklund 变换和孤子解

前面已经讲过 Kadomtsev-Petviashvili (KP)方程

$$(-4u_t+6uu_x+u_{xxx})_x+3u_{yy}=0 \tag{6.2.12}$$

是研究水波双向孤子的一个很好模型，它被用来模拟小振幅长水波横向缓慢平移的过程，其中 u 是一个关于空间坐标 x，y 和时间坐标 t 的函数，下标表示偏导数。通过利用方程(6.2.12)的内部参数对称条件 $H_y=u_{xx}-2uu_x-2V_x$ 和 $V_y=-V_xx-2(uV)_x$，可以得到如下(2+1) 维可积的 KP 型方程

$$H_t=-4[H_{xx}+H^3-3HH_x+3H\partial_y^{-1}V_x+3\partial_y^{-1}(VH)_x]_x \tag{6.2.13a}$$

$$V_t=-4(V_{xx}+3HV_x+3H^2V+3V\partial_y^{-1}V_x)_x \tag{6.2.13b}$$

下面利用 Hirota 方法解题的三步骤来求解方程(6.2.13)。(1) 通过适当的因变量变换将一个非线性发展方程转化为齐次方程；(2) 利用双线性算子将该齐次方程表示成为双线性方程；(3) 对变换后的因变量以一个形式参数进行幂级数展开(可截断于不同的幂次) 并代入双线性方程中，从而求得原方程的一系列解析解，诸如孤子解、周期解和有理解等。

(1) 双线性形式

作变换 $W_y=V_x$；$P_y=(VH)_x$，可以把方程(6.2.13)化成如下方程

$$H_t+4(H_{xx}+H^3-3HH_x+3HW+3P)_x=0 \tag{6.2.14a}$$

$$V_t+4(V_{xx}+3V_xH+3H^2V+3VW)_x=0 \tag{6.2.14b}$$

$$W_y-V_x=0,\quad P_y-(VH)_x=0 \tag{6.2.14c}$$

为了得到方程(6.2.14) 的双线性形式，作因变量变换

$$\begin{cases} H=(\log f)_x \\ V=(\log f)_{xy} \\ W=(\log f)_{xx}=H_x \\ P=(\log f)_x(\log f)_{xx}=HH_x \end{cases} \tag{6.2.15}$$

其中，f 是关于 x，y 和 t 的实可微函数，把以上变量变换代入方程(6.2.14)，得到

$$\frac{1}{2f^2}[(D_xD_t+D_yD_t+4D_x^4+4D_x^2D_y)f\cdot f]+12\frac{1}{f^2}D_x(f_{xx}+f_{xy})\cdot f_x=0 \tag{6.2.16}$$

于是，我们可知方程(6.2.14)的双线性形式为

$$(D_xD_t+D_yD_t+4D_x^4+4D_x^3D_y)f\cdot f=0 \tag{6.2.17a}$$

$$\left(\frac{\partial}{\partial x}+\frac{\partial}{\partial y}\right)f\cdot f=0 \tag{6.2.17b}$$

其中，Dx，Dy 和 Dt 是 Hirota 双线性算子：

$$D_x^mD_y^nD_t^l(\alpha\cdot\beta)\equiv\left(\frac{\partial}{\partial x}-\frac{\partial}{\partial x'}\right)^m\left(\frac{\partial}{\partial y}-\frac{\partial}{\partial y'}\right)^n\left(\frac{\partial}{\partial t}-\frac{\partial}{\partial t'}\right)^l\alpha(x,y,t)\beta(x',y',t')\bigg|_{x'=x,y'=y,t'=t}$$

m，n 和 l 是非负整数，x'，y' 和 t' 是独立的变量，α 是关于 x，y 和 t 的可微函数，β 是关于 x'，y' 和 t' 的可微函数。

(2) Bäcklund 变换

下面我们根据双线性形式(6.2.17)来推导方程(6.2.14)的 Bäcklund 变换，然后根据方程的已知解来构造新的解。假设

$$H=(\log f)_x,\quad V=(\log f)_{xy},\quad W=(\log f)_{xx},\quad P=(\log f)_x(\log f)_{xx}$$

和

$$H'=(\log f')_x,\quad V'=(\log f')_{xy},\quad W'=(\log f')_{xx},\quad P'=(\log f')_x(\log f')_{xx}$$

是方程(6.2.16)的两组解，考虑

$$\begin{aligned} P_1=&[(D_xD_t+D_yD_t+4D_x^4+4D_x^3D_y)f'\cdot f']f^2- \\ &[(D_xD_t+D_yD_t+4D_x^4+4D_x^3D_y)f\cdot f]f'^2 \end{aligned} \tag{6.2.18a}$$

$$P_2=\left[\left(\frac{\partial}{\partial x}+\frac{\partial}{\partial y}\right)f'\cdot f'\right]f^2-\left[\left(\frac{\partial}{\partial x}+\frac{\partial}{\partial y}\right)f\cdot f\right]f'^2 \tag{6.2.18b}$$

利用双线性的交换公式

$$(D_xD_tf'\cdot f')f^2-(D_xD_tf\cdot f)f'^2=2D_x(D_tf'\cdot f)\cdot(f'f)$$

$$(D_yD_tf'\cdot f')f^2-(D_yD_tf\cdot f)f'^2=2D_y(D_tf'\cdot f)\cdot(f'f)$$

$$D_x(D_yf'\cdot f)\cdot(f'f)=D_y(D_xf'\cdot f)\cdot(f'f)$$

$$(D_x^4f'\cdot f')f^2-(D_x^4f\cdot f)f'^2=2D_x(D_x^3f'\cdot f)\cdot(f'f)-6D_x(D_x^2f'\cdot f)\cdot(D_xf'\cdot f)$$

$$\begin{aligned}&(D_x^3D_yf'\cdot f')f^2-(D_x^3D_yf\cdot f)f'^2=2D_y(D_x^3f'\cdot f)\cdot(f'f)- \\ &6D_x(D_xD_yf'\cdot f)\cdot(D_xf'\cdot f)\end{aligned}$$

可以得到

$$\begin{aligned} P_1=&2D_x(D_tf'\cdot f)\cdot(f'f)+2D_y(D_tf'\cdot f)\cdot(f'f)+8D_x(D_x^3f'\cdot f)\cdot(f'f)- \\ &24D_x(D_x^2f'\cdot f)\cdot(D_xf'\cdot f)+8D_y(D_x^3f'\cdot f)\cdot(f'f)-24D_x[(D_x^2-\lambda)f'\cdot f]\cdot(D_zf'\cdot f)+ \\ &2D_y[(D_t+4D_x^3+12\lambda D_x)f'\cdot f]\cdot(f'f)-24D_x[(D_xD_y+\lambda)f'\cdot f]\cdot(D_xf'\cdot f) \end{aligned} \tag{6.2.19a}$$

$$P_2=2f'f(f'_xf-f'f_x+f'_yf-f'f_y)=2[(D_x+D_y)f'\cdot f]\cdot(f'f) \quad (6.2.19b)$$

因此，方程(6.2.14) 的双线性形式又可表示如下：

$$\begin{cases}(D_x+D_y)f'\cdot f=0\\(D_xD_y-\mu D_x+\lambda)f'\cdot f=0\\(D_x^2-\mu D_x-\lambda)f'\cdot f=0\\(D_t+4D_x^3+12\lambda D_x)f'\cdot f=0\end{cases} \quad (6.2.20)$$

其中，λ 和 μ 是任意常数。

(3) 孤子解

在式(6.2.20)中，取 $f=1$ 时，对应的种子解为 $H=0$，$V=0$，$W=0$ 和 $P=0$，为了得到方程(6.2.14) 的孤子解，把上面的结果代入双线性 Bäcklund 变换 (6.2.20)中，令 $\mu=0$ 和 $\lambda=k^2$ 我们可以得到

$$f=e^{\xi}+e^{-\xi} \quad (6.2.21)$$

其中，$\xi=kx-ky-16k^3t+\xi^0$，k 和 ξ^0 是常数。将式(6.2.21)代入式(6.2.15)，得到式(6.2.14)的单孤子解

$$\begin{cases}H=k\tanh\xi\\V=-k^2\operatorname{sech}^2\xi\\W=k^2\operatorname{sech}^2\xi\\P=k^3\operatorname{sech}^2\xi\tanh\xi\end{cases} \quad (6.2.22)$$

6.3 非线性偏微分方程的几种解法之间的关系

6.3.1 引言

在本书的前几章和本章中介绍了 Bäcklund 变换法、Darboux 变换法和 Hirota 方法等，这一节简要分析它们之间的区别和联系。

我们知道，瑞典几何学家 Bäcklund 在研究复常数曲面时，首先得到了 Sine-Gordon 方程的一个有趣的性质，具体如下。

假设 u 和 u' 是方程 $u_{\xi\eta}=\sin u$ 的两个解，它们之间满足如下的关系式：

$$u'_{\xi}=u_{\xi}-2\beta\sin\left(\frac{u+u'}{2}\right),\quad u'_{\eta}=-u_{\eta}+\frac{2}{\beta}\sin\left(\frac{u-u'}{2}\right)$$

这就是著名的 Bäcklund 变换。该变换给出了从 Sine-Gordon 方程的一个解 u 得到另一个解 u' 的方法，与此同时，得到了一个非线性叠加公式：

$$u_{12}=4\arctan\left[\frac{\beta_1+\beta_2}{\beta_1-\beta_2}\tan\left(\frac{u_1-u_2}{4}\right)\right]+u_0 \quad (6.3.1)$$

其中，u_0，u_1，u_2，u_{12} 均为 Sine-Gordon 方程的解。

随着科学技术的发展，非线形光学、晶体位错等许多领域的研究都与 Sine-Gordon 方程的 Bäcklund 有关，Bäcklund 变换重新吸引了人们的注目，并逐渐发展成为求孤子解的重要手段。随后人们又进一步验证了 Bäcklund 变换、可换性定理和非线形叠加公式等都不是 Sine-Gordon 方程所特有的事实，这极大地丰富了这一方向上的研究。在 1973 年，Wahlquist 和 Estabrook 提出和发现 KdV 方程的 Bäcklund 变换、可换性定理及非线性叠加公式。在此基础上，他们于 1976 年继续提出了将 Bäcklund 变换、守恒律及反散射变换统一在一个拟位势中，提出了求解非线性方程 Bäcklund 变换的延拓结构法。随着研究的进一步深入，为了获得可积方程的 Bäcklund 变换，Weiss，Tabor 和 Carnevale 在 1983 年推广了常微分方程的 Painlevé 可积的判定法。

Darboux 变换是与 Bäcklund 变换同等重要的变换，孤子方程通常存在将所对应的线性问题化为自身的规范变换，称为此线性问题的 Darboux 变换。早在一百多年前，Darboux 就发现了 Schrödinger 方程

$$\varphi_{xx}+u\varphi=\lambda\varphi \tag{6.3.2}$$

在 Darboux 变换

$$\bar{\varphi}=\varphi_x+\sigma\varphi,\quad \bar{u}=u-2\sigma_x=u+2\left[\ln f(x,\lambda_1)\right]_{xx}$$

$$\sigma=-\frac{f_x(x,\lambda_1)}{f(x,\lambda_1)},\quad f_{xx}+uf=\lambda_1 f$$

之下是不变的。即 $\bar{\varphi}$ 满足与 (6.3.2)形式相同的方程

$$\overline{\varphi_{xx}}+\bar{u}\,\bar{\varphi}=\lambda\bar{\varphi}$$

Darboux 变换可以简单的理解为是一种利用非线性发展方程的一个解及其相应 Lax 对的解，采用代数算法及微分运算来获得非线性发展方程的新解和 Lax 对的相应解的方法。在有些情况下将 Darboux 变换也称为 Bäcklund 变换，或者称为求 Bäcklund 变换的 Darboux 方法。

6.3.2 Bäcklund 变换法和 Hirota 双线性方法的区别与联系

Bäcklund 变换法和 Darboux 变换法是类似的变换方法，都是通过降阶来达到简化方程的目的。它们和 Hirota 双线性方法的共同之处是都是基于某种特殊的变换。

下面通过解方程来对比两种变换的不同之处，先看 Bäcklund 变换法的是如何使用的。利用一类复李代数和零曲率方程来推导广义 MKdV 方程、Liouville 方程、Sine-Gordan 方程等孤子方程(组)。

首先取李代数 A_1 的一组基为

$$\begin{cases}\boldsymbol{h}=\begin{bmatrix}1 & 0\\0 & -1\end{bmatrix},\quad \boldsymbol{e}=\begin{bmatrix}0 & 1\\0 & 0\end{bmatrix},\quad \boldsymbol{f}=\begin{bmatrix}0 & 0\\1 & 0\end{bmatrix}\\ [\boldsymbol{h},\boldsymbol{e}]=2\boldsymbol{e},\quad [\boldsymbol{h},\boldsymbol{f}]=-2\boldsymbol{f},\quad [\boldsymbol{e},\boldsymbol{f}]=\boldsymbol{h}\end{cases}$$

为了得到李代数 A_1 在复数集 C 上的另一组基，假设有

$$h_1=c_{11}\boldsymbol{h}+c_{12}\boldsymbol{e}+c_{13}\boldsymbol{f},\quad h_2=c_{21}\boldsymbol{h}+c_{22}\boldsymbol{e}+c_{23}\boldsymbol{f},\quad h_3=c_{31}\boldsymbol{h}+c_{32}\boldsymbol{e}+c_{33}\boldsymbol{f}$$

也就是

$$\begin{pmatrix}h_1\\h_2\\h_3\end{pmatrix}=\begin{pmatrix}c_{11} & c_{12} & c_{13}\\c_{21} & c_{22} & c_{23}\\c_{31} & c_{32} & c_{33}\end{pmatrix}\begin{pmatrix}\boldsymbol{h}\\\boldsymbol{e}\\\boldsymbol{f}\end{pmatrix}$$

其中，$c_{ij}\,(i,j=1,2,3)$均为复数。并且要求 h_1,h_2,h_3 满足如下关系式：

$$[h_i,h_j]=[h_j,h_i],\quad [[h_i,h_j],h_k]+[[h_j,h_k],h_i]+[[h_k,h_i],h_j]=0,\quad 1\leqslant i,j\leqslant 3 \tag{6.3.3}$$

这里$[a,b]=ab-ba$。我们也可以取一些特殊的$c_{ij}(i,j=1,2,3)$使式(6.3.3)成立。由此得到李代数A_1的一组新集的集合,记为$A_1=\text{span}\{h_1,h_2,h_3\}$,并满足如下的循环关系:$[h_1,h_2]=-h_2-2h_3,[h_2,h_3]=2h_2+h_3,[h_2,h_3]=3h_1$。

下面考虑等谱Lax对问题

$$\varphi_x=\boldsymbol{U}\varphi,\quad \varphi_t=\boldsymbol{V}\varphi \tag{6.3.4}$$

其中,

$$\boldsymbol{U}=h_1(1)+qh_2(0)+rh_3(0),\quad \boldsymbol{V}=Ah_1(0)+Bh_2(0)+Ch_3(0)$$

这里$h_i(n)=h_i\lambda^n(i=1,2,3)$,$A,B,C$是谱参数$\lambda,q=q(x,t),r=r(x,t)$的Laurent展开式。而式(6.3.4)的相容性条件,即零曲率方程为

$$U_t-V_x+[\boldsymbol{U},\boldsymbol{V}]=0$$

对V满足如下关系:

$$\begin{cases}\alpha q_t-\bar{\alpha}r_t-(\alpha B_x-\bar{\alpha}C_x)+\sqrt{3}\mathrm{i}(\lambda\alpha B-\lambda\bar{\alpha}C-\alpha qA+\bar{\alpha}rA)=0\\ \bar{\alpha}q_t-\alpha r_t-(\bar{\alpha}B_x-\alpha C_x)+\sqrt{3}\mathrm{i}(\bar{\alpha}qA-\alpha rA-\lambda\bar{\alpha}B+\lambda\alpha C)=0\\ -\dfrac{\sqrt{3}\mathrm{i}}{2}A_x+(\alpha^2-\alpha^{-2})rB+(\alpha^{-2}-\alpha^2)qC=0\end{cases} \tag{6.3.5}$$

方程(6.3.5)等价于如下关系式:

$$\begin{cases}q_t=B_x-qA-2\lambda C+2rA+\lambda B\\ r_t=C_x-2qA+rA+2\lambda B-\lambda C\\ A_x+3(rB-qC)=0\end{cases} \tag{6.3.6}$$

情况1:我们将A,B,C取为如下多项式形式

$$\begin{cases}A=a_0+a_1\lambda+a_2\lambda^2+a_3\lambda^3\\ B=b_0+b_1\lambda+b_2\lambda^2+b_3\lambda^3\\ C=c_0+c_1\lambda+c_2\lambda^2+c_3\lambda^3\end{cases}$$

将其代入方程(6.3.6)中,得到

$$\begin{cases}a_{jx}+3rb_j-3qc_j=0,\quad j=0,1,2,3\\ b_{jx}-qa_j+2ra_j-2c_{j-1}+b_{j-1}=0,\quad j=0,1,2,3\\ c_{jx}-2qa_j+ra_j+2b_{j-1}-c_{j-1}=0,\quad j=1,2,3\\ q_t=b_{0x}-qa_0+2ra_0\\ r_t=c_{0x}-2qa_0+ra_0\end{cases} \tag{6.3.7}$$

令$b_3=c_3=0$,则$a_{3x}=0$,即$a_3=\mathrm{i}a_3^0=c$(常数)。从而,由方程(6.3.7)可推知$b_2=\mathrm{i}qa_3^0,c_2=\mathrm{i}ra_3^0$。由于$a_{2x}=3qc_2-3rb_2,a_{2x}=0$,所以取$a_2=a_2^0=$常数。从而,有

$$\begin{cases}\mathrm{i}a_3^0q_x-qa_2^0+2ra_2^0-2c_1+b_1=0\\ \mathrm{i}a_3^0r_x-2qa_2^0+ra_2^0+2b_1-c_1=0\end{cases}$$

即

$$\begin{cases}a_1=\mathrm{i}a_3^0q^2+\mathrm{i}a_3^0r^2-\mathrm{i}a_3^0qr+a_1^0\\ b_1=a_2^0q+\dfrac{1}{3}(\mathrm{i}a_3^0q_x-2\mathrm{i}a_3^0r_x)\\ c_1=a_2^0r+\dfrac{1}{3}(2\mathrm{i}a_3^0q_x-\mathrm{i}a_3^0r_x)\end{cases}$$

其中，a_1^0 是一个积分常数。将上式代入式(6.3.7)中，进一步得到

$$\begin{cases} a_0 = \mathrm{i}a_3^0(rq_x - r_xq) + a_2^0(q^2+r^2-qr) + a_0^0 \\ b_0 = a_1^0 q - \mathrm{i}a_3^0 rq^2 + \mathrm{i}a_3^0 qr^2 + \mathrm{i}a_3^0 q^3 - \dfrac{\mathrm{i}}{3}a_3^0 q_{xx} + \dfrac{1}{3}a_2^0 q_x - \dfrac{2}{3}a_2^0 r_x \\ c_0 = a_1^0 r + \mathrm{i}a_3^0 r^3 + \mathrm{i}a_3^0 rq^2 - \mathrm{i}a_3^0 qr^2 - \dfrac{1}{3}\mathrm{i}a_3^0 r_{xx} + \dfrac{2}{3}a_2^0 q_x - \dfrac{1}{3}a_2^0 r_x \end{cases}$$

这里，a_0^0 是个积分常数。因此，我们得到了如下关于 q，r 的发展方程：

$$\begin{cases} q_t = a_1^0 q_x + 3\mathrm{i}a_3^0(q_x r^2 - qrq_x) + 3\mathrm{i}a_3^0 q^2 q_x - \dfrac{1}{3}\mathrm{i}a_3^0 q_{xxx} + \dfrac{1}{3}a_2^0 q_{xx} - \dfrac{2}{3}a_2^0 r_{xx} + \\ \qquad a_2^0(2r^3 - q^3 + 3q^2 r - 3qr^2) + a_0^0(2r-q) \\ r_t = a_1^0 r_x + 3\mathrm{i}a_3^0 r^2 r_x + 3\mathrm{i}a_3^0(r_x q^2 - qrr_x) - \dfrac{1}{3}\mathrm{i}a_3^0 r_{xx} + \dfrac{1}{3}a_2^0(2q_{xx} - r_{xx}) + \\ \qquad a_2^0(r^3 - 2q^3 + 3q^2 r - 3qr^2) + a_0^0(r-2q) \end{cases} \tag{6.3.8}$$

接下来讨论方程(6.3.8)的约化情况：

若令 $a_0^0 = a_1^0 = a_2^0 = 0, a_3^0 = -3\mathrm{i}, r=0$，我们得到 MKdV 方程

$$q_t = q_{xxx} + 9q^2 q_x + 9q_x$$

若取 $r=-1$，则得到了广义 MKdV 方程

$$q_t = q_{xxx} + 9q^2 q_x + 9qq_x + 9q_x$$

情况 2：下面若取方程(6.3.6)中取 $A=\dfrac{a}{\lambda}, B=\dfrac{b}{\lambda}, C=\dfrac{c}{\lambda}$，得到下列方程组

$$\begin{cases} a_x = 3(qc - rb) \\ b_x - qa + 2ra = 0 \\ c_x - 2qa + ra = 0 \\ q_t = -2c + b \\ r_t = 2b - c \end{cases} \tag{6.3.9}$$

由方程组(6.3.9)，得到

$$q_{xt} = -3qa, \quad r_{xt} = -3r, \quad a_x = (qr - q^2 - r^2)_t \tag{6.3.10}$$

假设 $q = c_1 r, a_x = 2(c_1 - c_1^2 - 1)rr_t$，令 $r = u_x$，得到

$$q = c_1 u_x, \quad r_t = u_{xt}, \quad a_x = 2(c_1 - c_1^2 - 1)u_x u_x^t \tag{6.3.11}$$

若假设 $a = \alpha \mathrm{e}^u$，$\alpha=$ 常数，方程(6.3.11)化为

$$u_{xt} = \frac{\alpha}{2(c_1 - c_1^2 - 1)}\mathrm{e}^u \tag{6.3.12}$$

当方程组为 $q_{xt} = -3qa, r_{xt} = -3ra$ 时，可推出

$$u_{xt} = -3\alpha \mathrm{e}^u \tag{6.3.13}$$

为了保持方程(6.3.12)和方程(6.3.13)的一致性，我们只需取 $c_1 = \dfrac{1}{2} \pm \dfrac{1}{2}\sqrt{\dfrac{7}{3}}\mathrm{i}, \mathrm{i}^2 = -1$。

因此得到了 Liouville 方程：

$$u_{xt} = -3\alpha \mathrm{e}^u$$

若假设 $a = \beta \mathrm{e}^{-u}$，$\beta=$ 常数，则方程(6.3.11)化为

$$u_{xt} = -\frac{\beta}{2(c_1 - c_1^2 - c)}\mathrm{e}^{-u} \tag{6.3.14}$$

当方程组为 $q_{xt}=-3qa, r_{xt}=-3ra$ 时，则推出

$$u_{xt}=-3\beta e^{-u} \tag{6.3.15}$$

为了使方程(6.3.14)和方程(6.3.15)保持一致，这里要求 c_1 满足

$$c_1^2-c+\frac{7}{6}=0, \quad c_1=\frac{1}{2}\pm\frac{1}{2}\sqrt{\frac{11}{3}}\mathrm{i}$$

我们得到了另一个与 Liouville 方程相类似的方程

$$u_{xt}=-3\beta e^{-u}$$

如果令 $a=\beta_1\cos u+\beta_2\sin u, r=u_x, \beta_1, \beta_2$ 为常数，则方程(6.3.10)化为

$$u_{xt}=\frac{-\beta_1\sin u+\beta_2\cos u}{2(c_1-c_1^2-c)}$$

由方程组 $q_{xt}=-3qa, r_{xt}=-3ra$ 推出

$$u_{xt}=-3\beta_1\sin u+3\beta_2\cos u$$

因此，令 $\frac{-\alpha}{2(c_1-c_1^2-c)}=-3\alpha, \frac{\beta}{2(c_1-c_1^2-c)}=3\beta$，得到 $c_1=\frac{1}{2}\pm\frac{1}{2}\sqrt{\frac{7}{3}}\mathrm{i}$。从而，得到如下方程

$$u_{xt}=-3\beta_1\sin u+3\beta_2\cos u \tag{6.3.16}$$

当 $\beta_2=0$ 时，得到了 Sine-Gordan 方程

$$u_{xt}=-3\beta_1\sin u$$

因此，我们称方程(6.3.16)为广义 Sine-Gordan 方程。由方程组

$$\begin{cases}-2c+b=q_t=-3\beta_1c_1\sin u+3c_1\beta_2\cos u\\ 2b-c=r_t=-3\beta_1\sin u+3\beta_2\cos u\end{cases}$$

易知

$$b=(c_1-2)\beta_1\sin u+(2-c_1)\beta_2\cos u$$
$$c=(2c_1-1)\beta_1\sin u+(1-2c_1)\beta_2\cos u$$

因此，得到

$$\begin{cases}A=\dfrac{\beta_1\cos u+\beta_2\sin u}{\lambda}\\ B=\dfrac{(c_1-2)\beta_1\sin u+(2-c_1)\beta_2\cos u}{\lambda}\\ C=\dfrac{(2c_1-1)\beta_1\sin u+(1-2c_1)\beta_2\cos u}{\lambda}\end{cases} \tag{6.3.17}$$

由上，广义 Sine-Gordan 方程的等谱 Lax 对表示为

$$\begin{cases}\varphi_x=\boldsymbol{U}\varphi, \quad \varphi_t=\boldsymbol{V}\varphi\\ \boldsymbol{U}=\begin{pmatrix}\frac{\sqrt{3}\mathrm{i}}{2}\lambda & (\alpha c_1-\bar{\alpha})r\\ (\bar{\alpha}c_1-\alpha)r & -\frac{\sqrt{3}\mathrm{i}}{2}\lambda\end{pmatrix}, \quad \boldsymbol{V}=\begin{pmatrix}\frac{\sqrt{3}\mathrm{i}}{2}A & (\alpha B-\bar{\alpha}C)\\ (\bar{\alpha}B-\alpha C) & -\frac{\sqrt{3}\mathrm{i}}{2}A\end{pmatrix}\end{cases} \tag{6.3.18}$$

这里 A, B, C 由式子(6.3.17)给出。

如果假设 $a=\delta_1\cosh u+\delta_2\sinh u, r=u_x$，其中 δ_1, δ_2 为常数，方程(6.3.11)推出

$$u_{xt}=\frac{\delta_1\sinh u+\delta_2\cosh u}{2(c_1-c_1^2-1)} \tag{6.3.19}$$

而由方程组 $q_{xt}=-3qa, r_{xt}=-3ra$ 有

$$u_{xt}=-3\delta_1\sinh u-3\delta_2\cosh u \tag{6.3.20}$$

当取 $c_1=\frac{1}{2}\pm\frac{1}{2}\sqrt{\frac{7}{3}}\mathrm{i}$ 时，方程(6.3.19)和方程(6.3.20)是等价的。因此，我们得到了广义 Sine-Gordan 方程

$$u_{xt}=-3\delta_1\sinh u-3\delta_2\cosh u \tag{6.3.21}$$

特别地，取 $\delta_1=-\frac{1}{3}, \delta_2=0$，则方程(6.3.21)约化为标准的 Sine-Gordan 方程

$$u_{xt}=\sinh u$$

解下面这个方程组

$$\begin{cases}-2c+b=-3c_1\delta_1\sinh u-3c_1\delta_2\cosh u\\ 2b-c=-3\delta_1\sinh u-3\delta_2\cosh u\end{cases}$$

得到

$$\begin{cases}A=\dfrac{\delta_1\cosh u+\delta_2\sinh u}{\lambda}\\ B=\dfrac{(c_1-2)(\delta_1\sinh u+\delta_2\cosh u)}{\lambda}\\ C=\dfrac{(2c_1-1)(\delta_1\sinh u+\delta_2\cosh u)}{\lambda}\end{cases} \tag{6.3.22}$$

将式(6.3.22)代入式(6.3.18)中，我们就得到了广义 Sine-Gordan 方程(6.3.21)的等谱 Lax 对。李诩神曾提出过这样的等谱问题

$$\varphi_x=M\varphi,\quad \varphi_t=N\varphi,\quad \varphi=(\varphi_1,\varphi_2)^{\mathrm{T}} \tag{6.3.23}$$

并且据此获得了 AKNS 方程族的三类达布变换。李诩神等人还得出了经典 Boussinesq 系统的达布变换及其一些新的孤子解。Konno 和 Wadati 从非线性发展方程式(6.3.21)出发，通过引入函数 $\Gamma=\frac{\varphi_1}{\varphi_2}, \Gamma'=\frac{\varphi_2}{\varphi_1}$，提出了具有如下形式的 Bäcklund 变换

$$\boldsymbol{U}'=\boldsymbol{U}+f(\Gamma,\lambda)$$

其中，$\boldsymbol{U}'$ 为由已知解 $\boldsymbol{U}$ 得到的新解。

在此之后，Kater AH 推导出了标准 Liouville 方程、Sine-Gordan 方程和 Sine-Gordan 方程的 Bäcklund 变换及它们的一些孤子解。

例 6.3.1 广义 Sine-Gordan 方程的形式 Bäcklund 变换。

在这一部分中，我们以 Sine-Gordan 方程为例，导出方程(6.3.16)的形式 Bäcklund 变换。将方程(6.3.18)重写如下：

$$\begin{cases}\varphi_x=\boldsymbol{U}\varphi,\quad \boldsymbol{U}=\begin{bmatrix}\dfrac{\sqrt{3}\mathrm{i}}{2}\lambda & (\alpha c_1-\bar{\alpha})u_x\\ (\bar{\alpha}c_1-\alpha)u_x & -\dfrac{\sqrt{3}\mathrm{i}}{2}\lambda\end{bmatrix}\\ \varphi_t=\boldsymbol{V}\varphi,\quad \boldsymbol{V}=\dfrac{1}{\lambda}\begin{bmatrix}\bar{A} & V_1\\ V_2 & -\bar{A}\end{bmatrix}\end{cases}$$

其中，

$$\bar{A}=\frac{\sqrt{3}\mathrm{i}}{2}(\beta_1\cos u+\beta_2\sin u)$$

$$\begin{aligned}V_1&=(\alpha c_1-2\alpha-2\bar{\alpha}c_1+\bar{\alpha})\beta_1\sin u+(2\alpha-\alpha c_1-\bar{\alpha}+2\bar{\alpha}c_1)\beta_2\cos u\\&\equiv p_1\sin u+p_2\cos u\end{aligned}$$

$$\begin{aligned}V_2&=(\bar{\alpha}c_1-2\bar{\alpha}-2\alpha c_1+\alpha)\beta_1\sin u+(2\bar{\alpha}-\bar{\alpha}c_1-\alpha+2\alpha c_1)\beta_2\cos u\\&\equiv q_1\sin u+q_2\cos u\end{aligned}$$

并且 c_1 满足方程 $c_1^2-c_1+\frac{7}{6}=0$。下面令

$$u'=u+f(\Gamma,\lambda)=u+f,\quad \Gamma=\frac{\varphi_2}{\varphi_1} \tag{6.3.24}$$

此时，得到

$$u'_{xt}=u_{xt}+f''\Gamma_x\Gamma_t+f'\Gamma_{xt} \tag{6.3.25}$$

通过计算易得出 $\Gamma_x,\Gamma_t,\Gamma_{xt}$ 的表达式，将其代入式(6.3.25)中，比较$\frac{1}{\lambda}$和 λ^0 的系数，得到

$$\frac{f''}{f'}=\frac{2V_2\Gamma+4\bar{A}\Gamma^2+2V_1\Gamma^3}{(M+\Gamma^2)(V_2-2\bar{A}\Gamma-V_1\Gamma^2)} \tag{6.3.26}$$

其中，$M=\frac{\alpha-\bar{\alpha}c_1}{\alpha c_1-\bar{\alpha}}$为复数。令

$$\frac{f''}{f'}=\frac{A\Gamma+B}{V_2-2\bar{A}\Gamma-V_1\Gamma^2}+\frac{C\Gamma+D}{M+\Gamma^2} \tag{6.3.27}$$

其中，A,B,C,D 为待定常数。将式(6.3.27)代入式(6.3.26)中，比较 Γ 的同次幂的系数，得

$$\begin{cases}MB+V_2D=0\\MA+V_2C-2\bar{A}C-V_1D=4\bar{A}\\B-2\bar{A}C-V_1D=4\bar{A}\\A-V_1C=2V_1\end{cases} \tag{6.3.28}$$

求解方程组(6.3.28)得

$$A=\frac{4V_1V_2(MV_1+V_2)}{4\bar{A}^2M+(V_2+V_1M)^2}$$

$$B=\frac{8\bar{A}V_2^2+8\bar{A}MV_1V_2-8\bar{A}V_1M}{4\bar{A}^2M+(V_2+V_1M)^2}$$

$$C=\frac{2V_2^2-2V_1^2M^2-8\bar{A}^2M}{4\bar{A}^2M+(V_2+V_1M)^2}$$

$$D=\frac{8\bar{A}M}{4\bar{A}^2M+(V_2+V_1M)^2}$$

将式(6.3.28)代入式(6.3.27)中并积分一次，得到

$$\ln f'=-\frac{A}{2V_1}\ln\left[\left(\Gamma+\frac{\bar{A}}{V_1}\right)^2-\frac{\bar{A}^2+V_1V_2}{V_1^2}\right]+\frac{\bar{A}A-BV_1}{2V_1\sqrt{\bar{A}^2+V_1V_2}}\ln\left(\frac{\Gamma+\bar{A}-\sqrt{\bar{A}^2+V_1V_2}}{\Gamma+\bar{A}+\sqrt{\bar{A}^2+V_1V_2}}\right)+$$

$$\frac{V_2^2-V_1^2M^2-4\bar{A}^2M}{4A^2M+(V_2+V_1M)^2}\ln(\Gamma^2+M)-\frac{8\bar{A}\sqrt{M}}{4A^2M+(V_2+V_1M)^2}\arctan\left(\frac{\Gamma}{\sqrt{M}}\right)\equiv F(\Gamma,u)$$

$$f'=\bar{C}e^{F(\Gamma,u)} \tag{6.3.29}$$

其中，$\bar{C}$ 是与 Γ 无关的待定常数。对式(6.3.29)积分一次，得

$$f=\int_{\Gamma}\bar{C}e^{F(y,u)}\,dy+\bar{\bar{C}} \tag{6.3.30}$$

这里，$\bar{\bar{C}}$为积分常数。将式式(6.3.30)代入式(6.3.27)，我们就能够确定出 $\bar{C}$ 和$\bar{\bar{C}}$。我们称式(6.3.24)和式(6.3.30)为形式 Bäcklund 变换。用类似的方法我们可以得到广义 MKdV 方程、Liouville 方程、Sine-Gordan 方程以及其他孤子方程的形式 Bäcklund 变换。

由以上可知，利用 Bäcklund 变换，可以通过非线性偏微分方程的已知解求出其新解。将已知解作为“种子”，理论上可以从方程的平凡解(零解)求出其一阶孤立子解，再由一阶孤立子解求出二阶孤立子解，直到高阶孤立子解。虽然 Bäcklund 变换的方程比原方程低一阶，但是由一阶孤立子解求二阶孤立子解或者二阶孤立子解求更高阶的孤立子解仍然很复杂的。Hirota 方法可以很好的避免 Bäcklund 变换出现的复杂过程。

下面讨论 Hirota 方法解决 KdV-MKdV 混合方程的多孤子解问题。在这个方法中，Hirota 引入两个函数的双线性导数概念，通过位势 u 的变换，目标方程可以化成双线性导数方程，将扰动展开式代入双线性方程中，在一定条件下将展开式截断，就可以得到原目标方程具有线性指数形式的单孤立子解、双孤立子解和三孤立子解等具体表达式，并且可以用数学归纳法推测出 N 孤立子解的一般表达式。在诸多非线性发展方程中，用于描述许多物理模型的 Gardner 方程

$$u_t+\alpha uu_x+\beta u^2u_x+\gamma u_{xxx}=0 \tag{6.3.31}$$

其中，α,β,γ 为不等于零的常数，在非线性晶格、等离子体物理学、流体力学、固体物理学、地球物理学等中都有着重要的作用。不断深入研究 Gardner 方程将有利于物理实际问题的解决。参考文献[8-11]已对 Gardner 方程施行相应的变换，分别得到 KdV 方程、MKdV 方程和广义 KdV 方程，且采用不同的方法得到了其孤子解和某些精确解。

当 $\alpha=6,\beta=6,\gamma=1$ 时，方程成为

$$u_t+6uu_x+6u^2u_x+u_{xxx}=0 \tag{6.3.32}$$

上述方程称为 KdV-MKdV 混合方程。通过对此方程进行 Painlevé 测试可知它是可积的。下面采用 Hirota 方法寻求 KdV-MKdV 混合方程的 N 孤子解，通过图形直观展示孤子相互作用过程的特征，并从理论上分析 N 孤子解的渐近性质。

首先推导 KdV-MKdV 混合方程的双线性形式。函数 $f(t,x)$与 $g(t,x)$的双线性导数定义为

$$D_t^mD_x^nf\cdot g=(\partial_t-\partial_t')^m(\partial_x-\partial_x')^nf(t,x)g(t',x')\big|_{t'=t,x'=x} \tag{6.3.33}$$

作变换

$$u(t,x)=a+\mathrm{i}\left[\ln\frac{\omega^*(t,x)}{\omega(t,x)}\right]_x \tag{6.3.34}$$

其中，ω^* 是复函数 ω 的共扼函数，a 取任意常数。若 $a=-\frac{1}{2}$，则式(6.3.11)中 $\frac{k_1}{2a+1}=\pm\infty$，$\theta=\pm\frac{\pi}{2}$。故这里均默认 $a\neq-\frac{1}{2}$。

将变换(6.3.34)代入式(6.3.32)，则 KdV-MKdV 混合方程(6.3.32)变为

$$\left(\ln\frac{\omega^*}{\omega}\right)_t+\left(\ln\frac{\omega^*}{\omega}\right)_{xxx}+3(2a+1)\mathrm{i}\left[\left(\ln\frac{\omega^*}{\omega}\right)_x\right]^2+6a(a+1)\left(\ln\frac{\omega^*}{\omega}\right)_x-2\left[\left(\ln\frac{\omega^*}{\omega}\right)_x\right]^3=0 \tag{6.3.35}$$

即

$$\frac{1}{\omega\omega^*}[D_t+6a(a+1)D_x+D_x^3]\omega^*\cdot\omega-\frac{3}{(\omega\omega^*)^2}(D_x\omega^*\cdot\omega)[D_x^2-\mathrm{i}(2a+1)D_x]\omega^*\cdot\omega=0 \tag{6.3.36}$$

故方程(6.3.32)的双线性导数方程为

$$[D_t+6a(a+1)D_x+D_x^3]\omega^*\cdot\omega=0 \tag{6.3.37a}$$

$$[D_x^2-\mathrm{i}(2a+1)D_x]\omega^*\cdot\omega=0 \tag{6.3.37b}$$

下面用 Hirota 方法求解 KdV-MKdV 混合方程的 N 孤子解。

设

$$\omega(t,x)=1+\omega^{(1)}\varepsilon+\omega^{(2)}\varepsilon^2+\omega^{(3)}\varepsilon^3+\cdots+\omega^{(j)}\varepsilon^j+\cdots \tag{6.3.38}$$

代入式(6.3.37a)和式(6.3.37b)得

$$(\omega^{(1)*}-\omega^{(1)})_t+(\omega^{(1)*}-\omega^{(1)})_{xxx}+6a(a+1)(\omega^{(1)*}-\omega^{(1)})_x=0 \tag{6.3.39a}$$

$$\begin{aligned}&(\omega^{(2)*}-\omega^{(2)})_t+(\omega^{(2)*}-\omega^{(2)})_{xxx}+6a(a+1)(\omega^{(2)*}-\omega^{(2)})_x\\&=-[D_t+6a(a+1)D_x+D_x^3]\omega^{(1)*}\cdot\omega^{(1)}\end{aligned} \tag{6.3.39b}$$

$$\begin{aligned}&(\omega^{(3)*}-\omega^{(3)})_t+(\omega^{(3)*}-\omega^{(3)})_{xxx}+6a(a+1)(\omega^{(3)*}-\omega^{(3)})_x\\&=-[D_t+6a(a+1)D_x+D_x^3](\omega^{(1)*}\cdot\omega^{(2)}+\omega^{(2)*}\cdot\omega^{(1)})\end{aligned} \tag{6.3.39c}$$

$$\cdots$$

$$(\omega^{(1)*}+\omega^{(1)})_{xx}-\mathrm{i}(2a+1)(\omega^{(1)*}-\omega^{(1)})_x=0 \tag{6.3.40a}$$

$$(\omega^{(2)*}+\omega^{(2)})_{xx}-\mathrm{i}(2a+1)(\omega^{(2)*}-\omega^{(2)})_x=-[D_x^2-\mathrm{i}(2a+1)D_x]\omega^{(1)*}\cdot\omega^{(1)} \tag{6.3.40b}$$

$$\begin{aligned}&(\omega^{(3)*}+\omega^{(3)})_{xx}-\mathrm{i}(2a+1)(\omega^{(3)*}-\omega^{(3)})_x\\&=-[D_x^2-\mathrm{i}(2a+1)D_x](\omega^{(1)*}\cdot\omega^{(2)}+\omega^{(2)*}\cdot\omega^{(1)})\end{aligned} \tag{6.3.40c}$$

$$\cdots$$

设

$$\omega^{(1)}=\mathrm{e}^{\xi_1+\mathrm{i}\theta_1},\quad \xi_1=\bar{\omega}t+k_1x+\xi_1^{(0)},\quad \bar{\omega}=-k_1^3-6a(a+1)k_1,\quad \theta_1=\arctan\left(\frac{k_1}{2a+1}\right) \tag{6.3.41}$$

代入式(6.3.39b)、式(6.3.40c)，并回到原始方程(6.3.39a)、方程(6.3.40a)的形式，并取

$$\omega^{(2)}=\omega^{(3)}=\omega^{(4)}=\cdots=0$$

级数(6.3.8)被截断。当 $\varepsilon=1$ 时有

$$\omega_1(t,x)=1+e^{\xi_1+i\theta_1} \tag{6.3.42}$$

因此方程(6.3.2)的单孤子解为

$$u=a+\frac{2k_1 e^{\xi_1}\sin\theta_1}{1+e^{2\xi_1}+2e^{\xi_1}\cos\theta_1} \tag{6.3.43}$$

其中,$\bar{\omega}$ 为频率,k_1 为波数,$\xi_1^{(0)}$ 为任意常数,$\bar{\omega}=-k_1^3-ba(a+1)k_1$ 为色散关系式。

再设

$$\omega^{(1)}=e^{\xi_1+i\theta_1}+e^{\xi_2+i\theta_2},\quad \xi_j=\bar{\omega}_j t+k_j x+\xi_j^{(0)}$$

及

$$\bar{\omega}_j=-k_j^3-6a(a+1)k_j,\quad \theta_j=\arctan\left(\frac{k_j}{2a+1}\right),(j=1,2) \tag{6.3.44}$$

代入式(6.3.39a)、式(6.3.39b)得

$$\omega^{(2)}=e^{\xi_1+\xi_2+i(\theta_1+\theta_2)+A_{12}},\quad e^{A_{12}}=\left(\frac{k_1-k_2}{k_1+k_2}\right)^2 \tag{6.3.45}$$

继而可取 $\omega^{(3)}=\omega^{(4)}=\omega^{(5)}=\cdots=0$。方程(6.3.8)当 $\varepsilon=1$ 时成为

$$\omega_2(t,x)=1+e^{\xi_1+i\theta_1}+e^{\xi_2+i\theta_2}+e^{\xi_1+\xi_2+i(\theta_1+\theta_2)+A_{12}} \tag{6.3.46}$$

由此得到方程(6.3.32)的双孤子解:

$$u=a+2\beta_x,\quad \tan\beta=\frac{e^{\xi_1}\sin\theta_1+e^{\xi_2}\sin\theta_2+e^{\xi_1+\xi_2+A_{12}}\sin(\theta_1+\theta_2)}{1+e^{\xi_1}\cos\theta_1+e^{\xi_2}\cos\theta_2+e^{\xi_1+\xi_2+A_{12}}\cos(\theta_1+\theta_2)} \tag{6.3.47}$$

每一个孤子在传播过程中其振幅不发生改变,而且我们也可以发现每一个孤子的宽度和传播速度均不发生改变,各自仍然保持原有的振幅和宽度继续向前运动。这充分说明了"孤立子"这一称谓的恰当性。

继续以上求解过程,得方程(6.3.32)的 N 孤子解

$$u=a+i\left(\ln\frac{\omega^*}{\omega}\right)_x,\quad \omega=\sum_{\mu=0,1}\exp\left[\sum_{j=1}^{n}\mu_j(\xi_j+i\theta_j)+\sum_{1\leqslant j<l}^{n}\mu_j\mu_l A_{jl}\right]$$

$$\xi_j=\bar{\omega}_j t+k_j x+\xi_j^{(0)},\quad \bar{\omega}_j=-k_j^3-6a(a+1)k_j$$

$$\theta_j=\arctan\left(\frac{k_j}{2a+1}\right),\quad e^{A_{ij}}=\left(\frac{k_i-k_j}{k_i+k_j}\right)^2,(i<j,i,j=1,2,\cdots,n) \tag{6.3.48}$$

其中,对 μ 的求和取 $\mu_j=0,1(j=1,2,\cdots,n)$ 的所有可能组合。

第 7 章　特殊变换法求解非线性偏微分方程

从 20 世纪 70 年代开始,非线性偏微分方程研究领域颇具特色的成就之一是创造了求非线性偏微分方程精确解,特别是孤立波解的各种精巧方法。这些方法包括我们在前面几章中介绍的反散射方法、Bäcklund 变换法、Darboux 变换法、相似约化方法和 Hirota 双线性算子方法等。这一章我们将介绍其他几种常用的求解非线性偏微分方程的方法,如函数展开法、齐次平衡方法和首次积分方法等,这些方法各具特色,但它们的共同之处是都基于某种特殊的变换,在学习中,读者要特别体会"变量变换"这一数学手段的威力。

7.1　齐次平衡方法

7.1.1　方法概述

齐次平衡方法是由王明亮、李志斌等教授提出的构造非线性偏微分方程孤立波解的一种有效的方法,也称拟解法。依据该方法,可事先判定某类非线性偏微分方程是否有一定形式的精确解存在,如果回答是肯定的,则可按一定的步骤将解求出来。因而齐次平衡原则具有直接、简洁、步骤分明的特点。此外,还适于用计算机的符号计算系统进行计算,且得到的是精确的结果。

齐次平衡方法是类似于 Cole-Hopf 的非线性变换在一般意义下的讨论。齐次平衡原则的主要特点是,从非线性偏微分方程(组)的结构出发,分析其非线性特点、色散和耗散的阶数等因素,按照它们的最高阶数可以部分平衡的原则,确定含有某些待定函数的非线性偏微分方程解的一般形式,然后将这种形式解代回到原目标方程中,合并待定函数及其偏导数的各项的齐次部分,使其平衡,得到待定函数的超定偏微分方程组,再通过特定的假设将超定的偏微分方程(组)化成非线性代数方程组,求解这些代数方程组,就得到原来非线性偏微分方程的解。

下面以一个未知函数、两个自变量的情形为例来阐明齐次平衡方法解题步骤,对含有若干个未知函数及多个自变量的方程组的情形,可以类似地表述。

给定一个非线性偏微分方程

$$P(u,u_x,u_t,u_{xx},u_{xt},u_{tt},\cdots)=0 \tag{7.1.1}$$

这里,P 一般是其变元的多项式,其中含有非线性项及以线性形式出现的最高阶偏导数项。一个函数 $\varphi=\varphi(x,t)$ 称为方程(7.1.1)的拟解,如果存在单变元的函数 $f=f(\varphi)$,使 $f(\varphi)$ 关于 x,t 的一些偏导数的适当的线性组合,即

$$u(x,t)=\frac{\partial^{m+n}f(\varphi)}{\partial_x^m\partial_t^n}+\widetilde{f}(\varphi) \tag{7.1.2}$$

其中，$\tilde{f}(\varphi)$是 $f(\varphi)$关于 x 和 t 的低于 $m+n$ 阶偏导数的线性组合，或

$$u(x,t)=f^{m+n}(\varphi)\varphi_x^m\varphi_t^n+\tilde{\varphi}(x,t) \tag{7.1.3}$$

其中，$\tilde{\varphi}(x,t)$是 $\varphi(x,t)$的各种偏导数为变元的低于 $m+n$ 次的一个多项式（不管 $f(\varphi)$及其导数）精确地满足式(7.1.1)。式(7.1.2)和式(7.1.3)中的非负整数 m,n，单变元函数 $f=f(\varphi)$以及函数 $\varphi=\varphi(x,t)$都是待定的。将式(7.1.3)代入方程(7.1.1)后，可通过下述步骤确定它们。

步骤 1 使最高阶偏导数项中包含的 $\varphi(x,t)$的偏导数的最高幂次和非线性项中包含的关于 $\varphi(x,t)$的偏导数的最高幂次相等，来决定非负整数 m 及 n 是否存在（若 m,n 中存在负数，当 $m+n<0$ 时，可以先对原方程做变换 $u=v^{-1}$；若 m,n 中存在分数，可以先做变换 $v=\alpha u^l$，其中，l 为 m 的最简分式的分母与 n 的最简分式的分母的最小公倍数，α 为任意常数）。

步骤 2 集合 $\varphi(x,t)$的偏导数的最高幂次的全部项，使其系数为零，得到 $f(\varphi)$满足的常微分方程（ODE），解之可得 $f=f(\varphi)$，一般是对数函数。

步骤 3 将 $f(\varphi)$的各阶导数的非线性项，用 $f(\varphi)$的较高阶的导数来代替，再将 $f(\varphi)$的各阶导数项分别合并在一起，并令其系数为零，而得到 $\varphi=\varphi(x,t)$的各次齐次型的一般是超定的偏微分方程组。可适当选择式(7.1.3)中线性组合之系数，使此超定偏微分方程组有解。

步骤 4 若前 3 步的解答是肯定的，将这些结果代入式(7.1.3)，经过一些计算就可得到方程(7.1.1)的精确解。

7.1.2 用齐次平衡方法求解 KdV-Burgers 方程

KdV-Burgers 方程是描写含有气泡的流体运动的数学模型，一般形式是

$$u_t+uu_x-\alpha u_{xx}-\beta u_{xxx}=0 \tag{7.1.4}$$

其中 α 和 β 分别表示耗散和色散系数。现在利用齐次平衡方法求它的孤立波解。为了使非线性项 uu_x 和三阶导数项 $-\beta u_{xxx}$ 能够被部分地平衡，可以假设

$$u(x,t)=f_{xx}(\varphi)+\lambda f_x(\varphi)+\mu=f''\varphi_x^2+f'\varphi_{xx}+\lambda f'\varphi_x+\mu \tag{7.1.5}$$

其中，常数 λ,μ，函数 $f(\varphi)$和 $\varphi(x,t)$待定。由式(7.1.5)有

$$u_t=f^{(3)}\varphi_x^2\varphi_t+f''(2\varphi_x\varphi_{xt}+\varphi_{xx}\varphi_t+\lambda\varphi_x\varphi_t)+f'(\varphi_{xxt}+\lambda\varphi_{xt}) \tag{7.1.6}$$

$$\begin{aligned}uu_x=&f''f^{(3)}\varphi_x^5+f'^2(3\varphi_x^3\varphi_{xx}+\lambda\varphi_x^4)+f'f^{(3)}(\varphi_x^3\varphi_{xx}+\lambda\varphi_x^4)+\\&\mu f^{(3)}\varphi_x^3+f'f''(\varphi_x^2\varphi_{xxx}+5\lambda\varphi_x^2\varphi_{xx}+3\varphi_x\varphi_{xx}^2+\lambda^2\varphi_x^3)+\\&f''(3\mu\varphi_x\varphi_{xx}+\lambda\mu\varphi_x^2)+f'^2(\varphi_{xx}\varphi_{xxx}+\lambda\varphi_{xx}^2+\lambda\varphi_x\varphi_{xxx}+\lambda^2\varphi_x\varphi_{xx})+\\&f'(\mu\varphi_{xxx}+\lambda\mu\varphi_{xx})\end{aligned} \tag{7.1.7}$$

$$\begin{aligned}-\alpha u_{xx}=&-\alpha[f^{(4)}\varphi_x^4+f^{(3)}(6\varphi_x^2\varphi_{xx}+\lambda\varphi_x^3)+f''(3\varphi_{xx}^2+4\varphi_x\varphi_{xxx}+3\lambda\varphi_x\varphi_{xx})+\\&f'(\varphi_{xxxx}+\lambda\varphi_{xxx})]\end{aligned} \tag{7.1.8}$$

$$\begin{aligned}-\beta u_{xxx}=&-\beta[f^{(5)}\varphi_x^5+f^{(4)}(10\varphi_x^3\varphi_{xx}+\lambda\varphi_x^4)+f^{(3)}(15\varphi_x\varphi_{xx}^2+10\varphi_x^2\varphi_{xxx}+6\lambda\varphi_x^2\varphi_{xx})+\\&f''(5\varphi_x\varphi_{xxxx}+10\varphi_{xx}\varphi_{xxx}+4\lambda\varphi_x\varphi_{xxx}+3\lambda\varphi_{xx}^2)+\\&f'(\varphi_{xxxxx}+\lambda\varphi_{xxxx})]\end{aligned} \tag{7.1.9}$$

合并式(7.1.7)与式(7.1.9)中的 φ_x^5 项，并令系数为零，得到常微分方程

$$\beta f^{(5)}-f''f^{(3)}=0 \tag{7.1.10}$$

这个方程有解

$$f=-12\beta\ln(\varphi) \tag{7.1.11}$$

它满足

$$f''^2=2\beta f^{(4)},\quad f'f''=6\beta f^{(3)},\quad f'f^{(3)}=4\beta f^{(4)},\quad f'^2=12\beta f'' \tag{7.1.12}$$

将式(7.1.6)～式(7.1.9)代入方程(7.1.4)的左端，并利用式(7.1.10)和式(7.1.11)，得到

$$\begin{aligned}
&u_t+uu_x-\alpha u_{xx}-\beta u_{xxx}\\
&=f^{(4)}(-\alpha+5\beta\lambda)\varphi_x^4+f^{(3)}[\varphi_x^2\varphi_t+(\mu-\alpha\lambda+6\beta\lambda^2)\varphi_x^3-4\beta\varphi_x^2\varphi_{xxx}+\\
&(24\beta\lambda-6\alpha)\varphi_x^2\varphi_{xx}+3\beta\varphi_x\varphi_{xxx}^2]+\\
&f''(2\varphi_x\varphi_{xt}+\varphi_{xx}\varphi_t+\lambda\varphi_x\varphi_t+(3\mu-3\alpha\lambda+12\beta\lambda^2)\varphi_x\varphi_{xxx}+\\
&\lambda\mu\varphi_x^2+2\beta\varphi_{xx}\varphi_{xxx}+(9\beta\lambda-3\alpha)\varphi_{xx}^2+(8\beta\lambda-4\alpha)\varphi_x\varphi_{xxx}-5\beta\varphi_x\varphi_{xxxx}]+\\
&f'[-\beta\varphi_{xxxxx}-(\alpha+\beta\lambda)\varphi_{xxxx}+(\mu-\alpha\lambda)\varphi_{xxx}+\varphi_{xxt}+\lambda\mu\varphi_{xx}+\lambda\varphi_{xt}]
\end{aligned} \tag{7.1.13}$$

取

$$\lambda=\frac{\alpha}{5\beta} \tag{7.1.14}$$

假设

$$\varphi=1+\exp(kx+ct) \tag{7.1.15}$$

其中，k 和 c 为待定常数，将式(7.1.14)和式(7.1.15)代入式(7.1.13)，可知只要待定常数 μ，k 和 c 满足

$$\begin{cases}
\beta k^3+\dfrac{6}{5}\alpha k^2-\left(\mu+\dfrac{\alpha^2}{25\beta}\right)k-c=0\\
\beta k^4+\dfrac{6}{5}\alpha k^3-\left(\mu-\dfrac{\alpha^2}{25\beta}\right)k^2-\left(\dfrac{\alpha\mu}{15\beta}+c\right)k-\dfrac{\alpha}{15\beta}c=0\\
\beta k^4+\dfrac{6}{5}\alpha k^3-\left(\mu-\dfrac{\alpha^2}{5\beta}\right)k^2-\left(\dfrac{\alpha\mu}{5\beta}+c\right)k-\dfrac{\alpha}{5\beta}c=0
\end{cases} \tag{7.1.16}$$

则式(7.1.13)的右端将为零，简化式(7.1.16)，得到

$$c+\mu k=\beta k^3+\frac{6}{5}\alpha k^2-\frac{\alpha^2}{25\beta}k,\quad c+\mu k=\frac{6}{5}\alpha k^2 \tag{7.1.17}$$

求解式(7.1.17)，得到

$$k=\mp\frac{\alpha}{5\beta},\quad c=\frac{6}{125}\frac{\alpha^2}{\beta^2}\pm\frac{\alpha}{5\beta}\mu \tag{7.1.18}$$

其中，μ 为任意常数。

将式(7.1.11)和式(7.1.15)代入方程(7.1.4)，得到

$$\begin{aligned}
u(x,t)&=12\beta\left[\left(\frac{ke^{\xi}}{1+e^{\xi}}\right)^2-\frac{k^2e^{\xi}}{1+e^{\xi}}-\frac{\lambda ke^{\xi}}{1+e^{\xi}}\right]+\mu\\
&=-3\beta k^2\operatorname{sech}^2\left(\frac{1}{2}\xi\right)-6\beta\lambda k\tanh\left(\frac{1}{2}\xi\right)-6\beta\lambda k+\mu
\end{aligned} \tag{7.1.19}$$

其中，$\xi=kx+ct+\xi_0$。

将式(7.1.14)和式(7.1.18)代入解(7.1.19)中，得到方程(7.1.4)的两个精确孤立波解

$$\begin{aligned}
u(x,t)=&-\frac{3\alpha^2}{25\beta}\operatorname{sech}^2\frac{1}{2}\left[\frac{\alpha}{5\beta}x-\left(\frac{\alpha\mu}{5\beta}\pm\frac{6\alpha^3}{125\beta^2}\right)t\mp\xi_0\right]+\\
&\frac{6\alpha^2}{25\beta}\tanh\frac{1}{2}\left[\frac{\alpha}{5\beta}x-\left(\frac{\alpha\mu}{5\beta}\pm\frac{6\alpha^3}{125\beta^2}\right)t\mp\xi_0\right]\pm\frac{6\alpha^2}{25\beta}+\mu
\end{aligned} \tag{7.1.20}$$

特别取 $\mu=0,\xi_0=0$，有

$$u(x,t)=\frac{3\alpha^2}{25\beta}\left(\pm 2+2\tanh\frac{z}{2}-\operatorname{sech}^2\frac{z}{2}\right)$$

其中，$z=\frac{\alpha}{5\beta}\left(x\mp\frac{6\alpha^2}{25\beta}t\right)$。这个解可以看作是 Burgers 方程

$$u_t+uu_x+\frac{6\alpha}{5}u_{xx}=0$$

的一个激波解

$$u_{\mathrm{B}}(x,t)=\frac{6\alpha^2}{25\beta}\left[\tanh\left(\frac{z}{2}\right)\pm 1\right]$$

和 KdV 方程

$$u_t+uu_x\pm 6\beta u_{xxx}=0$$

的一个特殊孤立波解

$$u_{\mathrm{KdV}}(x,t)=\frac{18\alpha^2}{25\beta}\operatorname{sech}^2\left(\frac{z}{2}\right)$$

的叠加。即

$$u(x,t)=u_{\mathrm{B}}(x,t)\pm\frac{1}{6}u_{\mathrm{KdV}}(x,t)$$

7.1.3 用齐次平衡方法求解非线性方程组

考虑(2+1)维色散长波方程

$$\begin{cases}u_{yt}+v_{xx}+\frac{1}{2}(u^2)_{xy}=0\\ v_t+(uv+u+u_{xy})_x=0\end{cases}\tag{7.1.21}$$

根据齐次平衡原则，欲使式(7.1.21)中最高阶导数项和最高阶非线性项部分平衡，应设它的解具有形式

$$u=p(\varphi)_x=p'\varphi_x,\quad v=q(\varphi)_{xy}+\delta=q''\varphi_x\varphi_y+q'\varphi_{xy}+\delta\tag{7.1.22}$$

其中，函数 $p(\varphi),q(\varphi),\varphi(x,y,t)$ 和常数 δ 待定。下面我们来确定这些函数和常数，使式(7.1.22)满足式(7.1.21)。首先由式(7.1.22)计算出

$$u_{yt}=p^{(3)}\varphi_x\varphi_y\varphi_t+p''(\varphi_{xy}\varphi_t+\varphi_{xt}\varphi_y+\varphi_{yt}\varphi_x)+p'\varphi_{xyt}\tag{7.1.23}$$

$$\begin{aligned}v_{xx}=&q^{(4)}\varphi_x{}^3\varphi_y+q^{(3)}(3\varphi_{xx}\varphi_x\varphi_y+3\varphi_{xy}\varphi_x{}^2)+\\&q''(\varphi_{xxx}\varphi_y+3\varphi_{xy}\varphi_{xx}+3\varphi_{xxy}\varphi_x)+q'\varphi_{xxxy}\end{aligned}\tag{7.1.24}$$

$$\begin{aligned}\frac{1}{2}(u^2)_{xy}=&(p''^2+p'p^{(3)})\varphi_x{}^3\varphi_y+p'p''(3\varphi_{xy}\varphi_x{}^2+2\varphi_{xx}\varphi_x\varphi_y)+\\&p'^2(\varphi_{xx}\varphi_{xy}+\varphi_{xxy}\varphi_x)\end{aligned}\tag{7.1.25}$$

$$v_t=q^{(3)}\varphi_x\varphi_y\varphi_t+q''(\varphi_{xt}\varphi_y+\varphi_{xy}\varphi_t+\varphi_{yt}\varphi_x)+q'\varphi_{xyt}\tag{7.1.26}$$

$$\begin{aligned}(uv)_x=&(p''q''+p'q^{(3)})\varphi_x^3\varphi_y+p'q''(2\varphi_{xx}\varphi_x\varphi_y+\varphi_{xy}\varphi_x^2)+\\&p''q'\varphi_{xy}\varphi_x^2+p'q'(\varphi_{xx}\varphi_{xy}+\varphi_x\varphi_{xxy})+\delta p''\varphi_x^2+\delta p'\varphi_{xx}\end{aligned}\tag{7.1.27}$$

$$u_x=p''\varphi_x^2+p'\varphi_{xx}\tag{7.1.28}$$

$$\begin{aligned}(u_{xy})_x=&p^{(4)}\varphi_x^3\varphi_y+p^{(3)}(3\varphi_{xy}\varphi_x^2+3\varphi_{xx}\varphi_x\varphi_y)+\\&p''(3\varphi_{xx}\varphi_{xy}+3\varphi_{xxy}\varphi_x+\varphi_{xxx}\varphi_y)+p'\varphi_{xxxy}\end{aligned}\tag{7.1.29}$$

将式(7.1.23)～式(7.1.29)代入式(7.1.21)，合并两个方程中的 $\varphi_x^3\varphi_y$ 项，并令系数为零，得到用于确定 p 和 q 的常微分方程组

$$p^{(4)}+p''^2+p'p^{(3)}=0,\quad q^{(4)}+p''q''+p'q^{(3)}=0 \tag{7.1.30}$$

取这个方程组的一个特解

$$p(\varphi)=q(\varphi)=2\ln\varphi \tag{7.1.31}$$

由此得出

$$q'q''=-q^{(3)},\quad q'^2=-2q'' \tag{7.1.32}$$

应用式(7.1.23)～式(7.1.32)，方程组(7.1.21)中两个方程的左端分别可以写成

$$\begin{aligned}u_{yt}+v_{xx}+\frac{1}{2}(u^2)_{xy}=&(\varphi_x\varphi_y\varphi_t+\varphi_x\varphi_{xx}\varphi_y)q^{(3)}+\\&(\varphi_{xt}\varphi_y+\varphi_x\varphi_{y\ t}+\varphi_{xy}\varphi_t+\varphi_{xxx}\varphi_y+\varphi_{xxy}\varphi_x+\varphi_{xx}\varphi_{x\ y})q''+\\&(\varphi_{xxt}+\varphi_{xxxy})q'\end{aligned} \tag{7.1.33}$$

$$\begin{aligned}v_t+(uv+u+u_{xy})_x=&(\varphi_x\varphi_y\varphi_t+\varphi_x\varphi_{xx}\varphi_y)q^{(3)}+\\&(\varphi_{xt}\varphi_y+\varphi_x\varphi_{y\ t}+\varphi_{xy}\varphi_t+\varphi_{xxx}\varphi_y+\varphi_{xxy}\varphi_x+\varphi_{xx}\varphi_{x\ y}+\delta\varphi_x^2+\varphi_x^2)q''+\\&(\varphi_{xxt}+\varphi_{xxxy}+\delta\varphi_{xx}+\varphi_{xx})q'\end{aligned} \tag{7.1.34}$$

令式(7.1.33)和式(7.1.34)中 $q^{(3)}$，q''和 q' 的系数为零，并取 $\delta=-1$，得到拟解所满足的齐次偏微分方程组

$$\begin{cases}\varphi_x\varphi_y\varphi_t+\varphi_x\varphi_{xx}\varphi_y=0\\ \varphi_{xt}\varphi_y+\varphi_x\varphi_{y\ t}+\varphi_{xy}\varphi_t+\varphi_{xxx}\varphi_y+\varphi_{xxy}\varphi_x+\varphi_{xx}\varphi_{x\ y}=0\\ \varphi_{xxt}+\varphi_{xxxy}=0\end{cases} \tag{7.1.35}$$

由上面的讨论可知，只要如式(7.1.31)所示，取定 p 和 q，并令 $\delta=-1$，φ 满足方程组(7.1.35)，则式(7.1.22)就是方程组(7.1.21)的解。

由于方程组(7.1.35)是齐次方程，容易看出

$$\varphi(x,y,t)=1+\mathrm{e}^{kx+ly-k^2t+\xi_0} \tag{7.1.36}$$

是方程组(7.1.35)的一个解，其中，k，l 和 ξ_0 为任意常数。将式(7.1.31)和式(7.1.36)代入式(7.1.22)，最后得到方程组(7.1.21)的一组精确孤立波解

$$\begin{cases}u(x,y,t)=k\tanh\left[\dfrac{1}{2}(kx+ly-k^2t+\xi_0)\right]+k\\ v(x,y,t)=\dfrac{1}{2}kl\operatorname{sech}^2\left[\dfrac{1}{2}(kx+ly-k^2t+\xi_0)\right]-1\end{cases} \tag{7.1.37}$$

其中，k，l 和 ξ_0 为任意常数。

7.2　函数展开方法

函数展开法作为求解非线性偏微分方程的求解技巧，最早是由兰慧彬等人在 1989 年提出的双曲正切函数展开法开始的。1992 年，Malfiet 将这种方法系统化为构造非线性方程孤立波解的 Tanh 函数法。后来人们在这种思想的基础上，将函数形式加以扩充，产生了椭圆函数展开法以及简单方程方法等，本节我们简要地介绍这种方法的思想和解题步骤。

7.2.1 tanh 函数法

对于给定的非线性方程

$$P(u,u_x,u_t,u_{xx},u_{xt},u_{tt},\cdots)=0 \tag{7.2.1}$$

根据孤立波解一般可以用双曲函数表示的特点，设方程(7.2.1)的解 u 可表示为

$$u(x,t)=U(\xi)=\sum_{i=0}^{n}a_i\varphi^i \tag{7.2.2}$$

的形式，其中，$\varphi(x,t)=\tanh(k\xi)$，$\xi=k(x-ct)+\xi_0$，而 n 为一正整数。

通过平衡方程(7.2.1)的非线性项和最高阶导数项，可以确定 n；$k,c,a_0,\cdots,a_n$ 为待定参数。将式(7.2.2)代入方程(7.2.1)并令 φ^i $(i=0,1,2,\cdots,n)$ 的系数为零，可以得到一个关于 $k,c,a_0,\cdots,a_n$ 的多项式方程组，求解这个方程组可得到 $k,c,a_0,\cdots,a_n$。返回到原来的变量，就得到原方程(7.2.1)的孤立波解：

$$u(x,t)=\sum_{i=0}^{n}a_i\tanh^i[k(x-ct)+\xi_0] \tag{7.2.3}$$

下面以 KdV 方程

$$u_t+uu_x+\sigma u_{xxx}=0 \tag{7.2.4}$$

为例，来说明 tanh 函数法的应用。

将式(7.2.2)代入式(7.2.4)，使最高阶导数项 u_{xxx} 和非线性项 uu_x 的幂次相平衡，得到 $n+3=2n+1$，由此确定出 $n=2$。于是可以设方程(7.2.4)的解为

$$u=a_0+a_1\varphi+a_2\varphi^2 \tag{7.2.5}$$

将式(7.2.5)代入式(7.2.4)，合并 φ 的同次幂，并令各幂次项的系数为零，消去非零因子后，得到确定 a_0，a_1 和 a_2 的代数方程组为

$$\begin{cases}(2k^2\sigma+c-a_0)a_1=0\\ a_1^2+16k^2\sigma a_2+2ca_2-2a_0a_2=0\\ a_1(k^2\sigma+c-a_0+3a_2)=0\\ -a_1^2+40k^2\sigma a_2+2ca_2-2a_0a_2+2a_2^2=0\\ a_1(2k^2\sigma+a_2)=0\\ 12k^2\sigma+a_2=0\end{cases} \tag{7.2.6}$$

一般来说，非线性代数方程组的求解也是非常困难的。吴文俊院士提出的消元法为非线性代数方程组的求解建立了完整的理论。应用 Wu 消元法得到方程组(7.2.6)一组有意义的解为

$$a_0=c+8\sigma k^2,\quad a_1=0,\quad a_2=-12\sigma k^2 \tag{7.2.7}$$

由此得到方程(7.2.4)的孤立波解为

$$u(x,t)=c+8\sigma k^2-12\sigma k^2\tanh^2[k(x-ct)+\xi_0] \tag{7.2.8}$$

然而，利用这种方法只能得到非线性方程 tanh 型的孤立波解，为了得到非线性偏微分方程更加丰富的解，tanh 函数展开方法有了许多扩充形式，比如用 $\tan(k\xi)$ 替换 $\tanh(k\xi)$，可得到 tan 形式的解等。下面再介绍一下与 tanh 函数展开法非常类似的椭圆函数展开法，读者除了学习方法本身外，还应该体会到，将已有方法开拓和发展的重要性。

7.2.2 Jacobi 椭圆函数展开法

椭圆函数的概念和性质见附录 A。

与 tanh 函数展开法的思想基本一致，Jacobi 椭圆函数展开法是将偏微分方程

$$P(u,u_x,u_t,u_{xx},u_{xt},u_{tt},\cdots)=0$$

的解

$$u=u(\xi),\quad \xi=k(x-ct)+\xi_0 \tag{7.2.9}$$

其中，k 和 c 为波数和波速，ξ_0 为相位。它们都是常数，展开为 $\mathrm{sn}\xi$，$\mathrm{cn}\xi$ 或 $\mathrm{dn}\xi$ 的多项式。然后通过计算多项式的次数和系数来获得方程(7.2.1)的椭圆函数型周期解。

根据 Jacobi 椭圆函数的定义，利用 Jacobi 变换

$$k\,\mathrm{sn}(w,m)=\mathrm{sn}(mw,m^{-1})$$

我们可以将 $\mathrm{sn}(w,m)$的定义扩展到模数 $m>1$ 的情形。相应地有

$$\mathrm{cn}(w,m)=\mathrm{dn}(mw,m^{-1}),\quad \mathrm{dn}(w,m)=\mathrm{cn}(mw,m^{-1}) \tag{7.2.10}$$

这样，由 dn 函数展开方法得到的解再利用式(7.2.10)进行变换，就与由 cn 函数展开方法得到的解是等价的。因此，在应用中，只需考虑 sn 函数和 cn 函数的展开即可。

下面介绍 sn 函数展开方法的原理。对于给定的非线性偏微分方程(7.2.1)，假设其行波解的形式为

$$u(\xi)=\sum_{i=1}^{n}b_iS^i \tag{7.2.11}$$

其中，$S=\mathrm{sn}(\xi,m)$，这里正整数 n 和实常数 $b_i(1,2,\cdots,n,b_n\neq0)$待定。

记 $C=\mathrm{cn}(\xi,m)$，$D=\mathrm{dn}(\xi,m)$，由椭圆函数的导数公式

$$\mathrm{sn}'w=\mathrm{cn}w\,\mathrm{dn}w,\quad \mathrm{cn}'w=-\mathrm{sn}w\,\mathrm{dn}w,\quad \mathrm{dn}'w=-m^2\mathrm{sn}w\,\mathrm{cn}w \tag{7.2.12}$$

有

$$\frac{\mathrm{d}}{\mathrm{d}\xi}=CD\frac{\mathrm{d}}{\mathrm{d}S} \tag{7.2.13}$$

于是有

$$\frac{\mathrm{d}}{\mathrm{d}\xi}(CD)=S(2m^2S^2-1-m^2) \tag{7.2.14}$$

记 $F(S)=S(2m^2S^2-1-m^2)$，又令 $G(S)=(1-S^2)(1-m^2S^2)$，由于

$$C^2D^2=G(S) \tag{7.2.15}$$

进而有

$$\frac{\mathrm{d}^2}{\mathrm{d}\xi^2}=F(S)\frac{\mathrm{d}}{\mathrm{d}S}+G(S)\frac{\mathrm{d}^2}{\mathrm{d}S^2} \tag{7.2.16}$$

$$\frac{\mathrm{d}^3}{\mathrm{d}\xi^3}=CD\frac{\mathrm{d}}{\mathrm{d}S}\left[F(S)\frac{\mathrm{d}}{\mathrm{d}S}+G(S)\frac{\mathrm{d}^2}{\mathrm{d}S^2}\right] \tag{7.2.17}$$

$$\frac{\mathrm{d}^4}{\mathrm{d}\xi^4}=F(S)\frac{\mathrm{d}}{\mathrm{d}S}\left[F(S)\frac{\mathrm{d}}{\mathrm{d}S}+G(S)\frac{\mathrm{d}^2}{\mathrm{d}S^2}\right]+G(S)\frac{\mathrm{d}^2}{\mathrm{d}S^2}\left[F(S)\frac{\mathrm{d}}{\mathrm{d}S}+G(S)\frac{\mathrm{d}^2}{\mathrm{d}S^2}\right] \tag{7.2.18}$$

等等。容易归纳出，当 j 为偶数时，$\mathrm{d}^ju/\mathrm{d}\xi^j$ 是 S 的 $n+j$ 次多项式；而 j 为奇数时，

$\mathrm{d}^ju/\mathrm{d}\xi^j$ 是 CD 与 S 的 $n+j-2$ 次多项式之和。

若以 $O(u(\xi))$ 表示 u 的最高次幂的次数 n，则 $\mathrm{d}^j u/\mathrm{d}\xi^j$ 最高次幂的次数应为

$$O\left(\frac{\mathrm{d}^j u}{\mathrm{d}\xi^j}\right)=n+j,\quad j=1,2,\cdots \tag{7.2.19}$$

而 $u^l \mathrm{d}^j u/\mathrm{d}\xi^j$ 的最高次幂的次数为

$$O\left(u^l\frac{\mathrm{d}^j u}{\mathrm{d}\xi^j}\right)=(l+1)n+j,\quad j=1,2,\cdots,\quad l=0,1,2,\cdots \tag{7.2.20}$$

将式(7.2.11)代入式(7.2.1)中，平衡方程(7.2.1)中线性最高阶导数项和最高阶非线性项的幂次，可以确定出参数 n。同时，利用式(7.2.13)、式(7.2.16)～式(7.2.18)等式可导出代数方程

$$P_1(S)+CDP_2(S)=0 \tag{7.2.21}$$

其中，P_1 和 P_2 为 S 的多项式。令 P_1 和 P_2 中 S 的各幂次系数为零，便得到确定 b_i $(i=1,2,\cdots,n)$ 及 k 和 c 的代数方程组，求解这个代数方程组，就得到方程(7.2.1)的形如(7.2.11)的周期波解。特别地，令模数 $m\to 1$，就可以得到相应的孤立波解。

类似地，cn 函数展开法的步骤如下。相应于式(6.1.11)～式(6.1.17)，有下列各式：

$$u(\xi)=\sum_{i=0}^{n}b_iC^i \tag{7.2.22}$$

$$\frac{\mathrm{d}}{\mathrm{d}\xi}=-SD\frac{\mathrm{d}}{\mathrm{d}C} \tag{7.2.23}$$

$$\frac{\mathrm{d}}{\mathrm{d}\xi}(SD)=H(C)=C(2m^2-1-2m^2C^2) \tag{7.2.24}$$

$$S^2D^2=J(C)=(1-C^2)(1-m^2+m^2C^2) \tag{7.2.25}$$

$$\frac{\mathrm{d}^2}{\mathrm{d}\xi^2}=H(C)\frac{\mathrm{d}}{\mathrm{d}C}+J(C)\frac{\mathrm{d}^2}{\mathrm{d}C^2} \tag{7.2.26}$$

$$\frac{\mathrm{d}^3}{\mathrm{d}\xi^3}=-SD\frac{\mathrm{d}}{\mathrm{d}C}\left[H(C)\frac{\mathrm{d}}{\mathrm{d}C}+J(C)\frac{d^2}{dC^2}\right] \tag{7.2.27}$$

$$\frac{\mathrm{d}^4}{\mathrm{d}\xi^4}=-H(C)\frac{\mathrm{d}}{\mathrm{d}C}\left[H(C)\frac{\mathrm{d}}{\mathrm{d}C}+J(C)\frac{\mathrm{d}^2}{\mathrm{d}C^2}\right]+J(C)\frac{\mathrm{d}^2}{\mathrm{d}C^2}\left[H(C)\frac{\mathrm{d}}{\mathrm{d}C}+J(C)\frac{\mathrm{d}^2}{\mathrm{d}C^2}\right] \tag{7.2.28}$$

不同于式(7.2.21)，此时得到的代数方程为

$$P_1(C)+SDP_2(C)=0 \tag{7.2.29}$$

其中，P_1 和 P_2 为 C 的多项式。

下面仍以 KdV 方程为例，说明 Jacobi 椭圆函数展开法的应用。

考虑 KdV 方程(7.2.4)，设其行波解为式(7.2.11)，容易确定行波解的形式为

$$u(\xi)=b_0+b_1S+b_2S^2 \tag{7.2.30}$$

将式(7.2.30)代入式(7.2.4)，得到相应的代数方程组

$$\begin{cases}b_1(c-b_0+\sigma k^2m^2+\sigma k^2)=0\\ 12\sigma k^2m^2+b_2=0\\ 2cb_2+8\sigma k^2b_2m^2-2b_0b_2+8\sigma k^2b_2-b_1{}^2=0\\ b_1(2\sigma k^2m^2+b_2)=0\end{cases} \tag{7.2.31}$$

由此可以求得

$$b_0=c+4(1+m^2)\sigma k^2,\quad b_1=0,\quad b_2=-12\sigma k^2m^2$$

代入式(5.4.30)，得到 KdV 方程(7.2.4)椭圆正弦周期波解，再利用 $\mathrm{sn}^2(\xi)+\mathrm{cn}^2(\xi)=1$，有

$$u(x,t)=c+4(1+m^2)\sigma k^2+12\sigma k^2m^2\mathrm{cn}^2(\xi,m)\tag{7.2.32}$$

在式(7.2.32)中，令 $m\to1$，椭圆余弦波解就化为孤立波解

$$u(x,t)=c-4\sigma k^2+12\sigma k^2\mathrm{sech}^2[k(x-ct)+\xi_0]\tag{7.2.33}$$

其中，k，c 和 ξ_0 均为常数。

以上两节我们介绍了双曲函数展开法和 Jacobi 椭圆函数展开法，这种展开法的实质就是事先设定非线性偏微分方程的解是某种特定函数(双曲函数或椭圆函数等)，通过最高阶导数项和最高阶非线性项的平衡来确定多项式的次数，之后再将函数多项式形式的解代入方程中，使其满足方程，从而确定多项式的系数等待定常数，最后将这些确定了的常数代入形式解中，就得到了方程的设定形式的解。在研究过程中人们发现，双曲函数和椭圆函数等，可以作为一阶和二阶简单常微分方程的解，所以在研究过程中，就让非线性偏微分方程和这样的常微分方程直接产生联系，得到了非线性偏微分方程更多类型的解，这些方法可以称作是函数展开法的扩展，下面介绍一些这样的扩展。

7.2.3 函数展开法的扩展

1. tanh 函数展开法的扩展

考虑带有一个参数的 Riccati 方程

$$\varphi'=\mu+\varphi^2\tag{7.2.34}$$

其中$'$：$=\mathrm{d}/\mathrm{d}\xi$，$\mu$ 为一待定参数。使用式(7.2.34)的解替换 tanh 方法中的 tanh 函数，其他过程类似于 tanh 函数法的处理。反复利用方程(7.2.34)，可将 φ 的所有导数转化为 φ 的多项式来表示，而 Riccati 方程(7.2.34)具有如下所示三种类型的一般解

$$\varphi=-\sqrt{-\mu}\tanh\sqrt{-\mu}\xi,\ -\sqrt{-\mu}\coth\sqrt{-\mu}\xi,\quad \mu<0\tag{7.2.35}$$

$$\varphi=-\frac{1}{\xi},\quad \mu=0\tag{7.2.36}$$

$$\varphi=\sqrt{\mu}\tan\sqrt{\mu}\xi,\ -\sqrt{\mu}\cot\sqrt{\mu}\xi,\quad \mu>0\tag{7.2.37}$$

于是我们看到 tanh 函数仅是 Riccati 方程(7.2.34)解的一种特殊情况。利用 Riccati 方程的另一个好处是参数 μ 的符号可用于判断所得行波解的数量和形状。例如，当 $\mu<0$ 时，我们知道非线性偏微分方程(7.2.1)存在 tanh 形式和 coth 形式的解；而 μ 为任意常数时，方程(7.2.1)具有 5 种形式的行波解。据此，无须额外费力便可得到非线性方程新的以及更一般的行波解。下面我们以形变 Boussinesq 方程为例，说明这种方法的应用，由于 cot，coth 函数形式的行波解与 tan，tanh 形式的行波解成对出现，因此，为简便起见，我们只给出 tan 和 tanh 函数形式的行波解。

考虑形变 Boussinesq 方程

$$\begin{cases}u_t+v_x+uu_x+\sigma u_{xxt}=0\\ v_t+(uv)_x+\tau u_{xxx}=0\end{cases}\tag{7.2.38}$$

令其行波解为

$$u(x,t)=U(\xi),\quad v(x,t)=V(\xi),\quad \xi=x+ct\tag{7.2.39}$$

则方程(7.2.38)化成

$$\begin{cases} cU'+V'+UU'+\sigma U^{(3)}=0 \\ cV'+(UV)'+\tau U^{(3)}=0 \end{cases} \tag{7.2.40}$$

通过 $U^{(3)}$ 与 UU' 平衡，我们可以作出如下假设

$$U=a_0+a_1\varphi+a_2\varphi^2,\quad V=b_0+b_1\varphi+b_2\varphi^2 \tag{7.2.41}$$

其中，φ 为 Riccati 方程(7.2.34)的解。将式(7.2.41)代入式(7.2.40)，得到关于 a_i，b_i $(i=0,1,2)$以及 k 和 c 的代数方程组

$$\begin{aligned}
&\mu c a_1+2\mu^2 c\sigma a_1+\mu a_0 a_1+\mu b_1=0\\
&\mu a_1{}^2+2\mu c a_2+16\mu^2 c\sigma a_2+2\mu a_0 a_2+2\mu b_2=0\\
&c a_1+8\mu c\sigma a_1+a_0 a_1+3\mu a_1 a_2+b_1=0\\
&a_1{}^2+2c a_2+40\mu c\sigma a_2+2a_0 a_2+2\mu a_2^2+2b_2=0\\
&6c\sigma a_2+3a_1 a_2=0\\
&24c\sigma a_2+2a_2^2=0\\
&2\mu^2\sigma a_1+\mu a_1 b_0+\mu c b_1+\mu a_0 b_1=0\\
&16\mu^2\sigma a_2+2\mu a_2 b_0+2\mu a_1 b_1+2\mu c b_2+2\mu a_0 b_2=0\\
&8\mu\tau a_1+a_1 b_0+c b_1+a_0 b_1+3\mu a_2 b_1+3\mu a_1 b_2=0\\
&40\mu\tau a_2+2a_2 b_0+2a_1 b_1+2c b_2+2a_0 b_2+4\mu a_2 b_2=0\\
&6\tau a_1+3a_2 b_1+3a_1 b_2=0\\
&24\tau a_2+4a_2 b_2=0
\end{aligned}$$

利用 Wu 消元法可得到

$$\begin{cases} a_0=\dfrac{a_2^2+8\sigma\mu a_2^2+72\sigma\tau}{12\sigma a_2} \\ a_1=b_1=0 \\ b_0=\dfrac{4(9\tau^2-6\tau a_2^2)}{a_2^2} \\ b_2=-6\tau \\ c=-\dfrac{a_2}{12\sigma} \end{cases} \tag{7.2.42}$$

其中，μ，a_2 为任意常数。

由式(7.2.35)～式(7.2.37)和式(7.2.42)我们得到方程(7.2.38)三种形式的行波解

$$u_1=a_0-a_2\mu\tanh^2\left[\sqrt{-\mu}\left(x-\frac{a_2}{12\sigma}t\right)\right]$$

$$v_1=b_0+6\tau\mu\tanh^2\left[\sqrt{-\mu}\left(x-\frac{a_2}{12\sigma}t\right)\right]\quad(\mu<0)$$

$$u_2=a_0+\frac{a_2}{\left(x-\dfrac{a_2}{12\sigma}t\right)^2}$$

$$v_2=b_0-\frac{6\tau}{\left(x-\dfrac{a_2}{12\sigma}t\right)^2}\quad(\mu=0)$$

$$u_3=a_0+4\mu\tan^2\left[\sqrt{\mu}\left(x-\frac{a_2}{12\sigma}t\right)\right]$$

$$v_3=b_0-6\tau\mu\tan^2\left[\sqrt{\mu}\left(x-\frac{a_2}{12\sigma}t\right)\right]\quad(\mu>0)$$

其中，a_0，b_0 由式(7.2.42)给出。

本小节介绍的是将非线性偏微分方程的解设为一个常微分方程解的多项式形式，后来人们将 Riccati 方程(7.2.34)进一步扩充成更一般的椭圆方程

$$\varphi'^2=\sum_{i=1}^{r}c_i\varphi(\xi)^i,\quad r\leqslant 4 \tag{7.2.43}$$

而给定的非线性偏微分方程(7.2.1)的解可以设为

$$u(x,t)=\sum_{j=0}^{n}a_j\varphi^j(\xi),\quad \xi=x+ct \tag{7.2.44}$$

其中，$\varphi(\xi)$ 是常微分方程(7.2.43)的解，正整数 n 和实常数 $a_j(j=1,2,\cdots,n,a_n\neq0)$，$c_i(i=0,1,\cdots,r)$ 为待定常数。用这种方法一般能得到非线性偏微分方程孤立波型、有理函数型、三角函数周期型、Weierstrass 椭圆函数型和 Jacobi 椭圆函数型双周期解。下面介绍用这种方法的求解过程。

2. 基于符号计算的一种统一的代数方法

范恩贵教授发展了这种基于符号计算的一种统一的代数方法，可用于构造各种行波解，包括孤子解、有理解、三角函数周期解、Weierstrass 和 Jacobi 椭圆函数双周期解等。现在将该方法简述如下。

对于给定的非线性偏微分方程

$$P(u,u_x,u_t,u_{xx},u_{xt},u_{tt},\cdots)=0 \tag{7.2.45}$$

用下列一阶微分方程代替 Riccati 方程(7.2.38)

$$\varphi'=\varepsilon\sqrt{\sum_{j=0}^{r}c_j\varphi^j} \tag{7.2.46}$$

其中，$\varepsilon=\pm1$，r 为一正整数，$c_0,c_1,\cdots,c_r$ 为待定常数。与 tanh 方法或广义 tanh 方法不同，这种方法涉及两个平衡数 n 和 r，在一般情况下，平衡最高阶导数项和非线性项将给出 n 和 r 之间的一种关系。例如，对 MKdV 方程

$$u_t+u^2u_x+u_{xxx}=0$$

我们得到

$$r=2(n+1) \tag{7.2.47}$$

显然，任给一个 n 我们可得到一个 r，从而导致一种假设。如在式(7.2.47)中取 $n=1$，可得到 $r=4$，因此我们可寻找 MKdV 方程如下形式的解

$$u=a_0+a_1\varphi,\quad \varphi'=\varepsilon\sqrt{c_0+c_1\varphi+c_2\varphi^2+c_3\varphi^3+c_4\varphi^4}$$

我们看到 r 随着 n 的增大而增大，方程(7.2.45)的行波解依赖于方程(7.2.46)的可解性，其系数满足关于 d,a_i,c_j 的某一代数方程组。n 和 r 越大，所得到的解越一般，但随着 n 和 r 的增大，求解这种方程将变得越来越复杂。目前我们仅考虑一种有趣的情形 $r=4$，即

$$\varphi'=\varepsilon\sqrt{c_0+c_1\varphi+c_2\varphi^2+c_3\varphi^3+c_4\varphi^4} \tag{7.2.48}$$

可以证明，方程(7.2.48)在不同情况下，具有如下各类行波解：

(1) 当 $c_3=c_0=c_1$ 时，方程(7.2.48)具有钟状孤子解、三角函数和有理函数解

$$\varphi=\sqrt{-\frac{c_2}{c_4}}\operatorname{sech}(\sqrt{c_2}\xi),\quad c_2>0,c_4<0 \tag{7.2.49}$$

$$\varphi=\sqrt{-\frac{c_2}{c_4}}\sec(\sqrt{-c_2}\xi),\quad c_2<0,c_4>0 \tag{7.2.50}$$

$$\varphi=-\frac{1}{\sqrt{c_4}\xi},\quad c_2=0,c_4>0 \tag{7.2.51}$$

(2) 当 $c_3=c_1=0,c_0=\dfrac{c_2^2}{4c_4}$ 时，方程(7.2.48)具有扭状孤子解、三角函数和有理函数解

$$\varphi=\sqrt{-\frac{c_2}{2c_4}}\tanh\left(\sqrt{-\frac{c_2}{2}}\xi\right),\quad c_2<0,c_4>0 \tag{7.2.52}$$

$$\varphi=\sqrt{\frac{c_2}{2c_4}}\tan\left(\sqrt{\frac{c_2}{2}}\xi\right),\quad c_2>0,c_4>0 \tag{7.2.53}$$

$$\varphi=-\frac{1}{\sqrt{c_4}\xi},\quad c_2=0,c_4>0 \tag{7.2.54}$$

(3) 当 $c_3=c_1=0$ 时，方程(7.2.48)具有三种 Jacobi 椭圆函数解

$$\varphi=\sqrt{-\frac{c_2m^2}{c_4(2m^2-1)}}\operatorname{cn}\left(\sqrt{\frac{c_2}{2m^2-1}}\xi\right),\quad c_0=\frac{c_2^2m^2(m^2-1)}{c_4\ (2m^2-1)^2},\quad c_2>0 \tag{7.2.55}$$

$$\varphi=\sqrt{-\frac{c_2m^2}{c_4(m^2+1)}}\operatorname{sn}\left(\sqrt{-\frac{c_2}{m^2+1}}\xi\right),\quad c_0=\frac{c_2^2m^2}{c_4\ (m^2+1)^2},\quad c_2<0 \tag{7.2.56}$$

$$\varphi=\sqrt{\frac{-c_2}{c_4(2-m^2)}}\operatorname{dn}\left(\sqrt{\frac{c_2}{2-m^2}}\xi\right),\quad c_0=\frac{c_2^2(1-m^2)}{c_4\ (2-m^2)^2},\quad c_2>0 \tag{7.2.57}$$

当 $m\to1$ 时，周期解(7.2.55)退化为钟状孤子解(7.2.49)，周期解(7.2.56)退化为扭状孤子解(7.2.52)。

(4) 当 $c_4=c_0=c_1=0$ 时，方程(7.2.48)具有如下钟状孤子解、三角函数周期解和有理解

$$\varphi=-\frac{c_2}{c_3}\operatorname{sech}^2\left(\frac{\sqrt{c_2}}{2}\xi\right),\quad c_2>0 \tag{7.2.58}$$

$$\varphi=-\frac{c_2}{c_3}\sec^2\left(\frac{\sqrt{-c_2}}{2}\xi\right),\quad c_2<0 \tag{7.2.59}$$

$$\varphi=\frac{1}{c_3\xi^2},\quad c_2=0 \tag{7.2.60}$$

(5) 当 $c_4=0,c_3>0$ 时，方程(7.2.48)具有 Weierstrass 椭圆函数解

$$\varphi=w\left(\frac{\sqrt{c_3}}{2}\xi,g_2,g_3\right) \tag{7.2.61}$$

其中，$g_2=-4c_1/c_3,g_3=-4c_0/c_3$。

与函数展开法或推广的 tanh 函数展开方法相比，这里提出方法的关键是用方程(7.2.48)的解代替 tanh 函数或 Jaccobi 椭圆函数。当 $c_1=c_3=0,c_0=1,c_2=-2,c_4=1$ 时，方程(7.2.48)具有解 $\tanh\xi$，此时这种方法退化为 tanh 方法，即 tanh 方法仅为上述方法的一个特殊情况。当 $c_1=c_3=0,c_0=b^2,c_2=2b,c_4=1$ 时，方程(7.2.48)退化为 Riccati 方程，

此时上述方法退化为广义 tanh 方法。

应用举例。考虑 KdV 方程

$$u_t+6uu_x+u_{xxx}=0 \tag{7.2.62}$$

做变换 $u(x,t)=U(\xi),\xi=x+ct$,将方程(7.2.62)化成

$$cU'+\varepsilon UU'+U^{(3)}=0 \tag{7.2.63}$$

由假设(7.2.44)和假设(7.2.46),平衡(7.2.63)中的 UU' 和 $U^{(3)}$ 得到 $r=n+2$。我们选取 $n=2,r=4$,寻找方程如下形式的解

$$u=a_0+a_1\varphi+a_2\varphi^2 \tag{7.2.64}$$

其中,φ 满足式(7.2.46)。将式(7.2.64)代入方程(7.2.63)中,借助于 Maple 或 Mathematica,反复应用式(7.2.48),并令 $\varphi^i\sqrt{c_0+c_1\varphi+c_2\varphi^2+c_3\varphi^3+c_4\varphi^4}\,(i=0,1,2,\cdots)$ 的系数为零,得到如下代数方程组

$$\begin{aligned}
&\varepsilon ca_1+6\varepsilon a_0a_1+3\varepsilon^2a_2c_1+\varepsilon^3a_1c_2=0\\
&6\varepsilon a_1{}^2+2\varepsilon ca_2+12\varepsilon a_0a_2+8\varepsilon^3a_2c_2+3\varepsilon^3a_1c_3=0\\
&18\varepsilon a_1a_2+15\varepsilon^3a_2c_3+6\varepsilon^3a_1c_4=0\\
&12\varepsilon a_2^2+24\varepsilon^3a_2c_4=0
\end{aligned}$$

用 Wu 消元法得到上述方程组的两组解:

$$a_2=c_4=0,\quad a_0=-\frac{1}{6}(c+\varepsilon^2c_2),\quad c_3=-\frac{2a_1}{\varepsilon^2} \tag{7.2.65}$$

其中,c_0,c_1,c_2,c 和 $a_1\neq0$ 为任意常数;及

$$\begin{cases}
a_0=-\dfrac{1}{12}\left(2c+\dfrac{3c_3^2}{a_2}+8\varepsilon^2c_2\right)\\
a_1=-\varepsilon^2c_3\\
c_1=-\dfrac{c_3^3+2\varepsilon^2a_2c_2c_3}{2\varepsilon^2a_2^2}\\
c_4=-\dfrac{a_2}{2\varepsilon^2}
\end{cases} \tag{7.2.66}$$

其中,c_0,c_2,c_3,c 和 $a_2\neq0$ 为任意常数。

由于 $\varepsilon=\pm1$,现在直接取 $\varepsilon^2=1$,又由于在式(7.2.65)中,$c_4=0$,应用式(7.2.58)～式(7.2.61),得到 KdV 方程如下形式的解:

$$u_1=-\frac{1}{6}(c+c_2)+\frac{c_2}{2}\mathrm{sech}^2\left(\frac{\sqrt{c_2}}{2}\xi\right),\quad c_2>0$$

$$u_2=-\frac{1}{6}(c+c_2)+\frac{c_2}{2}\sec^2\left(\frac{\sqrt{-c_2}}{2}\xi\right),\quad c_2<0$$

$$u_3=-\frac{1}{6}c-\frac{1}{2\xi^2},\quad c_2=0$$

$$u_4=-\frac{1}{6}(c+c_2)+a_1w\left(\frac{\sqrt{-2c_1}}{2}\xi,g_2,g_3\right)$$

其中,$\xi=x+ct,g_2=2c_1/a_1,g_3=2c_0/a_1$。

在式(7.2.66)中,取 $c_3=0$,则 $a_1=c_1=0$,此时,由式(7.2.49)～式(7.2.54),所得到的解在适当变换下,仍然与上面的 u_1,u_2 和 u_3 相同。由式(7.2.66)和式(7.2.55)、

式(7.2.56)，得到 Jacobi 椭圆函数周期解

$$u_5=-\frac{1}{6}(c+4c_2)+\frac{2c_2m^2}{2m^2-1}\mathrm{cn}^2\left(\sqrt{\frac{c_2}{2m^2-1}}\xi\right),\quad c_2>0,\quad c_0=\frac{(1-m^2)c_2}{2m^2-1}$$

$$u_6=-\frac{1}{6}(c+4c_2)+\frac{2c_2m^2}{m^2+1}\mathrm{sn}^2\left(\sqrt{-\frac{c_2}{m^2+1}}\xi\right),\quad c_2>0,\quad c_0=\frac{2m^2{c_2}^2}{m^2+1}$$

其中，$\xi=x+ct$。

由于当 $m\to 1$ 时，$\mathrm{sn}\,\xi\to\tanh\xi$，$cn\xi\to\mathrm{sech}\,\xi$，这两种周期解都收敛于孤立子解 u_1。

7.3 首次积分法

首次积分法是冯兆生在 2002 年提出的求解非线性偏微分方程的一种方法，它的独特之处在于应用了可交换代数理论。利用这种方法，冯兆生研究了 Burgers-KdV 方程、组合 Burgers-KdV 方程、$(n+1)$维空间中一种近似的 Sine-Gordon 方程以及二维 Burgers-KdV 方程。紧随其后，那仁满都拉和王克协研究了一类非线性色散-耗散方程，得到了一系列新的精确解，包括指数函数解、三角函数解、奇异行波解和扭结波解。实践证明，这个方法可以用来求解许多非线性偏微分方程的精确解，如非线性 Schrödinger 方程、广义 Klein-Gordon 方程以及高阶 KdV 型方程等。

应用这种方法，首先需要将目标方程通过行波变换化为以下形式

$$u''(\xi)-\mu G(u',u)-R(u)=0 \tag{7.3.1}$$

其中，μ 是实数，$R(u)$是 u 的多项式，$G(\tau,u)$是两个变量 τ 和 u 的多项式。

7.3.1 首次积分法的基本原理

首次积分法的基本原理就是在先用行波变换将偏微分方程化为常微分方程(7.3.1)的基础上，再利用除法定理找到它的一个首次积分，将这个常微分方程化为一阶可积的常微分方程组，然后直接积分求解。首次积分的概念和性质可以参见附录 B，下面介绍除法定理。

定理 7.3.1 (除法定理) 设 $P(\omega,z)$，$Q(\omega,z)$是复数域 $C[\omega,z]$上的多项式，并且 $P(\omega,z)$ 在 $C[\omega,z]$上是不可约的，如果 $Q(\omega,z)$不包含 $P(\omega,z)$的全部零点，那么在复数域 $C[\omega,z]$上存在一个多项式 $G(\omega,z)$使得 $Q(\omega,z)=P(\omega,z)\cdot G(\omega,z)$。

下面是首次积分法的主要步骤。给定非线性偏微分方程

$$P(u_t,u_x,u_{xx},u_{xt},\cdots)=0 \tag{7.3.2}$$

首先运用行波变换 $u=u(\xi)$，$\xi=x+ct$ 将它化为二阶常微分方程

$$P(u,u',u'',\cdots)=0 \tag{7.3.3}$$

再令 $x=u$，$y=u'$，将常微分方程(7.3.3)化为一阶常微分方程组

$$\begin{cases}x'=y\\ y'=f(x,y)\end{cases} \tag{7.3.4}$$

设方程组(7.3.4)首次积分的形式为 $p(x,y)=\sum\limits_{i=0}^{m}a_i(x)y^i=0$(通常取 $m=2$)，其中 $a_i(x)(i=0,1,2,\cdots)$ 是实数域上的待定多项式，根据除法定理，存在实数域上的多项式 $\alpha(x)$，$\beta(x)$ 使得

$$\frac{\mathrm{d}p}{\mathrm{d}\xi}=[\alpha(x)+\beta(x)y]p(x,y) \tag{7.3.5}$$

由式(7.3.5)确定多项式 $\alpha(x)$，$\beta(x)$，$a_i(x)(i=0,1,2,\cdots)$，进而求出 $p(x,y)$。

最后将 $x=u$，$y=u'$ 代入方程 $\sum_{i=0}^{m}a_i(x)y^i=0$ 中，并解之即可得到方程(7.3.2)的精确解。

例 7.3.1　用首次积分法求耦合 Burgers-KdV 方程

$$u_t+\lambda uu_x+\mu u^2u_x+su_{xx}-tu_{xxx}=0 \tag{7.3.6}$$

的精确解。

解　首先作行波变换 $u=u(\xi)$，$\xi=x-vt$（其中，v 是待定常数，表示波速），将方程(7.3.6)化成

$$u''(\xi)-ru'(\xi)-au^3(\xi)-bu^2(\xi)-cu(\xi)-d=0 \tag{7.3.7}$$

其中，$r=s/t$，$a=\mu/3t$，$b=\lambda/2t$，$c=-v/t$，d 是积分常数. 令 $x=u$，$y=u'$，将该常微分方程(7.3.7)化成与之等价的一阶常微分方程组

$$\begin{cases}x'=y\\ y'=ry+ax^3+bx^2+cx+d\end{cases} \tag{7.3.8}$$

下面根据式(7.3.8)和除法定理，确定方程(7.3.7)的首次积分。设方程(7.3.7)的首次积分的形式为

$$p(x,y)=\sum_{i=0}^{2}a_i(x)y^i=0 \tag{7.3.9}$$

其中，$a_i(i=0,1,2)$是实数域上的待定多项式。将式(7.3.8)和式(7.3.9)代入式(7.3.5)中，可得

$$\begin{aligned}\frac{\mathrm{d}q}{\mathrm{d}\xi}&=\sum_{i=0}^{2}[a_i{}'(x)y^iy]+\sum_{i=0}^{2}[\mathrm{i}a_i(x)y^{i-1}(ry+ax^3+bx^2+cx+d)]\\&=[\alpha(x)+\beta(x)y]\Big[\sum_{i=0}^{2}a_i(x)y^i\Big]\end{aligned} \tag{7.3.10}$$

要使式(7.3.10)成立，则要求等式两端 y 的各次幂的系数均相等。即

$$\begin{cases}a_2{}'(x)=\beta(x)a_2(x)\\ a_1{}'(x)=[\alpha(x)-2r]a_2(x)+\beta(x)a_1(x)\\ a_0{}'(x)=-2(ax^3+bx^2+cx+d)a_2(x)+[\alpha(x)-r]a_1(x)+\beta(x)a_0(x)\\ (ax^3+bx^2+cx+d)a_1(x)-\alpha(x)a_0(x)=0\end{cases} \tag{7.3.11}$$

由于 $a_i(x)(i=0,1,2)$是多项式，故由式(7.3.11)的第一式可得 $a_2(x)$为常数，$\beta(x)=0$。不失一般性，我们取 $\beta(x)=0$，$a_2(x)=1$。

下面我们来确定 $\alpha(x)$，$a_i(x)(i=0,1)$。这里多项式 $\alpha(x)$的次数为 0 或 1。事实上若 $\deg[\alpha(x)]>1$，设 $\deg[\alpha(x)]=k\ (k>1)$，则由式(7.3.11)的第二式和第二式可得 $\deg[a_1(x)]=k+1$，$\deg[a_0(x)]=2k+2$，由式(7.3.11)的第四式可得 $k+4=3k+2$，从而得 $k=1$，这与 $k>1$ 矛盾。

当 $\deg[\alpha(x)]=0$ 时，$\deg[a_1(x)]=1$，取 $\alpha(x)=\alpha_0$，$a_1(x)=A_1x+A_0$。将其代入式

(7.3.11)的第二和第三式可得

$$\alpha(x)=\alpha_0=A_1+2r \tag{7.3.12}$$

$$a_0(x)=-\frac{a}{2}x^4-\frac{2b}{3}x^3+\left(\frac{A_1^2+A_1r_1}{2}-c\right)x^2+(A_0A_1+A_0r-2d)x+D \tag{7.3.13}$$

其中,D 为积分常数。将 $a_1(x)$,式(7.3.12)和式(7.3.13)代入式(7.3.11)的第四式,可得

$$A_1=-\frac{2r}{3},\quad A_0=-\frac{2br}{9a}$$

$$c=\frac{1}{9}\left(\frac{3b^2}{a}\right),\quad d=\frac{b^3-2abr^2}{27a^2},\quad D=-\frac{bd}{6a}$$

从而由式(7.3.9)可得

$$y^2-\left(\frac{2r}{3}x+\frac{2br}{9a}\right)y-\frac{a}{2}x^4-\frac{2b}{3}x^3-cx^2-2\mathrm{d}x+\frac{A_1(A_1+2r)}{2}x^2+$$

$$A_0(A_1+2r)x-\frac{rA_1}{2}x^2-rA_0x+D=0 \tag{7.3.14}$$

其中,$A_1=-\frac{2r}{3}$,$A_0=-\frac{2br}{9a}$,$r=\frac{s}{t}$,$a=\frac{\mu}{3t}$,$b=\frac{\lambda}{2t}$,$c=-\frac{v}{t}$,d 为积分常数。令

$$F_1=-\sqrt{\frac{a}{2}},\quad F_2=-\frac{r}{3}-\frac{b}{3}\sqrt{\frac{2}{a}},\quad F_3=-\frac{br}{9a}+\sqrt{\frac{b^2r^2}{81a^2}+\frac{bd}{6a}}$$

$$H_1=\sqrt{\frac{a}{2}},\quad H_2=-\frac{r}{3}+\frac{b}{3}\sqrt{\frac{2}{a}},\quad H_3=-\frac{br}{9a}-\sqrt{\frac{b^2r^2}{81a^2}+\frac{bd}{6a}}$$

则式(7.3.14)可以化简为

$$(y+F_1x^2+F_2x+F_3)(y+H_1x^2+h_2x+H_3)=0$$

由 $y+F_1x^2+F_2x+F_3=0$ 或者 $y+H_1x^2+H_2x+H_3=0$ 可得耦合 Burgers-KdV 方程(7.3.7)的精确解。

(1) 当 $\Delta=F_2^2-4F_1F_3>0$(或 $\Delta=H_2^2-4H_1H_2>0$)时,

$$u(x,t)=\frac{B_1C_0\mathrm{e}^{B_2(\xi-\xi_0)}+B_3}{1+C_0\mathrm{e}^{B_2(\xi-\xi_0)}}$$

其中,$\xi=x-vt$,$B_i(i=1,2,3)$是与 F_i(或 H_i)相关的实数,C_0 和 ξ_0 是积分常数。

(2) 当 $\Delta=F_2^2-4F_1F_3<0$(或 $\Delta=H_2^2-4H_1H_3<0$)时,

$$u(x,t)=K_1\tan[K_2(\xi+\xi_0)+C_0]+K_3$$

其中,$\xi=x-vt$,$K_i(i=1,2,3)$是与 F_i(或 H_i)相关的实数,C_0 和 ξ_0 是积分常数。

(3) 当 $\Delta=F_2^2-4F_1F_3=0$(或 $\Delta=H_2^2-4H_1H_3=0$)时,

$$u(x,t)=\frac{1}{R_1(\xi+\xi_0+C_0)}+R_2$$

其中,$\xi=x-vt$,$R_1=-F_1$(或$-H_1$),R_2 是与 F_i(或 H_i)相关的实数,C_0 和 ξ_0 是积分常数。

当 $\deg\alpha(x)=1$ 时,可以类似地求得耦合 Burgers-KdV 方程(7.3.7)的精确解,这里不再详述。

7.3.2 利用首次积分法求解 Fitzhugh-Nagumo 方程

本小节我们利用首次积分法求解 Fitzhugh-Nagumo 方程。

Fitzhugh-Nagumo 方程

$$u_t - u_{xx} = u(u-\alpha)(1-u) \tag{7.3.15}$$

是一种重要的非线性反应扩散方程，通常用于模拟神经刺激的传送，也作为数学模型用在电路理论、生物学以及种群遗传学等领域中。当 $\alpha=-1$ 时，Fitzhugh-Nagumo 方程约化为实 Newell-Whitehead 方程。

对方程(7.3.15)作行波变换

$$u(x,t)=u(\xi),\quad \xi=x-vt(v\in\mathbf{R}) \tag{7.3.16}$$

其中，v 是波速。将式(7.3.15)变成

$$u''=-vu'-u(u-\alpha)(1-u) \tag{7.3.17}$$

再令 $x=u, y=u_\xi$，则方程(7.3.17)等价于

$$\begin{cases} x'=y \\ y'=-vy-\alpha x+(1+\alpha)x^2-x^3 \end{cases} \tag{7.3.18}$$

由常微分方程的性质和理论，如果我们能够在相同条件下找到方程组(7.3.18)的两个首次积分，就能直接获得它的通解。但是，一般情况下，即使要找到一个首次积分也是相当困难的。首次积分法的独特之处在于利用除法定理寻找方程组(7.3.18)的首次积分，从而将方程(7.3.17)约化为一阶可积的常微分方程，然后通过直接积分法就可以得到方程(7.3.15)的精确解。

按照首次积分法的步骤，假设 $x=x(\xi)$ 和 $y=y(\xi)$ 是方程组(7.3.18)的非平凡解，$q(x,y)=\sum_{i=0}^{m}a_i(x)y^i$ 是复数域 $C[x,y]$中的不可约多项式，满足

$$q[x(\xi),y(\xi)]=\sum_{i=0}^{m}a_i(x)y^i=0 \tag{7.3.19}$$

其中，$a_i(x)(i=0,1,\cdots,m)$ 是 x 的多项式并且 $a_m(x)\neq 0$。方程(7.3.19)就称为方程组(7.3.18)的首次积分。一般可以取式(7.3.19)中 $m=2$，注意 $\mathrm{d}q/\mathrm{d}\xi$ 是 x 和 y 的多项式，并且 $q[x(\xi),y(\xi)]=0$ 意味着 $\mathrm{d}q/\mathrm{d}\xi=0$。根据除法定理，在复数域 $C[x,y]$中存在一个多项式 $h(x,y)=\alpha(x)+\beta(x)y$，使得

$$\begin{aligned}\frac{\mathrm{d}p}{\mathrm{d}\xi} &= \frac{\partial p}{\partial x}\frac{\mathrm{d}x}{\mathrm{d}\xi}+\frac{\partial p}{\partial y}\frac{\mathrm{d}y}{\mathrm{d}\xi} \\ &= \sum_{i=0}^{2}[a_i'(x)y^{i+1}]+\sum_{i=0}^{2}[ia_i(x)y^{i-1}]\times[-vy-\alpha x+(1+\alpha)x^2-x^3] \\ &= [\alpha(x)+\beta(x)y]\Big[\sum_{i=0}^{2}a_i(x)y^i\Big]\end{aligned} \tag{7.3.20}$$

比较方程(7.3.20)两边 $y^i(i=3,2,1,0)$的系数，得到

$$a_2'(x)=\beta(x)a_2(x) \tag{7.3.21}$$

$$a_1'(x)=\beta(x)a_1(x)+[\alpha(x)+2v]a_2(x) \tag{7.3.22}$$

$$a_0'(x)=\beta(x)a_0(x)+[\alpha(x)+v]a_1(x)+[-2x^3+2(\alpha+1)x^2-2\alpha x]a_2(x) \tag{7.3.23}$$

$$\alpha(x)a_0(x)+[-x^3+(\alpha+1)x^2-\alpha x]a_1(x)=0 \tag{7.3.24}$$

由方程(7.3.21)可以看出 $a_2(x)$是常数且 $\beta(x)=0$，为运算简便不妨取 $a_2(x)=1$，从而将方程(7.3.22)和方程(7.3.23)化为

$$a_1'(x)=\alpha(x)+2v \tag{7.3.25}$$

$$a_0'(x)=[\alpha(x)+v]a_1(x)-2x^3+2(\alpha+1)x^2-2\alpha x \tag{7.3.26}$$

平衡 $\alpha(x)$、$a_1(x)$ 和 $a_0(x)$ 的次数，可以得出 $\deg\alpha(x)=1$ 或 $\deg\alpha(x)=0$，相应地 $\deg a_1(x)=2$ 或 $\deg a_1(x)=1$。否则，如果 $\deg\alpha(x)=k>1$，由方程(7.3.25)和方程(7.3.26)可以推出 $\deg a_1(x)=k+1$ 和 $\deg a_0(x)=2k+2$，从而方程(7.3.24)中多项式 $[-x^3+(\alpha+1)x^2-\alpha x]a_1(x)$ 的次数是 $k+4$，多项式 $\alpha(x)a_0(x)$ 的次数是 $3k+2$，由 $3k+2=k+4$ 可以推出 $k=1$，产生矛盾。

下面我们分别讨论这两种情形。

情形 1 当 $\deg\alpha(x)=1$ 且 $\deg a_1(x)=2$ 时，假设 $\alpha(x)=\alpha_1 x+\alpha_0\ (\alpha_1\neq 0)$，$a_1(x)=a_2x^2+a_1x+a_0\ (a_2\neq 0)$，由方程(7.3.25)和方程(7.3.26)可以得到 $\alpha_0=a_1-2v$，$\alpha_1=2a_2$ 和

$$a_0(x)=\frac{1}{2}(a_2^2-1)x^4+\frac{1}{3}(2+2\alpha-va_2+3a_1a_2)x^3+\frac{1}{2}(a_1^2-va_1-2\alpha+2a_0a_2)x^2+(a_0a_1-va_0)x+d \tag{7.3.27}$$

其中，d 是积分常数。将 $a_1(x)$、$a_0(x)$ 和 $\alpha(x)$ 代入方程(7.3.24)并取 $x^i\ (i=5,4,3,2,1,0)$ 的系数为零，得到

$$a_2^3-2a_2=0 \tag{7.3.28a}$$

$$-6v+9a_1-14(1+\alpha)a_2+10va_2^2-15a_1a_2^2=0 \tag{7.3.28b}$$

$$4(1+\alpha)v+3a_0-5(1+\alpha)a_1+(9\alpha-2v^2)a_2+10va_1a_2-6a_1^2a_2-6a_0a_2^2=0 \tag{7.3.28c}$$

$$-4v\alpha-2(1+\alpha)a_0+(4\alpha-2v^2)a_1+3va_1^2-a_1^3+8va_0a_2-6a_0a_1a_2=0 \tag{7.3.28d}$$

$$(\alpha-2v^2)a_0+3va_0a_1-a_0a_1^2-2da_2=0 \tag{7.3.28e}$$

$$2dv-da_1=0 \tag{7.3.28f}$$

解方程组(7.3.28a)～方程组(7.3.28f)，得到

$$d=0,\quad \alpha=\frac{1}{2}(1-\sqrt{2}v),\quad a_0=0,\quad a_2=-\sqrt{2},\quad a_1=\sqrt{2} \tag{7.3.29}$$

$$d=0,\quad \alpha=\frac{1}{2}(1+\sqrt{2}v),\quad a_0=0,\quad a_2=\sqrt{2},\quad a_1=-\sqrt{2} \tag{7.3.30}$$

$$d=0,\quad \alpha=2-\sqrt{2}v,\quad a_0=0,\quad a_2=\sqrt{2},\quad a_1=-2(\sqrt{2}-v) \tag{7.3.31}$$

$$d=0,\quad \alpha=2+\sqrt{2}v,\quad a_0=0,\quad a_2=-\sqrt{2},\quad a_1=2(\sqrt{2}+v) \tag{7.3.32}$$

$$d=\frac{1}{2}(1-\sqrt{2}v)^2,\quad \alpha=-1+\sqrt{2}v,\quad a_0=\sqrt{2}-2v,\quad a_2=-\sqrt{2},\quad a_1=2v \tag{7.3.33}$$

$$d=\frac{1}{2}(1+\sqrt{2}v)^2,\quad \alpha=-1-\sqrt{2}v,\quad a_0=-\sqrt{2}-2v,\quad a_2=\sqrt{2},\quad a_1=2v \tag{7.3.34}$$

将第一组结果(7.3.27)代回方程(7.3.19)，得到

$$y=\frac{\sqrt{2}}{2}(x^2-x) \tag{7.3.35}$$

这就是方程组(7.3.18)的一个首次积分。将式(7.3.35)代入方程组(7.3.18)的第二式，容易得到方程(7.3.17)的一个精确解

$$u(\xi)=\frac{1}{1-\exp\left(\frac{\xi}{\sqrt{2}}+c\right)} \tag{7.3.36}$$

其中,c 是积分常数。再将行波变换(7.3.16)代回式(7.3.36),得到 Fitzhugh-Nagumo 方程(7.3.15)的一个精确解

$$u(x,t)=\frac{1}{2}\left[1-\coth\left(\frac{x}{2\sqrt{2}}+\frac{2\alpha-1}{4}t+c\right)\right] \tag{7.3.37}$$

其中,c 是积分常数。

类似地,对于第二组结果(7.3.30),代回方程(7.3.17),得到

$$y=\frac{\sqrt{2}}{2}(x-x^2) \tag{7.3.38}$$

从而得到方程(7.3.17)的另一个精确解

$$u(x,t)=\frac{1}{2}\left[1-\coth\left(-\frac{x}{2\sqrt{2}}+\frac{2\alpha-1}{4}t+c\right)\right] \tag{7.3.39}$$

其中,c 是积分常数。

对应于其他 4 组结果(7.3.31)～结果(7.3.34),得到方程(7.3.15)的精确解分别为

$$u(x,t)=\frac{\sqrt{2}\alpha}{\sqrt{2}-\exp\left(\pm\frac{\alpha}{\sqrt{2}}x+\frac{2\alpha-\alpha^2}{2}t+\sqrt{2}\alpha c\right)} \tag{7.3.40}$$

$$u(x,t)=\frac{\alpha-1}{\sqrt{2}\exp\left[\pm\frac{1-\alpha}{\sqrt{2}}x+\frac{\alpha^2-1}{2}t+\sqrt{2}(1-\alpha)c\right]-1}+\alpha \tag{7.3.41}$$

其中,c 是积分常数。它们也是方程(7.3.15)的解。

情形 2 当 $\deg\alpha(x)=0$ 且 $\deg a_1(x)=1$,假设 $\alpha(x)=\alpha_0$,$a_1(x)=a_1x+a_0\,(a_1\neq0)$,由方程(7.3.25)和方程(7.3.26)可以得到 $\alpha_0=a_1-2v$ 和

$$a_0(x)=-\frac{1}{2}x^4+\frac{2}{3}(1+\alpha)x^3+\frac{1}{2}(a_1^2-va_1-2\alpha)x^2+(a_0a_1-va_0)x+d \tag{7.3.42}$$

其中,d 是积分常数。将 $a_1(x)$、$a_0(x)$和 $\alpha(x)$代入方程(7.3.24)并取 $x^i\,(i=4,3,2,1,0)$的系数为零,得到

$$-2v+3a_1=0 \tag{7.3.43a}$$

$$4v(1+\alpha)+3a_0-5(1+\alpha)a_1=0 \tag{7.3.43b}$$

$$-4v\alpha-2(1+\alpha)a_0+(4\alpha-2v^2)a_1+3va_1^2-a_1^3=0 \tag{7.3.43c}$$

$$(\alpha-2v^2)a_0+3va_0a_1-a_0a_1^2=0 \tag{7.3.43d}$$

$$2dv-da_1=0 \tag{7.3.43e}$$

解方程组(7.3.43a)～方程组(7.3.43e),得到

$$d=0,\quad \alpha=-1,\quad v=-\frac{3}{\sqrt{2}},\quad a_1=-\sqrt{2},\quad a_0=0 \tag{7.3.44}$$

$$d=0,\quad \alpha=-1,\quad v=\frac{3}{\sqrt{2}},\quad a_1=\sqrt{2},\quad a_0=0 \tag{7.3.45}$$

$$d=0,\quad \alpha=\frac{1}{2},\quad v=\frac{3}{2\sqrt{2}},\quad a_1=\frac{1}{\sqrt{2}},\quad a_0=-\frac{1}{2\sqrt{2}} \tag{7.3.46}$$

$$d=0,\quad \alpha=\frac{1}{2},\quad v=-\frac{3}{2\sqrt{2}},\quad a_1=-\frac{1}{\sqrt{2}},\quad a_0=\frac{1}{2\sqrt{2}} \tag{7.3.47}$$

$$d=0,\quad \alpha=2,\quad v=\frac{3}{\sqrt{2}},\quad a_1=\sqrt{2},\quad a_0=-\sqrt{2} \tag{7.3.48}$$

$$d=0,\quad \alpha=2,\quad v=-\frac{3}{\sqrt{2}},\quad a_1=-\sqrt{2},\quad a_0=\sqrt{2} \tag{7.3.49}$$

所以,与结果(7.3.44)～结果(7.3.49)对应的方程(7.3.18)的精确解分别为

$$u(x,t)=\frac{1}{2}\left[1-\coth\left(-\frac{x}{2\sqrt{2}}-\frac{3}{4}t+c\right)\right] \tag{7.3.50a}$$

$$u(x,t)=\frac{1}{2}\left[1-\coth\left(\frac{x}{2\sqrt{2}}-\frac{3}{4}t+c\right)\right] \tag{7.3.50b}$$

$$u(x,t)=\frac{1}{2}\left[\coth\left(\pm\frac{x}{2\sqrt{2}}-\frac{3}{4}t+c\right)-1\right] \tag{7.3.50c}$$

其中,$\alpha=-1$,c 是积分常数。

$$u(x,t)=\frac{1}{2-\exp\left(\pm\frac{x}{2\sqrt{2}}+\frac{3}{8}t+c\right)} \tag{7.3.51a}$$

$$u(x,t)=\frac{-\frac{1}{2}}{2\exp\left(\pm\frac{x}{2\sqrt{2}}-\frac{3}{8}t+c\right)-1}+\frac{1}{2} \tag{7.3.51b}$$

其中,$\alpha=\frac{1}{2}$,c 是积分常数。

$$u(x,t)=\frac{1}{2}\left[1-\coth\left(-\frac{x}{2\sqrt{2}}+\frac{3}{4}t+c\right)\right] \tag{7.3.52a}$$

$$u(x,t)=\frac{1}{2}\left[1-\coth\left(\frac{x}{2\sqrt{2}}+\frac{3}{4}t+c\right)\right] \tag{7.3.52b}$$

$$u(x,t)=\frac{1}{2}\left[\coth\left(\pm\frac{x}{2\sqrt{2}}+\frac{3}{4}t+c\right)-1\right]+2 \tag{7.3.52c}$$

其中,$\alpha=2$,c 是积分常数。

精确解(7.3.40)包含了特解(7.3.51a)和(7.3.51b),精确解(7.3.37)包含了特解(7.3.50b)和(7.3.52b),其余结果均是方程(7.3.15)不同形式的解。

7.3.3 Fisher 方程的精确解

Fisher 方程

$$u_t-\nu u_{xx}-ku(1-u)=0 \tag{7.3.53}$$

可以用来描述流体力学、等离子体物理、热核反应、人口增长和传染病传播等问题中的非线性现象。

刘式适等人曾用“试探函数法”得到过这个方程的类孤立波解,他们设方程具有形式解

$$u=\frac{Be^{b\xi}}{(1+e^{a\xi})^d} \tag{7.2.54}$$

其中,$\xi=x-ct$,而 c,B,a,b,d 为待定常数。把式(7.2.54)代入方程(7.2.53),并令方程中最高阶导数项与最高幂次的非线性项部分平衡,得到 $d=2$。从而,方程(7.3.53)的试探函

数解为

$$u=\frac{Be^{b\xi}}{(1+e^{a\xi})^2} \tag{7.2.55}$$

再把式(7.2.55)代入方程(7.3.53)，经运算可得，取 $b=0$ 或 $b=2a$ 时，Fisher 方程的解为

$$u=\frac{1}{(1+e^{\frac{c}{5\nu}\xi})^2} \tag{7.3.56}$$

其中，$c^2=\dfrac{25}{6}\nu k$。

下面将看到利用首次积分法求出的方程(7.3.53)的解中包括这个试探函数。

首先设方程(7.3.53)有行波解

$$u(x,t)=u(\xi),\quad \xi=x-ct\quad (c\in\mathbf{R}) \tag{7.3.57}$$

将式(7.3.57)代入方程(7.3.3)，得

$$u''=b_1u'+b_2u(1-u) \tag{7.3.58}$$

其中，$b_1=-\dfrac{c}{\nu}$，$b_2=-\dfrac{k}{\nu}$。再令 $x=u$，$y=u_\xi$，那么方程(7.3.58)等价于

$$\begin{cases}x'=y\\ y'=b_1y+b_2x(1-x)\end{cases} \tag{7.3.59}$$

设 $x=x(\xi)$ 和 $y=y(\xi)$ 是方程组(7.3.59)的非平凡解，并且 $q(x,y)=\sum\limits_{i=0}^{m}a_i(x)y^i$ 是复数域 $C[x,y]$ 中的不可约多项式，满足

$$q[x(\xi),y(\xi)]=\sum_{i=0}^{m}a_i(x)y^i=0 \tag{7.3.60}$$

其中，$a_i(x)(i=0,1,\cdots,m)$ 是 x 的多项式，$a_m(x)\neq0$。方程(7.3.60)就称为方程组(7.3.59)的首次积分。取 $m=2$，注意到 $dq/d\xi$ 是 x 和 y 的多项式，并且 $q[x(\xi),y(\xi)]=0$，表明 $dq/d\xi=0$。利用除法定理，在复数域 $C[x,y]$ 中存在一个多项式 $H(x,y)=\alpha(x)+\beta(x)y$，使得

$$\begin{aligned}\frac{dq}{d\xi}&=\frac{\partial q}{\partial x}\frac{dx}{d\xi}+\frac{\partial q}{\partial y}\frac{dy}{d\xi}\\&=\sum_{i=0}^{2}[a'_i(x)y^{i+1}]+\sum_{i=0}^{2}[ia_i(x)y^{i-1}]\times[b_1y+b_2x(1-x)]\\&=[\alpha(x)+\beta(x)y]\Big[\sum_{i=0}^{2}a_i(x)y^i\Big]\end{aligned} \tag{7.3.61}$$

由式(7.3.61)式两边 $y^i(i=3,2,1,0)$ 的系数相等，得到

$$a'_2(x)=\beta(x)a_2(x) \tag{7.3.62}$$

$$a'_1(x)=\beta(x)a_1(x)+[\alpha(x)-2b_1]a_2(x) \tag{7.3.63}$$

$$a'_0(x)=\beta(x)a_0(x)+[\alpha(x)-b_1]a_1(x)+(2b_2x^2-2b_2x)a_2(x) \tag{7.3.64}$$

$$\alpha(x)a_0(x)+(b_2x^2-b_2x)a_1(x)=0 \tag{7.3.65}$$

因为 $a_i(x)(i=0,1,2)$ 是多项式，由式(7.3.62)可以推出 $a_2(x)$ 是常数且 $\beta(x)=0$。为简便，取 $a_2(x)=1$，方程(7.3.63)和方程(7.3.64)化为

$$a'_1(x)=\alpha(x)-2b_1 \tag{7.3.66}$$

$$a'_0(x)=[\alpha(x)-b_1]a_1(x)+2b_2x^2-2b_2x \tag{7.3.67}$$

由方程(7.3.65)～方程(7.3.67)，平衡 $a_1(x)$ 和 $\alpha(x)$ 的次数，可得 $\deg\alpha(x)=0$，$\deg a_1(x)=1$。设 $\alpha(x)=\alpha_0(\alpha_0\in C)$，$a_1(x)=a_1x+a_0(a_1,a_0\in C,a_1\neq 0)$，由方程(7.3.66)和方程(7.3.67)，可得 $\alpha_0=a_1+2b_1$ 以及

$$a_0(x)=\frac{2b_2}{3}x^3+\left(\frac{a_1^2}{2}+\frac{a_1b_1}{2}-b_2\right)x^2+(a_0a_1+a_0b_1)x+d \tag{7.3.68}$$

其中，d 是任意积分常数。将 $\alpha(x)$，$a_1(x)$ 和 $a_0(x)$ 代入方程(7.3.65)，并令 $x^i(i=3,2,1,0)$ 的系数为零，得到

$$5a_1b_2+4b_1b_2=0 \tag{7.3.69}$$

$$a_1^3+3a_1^2b_1+2a_1b_1^2+2a_0b_2-4a_1b_2-4b_1b_2=0 \tag{7.3.70}$$

$$a_0a_1^2+3a_0a_1b_1+2a_0b_1^2-a_0b_2=0 \tag{7.3.71}$$

$$da_1+2db_1=0 \tag{7.3.72}$$

解这个代数方程组，得

$$b_2=-\frac{6b_1^2}{25},\quad a_0=0,\quad a_1=-\frac{4b_1}{5},\quad d=0 \tag{7.3.73}$$

和

$$b_2=\frac{6b_1^2}{25},\quad a_0=\frac{4b_1}{5},\quad a_1=-\frac{4b_1}{5},\quad d=0 \tag{7.3.74}$$

对于第一组结果式(7.3.73)，可以得到首次积分(7.3.60)的具体形式为

$$y^2-\frac{4b_1}{5}xy+\frac{4b_1^2}{25}x^2-\frac{4b_1^2}{25}x^3=0 \tag{7.3.75}$$

化简得

$$y=\frac{2b_1}{5}(x+x^{3/2}) \tag{7.3.76}$$

$$y=\frac{2b_1}{5}(x-x^{3/2}) \tag{7.3.77}$$

由方程(7.3.59)和方程(7.3.76)，可得方程(7.3.58)的解为

$$u(\xi)=\frac{1}{(1+\mathrm{e}^{\frac{c}{5\nu}(\xi+\xi_0)})^2} \tag{7.3.78}$$

$$u(\xi)=\frac{1}{(-1+\mathrm{e}^{\frac{c}{5\nu}(\xi+\xi_0)})^2} \tag{7.3.79}$$

其中，ξ_0 是任意积分常数。容易看出，式(7.3.78)与试探函数解(7.3.56)完全相同，而式(7.3.79)为另一孤波解。将 $\xi=x-ct$ 代入式(7.3.78)和式(7.3.79)，得到方程(7.3.53)的两组精确解为

$$u(x,t)=\frac{1}{(\mathrm{e}^{\frac{c}{5\nu}(x-ct+\xi_0)}+1)^2} \tag{7.3.80}$$

$$u(x,t)=\frac{1}{(\mathrm{e}^{\frac{c}{5\nu}(x-ct+\xi_0)}-1)^2} \tag{7.3.81}$$

其中，波速满足 $c^2=\frac{25}{6}\nu k$。由式(7.3.59)和式(7.3.79)，得到方程(7.3.53)的精确解同样为式(7.3.80)和式(7.3.81)。

对于第二组结果式(7.3.74)，可以得到首次积分(7.3.60)的具体形式为

$$y^2+\frac{4b_1}{5}y-\frac{4b_1}{5}xy+\frac{4b_1^2}{25}x-\frac{8b_1^2}{25}x^2+\frac{4b_1^2}{25}x^3=0 \tag{7.3.82}$$

化简得

$$y=\frac{2b_1}{5}[-(1-x)+(1-x)^{3/2}] \tag{7.3.83}$$

$$y=\frac{2b_1}{5}[-(1-x)-(1-x)^{3/2}] \tag{7.3.84}$$

由式(7.3.59)和式(7.3.83)，可以得到方程(7.3.53)的另外两组精确解为

$$u(x,t)=\frac{1+2e^{-\frac{c}{5\nu}(x-ct+\xi_0)}}{(1+e^{-\frac{c}{5\nu}(x-ct+\xi_0)})^2} \tag{7.3.85}$$

$$u(x,t)=\frac{1-2e^{-\frac{c}{5\nu}(x-ct+\xi_0)}}{(1-e^{-\frac{c}{5\nu}(x-ct+\xi_0)})^2} \tag{7.3.86}$$

其中，ξ_0 是任意积分常数，波速满足 $c^2=-\frac{25}{6}\nu k$。由式(7.3.59)和式(7.3.84)，得到方程(7.3.53)的精确解同样为式(7.3.85)和式(7.3.86)。

7.4 Wronskian 行列式法

Wronskian 行列式法在求解孤子方程解析 n 孤子解时具有广泛应用。求解孤子方程解析 n 孤子解时，最先采用的是双线性算法和反散射变换方法，双线性算法可以计算出与 n 阶 e 指数有关的多项式形式的解，反散射变换方法可以计算出 $n\times n$ 阶行列式形式的解，但这两种解在代入原微分方程进行验证的过程中因为自身结构的缺陷在微分求导时遇到了极大的困难。然而 Wronskian 行列式不仅集合了这两种解的优势，还解决了这一微分求导的难题，并且在微分求导时行列式仍能保持紧凑的结构，不会扩大行列式的规模，为我们直接将解代入原微分方程进行验证提供了可能。Wronskian 行列式法的最大优势是可以直接验证解，因此 Wronskian 行列式法可以称为应用广泛且十分高效的求解微分方程的方法。

1979 年 Wronskian 行列式形式的解首次被日本学者 Satsuma 引入，但当时并没有很好地与求解微分方程联系起来。直到 1983 年 Wronskian 行列式法被英国数学家 Freeman 和 Nimmo 提出，并且它是基于 Hirota 方法的求解微分方程的方法。应用 Wronskian 行列式法求解微分方程主要有三个步骤，首先将非线性微分方程化成双线性形式，再选取合适的函数 φ_j 构造 Wronskian 行列式解使其满足双线性方程，再利用 Wronskian 行列式的性质和相关的恒等式对其进行验证。经过科学工作者的不懈努力，KDV 方程、KP 方程、非线性 Schrödinger 方程等一系列孤子方程的 Wronskian 行列式形式的解都已经被验证出来了，而且在验证的过程中我们也深刻体会到了 Wronskian 行列式法所带来的极大便利。随着研究的发展，$n\times n$ 阶的行列式解又扩展为 $2n\times 2n$ 阶的行列式解，这也使其能应用到更为复杂的方程中，方便我们的应用。

首先给出 $n\times n$ 阶 Wronskian 行列式的定义如下：

定义 7.4.1 对于给定的一族可微函数 $\varphi_j(t,x)$ $(j=1,2,\cdots,n)$，我们称

$$W(\varphi_1,\varphi_2,\cdots,\varphi_n)=\begin{vmatrix}\varphi_1 & \varphi_1^{(1)} & \cdots & \varphi_1^{(n-1)}\\ \varphi_2 & \varphi_2^{(1)} & \cdots & \varphi_2^{(n-1)}\\ \vdots & \vdots & & \vdots\\ \varphi_n & \varphi_n^{(1)} & \cdots & \varphi_n^{(n-1)}\end{vmatrix}$$

为 $n\times n$ 阶 Wronskian 行列式，其中 $\varphi_j^{(k)}=\dfrac{\partial^k\varphi_j}{\partial x^k}$。为了计算方便，令 $\varphi=(\varphi_1,\varphi_2,\cdots,\varphi_n)^{\mathrm{T}}$（T 表示转置），我们也可以将其简写为如下紧凑格式：

$$\omega^n(\varphi)=|\varphi,\varphi^{(1)},\cdots,\varphi^{(n-1)}|=|0,1,\cdots,n-1|=|\widehat{n-1}|$$

在这里 $\widehat{n-k}$ 表示一个从 0 阶导数到 $n-k+1$ 阶导数的序列且 $\varphi_j^{(-i)}=\partial^{-i}\varphi_j$。

例 7.4.1 行列式

$$\begin{vmatrix}\varphi_1^{(-2)} & \varphi_1^{(-1)} & \cdots & \varphi_1^{(n-3)}\\ \varphi_2^{(-2)} & \varphi_2^{(-1)} & \cdots & \varphi_2^{(n-3)}\\ \vdots & \vdots & & \vdots\\ \varphi_n^{(-2)} & \varphi_n^{(-1)} & \cdots & \varphi_n^{(n-3)}\end{vmatrix}$$

也可以记成

$$|\varphi^{(-2)},\varphi^{(-1)},\cdots,\varphi^{(n-3)}|=|-2,-1,\widehat{n-3}|$$

其中，$\varphi_j^{(-i)}=\partial^{-i}\varphi_j$。

从上述定义形式中我们可以得到 Wronskian 行列式的特点，后一列向量是前一列向量的导数，这就使得对列向量进行求导和计算的过程和结果都是简洁而又方便的。

而且，若记 $f=\omega^n(\varphi)=|\widehat{n-1}|$，则有

$$\begin{aligned}f_x&=\sum_{i=0}^{n-1}\left|\varphi,\varphi^{(1)},\cdots,\varphi^{(i-1)},\frac{\partial\varphi^i}{\partial x},\varphi^{(i+1)}\cdots,\varphi^{(n-1)}\right|\\&=\sum_{i=0}^{n-1}|\varphi,\varphi^{(1)},\cdots,\varphi^{(i-1)},\varphi^{(i+1)},\varphi^{(i+1)}\cdots,\varphi^{(n-1)}|\\&=|\varphi,\varphi^{(1)},\cdots,\varphi^{(n-2)},\varphi^{(n)}|=|\widehat{n-2},n|\end{aligned}$$

由以上几式可以看出对 Wronskian 行列式求偏导后的格式依然很紧凑，还是 $n\times n$ 阶的行列式，并没有使得行列式的规模增大。事实上，按照行列式按列求导的法则，n 阶行列式的一阶导数是对其逐列求导的 n 个行列式的和。在这里，对于 $n\times n$ 阶 Wronskian 行列式求导，它的前 $n-1$ 列中任意一列的导数都和次列的元素一致，这 $n-1$ 个行列式的值为零。因此，$n\times n$ 阶 Wronskian 行列式一阶导数的和式中只有一项不为零。$n\times n$ 阶 Wronskian 行列式的导数所包含的项数与其阶数 n 无关，而和求几阶导数有关。以相同的方式进行计算我们可以得到

$$f_{xx}=|\widehat{n-3},n-1,n|+|\widehat{n-2},n+1|$$

$$f_{xxx}=|\widehat{n-4},n-2,n-1,n|+2|\widehat{n-3},n-1,n+1|+|\widehat{n-2},n+2|$$

$$\vdots$$

为了计算更复杂的微分方程，我们可以引入 $(m+n)\times(m+n)$ 阶双朗斯基行列式（Double Wronskian），定义如下：

$$\omega^{m,n}(\varphi,\psi)=|\varphi,\varphi^{(1)},\cdots,\varphi^{(m-1)},\psi,\psi^{(1)},\cdots,\psi^{(n-1)}|=|\widehat{m-1},\widehat{n-1}|$$

其中，$\varphi=(\varphi_1,\varphi_2,\cdots,\varphi_m)^{\mathrm{T}}$，$\psi=(\psi_1,\psi_2,\cdots,\psi_n)^{\mathrm{T}}$（T 表示转置）。如果 $m=0$ 或 $n=0$，双朗斯基行列式就变为单朗斯基行列式。

性质 7.4.1 记 $\boldsymbol{M}$ 为 $n\times(n-2)$ 阶矩阵，a,b,c 和 d 都是 n 维列向量，则成立如下等式：

$$|\boldsymbol{M},a,b|\,|\boldsymbol{M},c,d|-|\boldsymbol{M},a,c|\,|\boldsymbol{M},b,d|+|\boldsymbol{M},a,d|\,|\boldsymbol{M},b,c|=0 \tag{7.4.1}$$

证明 事实上，可以构造 $2n$ 阶行列式 Δ 使其按前 n 行展开，应用 Laplace 展开定理即可得等式：

$$|\boldsymbol{M},a,b|\,|\boldsymbol{M},c,d|-|\boldsymbol{M},a,c|\,|\boldsymbol{M},b,d|+|\boldsymbol{M},a,d|\,|\boldsymbol{M},b,c|=\frac{1}{2}\begin{vmatrix}\boldsymbol{M} & 0 & a & b & c & d\\ 0 & \boldsymbol{M} & a & b & c & d\end{vmatrix}$$

我们可以设

$$\Delta=\begin{vmatrix}\boldsymbol{M} & 0 & a & b & c & d\\ 0 & \boldsymbol{M} & a & b & c & d\end{vmatrix}$$

下面只需证行列式 Δ 的值为 0，则对于上述行列式 Δ 的后 n 行减前 n 行可得

$$\Delta=\begin{vmatrix}\boldsymbol{M} & 0 & a & b & c & d\\ -\boldsymbol{M} & \boldsymbol{M} & 0 & 0 & 0 & 0\end{vmatrix}$$

再将第 $n-1$ 列，第 n 列，……，第 $2n-4$ 列依次加到第 1 列，第 2 列，……，第 $n-2$ 列可得

$$\Delta=\begin{vmatrix}\boldsymbol{M} & 0 & a & b & c & d\\ 0 & \boldsymbol{M} & 0 & 0 & 0 & 0\end{vmatrix}$$

则上述行列式 $\Delta=0$。

例 7.4.2 若记 $M=|\varphi,\varphi^{(1)},\cdots,\varphi^{(n-3)}|$，$a=\varphi^{(n-2)}$，$b=\varphi^{(n-1)}$，$c=\varphi^{(n)}$，$d=\varphi^{(n+1)}$，则式(7.4.1)即为

$$\begin{aligned}&|\varphi,\varphi^{(1)},\cdots,\varphi^{(n-3)},\varphi^{(n)},\varphi^{(n+1)}|\,|\varphi,\varphi^{(1)},\cdots,\varphi^{(n-1)}|-\\&|\varphi,\varphi^{(1)},\cdots,\varphi^{(n-3)},\varphi^{(n-1)},\varphi^{(n+1)}|\,|\varphi,\varphi^{(1)},\cdots,\varphi^{(n-2)},\varphi^{(n)}|+\\&|\varphi,\varphi^{(1)},\cdots,\varphi^{(n-3)},\varphi^{(n-1)},\varphi^{(n)}|\,|\varphi,\varphi^{(1)},\cdots,\varphi^{(n-2)},\varphi^{(n+1)}|=0\end{aligned}$$

形如上式的等式就称为 Plücker 关系式。

性质 7.4.2 若记 $\boldsymbol{H}$ 为 $n\times n$ 阶矩阵，a,b,c,d,e 和 f 分别为 n 维列向量，则有

$$\begin{aligned}&|\boldsymbol{H},a,d,e|\,|\boldsymbol{H},b,c,f|-|\boldsymbol{H},b,d,e|\,|\boldsymbol{H},a,c,f|+|\boldsymbol{H},a,c,d|\,|\boldsymbol{H},b,e,f|-\\&|\boldsymbol{H},b,c,d|\,|\boldsymbol{H},a,e,f|+2|\boldsymbol{H},a,c,e|\,|\boldsymbol{H},b,d,f|-2|\boldsymbol{H},b,c,e|\,|\boldsymbol{H},a,d,f|-\\&|\boldsymbol{H},a,b,c|\,|\boldsymbol{H},d,e,f|-2|\boldsymbol{H},a,b,d|\,|\boldsymbol{H},c,e,f|-|\boldsymbol{H},a,b,e|\,|\boldsymbol{H},c,d,f|=0\\&|\boldsymbol{H},a,d,e|\,|\boldsymbol{H},b,c,f|-|\boldsymbol{H},b,d,e|\,|\boldsymbol{H},a,c,f|-|\boldsymbol{H},a,c,d|\,|\boldsymbol{H},b,e,f|+\\&|\boldsymbol{H},b,c,d|\,|\boldsymbol{H},a,e,f|-2|\boldsymbol{H},a,c,e|\,|\boldsymbol{H},b,d,f|+2|\boldsymbol{H},b,c,e|\,|\boldsymbol{H},a,d,f|+\\&|\boldsymbol{H},a,b,c|\,|\boldsymbol{H},c,e,f|+2|\boldsymbol{H},a,b,e|\,|\boldsymbol{H},c,d,f|+|\boldsymbol{H},c,d,e|\,|\boldsymbol{H},a,b,f|=0\end{aligned}$$

证明 事实上，上述两个等式分别等价于

$$\begin{vmatrix}\boldsymbol{H} & 0 & a & b & c & d & e & 0\\ 0 & \boldsymbol{H} & a & b & 0 & d & e & f\end{vmatrix}-2\begin{vmatrix}\boldsymbol{H} & 0 & a & b & c & d & e & 0\\ 0 & \boldsymbol{H} & a & b & c & 0 & e & f\end{vmatrix}+\begin{vmatrix}\boldsymbol{H} & 0 & a & b & c & d & e & 0\\ 0 & \boldsymbol{H} & a & b & c & d & 0 & f\end{vmatrix}=0$$

$$\begin{vmatrix}\boldsymbol{H} & 0 & a & b & c & d & e & 0\\ 0 & \boldsymbol{H} & a & b & c & 0 & e & f\end{vmatrix}-2\begin{vmatrix}\boldsymbol{H} & 0 & a & b & c & d & e & 0\\ 0 & \boldsymbol{H} & a & b & c & d & 0 & f\end{vmatrix}=0$$

上述两个等式中各个行列式都分别为 0。

性质 7.4.3 假设 $D=\det|a_{i,j}|_{1\leqslant i,j\leqslant n}$ 是 n 阶行列式，记 $D\begin{pmatrix}j\\k\end{pmatrix}$ 表示划去第 j 行和第 k 列所剩下的 $n-1$ 阶行列式；$DD\begin{pmatrix}i & j\\k & l\end{pmatrix}$ 表示同时划去第 i,j 行和第 k,l 列所剩下的 $n-2$ 阶行列式，则有下列行列式的恒等式成立：

$$DD\begin{pmatrix}i & j\\k & l\end{pmatrix}=D\begin{pmatrix}i\\k\end{pmatrix}D\begin{pmatrix}j\\l\end{pmatrix}-D\begin{pmatrix}i\\l\end{pmatrix}D\begin{pmatrix}j\\k\end{pmatrix}$$

其中，$i<j,k<l$。

这个恒等式称为 Jacobi 恒等式，其证明可运用代数余子式方法，此处省略。

例 7.4.3 $n=4,i=2,j=3,k=2,l=3$，有

$$\begin{vmatrix}a_{11} & a_{12} & a_{13} & a_{14}\\a_{21} & a_{22} & a_{23} & a_{24}\\a_{31} & a_{32} & a_{33} & a_{34}\\a_{41} & a_{42} & a_{43} & a_{44}\end{vmatrix}|a_{44}|=\begin{vmatrix}a_{11} & a_{13} & a_{14}\\a_{31} & a_{33} & a_{34}\\a_{41} & a_{43} & a_{44}\end{vmatrix}\begin{vmatrix}a_{11} & a_{12} & a_{14}\\a_{21} & a_{22} & a_{24}\\a_{41} & a_{42} & a_{44}\end{vmatrix}-\begin{vmatrix}a_{11} & a_{12} & a_{14}\\a_{31} & a_{32} & a_{34}\\a_{41} & a_{42} & a_{44}\end{vmatrix}\begin{vmatrix}a_{11} & a_{13} & a_{14}\\a_{21} & a_{23} & a_{24}\\a_{41} & a_{43} & a_{44}\end{vmatrix}$$

性质 7.4.4 设矩阵 $\boldsymbol{A}=(a_{ij})_{n\times n}=[\alpha_1,\alpha_2,\cdots,\alpha_n]$，$\alpha_j=(a_{1j},a_{2j},\cdots,a_{nj})^{\mathrm{T}}$ 为 $\boldsymbol{A}$ 的列向量，向量 $b=(b_1,b_2,\cdots,b_n)^{\mathrm{T}}$，$b_k(k=1,2,\cdots,n)$ 是不为 0 的 n 个任意常数，则

$$\sum_{j=1}^{n}|\alpha_1,\alpha_2,\cdots,\alpha_{j-1},b\alpha_j,\alpha_{j+1},\cdots,\alpha_n|=|A|\sum_{j=1}^{n}b_j$$

其中，$b\alpha_j$ 是任意常数，且

$$b\alpha_j=(b_1\alpha_{1j},b_2\alpha_{2j},\cdots,b_n\alpha_{nj})^{\mathrm{T}}$$

性质 7.4.5 若在 Wronskian 行列式中

$$\varphi_{j,xx}=k_j^2\varphi_j \tag{7.4.2}$$

则有

$$(\sum_{j=1}^{n}k^2)|\widehat{n-1}|=-|\widehat{n-3},n-1,n|+|\widehat{n-2},n+1|$$

$$(\sum_{j=1}^{n}k^2)|\widehat{n-2},n|=-|\widehat{n-4},n-2,n-1,n|+|\widehat{n-2},n+2|$$

$$(\sum_{j=1}^{n}k^2)|\hat{n}|=-|\widehat{n-2},n,n+1|+|\widehat{n-1},n+2|$$

性质 7.4.6 若 Wronskian 行列式满足(7.4.2)，且基于等式

$$|\widehat{n-1}|\{(\sum_{j=1}^{n}\alpha_j^2)[(\sum_{j=1}^{n}\alpha_j^2)|\widehat{n-1}|]\}=[(\sum_{j=1}^{n}\alpha_j^2)|\widehat{n-1}|]^2$$

则有

$$\begin{aligned}&|\widehat{n-1}|(|\widehat{n-5},n-3,n-2,n-1,n|+2|\widehat{n-3},n,n+1|+|\widehat{n-2},n+3|-\\&|\widehat{n-4},n-2,n-1,n+1|-|\widehat{n-3},n-1,n+2|)\\&=(|\widehat{n-3},n-1,n|-|\widehat{n-2},n+1|)^2\end{aligned}$$

性质 7.4.7 为方便表示，不妨记

$$h=|\widehat{n-1}|,\quad g=|\widehat{n-2},\zeta|,\quad \zeta=(0,\cdots,0,1)^{\mathrm{T}}$$

且 Wronskian 行列式满足式(7.4.2)，则若基于等式

$$g[(\sum_{j=1}^{n}k_j^2)h]-h[(\sum_{j=1}^{n-1}k_j^2)g]=k_n^2gh$$

可得

$$\begin{aligned}&|\widehat{n-2},\zeta|(-|\widehat{n-3},n-1,n|+|\widehat{n-2},n+1|)-\\&|\widehat{n-1}|(-|\widehat{n-4},n-2,n-1,\zeta|+|\widehat{n-3},n,\zeta|)\\&=k_n^2|\widehat{n-1}||\widehat{n-2},\zeta|\end{aligned}$$

若基于等式

$$g_x[(\sum_{j=1}^{n}k_j^2)h]-h[(\sum_{j=1}^{n-1}k_j^2)g_x]=k_n^2g_xh$$

可得

$$\begin{aligned}&|\widehat{n-3},n-1,\zeta|(-|\widehat{n-3},n-1,n|+|\widehat{n-2},n+1|)-\\&\quad|\widehat{n-1}|(-|\widehat{n-5},n-3,n-2,n-1,\zeta|+|\widehat{n-3},n+1,\zeta|)\\&=k_n^2|\widehat{n-1}||\widehat{n-3},n-1,\zeta|\end{aligned}$$

若基于等式

$$g\left[(\sum_{j=1}^{n}k_j^2)h_x\right]-h_x\left[(\sum_{j=1}^{n-1}k_j^2)g\right]=k_n^2gh_x$$

可得

$$\begin{aligned}&|\widehat{n-2},\zeta|(-|\widehat{n-4},n-2,n-1,n|+|\widehat{n-2},n+2|)-\\&\quad|\widehat{n-2},n|(-|\widehat{n-4},n-2,n-1,\zeta|+|\widehat{n-3},n,\zeta|)\\&=k_n^2|\widehat{n-2},n||\widehat{n-2},\zeta|\end{aligned}$$

对于某些离散的孤子方程其相应解的 Wronskian 行列式通常定义为

$$f_n=|\psi_n,\psi_n^1,\cdots,\psi_n^{N-1}|=|0,1,\cdots,N-1|=|\widehat{N-1}| \tag{7.4.3a}$$

$$\psi_n=\psi(n,t)=(\psi_1(n,t),\psi_2(n,t),\cdots,\psi_N(n,t))^{\mathrm T},\psi_n^{(j)}=\frac{\partial^j\psi_n}{\partial t^j} \tag{7.4.3b}$$

性质 7.4.8 若在 Wronskian 行列式(7.4.3b)中,如果 $\psi_j(n,t)$ 满足

$$\psi_{j,t}(n,t)=\psi_j(n+1,t)$$

则有

$$f_{n+l}=|l,l+1,\cdots,N+l-1|,\quad l\in\mathbf{Z}$$

如果 $\psi_j(n,t)$ 满足

$$(2\cosh k_j)\psi_j(n,t)=\psi_j(n-1,t)+\psi_j(n+1,t)$$

则有

$$(\sum_{j=1}^{N}2\cosh k_j)|\widehat{n-1}|=|\widehat{N-2},N|+|-1,\widehat{n-1}|$$

$$\begin{aligned}(\sum_{j=1}^{N}2\cosh k_j)|\widehat{N-2},N|=&|\widehat{N-3},N-1,N|+|\widehat{N-2},N+1|+\\&|\widehat{N-1}|+|-1,\widehat{N-2},N|\end{aligned}$$

性质 7.4.9 设 $\boldsymbol{P}=(p_{ij})_{n\times n}$ 是算子矩阵,其元素 p_{ij} 是微分算子,$\boldsymbol{A}=(a_{ij})_{n\times n}$ 是函数矩阵,以 a_j 与 a'_j 分别表示矩阵 $\boldsymbol{A}$ 的列向量与行向量,则成立等式

$$\sum_{i=1}^{n}|a_1,a_2,\cdots,p_ia_i,\cdots,a_n|=\sum_{j=1}^{n}\begin{vmatrix}a'_1\\a'_2\\\vdots\\p_ja'_j\\\vdots\\a'_n\end{vmatrix}$$

其中，$p_ia_i=(p_{1i}a_{1i},p_{2i}a_{2i},\cdots,p_{ni}a_{ni})^{\mathrm{T}}$ 且 $p_j'a_j'=(p_{j1}a_{j1},p_{j2}a_{j2},\cdots,p_{jn}a_{jn})^{\mathrm{T}}$。

例 7.4.4 运用 Wronskian 行列式法求解非等谱 mKDV 方程

$$u_t+6u^2u_x+u_{xxx}+\beta u+(\alpha+\beta x)u_x=0 \tag{7.4.4}$$

其中，α 和 β 都是任意常数。

解 首先令 $u=\mathrm{i}\left(\ln\dfrac{f^*}{f}\right)_x$，其中 f^* 是 f 的共轭函数。将方程化为双线性形式

$$[D_t+(\alpha+\beta x)D_x+D_x^3]f^*\cdot f=0 \tag{7.4.5a}$$

$$D_x^2f^*\cdot f=0 \tag{7.4.5b}$$

设非等谱 mKDV 方程的 Wronskian 行列式形式的解为

$$f=W(\varphi_1,\varphi_2,\cdots,\varphi_n)=\begin{vmatrix}\varphi_1&\varphi_1^{(1)}&\cdots&\varphi_1^{(n-1)}\\\varphi_2&\varphi_2^{(1)}&\cdots&\varphi_2^{(n-1)}\\\vdots&\vdots&&\vdots\\\varphi_n&\varphi_n^{(1)}&\cdots&\varphi_n^{(n-1)}\end{vmatrix}=|0,1,\cdots,n-1|=|\widehat{n-1}| \tag{7.4.6}$$

其中，

$$\varphi_{j,x}=\lambda_j(t)\varphi_j^* \tag{7.4.7a}$$

$$\varphi_{j,t}=-4\varphi_{j,xxx}-(\alpha+\beta x)\varphi_{j,x}+\frac{n-1}{2}(1+4\beta)\varphi_j \tag{7.4.7b}$$

且 $\lambda_{j,t}(t)=-\beta\lambda_j(t)$。

接下来验证上述 Wronskian 行列式解的正确性。由式(7.4.7a)可得

$$\varphi_j^*=\lambda_j(t)\varphi_j^{(-1)} \tag{7.4.8}$$

那么我们可以通过计算式(7.4.6)所表示的 f 和 f^* 的各阶导数来验证 Wronskian 行列式形式的解的正确性。通过计算得

$$f_x=|\widehat{n-2},n|,\quad f_{xx}=|\widehat{n-3},n-1,n|+|\widehat{n-2},n+1|$$

$$f_{xxx}=|\widehat{n-4},n-2,n-1,n|+2|\widehat{n-3},n-1,n+1|+|\widehat{n-2},n+2|$$

因为 $\varphi_j(t)$ 满足式(7.4.8)，所以可得

$$f_x^*=\prod_{j=1}^{n}\lambda_j(t)|-1,\widehat{n-3},n-1|$$

$$f_{xx}^*=\prod_{j=1}^{n}\lambda_j(t)(|-1,\widehat{n-4},n-2,n-1|+|-1,\widehat{n-3},n|)$$

$$f_{xxx}^*=\prod_{j=1}^{n}\lambda_j(t)(|-1,\widehat{n-5},n-3,n-2,n-1|+2|-1,\widehat{n-4},n-2,n|+|-1,\widehat{n-3},n+1|)$$

且由式(7.4.7)可得

$$f_t=-4(|\widehat{n-4},n-2,n-1,n|-|\widehat{n-3},n-1,n+1|+|\widehat{n-2},n+2|)-$$
$$(\alpha+\beta x)f_x+\frac{n(n-1)}{2}(1+3\beta)f$$

式(7.4.7b)也可表示为

$$\varphi_{j,t}^{*}=\lambda_j(t)\left[-4\varphi_{j,xxx}^{(-1)}-(\alpha+\beta x)\varphi_{j,x}^{(-1)}+\frac{n-1}{2}(1+4\beta)\varphi_j^{(-1)}\right]$$

则

$$f_t^{*}=A[(-4|-1,\widehat{n-5},n-3,n-2,n-1|-|-1,\widehat{n-4},n-2,n|+|\widehat{n-3},n+1|)-$$
$$(\alpha+\beta x)f_x^{*}+\frac{(n-1)n(1+3\beta)}{2}f^{*}]$$

把上述各式代入式(7.4.5a)并运用以下两个等式：

$$(\sum_{j=1}^{n}\lambda_j^2(t)|\widehat{n-2},n|)|-1,\widehat{n-2}|=|\widehat{n-2},n|(\sum_{j=1}^{n}\lambda_j^2(t)|-1,\widehat{n-2}|)$$

$$(\sum_{j=1}^{n}\lambda_j^2(t)|-1,\widehat{n-3},n-1|)|\widehat{n-1}|=|-1,\widehat{n-3},n-1|(\sum_{j=1}^{n}\lambda_j^2(t)|\widehat{n-1}|)$$

可得

$$-6\prod_{j=1}^{n}\lambda_j(t)(-1)^{n-2}[(-|\widehat{n-4},n-2,n-1||\widehat{n-4},n-2,-1,n-1|+$$
$$|\widehat{n-4},n-2,-1,n-3||\widehat{n-4},n-2,n-1,n|+$$
$$|\widehat{n-4},n-2,n-3,n-1||\widehat{n-4},n-2,-1,n|)+$$
$$(|\widehat{n-3},n-2,n-1||\widehat{n-3},-1,n+1|-|\widehat{n-3},-1,n-1||\widehat{n-3},n-2,n+1|+$$
$$|\widehat{n-3},-1,n-2||\widehat{n-3},n-1,n+1|)]=0$$

同理可以验证式(7.4.5b)也成立。则式(7.4.6)和式(7.4.7)所表示的 Wronskian 行列式为此非等谱 mKDV 方程的解。

例 7.4.5 运用 Wronskian 行列式法求解(3+1)维 Boussinesq 方程

$$u_{tt}-u_{xx}-u_{yy}-u_{zz}-u_{xxxx}-3(u^2)_{xx}=0 \tag{7.4.9}$$

解 首先取

$$u(x,y,z,t)=2(\ln f)_{xx}$$

将上述方程化为双线性形式

$$(ff_{xx}-f_t^2)-(ff_{xx}-f_x^2)-(ff_{yy}-f_y^2)-(ff_{zz}-f_z^2)-(ff_{xxxx}-4f_xf_{xxx}+3f_{xx}^2)=0 \tag{7.4.10}$$

设上述方程有 Wronskian 行列式形式的解为

$$f=\omega^n(\varphi)=|\widehat{n-1}| \tag{7.4.11}$$

其中，

$$\varphi_{jxx}=k_j^2\varphi_j,\quad \varphi_{jx}=\varphi_{jy}=\varphi_{jz},\quad \varphi_{jt}=2\varphi_{jxx}\quad (j=1,2,\cdots,n) \tag{7.4.12}$$

接下来只需验证上述 Wronskian 行列式满足式(7.4.10)。容易计算得

$$f_x=|\widehat{n-2},n|$$

$$f_{xx}=|\widehat{n-3},n-1,n|+|\widehat{n-2},n+1|$$

$$f_{xxx}=|\widehat{n-4},n-2,n-1,n|+2|\widehat{n-3},n-1,n+1|+|\widehat{n-2},n+2|$$

$$f_{xxxx}=|\widehat{n-5},n-3,n-2,n-1,n|+3|\widehat{n-4},n-2,n-1,n+1|+2|\widehat{n-3},n,n+1|+3|\widehat{n-3},n-1,n+2|+|\widehat{n-2},n+3|$$

$$f_t=-2|\widehat{n-3},n-1,n|+2|\widehat{n-2},n+1|$$

$$f_{tt}=4|\widehat{n-5},n-3,n-2,n-1,n|-4|\widehat{n-4},n-2,n-1,n+1|+8|\widehat{n-3},n,n+1|-4|\widehat{n-3},n-1,n+2|+4|\widehat{n-2},n+3|$$

将式(7.4.6)代入双线性方程(7.4.10),可将式(7.4.10)左边化为

$$|\widehat{n-1}|(3|\widehat{n-5},n-3,n-2,n-1,n|-7|\widehat{n-4},n-2,n-1,n+1|+6|\widehat{n-3},n,n+1|-7|\widehat{n-3},n-1,n+2|+3|\widehat{n-2},n+3|-(-2|\widehat{n-3},n-1,n|+2|\widehat{n-2},n+1|)^2-3|\widehat{n-1}|(|\widehat{n-3},n-1,n|+|\widehat{n-2},n+1|)+3|\widehat{n-2},n|^2-[-4|\widehat{n-2},n|(|\widehat{n-4},n-2,n-1,n|+2|\widehat{n-3},n-1,n+1|+|\widehat{n-2},n+3|)]+3(|\widehat{n-3},n-1,n|+|\widehat{n-2},n+1|)^2$$

根据 Wronskian 性质 7.4.6 上式可化为

$$3(|\widehat{n-3},n-1,n|-|\widehat{n-2},n+1|)^2-4|\widehat{n-1}|(|\widehat{n-4},n-2,n-1,n+1|+|\widehat{n-3},n-1,n+2|)-4(|\widehat{n-3},n-1,n|-|\widehat{n-2},n+1|)^2-3|\widehat{n-1}|(|\widehat{n-3},n-1,n|+|\widehat{n-2},n+1|)+4|\widehat{n-2},n|(|\widehat{n-4},n-2,n-1,n+1|+2|\widehat{n-3},n-1,n+1|+|\widehat{n-2},n+3|)-3(|\widehat{n-3},n-1,n|-|\widehat{n-2},n+1|)^2$$

$$=-12|\widehat{n-3},n-1,n||\widehat{n-2},n+1|-4|\widehat{n-1}|(|\widehat{n-4},n-2,n-1,n+1|+|\widehat{n-3},n-1,n+2|)-4(|\widehat{n-3},n-1,n|^2+4|\widehat{n-2},n+1|^2-8|\widehat{n-3},n-1,n||\widehat{n-2},n+1|)-3|\widehat{n-1}|(|\widehat{n-3},n-1,n|+|\widehat{n-2},n+1|)+4|\widehat{n-2},n|(|\widehat{n-4},n-2,n-1,n|+2|\widehat{n-3},n-1,n+1|+|\widehat{n-2},n+2|)\tag{7.4.13}$$

且运用以下等式

$$|\widehat{n-1}|(\sum_{j=1}^{n}k^2)|\widehat{n-2},n|=|\widehat{n-2},n|(\sum_{j=1}^{n}k^2)|\widehat{n-1}|$$

$$|\widehat{n-2},n|(\sum_{j=1}^{n}k^2)|\widehat{n-2},n+1|=|\widehat{n-2},n+1|(\sum_{j=1}^{n}k^2)|\widehat{n-2},n|$$

式(7.4.13)可化为

$$4|\widehat{n-1}||\widehat{n-3},n,n+1|+4|\widehat{n-2},n+1||\widehat{n-3},n-1,n|-4|\widehat{n-2},n||\widehat{n-3},n-1,n+1|$$

取 $\tau=|\widehat{n-3}|$,且由 Wronskian 行列式性质 7.4.4 可得上式等于零,则 Wronskian 行列式(7.4.11)满足双线性方程(7.4.10)得证。

例 7.4.6 运用 Wronskian 行列式法求解非线性薛定谔方程(nonlinear Schrödinger equation)

$$\mathrm{i}u_t+u_{xx}+2|u|^2u=0$$

其中,$u(x,t)$是复函数。

解 要运用 Wronskian 技巧求解此方程首先进行相关变量变换

$$u=\frac{g}{f}$$

将方程化为双线性形式

$$\begin{cases}(\mathrm{i}D_t+D_x^2)g\cdot f=0\\ D_x^2f\cdot f=2gg^*\end{cases}$$

其中,f 是实函数,g^* 是 g 的共轭。再构造 $2n\times 2n$ 阶的双朗斯基行列式(Double Wronskian)使

其满足原方程,再将其代入原方程进行验证(此处略)。在这个方程中可以令

$$f=f(\varphi,\psi)=|\widehat{n-1};\widehat{n-1}|,\quad g=g(\varphi,\psi)=2|\widehat{n-2};\hat{n}|$$

则

$$f=f^*,\quad g=2|\hat{n};\widehat{n-2}|$$

且有

$$\varphi_x=\boldsymbol{A}\varphi,\quad \psi_x=-\boldsymbol{A}\psi,\ \varphi_t=-2\mathrm{i}\varphi_{xx},\quad \psi_t=2\mathrm{i}\psi_{xx}$$

在这里 $A=(a_{js})_{2n\times 2n}$是与 x 无关的复矩阵。

附录 A　椭圆函数与椭圆方程

A1　椭圆函数

椭圆函数是一类特殊函数，与我们在数学物理方法课程中学过的其他特殊函数(比如 Bessel 函数和 Legendre 函数)不同，它不是用常微分方程的级数解来定义的，而是用所谓椭圆积分的反演来定义的。

A1.1　问题的提出

例 A1.1　计算椭圆$\frac{x^2}{a^2}+\frac{y^2}{b^2}=1$的弧长。

解　将椭圆的方程改写为$y^2=b^2\left(1-\frac{x^2}{a^2}\right)$，利用弧长公式$s=\int_0^x\sqrt{1+y'^2}\,\mathrm{d}x$求解。

因为$y'=-\frac{b^2}{a^2}\frac{x}{y}$，　$y'^2=\left(\frac{b^2}{a^2}\right)^2\frac{x^2}{b^2\left(1-\frac{x^2}{a^2}\right)}=\frac{b^2}{a^2}\frac{x^2}{a^2-x^2}$

所以 $s=\int_0^x\sqrt{1+\frac{b^2}{a^2}\frac{x^2}{a^2-x^2}}\,\mathrm{d}x=\int_0^x\sqrt{\frac{a^2-\left(\frac{a^2-b^2}{a^2}\right)x^2}{a^2-x^2}}\,\mathrm{d}x\overset{令k^2=\frac{a^2-b^2}{a^2}}{=}\int_0^x\sqrt{\frac{a^2-k^2x^2}{a^2-x^2}}\,\mathrm{d}x$

$\overset{令t=\frac{x}{a}}{=}\int_0^t a\sqrt{\frac{1-k^2t^2}{1-t^2}}\,\mathrm{d}t=a\int_0^t\frac{1-k^2t^2}{\sqrt{(1-t^2)(1-k^2t^2)}}\mathrm{d}t$

这就是一类椭圆积分。

A1.2　椭圆积分的定义

一般椭圆积分的定义是

$$\int R(x,y)\mathrm{d}x \tag{A1.1}$$

其中，$R(x,y)$是x和y的有理函数，而y^2是x的四次或三次多项式

$$y^2=P(x)=ax^4+bx^3+cx^2+\mathrm{d}x+e \tag{A1.2}$$

当$a=0$时，y^2是x的三次多项式，即$P(x)$是x的三次多项式，此时作变换$x=\frac{1}{\xi}$，则

$$\begin{aligned}y^2&=p(x)=p(\frac{1}{\xi})=b\left(\frac{1}{\xi}\right)^3+c\left(\frac{1}{\xi}\right)^2+d\left(\frac{1}{\xi}\right)+e\\&=\frac{P_1(\xi)}{\xi^4}=\frac{1}{\xi^4}(e\xi^4+d\xi^3+c\xi^2+b\xi)\end{aligned} \tag{A1.3}$$

即 $p_1(\xi)$是 ξ 的四次多项式。

反之，若已知式(A1.2)的一个零点 x_1，做变换 $x=x_1+\frac{1}{\xi}$，则有

$$y^2=p(x)=p\left(x_1+\frac{1}{\xi}\right)=a\left(x_1+\frac{1}{\xi}\right)^4+b\left(x_1+\frac{1}{\xi}\right)^3+c\left(x_1+\frac{1}{\xi}\right)^2+d\left(x_1+\frac{1}{\xi}\right)+e$$

$$=\frac{P_2(\xi)}{\xi^4}=\frac{1}{\xi^4}[(4ax_1^3+3bx_1^2+2cx_1+d)\xi^3+(6ax_1^2+3bx_1+c)\xi^2+(4ax_1+b)\xi+a]$$

可见 $p_2(\xi)$是 ξ 的三次多项式。

当 $P(x)$ 是 x 的三次多项式时，$\int R(x,y)\mathrm{d}x$ 可以化成下面三种标准型：

$$w_1=\int\frac{\mathrm{d}x}{\sqrt{4x^3-g_2x-g_3}}$$

$$w_2=\int\frac{x\mathrm{d}x}{\sqrt{4x^3-g_2x-g_3}}$$

$$w_3=\int\frac{\mathrm{d}x}{(x-c)\sqrt{4x^3-g_2x-g_3}}$$

其中，g_2,g_3,c 均为常数；w_1,w_2,w_3 称为第一、二、三类 Wereistrass 椭圆积分。

当 $P(x)$是 x 的四次多项式时，$\int R(x,y)\mathrm{d}x$ 可以化成下面三种标准型：

$$L_1=\int_0^x\frac{\mathrm{d}x}{\sqrt{(1-x^2)(1-k^2x^2)}}$$

$$L_2=\int_0^x\sqrt{\frac{1-k^2x^2}{1-x^2}}\mathrm{d}x$$

$$L_3=\int_0^x\frac{\mathrm{d}x}{(1+nx^2)\sqrt{(1-x^2)(1-k^2x^2)}}$$

其中，$k=\text{const.}$，称为模数；L_1,L_2,L_3 称为第一、二、三类 Legendre 椭圆积分。

可以证明，Wereistrass 椭圆积分和 Legendre 椭圆积分可以通过变量代换来转化，因此下面我们主要讨论 Legendre 型椭圆积分。

A1.3 椭圆函数

当 $k=0$ 时，$u(x)=\int_0^x\frac{\mathrm{d}x}{\sqrt{(1-x^2)(1-k^2x^2)}}=\int_0^x\frac{\mathrm{d}x}{\sqrt{1-x^2}}=\arcsin x$，即 $x=\sin u$；

当 $k\neq0$ 时，定义 $u(z)=\int_0^z\frac{\mathrm{d}x}{\sqrt{(1-x^2)(1-k^2x^2)}}$的反函数为椭圆函数，记为 $z=\mathrm{sn}u$，称为 Jacobi 椭圆正弦函数。

作变换 $z=\sin\varphi$，即 $\varphi=\arcsin z$，椭圆积分化为 $u(\varphi)=\int_0^\varphi\frac{\mathrm{d}\varphi}{\sqrt{1-k^2\sin^2\varphi}}$，则 $u(\varphi)$ 的反函数称为 u 的幅角，记为 $\varphi=\mathrm{am}u$。

合并以上两个定义，$z=\mathrm{sn}u=\sin\varphi$，$\varphi=\arcsin(\mathrm{sn}\,u)$。

Jacobi 椭圆余弦函数定义为

$$\mathrm{cn}\,u=\sqrt{1-\mathrm{sn}^2\,u}=\sqrt{1-z^2}=\sqrt{1-\sin^2\,\varphi}=\cos\varphi$$

将

$$\mathrm{dn}\,u=\sqrt{1-k^2\mathrm{sn}^2 u}=\sqrt{1-k^2z^2}=\sqrt{1-k^2\,\sin^2\varphi}$$

称为第三类 Jacobi 椭圆函数。

A1.4 椭圆函数的性质

(1) 奇偶性

$$\mathrm{sn}(-u)=-\mathrm{sn}\,u\quad \mathrm{cn}(-u)=\mathrm{cn}\,u\quad \mathrm{dn}(-u)=\mathrm{dn}\,u$$

证明 $\because u(z)=\int_0^z\frac{\mathrm{d}x}{\sqrt{(1-x^2)(1-k^2x^2)}}$

$$u(-z)=\int_0^{-z}\frac{\mathrm{d}x}{\sqrt{(1-x^2)(1-k^2x^2)}}\overset{令x=-\xi}{=}\int_0^z\frac{-\mathrm{d}\xi}{\sqrt{(1-\xi^2)(1-k^2\xi^2)}}$$

$$\therefore u(-z)=-u(z)$$

表示 $u(z)$是 z 的奇函数,其反函数 $z=\mathrm{sn}\,u$ 也是 u 的奇函数。

(2) 零点的值

$$\mathrm{sn}\,0=0\quad \mathrm{cn}\,0=1\quad \mathrm{dn}\,0=1$$

(3) 恒等式

$$\mathrm{sn}^2\,u+\mathrm{cn}^2\,u=1\qquad \mathrm{dn}^2\,u+k^2\mathrm{sn}^2\,u=1$$

$$k^2\mathrm{cn}^2\,u+k'^2=\mathrm{dn}^2\,u\qquad \mathrm{cn}^2\,u+k'^2\mathrm{sn}^2\,u=\mathrm{dn}^2\,u$$

其中,$k'=\sqrt{1-k^2}$。

(4) 微商公式

$$\frac{\mathrm{d}(\mathrm{sn}\,u)}{\mathrm{d}u}=\mathrm{cn}\,u\cdot\mathrm{dn}\,u\quad \frac{\mathrm{d}(\mathrm{cn}\,u)}{\mathrm{d}u}=-\mathrm{sn}\,u\cdot\mathrm{dn}\,u\quad \frac{\mathrm{d}(\mathrm{dn}\,u)}{\mathrm{d}u}=-k^2\mathrm{sn}\,u\cdot\mathrm{cn}\,u$$

证明 由 $u(z)=\int_0^z\frac{\mathrm{d}x}{\sqrt{(1-x^2)(1-k^2x^2)}}$ 得 $\frac{\mathrm{d}u}{\mathrm{d}z}=\frac{1}{\sqrt{(1-z^2)(1-k^2z^2)}}$

则 $\frac{\mathrm{d}(\mathrm{sn}\,u)}{\mathrm{d}u}=\frac{1}{\frac{\mathrm{d}u}{\mathrm{d}z}}=\sqrt{(1-z^2)(1-k^2z^2)}=\sqrt{1-z^2}\cdot\sqrt{1-k^2z^2}=\mathrm{cn}\,u\cdot\mathrm{dn}\,u$

再由恒等式 $\mathrm{sn}^2\,u+\mathrm{cn}^2\,u=1$,两边对 u 微商,得

$$2\mathrm{sn}\,u\frac{\mathrm{d}(\mathrm{sn}\,u)}{\mathrm{d}u}+2\mathrm{cn}\,u\frac{\mathrm{d}(\mathrm{cn}\,u)}{\mathrm{d}u}=0$$

因而 $\frac{\mathrm{d}(\mathrm{cn}\,u)}{\mathrm{d}u}=-\frac{\mathrm{sn}\,u}{\mathrm{cn}\,u}\cdot\frac{\mathrm{d}(\mathrm{sn}\,u)}{\mathrm{d}u}=-\frac{\mathrm{sn}\,u}{\mathrm{cn}\,u}\mathrm{cn}\,u\cdot\mathrm{dn}\,u=-\mathrm{sn}\,u\cdot\mathrm{dn}\,u$

又利用恒等式 $\mathrm{dn}^2\,u+k^2\mathrm{sn}^2\,u=1$,两边对 u 微商,得

$$2\mathrm{dn}\,u\frac{\mathrm{d}(\mathrm{dn}\,u)}{\mathrm{d}u}+2k^2\mathrm{sn}\,u\frac{\mathrm{d}(\mathrm{sn}\,u)}{\mathrm{d}u}=0$$

故 $\frac{\mathrm{d}(\mathrm{dn}\,u)}{\mathrm{d}u}=-k^2\frac{\mathrm{sn}\,u}{\mathrm{dn}\,u}\cdot\frac{\mathrm{d}(\mathrm{sn}\,u)}{\mathrm{d}u}=-k^2\frac{\mathrm{sn}\,u}{\mathrm{dn}\,u}\mathrm{cn}\,u\cdot\mathrm{dn}\,u=-k^2\mathrm{sn}\,u\cdot\mathrm{cn}\,u$

(5) 积分公式

(a) $\int(\mathrm{cn}\,u\cdot\mathrm{dn}\,u)\mathrm{d}u=\mathrm{sn}\,u+c$

(b) $\int(\mathrm{sn}\,u\cdot\mathrm{dn}\,u)\mathrm{d}u=-\mathrm{cn}\,u+c$

(c) $\int(\mathrm{sn}\,u\cdot\mathrm{cn}\,u)\mathrm{d}u=-\dfrac{1}{k^2}\mathrm{dn}\,u+c$

(d) $\int\mathrm{sn}\,u\mathrm{d}u=\dfrac{1}{k}\ln(\mathrm{dn}\,u-k\mathrm{cn}\,u)+c$

(e) $\int\mathrm{cn}\,u\mathrm{d}u=\dfrac{1}{k}\sin^{-1}(k\sin u)+c$

(f) $\int\mathrm{dn}\,u\mathrm{d}u=\sin^{-1}(\mathrm{sn}\,u)+c$

证明 (a)、(b)和(c)直接由微分公式得到。

(d) $\int\mathrm{sn}\,u\mathrm{d}u=\int\dfrac{\mathrm{sn}\,u(\mathrm{dn}\,u-k\mathrm{cn}\,u)}{(\mathrm{dn}\,u-k\mathrm{cn}\,u)}\mathrm{d}u=\dfrac{1}{k}\int\dfrac{-k^2\mathrm{sn}\,u\mathrm{cn}\,u+k\mathrm{sn}\,u\mathrm{dn}\,u}{\mathrm{dn}\,u-k\mathrm{cn}\,u}\mathrm{d}u$

$=\dfrac{1}{k}\int\dfrac{\mathrm{d}(\mathrm{dn}\,u-k\mathrm{cn}\,u)}{\mathrm{dn}\,u-k\mathrm{cn}\,u}\mathrm{d}u=\dfrac{1}{k}\ln(\mathrm{dn}\,u-k\mathrm{cn}\,u)+c$

(e) $\int\mathrm{cn}\,u\mathrm{d}u=\int\dfrac{\mathrm{cn}\,u\mathrm{dn}\,u}{\mathrm{dn}\,u}\mathrm{d}u=\int\dfrac{\mathrm{d}(\mathrm{sn}\,u)}{\sqrt{1-k^2\,\mathrm{sn}^2u}}=\dfrac{1}{k}\sin^{-1}(k\mathrm{sn}\,u)+c$

(f) $\int\mathrm{dn}\,u\mathrm{d}u=\int\dfrac{1}{\mathrm{cn}\,u}\dfrac{\mathrm{d}(\mathrm{sn}\,u)}{\mathrm{d}u}\mathrm{d}u=\int\dfrac{\mathrm{d}(\mathrm{sn}\,u)}{\sqrt{1-\mathrm{sn}^2\,u}}=\sin^{-1}(\mathrm{sn}\,u)+c$

(6) 椭圆函数的极限(退化)函数

$$k\to0\text{ 时},\mathrm{sn}\,u\to\sin u\quad\mathrm{cn}\,u\to\cos u\quad\mathrm{dn}\,u\to1$$

$$k\to1\text{ 时},\mathrm{sn}\,u\to\tanh u\quad\mathrm{cn}\,u\to\mathrm{sech}\,u\quad\mathrm{dn}\,u\to\mathrm{sech}\,u$$

证明 当 $k\to0$ 时,因为

$$u(z)=\int_0^z\frac{\mathrm{d}x}{\sqrt{(1-x^2)(1-k^2x^2)}}=\int_0^z\frac{\mathrm{d}x}{\sqrt{1-x^2}}=\arcsin z$$

所以

$$z=\sin u$$

即 $\mathrm{sn}\,u\to\sin u$,相应地有

$$\mathrm{cn}\,u=\sqrt{1-\mathrm{sn}^2\,u}\to\sqrt{1-\sin^2u}=\cos u,\quad \mathrm{dn}u=\sqrt{1-k^2\mathrm{cn}^2\,u}\to1$$

当 $k\to1$ 时

$$u(z)=\int_0^z\frac{\mathrm{d}x}{\sqrt{(1-x^2)(1-k^2x^2)}}=\int_0^z\frac{\mathrm{d}x}{1-x^2}=\frac{1}{2}\ln\frac{1+z}{1-z}=\tanh^{-1}z$$

$$\left(z=\tanh u=\frac{\mathrm{e}^u-\mathrm{e}^{-u}}{\mathrm{e}^u+\mathrm{e}^{-u}}=\frac{\mathrm{e}^{2u}-1}{\mathrm{e}^{2u}+1}\Rightarrow\mathrm{e}^{2u}-1=z(\mathrm{e}^{2u}+1)\Rightarrow(1-z)\mathrm{e}^{2u}=1+z\right.$$

$$\left.\Rightarrow\mathrm{e}^{2u}=\frac{1+z}{1-z}\Rightarrow u=\frac{1}{2}\ln\frac{1+z}{1-z}=\tanh^{-1}z\right)$$

因而

$$z\to\tanh u,\text{即 }\mathrm{sn}\,u\to\tanh u$$

那么

$$\mathrm{cn}\, u = \sqrt{1-\mathrm{sn}^2 u} = \sqrt{1-\tanh^2 u} = \mathrm{sech}\, u$$

$$\mathrm{dn}\, u = \sqrt{1-k^2\mathrm{sn}^2 u} = \sqrt{1-\tanh^2 u} = \mathrm{sech}\, u$$

A2 Jacobi 椭圆函数与椭圆方程

在微分方程理论中，将形如

$$y'^2 = a_0 + a_1 y + a_2 y^2 + a_3 y^3 + a_4 y^4 \tag{A2.1}$$

或

$$y'' = A_0 + A_1 y + A_2 y^2 + A_3 y^3$$

的方程称为椭圆方程。在前面我们已经指出过，椭圆函数不是用微分方程的解来定义的，但是上述椭圆方程确实存在椭圆函数型解。

（1）$y=\mathrm{sn}\,x$，$y=\mathrm{cn}\,x$，$y=\mathrm{dn}\,x$ 分别满足微分方程：

$$y'^2 = (1-y^2)(1-k^2y^2)$$

$$y'^2 = (1-y^2)(k'^2+k^2y^2)$$

$$y'^2 = (1-y^2)(y^2-k'^2),\quad k'=\sqrt{1-k^2}$$

直接微分即得。

（2）$y=A\mathrm{sn}\,x$，$y=A\mathrm{cn}\,x$，$y=A\mathrm{dn}\,x$ 分别满足微分方程：

$$y'^2 = \frac{1}{A^2}(A^2-y^2)(A^2-k^2y^2)$$

$$y'^2 = \frac{1}{A^2}(A^2-y^2)(k'^2A^2+k^2y^2)$$

$$y'^2 = \frac{1}{A^2}(A^2-y^2)(y^2-k'^2A^2),\quad k'=\sqrt{1-k^2}$$

（3）$y=\mathrm{sn}^2 x$，$y=\mathrm{cn}^2 x$，$y=\mathrm{dn}^2 x$ 分别满足微分方程：

$$y'^2 = 4y(1-y)(1-k^2y) \quad 或 \quad \frac{\mathrm{d}y}{\mathrm{d}x} = \sqrt{4y(1-y)(1-k^2y)}$$

$$y'^2 = 4y(1-y)(k'^2+k^2y)$$

$$y'^2 = 4y(1-y)(y-k'^2),\quad k'=\sqrt{1-k^2}$$

证明 以第二式为例。

由 $\mathrm{cn}\,x$ 的微商公式 $\frac{\mathrm{d}(\mathrm{cn}\,u)}{\mathrm{d}u} = -\mathrm{sn}\,u\cdot\mathrm{dn}\,u$，两边乘以 $2\mathrm{cn}\,x$，得

$$\frac{\mathrm{d}}{\mathrm{d}x}(\mathrm{cn}^2 x) = -2\mathrm{cn}\,x\cdot\mathrm{sn}\,x\cdot\mathrm{dn}\,x$$

两边平方，得

$$\left[\frac{\mathrm{d}}{\mathrm{d}x}(\mathrm{cn}^2 x)\right]^2 = 4\mathrm{cn}^2 x\cdot\mathrm{sn}^2 x\cdot\mathrm{dn}^2 x = 4\mathrm{cn}^2 x(1-\mathrm{cn}^2 x)(k'^2+k^2\mathrm{cn}^2 x)$$

因此，$y=\mathrm{cn}^2 x$ 满足方程 $y'^2=4y(1-y)(k'^2+k^2y)$。

（4）$z=\alpha\mathrm{sn}^2 x$，$z=\alpha\mathrm{cn}^2 x$，$z=\beta\mathrm{dn}^2 x$ 分别满足微分方程：

$$z'^2 = \frac{4}{\alpha}z(\alpha-z)(\alpha-k^2z) = \frac{4}{\beta}z(\alpha-z)(\beta-z)$$

$$z'^2=\frac{4}{\alpha}z(\alpha-z)(\alpha k'^2+k^2z)=\frac{4}{\beta}z(\alpha-z)(z-\alpha+\beta)$$

$$z'^2=\frac{4}{\beta}z(\beta-z)(z-\beta k'^2)=\frac{4}{\beta}z(\beta-z)(z-\beta+\alpha),\quad k^2=\frac{\beta}{\alpha}$$

例 A2.1 求解非线性微分方程

$$z'^2=Az(z-\alpha)(z-\beta)\quad (A>0)$$

解 作变换 $\xi=\frac{\sqrt{\beta A}}{2}x$,则

$$z'=\frac{\mathrm{d}z}{\mathrm{d}\xi}\frac{\mathrm{d}\xi}{\mathrm{d}x}=\frac{\sqrt{\beta A}}{2}\frac{\mathrm{d}z}{\mathrm{d}\xi}$$

原方程化成

$$\frac{\beta A}{4}\left(\frac{\mathrm{d}z}{\mathrm{d}\xi}\right)^2=Az(z-\alpha)(z-\beta)$$

即

$$\left(\frac{\mathrm{d}z}{\mathrm{d}\xi}\right)^2=\frac{4}{\beta}z(z-\alpha)(z-\beta)$$

利用(4)中第一式,原方程的解为

$$z=\alpha\mathrm{sn}^2\,\xi=\alpha\mathrm{sn}^2\,\frac{\sqrt{\beta A}}{2}x$$

例 A2.2 求证微分方程

$$y'^2=A(y-y_1)(y-y_2)(y-y_3),\quad y_1>y_2>y_3,\quad A>0$$

的解为 $y=y_3+(y_2-y_3)\mathrm{sn}^2\sqrt{\frac{A}{4}(y_1-y_3)}x=y_2-(y_2-y_3)\mathrm{cn}^2\sqrt{\frac{A}{4}(y_1-y_3)}x$。

证明 令 $z=y-y_3$,则

$$y-y_1=(y-y_3)-(y_1-y_3)=z-(y_1-y_3)\overset{令\beta=y_1-y_3}{=}z-\beta$$

$$y-y_2=z-\alpha(其中\ \alpha=y_2-y_3)$$

这样方程化为

$$z'^2=Az(z-\alpha)(z-\beta)$$

由标准式,有

$$z=(y_2-y_3)\mathrm{sn}^2\sqrt{\frac{A}{4}(y_1-y_3)}x$$

代回 y,即得

$$y=y_3+(y_2-y_3)\mathrm{sn}^2\sqrt{\frac{A}{4}(y_1-y_3)}x$$

利用恒等式

$$1-\mathrm{cn}^2\,x=\mathrm{sn}^2\,x$$

得

$$y=y_2-(y_2-y_3)\mathrm{cn}^2\sqrt{\frac{A}{4}(y_1-y_3)}x$$

对于一般的椭圆方程

$$y'^2=a_0+a_1y+a_2y^2+a_3y^3+a_4y^4(\text{其中 } y=y(x))$$

将上式对 x 求导，得

$$2y'y''=a_1y'+2a_2yy'+3a_3y^2y'+4a_4y^3y'$$

即

$$y''=A_1+A_2y+A_3y^2+A_4y^3$$

特殊地，第一类椭圆方程可表示为

$$y'^2=a+by^2+cy^4(a,b,c\neq 0)\text{或 } y''=by+2cy^3$$

若取 $a=1,b=-(1+k^2),c=k^2$，即是方程

$$\frac{\mathrm{d}y}{\mathrm{d}x}=\sqrt{1-(1+k^2)y^2+k^2y^4}=\sqrt{(1-y^2)(1-k^2y^2)}$$

积分得

$$\int_{y_0}^{y}\frac{\mathrm{d}y}{\sqrt{(1-y^2)(1-k^2y^2)}}=\int_{x_0}^{x}\mathrm{d}x=x-x_0$$

即 $x=F(y),y=\mathrm{sn}(x,k)$。

附录 B　首次积分与一阶偏微分方程

B1　一阶常微分方程组的首次积分

B1.1　首次积分的定义

由常微分方程理论我们知道，n 阶常微分方程

$$y^{(n)}=f(x,y',y'',\cdots,y^{(n-1)}) \tag{B1.1}$$

在变换

$$y_1=y,y_2=y',\cdots,y_n=y^{(n-1)} \tag{B1.2}$$

之下，等价于下面的一阶微分方程组

$$\begin{cases}\dfrac{\mathrm{d}y_1}{\mathrm{d}x}=y_2\\ \dfrac{\mathrm{d}y_2}{\mathrm{d}x}=y_3\\ \quad\vdots\\ \dfrac{\mathrm{d}y_{n-1}}{\mathrm{d}x}=y_n\\ \dfrac{\mathrm{d}y_n}{\mathrm{d}x}=f(x,y_1,y_2,\cdots,y_{n-1})\end{cases} \tag{B1.3}$$

式(B1.3)是一般一阶方程组(B1.4)的特例，

$$\begin{cases}\dfrac{\mathrm{d}y_1}{\mathrm{d}x}=f_1(x,y_1,y_2,\cdots,y_n)\\ \dfrac{\mathrm{d}y_2}{\mathrm{d}x}=f_2(x,y_1,y_2,\cdots,y_n)\\ \qquad\qquad\vdots\\ \dfrac{\mathrm{d}y_n}{\mathrm{d}x}=f_n(x,y_1,y_2,\cdots,y_n)\end{cases} \tag{B1.4}$$

因此，只要我们求出式(B1.3)的解，就可以通过变换(B1.2)得到式(B1.1)的解。这里我们介绍一般一阶常微分方程组(B1.4)“首次积分”的概念和性质，以及用首次积分方法来求解方程组(B1.4)的问题。先看几个例子。

例 B1.1　求解微分方程组

$$\begin{cases}\dfrac{\mathrm{d}x}{\mathrm{d}t}=y-x(x^2+y^2-1)\\ \dfrac{\mathrm{d}y}{\mathrm{d}t}=-x-y(x^2+y^2-1)\end{cases} \tag{B1.5}$$

解 将第一式的两端同乘 x,第二式的两端同乘 y,然后相加,得到

$$x\frac{\mathrm{d}x}{\mathrm{d}t}+y\frac{\mathrm{d}y}{\mathrm{d}t}=-(x^2+y^2)(x^2+y^2-1)$$

亦即

$$\frac{1}{2}\mathrm{d}(x^2+y^2)=-(x^2+y^2)(x^2+y^2-1)\mathrm{d}t$$

这个方程关于变量 t 和 x^2+y^2 是可以分离的,因此积分得

$$\frac{x^2+y^2-1}{x^2+y^2}\mathrm{e}^{2t}=C_1 \tag{B1.6}$$

式(B1.6)是式(B1.5)的一个解,C_1 为积分常数,式(B1.6)的左端 $v(x,y,t)=\frac{x^2+y^2-1}{x^2+y^2}\mathrm{e}^{2t}$ 是 x,y,t 的函数,只有当 $x(t),y(t)$ 满足式(B1.5)时,$v(x,y,t)$ 才是常数,C_1 随着式(B1.5)的解而变,我们把式(B1.6)称为方程组(B1.5)的一个首次积分。

方程组(B1.5)是二阶的,所以为了确定它的通解,还需要找到另外一个首次积分。

将第一式两端同乘 y,第二式两端同乘 x,然后用第一式减去第二式,得到

$$y\frac{\mathrm{d}x}{\mathrm{d}t}-x\frac{\mathrm{d}y}{\mathrm{d}t}=x^2+y^2$$

或

$$x\frac{\mathrm{d}y}{\mathrm{d}t}-y\frac{\mathrm{d}x}{\mathrm{d}t}=-(x^2+y^2)$$

这个方程可以写成 $\frac{\mathrm{d}\left(\arctan\frac{y}{x}\right)}{\mathrm{d}t}=-1$,积分可得方程组的另一个首次积分

$$\arctan\frac{y}{x}+t=C_2 \tag{B1.7}$$

其中,C_2 为积分常数。

利用首次积分(B1.6)和(B1.7)可以确定方程组(B1.5)的通解,作极坐标变换

$$x=r\cos\theta,\quad y=r\sin\theta$$

则式(B1.6)和式(B1.7)可以写成

$$\begin{cases}\left(1-\dfrac{1}{r^2}\right)\mathrm{e}^{2t}=C_1\\ \theta+t=C_2\end{cases} \tag{B1.8}$$

解出 r 和 θ,得

$$r=\frac{1}{\sqrt{1-C_1\mathrm{e}^{-2t}}},\quad \theta=C_2-t$$

这样我们得到方程组(B1.5)的通解

$$x=\frac{\cos(C_2-t)}{\sqrt{1-C_1\mathrm{e}^{-2t}}},\quad y=\frac{\sin(C_2-t)}{\sqrt{1-C_1\mathrm{e}^{-2t}}} \tag{B1.9}$$

将一般的 n 阶常微分方程组(B1.4)写成如下形式

$$\frac{\mathrm{d}y_i}{\mathrm{d}x}=f_i(x,y_1,y_2,\cdots,y_n),\quad i=1,2,\cdots,n \tag{B1.10}$$

其中,右端函数 $f_i(x,y_1,y_2,\cdots,y_n)$,$i=1,2,\cdots,n$ 在某个区域 $D\subset\mathbf{R}^{n+1}$ 内对

$(x, y_1, y_2, \cdots, y_n)$连续，对 $y_1, y_2, \cdots, y_n$ 连续可微。

定义 B1.1 设函数 $V = V(x, y_1, y_2, \cdots, y_n)$在 D 的某个子域 G 内连续，而且对 $x, y_1, y_2, \cdots, y_n$ 是连续可微的。又设 $V(x, y_1, y_2, \cdots, y_n)$不为常数，但沿着微分方程组(B1.10)在区域 G 内的任意积分曲线

$$\Gamma: y_1 = y_1(x), y_2 = y_2(x), \cdots, y_n = y_n(x), \quad x \in J$$

函数 V 取常值；亦即

$$V(x, y_1(x), y_2(x), \cdots, y_n(x)) = C(\text{常数}), \quad x \in J$$

或当$(x, y_1, y_2, \cdots, y_n) \in \Gamma$时，有

$$V(x, y_1, y_2, \cdots, y_n) = \text{常数}$$

这里的常数随积分曲线 Γ 而定，则称

$$V(x, y_1, y_2, \cdots, y_n) = C \tag{B1.11}$$

为微分方程(B1.10)在区域 G 内的首次积分。其中，C 是一个任意常数，有时也称这里的函数 $V(x, y_1, y_2, \cdots, y_n)$为式(B1.10)的首次积分。

一般的，n 阶常微分方程组有 n 个独立的首次积分，如果求得 n 阶常微分方程组的 n 个独立的首次积分，则可以应用例 B1.1 的方法求得 n 阶常微分方程组的通解。

B1.2 首次积分的性质和存在性

根据首次积分的定义，要判别函数 $V(x, y_1, y_2, \cdots, y_n)$是否是方程组(B1.10)

在区域 G 内的首次积分，需要知道方程组(B1.10)在 G 内的所有积分曲线。这在实际应用上是很困难的。下面的定理为我们提供了一个有效的判别方法，解决了判别首次积分的困难。

定理 B1.1 设函数 $\Phi(x, y_1, y_2, \cdots, y_n)$ 在区域 G 内是连续可微的，而且它不恒为常数，则

$$\Phi(x, y_1, y_2, \cdots, y_n) = C \tag{B1.12}$$

是微分方程组(B1.10)在区域 G 内的首次积分的充分必要条件是

$$\frac{\partial \Phi}{\partial x} + \frac{\partial \Phi}{\partial y_1} f_1 + \cdots + \frac{\partial \Phi}{\partial y_n} f_n = 0 \tag{B1.13}$$

是关于变量$(x, y_1, y_2, \cdots, y_n) \in G$的一个恒等式。

证明 先证必要性。设式(B1.12)是方程组(B1.10)在区域 G 内的一个首次积分。又设

$$\Gamma: y_1 = y_1(x), y_2 = y_2(x), \cdots, y_n = y_n(x), \quad x \in J$$

是微分方程组(B1.10)在区域 G 内的任一积分曲线。则我们在区间 J 上有恒等式

$$\Phi(x, y_1(x), y_2(x), \cdots, y_n(x)) \equiv \text{常数} \tag{B1.14}$$

两边对 x 求导，则有

$$\frac{\partial \Phi}{\partial x} + \frac{\partial \Phi}{\partial y_1} y_1'(x) + \cdots + \frac{\partial \Phi}{\partial y_n} y_n'(x) \equiv 0 \tag{B1.15}$$

或在 Γ 上恒有等式

$$\frac{\partial \Phi}{\partial x} + \frac{\partial \Phi}{\partial y_1} f_1 + \cdots + \frac{\partial \Phi}{\partial y_n} f_n \equiv 0 \tag{B1.16}$$

因为经过区域 G 内的任意一点都有微分方程(B1.10)的一条积分曲线 Γ，所以式(B1.16)也

就变成了区域 G 内的恒等式，亦即恒等式(B1.14)成立。

再证充分性。设恒等式(B1.13)成立，则由于上述积分曲线 Γ 在 G 内，所以得到恒等式(B1.16)，然后可由式(B1.16)反推到式(B1.14)。这就证明了式(B1.12)
是微分方程组(B1.10)在区域 G 内的一个首次积分。

证毕。

在 B1.1 节中我们已经用例子说明了首次积分的用处，一般而言，利用首次积分可以消去某些未知函数，从而可以降低微分方程的阶数。这对于求解微分方程而言，无疑是前进了一步。

定理 B1.2 若已知微分方程组(B1.10)的一个首次积分(B1.12)，则可以把微分方程(B1.10)降低一阶。

证明 由定义容易推出首次积分 Φ 的偏导数

$$\frac{\partial\Phi}{\partial y_1},\cdots,\frac{\partial\Phi}{\partial y_n}$$

不能都恒等于 0，因此，不妨设 $\frac{\partial\Phi}{\partial y_n}\neq 0$，于是由隐函数定理，由首次积分(B1.12)解出

$$y_n=g(x,y_1,\cdots,y_{n-1},C) \tag{B1.17}$$

而且它有偏导数

$$\begin{cases}\dfrac{\partial g}{\partial x}=-\dfrac{\partial\Phi}{\partial x}\Big/\dfrac{\partial\Phi}{\partial y_n}\\[2ex] \dfrac{\partial g}{\partial y_i}=-\dfrac{\partial\Phi}{\partial y_i}\Big/\dfrac{\partial\Phi}{\partial y_n}, \quad (i=1,2,\cdots n-1)\end{cases} \tag{B1.18}$$

然后将式(B1.17)代入微分方程(B1.10)的前 $n-1$ 个式子，就消去了 y_n，从而得到一个 $n-1$ 阶的微分方程

$$\frac{\mathrm{d}y_i}{\mathrm{d}x}=f_i(x,y_1,\cdots,y_{n-1},g(x,y_1,\cdots,y_{n-1},C)),\quad i=1,2,\cdots,n-1 \tag{B1.19}$$

假设它的解为

$$y_1=u_1(x),\cdots,y_{n-1}=u_{n-1}(x) \tag{B1.20}$$

我们要证函数组

$$\begin{cases}y_1=u_1(x)\\ \quad\vdots\\ y_{n-1}=u_{n-1}(x)\\ y_n=g(x,u_1(x),\cdots,u_{n-1}(x),C)\end{cases} \tag{B1.21}$$

就是微分方程(B1.10)的解。

事实上，由于式(B1.20)是方程(B1.19)的解，所以式(B1.21)满足微分方程(B1.10)的前 $n-1$ 个等式。因此，我们只需证明它也满足微分方程(B1.10)的最后一个等式。

因为

$$\begin{aligned}\frac{\mathrm{d}y_n}{\mathrm{d}x}&=\frac{\partial g}{\partial x}+\frac{\partial g}{\partial y_1}u_1'(x)+\cdots+\frac{\partial g}{\partial y_{n-1}}u_{n-1}'(x)\\&=\frac{\partial g}{\partial x}+\frac{\partial g}{\partial y_1}f_1+\cdots+\frac{\partial g}{\partial y_{n-1}}f_{n-1}\end{aligned}$$

所以再由式(B1.18)可得

$$\frac{\mathrm{d}y_n}{\mathrm{d}x}=-\left(\frac{\partial\Phi}{\partial x}+\frac{\partial\Phi}{\partial y_1}f_1+\cdots+\frac{\partial\Phi}{\partial y_{n-1}}f_{n-1}\right)\Big/\frac{\partial\Phi}{\partial y_n}$$

然后再根据首次积分 Φ 满足的充要条件

$$\frac{\partial\Phi}{\partial x}+\frac{\partial\Phi}{\partial y_1}f_1+\cdots+\frac{\partial\Phi}{\partial y_{n-1}}f_{n-1}+\frac{\partial\Phi}{\partial y_n}f_n\equiv 0$$

我们就得到

$$\frac{\mathrm{d}y_n}{\mathrm{d}x}=f_n(x,y_1,\cdots,y_n)$$

其中，$y_1,\cdots,y_n$ 由式(B1.21)给出。这就证明了所需的结论。

设微分方程组(B1.10)有 n 个首次积分

$$\Phi_i(x,y_1,y_2,\cdots,y_n)=C_i,\quad i=1,2,\cdots,n \tag{B1.22}$$

如果在某个区域 G 内它们的 Jacobi 行列式

$$\frac{D(\Phi_1,\Phi_2,\cdots,\Phi_n)}{D(y_1,y_2,\cdots,y_n)}\neq 0 \tag{B1.23}$$

则称它们在区域 G 内是相互独立的。

定理 B1.3 设已知微分方程(B1.10)的 n 个相互独立的首次积分(B1.22)，则可由它们得到(B1.10)在区域 G 内的通解

$$y_i=\varphi_i(x,C_1,C_2,\cdots,C_n),\quad i=1,2,\cdots,n \tag{B1.24}$$

其中，$C_1,C_2,\cdots,C_n$ 为 n 个任意常数(在允许范围内)，而且上述通解表示了微分方程(B1.10)在 G 内的所有解。

证明 因为式(B1.23)成立，所以由隐函数定理可以从式(B1.22)解出 $y_1,\cdots,y_n$，令它们的表达式为式(B1.24)。因此只要将式(B1.24)代入式(B1.22)就得到相应的关于 x 的恒等式。然后再对 x 求导，即得

$$\frac{\partial\Phi_i}{\partial x}+\frac{\partial\Phi_i}{\partial y_1}\varphi_1'+\cdots+\frac{\partial\Phi_i}{\partial y_n}\varphi_n'=0,\quad i=1,2,\cdots,n \tag{B1.25}$$

其中，变元 $y_1,\cdots,y_n$ 由式(B1.24)给出。

另一方面，由于首次积分的充要条件，等式

$$\frac{\partial\Phi_i}{\partial x}+\frac{\partial\Phi_i}{\partial y_1}f_1+\cdots+\frac{\partial\Phi_i}{\partial y_{n-1}}f_{n-1}+\frac{\partial\Phi_i}{\partial y_n}f_n=0,\quad i=1,2,\cdots,n \tag{B1.26}$$

当变元 $y_1,\cdots,y_n$ 由式(B1.24)给定时仍然成立。因此联立式(B1.25)和式(B1.26)推出

$$\frac{\partial\Phi_i}{\partial y_1}(\varphi_1'-f_1)+\cdots+\frac{\partial\Phi_i}{\partial y_n}(\varphi_n'-f_n)=0,\quad i=1,2,\cdots,n$$

再利用条件(B1.23)，我们得到

$$\varphi_1'=f_1,\cdots,\varphi_n'=f_n$$

其中，变元 $y_1,\cdots,y_n$ 由式(B1.24)给出。这就证明了式(B1.24)是微分方程组(B1.10)的解。

另外，易知

$$\frac{\partial\Phi_i}{\partial y_1}\frac{\partial\varphi_1}{\partial C_j}+\cdots+\frac{\partial\Phi_i}{\partial y_n}\frac{\partial\varphi_n}{\partial C_j}=\delta_{ij}$$

其中，

$$\delta_{ij}=\begin{cases}0, & i\neq j\\ 1, & i=j\end{cases}$$

由此推出 $\varphi_1,\cdots,\varphi_n$ 关于 $C_1,\cdots,C_n$ 的 Jacobi 行列式

$$\frac{D(\varphi_1,\cdots,\varphi_n)}{D(C_1,\cdots,C_n)}=\left[\frac{D(\varphi_1,\cdots,\varphi_n)}{D(y_1,\cdots,y_n)}\right]^{-1}\neq 0$$

这就证明了在式(B1.24)中的 n 个任意常数 $C_1,\cdots,C_n$ 是相互独立的。因此,式(B1.24)是微分方程组(B1.10)的通解。

我们仍需证明通解(B1.24)表示了微分方程(B1.10)在区间 G 内的所有解。

为此取微分方程(B1.10)在区间 G 内的任一解

$$y_1=z_1(x),\cdots,y_n=z_n(x) \tag{B1.27}$$

令初始条件

$$y_1{}^0=z_1(x_0),\cdots,y_n{}^0=z_n(x_0)$$

其中,$(x_0,y_1{}^0,\cdots,y_n^0)\in G$。再令

$$C_i^0=\Phi_i(x_0,y_1{}^0,\cdots,y_n^0),\quad i=1,2,\cdots,n$$

然后利用隐函数定理,可以从方程

$$\Phi(x,y_1,\cdots,y_n)=C_i^0,\quad i=1,2,\cdots,n$$

得到微分方程(B1.10)的一个解

$$y_1=\varphi_1(x,C_1^0,\cdots,C_n^0),\cdots,y_n=\varphi_n(x,C_1^0,\cdots,C_n^0) \tag{B1.28}$$

它满足初始条件

$$y_1{}^0=\varphi_1(x_0),\cdots,y_n{}^0=\varphi_n(x_0) \tag{B1.29}$$

因此,式(B1.28)和式(B1.29)是微分方程组(B1.10)满足同一初始条件的两个解。这样根据解的唯一性定理推出

$$z_1=\varphi_1(x,C_1^0,\cdots,C_n^0),\cdots,z_n=\varphi_n(x,C_1^0,\cdots,C_n^0)$$

即解式(B1.27)可以从通解(B1.24)中得到。

反之作为定理 B1.3 的逆命题,我们容易证明下述结论:设已知微分方程组(B1.10)的通解,则由它可以得到 n 个独立的首次积分。

因此,在局部范围内求微分方程(B1.10)的解等于求它的 n 个相互独立的首次积分。

然而,一般而言,要实际找出微分方程的首次积分是有困难的。但是,在相当广泛的条件下,我们可以证明首次积分的(局部)存在性。

定理 B1.4 设 $p_0=(x_0,y_1^0,\cdots,y_n^0)\in G$,则存在 p_0 的一个邻域 $G_0\subset G$,使得微分方程(5.1.13)在区域 G_0 内有 n 个相互独立的首次积分。

证明 任取初始条件

$$y_1(x_0)=C_1,\cdots,y_n(x_0)=C_n \tag{B1.30}$$

其中,$(x,C_1,\cdots C_n)$在 P_0 的某个邻域 G^* 内。则由解对初值的可微性定理推出,微分方程组(B1.10)满足初始条件(B1.30)的解

$$y_1=\varphi_1(x,C_1,\cdots C_n),\cdots,y_n=\varphi_n(x,C_1,\cdots C_n) \tag{B1.31}$$

对$(x,C_1,\cdots C_n)$是连续可微的,而且 Jacobi 行列式

$$\left.\frac{D(\varphi_1,\cdots\varphi_n)}{D(C_1,\cdots C_n)}\right|_{x=x_0}=1$$

因此，由式(B1.31)可反解出 $C_1,\cdots C_n$，得到

$$\Phi_i(x,y_1,\cdots,y_n)=C_i,\quad i=1,\cdots,n \tag{B1.32}$$

其中，函数 $\Phi_i(x,y_1,\cdots,y_n)$ 在 P_0 的某个邻域 G_0 内是连续可微的，而且 Jacobi 行列式

$$\frac{D(\varphi_1,\cdots\varphi_n)}{D(y_1,\cdots y_n)}\neq 0$$

这样一来，我们就得到了微分方程(B1.10)在区域 G_0 内的 n 个相互独立的首次积分(B1.32)。

定理 B1.5 微分方程(B1.10)最多只有 n 个相互独立的首次积分。

证明 设微分方程(B1.10)有 $n+1$ 个首次积分

$$V_i(x,y_1,\cdots,y_n)=C_i,\quad i=1,\cdots,n+1 \tag{B1.33}$$

则由首次积分的充要条件，在某个区域 G_0 内我们有

$$\frac{\partial V_i}{\partial x}+\frac{\partial V_i}{\partial y_1}f_1+\cdots+\frac{\partial V_i}{\partial y_n}f_n=0,\quad i=1,\cdots,n+1 \tag{B1.34}$$

我们可以将 $(1,f_1,\cdots,f_n)$ 看成是代数联立方程组(B1.34)的一个非零解。从而式(B1.34)的系数行列式

$$\frac{D(V_1,\cdots,V_{n+1})}{D(x,y_1,\cdots y_n)}$$

在区域 G_0 内恒等于 0。这就是说，任何 $n+1$ 个首次积分(B1.33)是函数相关的，亦即它们不是相互独立的。

我们还可以进一步证明下述定理。

定理 B1.6 设(B1.22)是微分方程组(B1.10)在区域 G 内的 n 个相互独立的首次积分，则在区域 G 内微分方程(B1.10)的任何首次积分

$$V(x,y_1,y_2,\cdots,y_n)=C$$

可以用式(B1.22)来表达，亦即

$$V(x,y_1,y_2,\cdots,y_n)=h[\Phi_1(x,y_1,y_2,\cdots,y_n),\cdots,\Phi_n(x,y_1,y_2,\cdots,y_n)] \tag{B1.35}$$

其中，$h[*,\cdots,*]$是某个连续可微的函数。

证明 因为(B1.22)中的首次积分是相互独立的，所以在区域 G_0 内它们的 Jacobi 行列式

$$J=\frac{D(\Phi_1,\cdots,\Phi_n)}{D(y_1,\cdots,y_n)}\neq 0$$

于是可以从函数组

$$\Phi_i=\Phi_i(x,y_1,\cdots,y_n),\quad i=1,2,\cdots,n$$

反解出函数组

$$y_i=y_i(x,\Phi_1,\cdots,\Phi_n),\quad i=1,2,\cdots,n \tag{B1.36}$$

然后把它们代入 $V(x,y_1,y_2,\cdots,y_n)$，得到一个关于变元 $(x,\Phi_1,\cdots,\Phi_n)$ 的函数 h，即

$$h(x,\Phi_1,\cdots,\Phi_n)=V(x,y_1,\cdots,y_n) \tag{B1.37}$$

其中，函数 V 中的变元 $y_1,\cdots,y_n$ 由式(B1.36)给出。

现在我们只需证明上述函数 h 与 x 无关。事实上，我们有

$$\frac{\partial h}{\partial x}=\frac{\partial V}{\partial x}+\frac{\partial V}{\partial y_1}\frac{\partial y_1}{\partial x}+\cdots+\frac{\partial V}{\partial y_n}\frac{\partial y_n}{\partial x} \tag{B1.38}$$

以及

$$\frac{\partial y_i}{\partial x}=-\frac{1}{J}\frac{D(\Phi_1,\cdots,\Phi_i,\cdots,\Phi_n)}{D(y_1,\cdots,x,\cdots,y_n)},\quad (i=1,\cdots,n)$$

因此由式(B1.38)可以得到

$$\frac{\partial h}{\partial x}=\frac{1}{J}\frac{D(V,\Phi_1,\cdots,\Phi_n)}{D(x,y_1,\cdots,y_n)}$$

但是，由于$V,\Phi_1,\cdots,\Phi_n$是微分方程(B1.10)的$n+1$个首次积分，所以由定理B1.5推出它们关于$x,y_1,\cdots,y_n$的Jacobi行列式恒等于0，从而

$$\frac{\partial h}{\partial x}\equiv 0$$

这就证明了函数h不依赖于x。因此由式(B1.37)推出

$$V(x,y_1,\cdots,y_n)=h(\Phi_1,\cdots,\Phi_n)$$

即式(B1.35)成立。

为了具体求出首次积分，也为了下一节的应用，人们常把方程组(B1.10)改写成对称的形式

$$\frac{\mathrm{d}y_1}{f_1}=\frac{\mathrm{d}y_2}{f_2}=\cdots=\frac{\mathrm{d}y_n}{f_n}=\frac{\mathrm{d}x}{1}$$

这时自变量和未知函数的地位是完全平等的。更一般地，人们常把上述对称式写成

$$\frac{\mathrm{d}y_1}{Y_1(y_1,y_2,\cdots,y_n)}=\frac{\mathrm{d}y_2}{Y_2(y_1,y_2,\cdots,y_n)}=\cdots=\frac{\mathrm{d}y_n}{Y_n(y_1,y_2,\cdots,y_n)}\qquad \text{(B1.39)}$$

并设$Y_1,Y_2,\cdots,Y_n$在区域$G\subset\mathbf{R}^n$内部不同时为零，例如如果设$Y_n\neq 0$，则式(B1.39)等价于

$$\frac{\mathrm{d}y_i}{\mathrm{d}y_n}=\frac{Y_i(y_1,y_2,\cdots,y_n)}{Y_n(y_1,y_2,\cdots,y_n)},\quad i=1,2,\cdots,n-1\qquad \text{(B1.40)}$$

请注意，式(B1.40)中的y_n相当于自变量，$y_i(i=1,2,\cdots,n-1)$相当于未知函数，所以在方程组(5.1.43)中只有$n-1$个未知函数，连同自变量一起，共有n个变元。

不难验证，对于系统(B1.39)，定理B1.1相应地改写为：设函数$\varphi(y_1,y_2,\cdots,y_n)$连续可微，并且不恒等于常数，则$\varphi(y_1,y_2,\cdots,y_n)=C$是式(B1.39)的首次积分的充分必要条件是关系式

$$Y_1(y_1,y_2,\cdots,y_n)\frac{\partial}{\partial y_1}\varphi(y_1,y_2,\cdots,y_n)+\cdots+Y_n(y_1,y_2,\cdots,y_n)\frac{\partial}{\partial y_n}\varphi(y_1,y_2,\cdots,y_n)=0$$

(B1.41)

在G内成为恒等式。如果能得到式(B1.39)的$n-1$个独立的首次积分，则将它们联立，就得到式(B1.39)的通积分。

方程写成对称的形式后，可以利用比例的性质，给求首次积分带来方便。

例 B1.2 求$\frac{\mathrm{d}x}{y}=\frac{\mathrm{d}y}{x}=\frac{\mathrm{d}z}{z}$的通积分。

解 将前两个式子分离变量并积分，得到方程组的一个首次积分

$$x^2-y^2=C_1\qquad \text{(B1.42)}$$

其中，C_1是任意常数，再用比例的性质，得

$$\frac{\mathrm{d}(x+y)}{(x+y)}=\frac{\mathrm{d}z}{z}$$

两边积分，又得到一个首次积分

$$\frac{x+y}{z}=C_2 \tag{B1.43}$$

其中，C_2 是任意常数。式(B1.42)和式(B1.43)是相互独立的，将它们联立，便得到原方程组的通积分

$$x^2-y^2=C_1,\quad x+y=C_2 z$$

B2 一阶线性偏微分方程的解法

B2.1 一阶线性齐次偏微分方程

在B1节我们讨论了一阶常微分方程组的首次积分。下面我们来证明，一阶线性和拟线性偏微分方程可以通过相应的特征方程(常微分方程组)的首次积分来求解。

首先考虑一阶线性偏微分方程

$$A_1(x_1,x_2,\cdots,x_n)\frac{\partial u}{\partial x_1}+A_2(x_1,x_2,\cdots,x_n)\frac{\partial u}{\partial x_2}+\cdots+A_n(x_1,x_2,\cdots,x_n)\frac{\partial u}{\partial x_n}=0$$

或简记为

$$\sum_{i=1}^{n}A_i(x_1,x_2,\cdots,x_n)\frac{\partial u}{\partial x_i}=0 \tag{B2.1}$$

其中，$u=(x_1,x_2,\cdots,x_n)$ 是未知函数 ($n\geqslant 2$)。假定系数函数 $A_1,\cdots,A_n$ 对 $(x_1,x_2,\cdots,x_n)\in D$ 是连续可微的，而且它们不同时为零，即在区域 D 上，有

$$\sum_{i=1}^{n}|A_i(x_1,x_2,\cdots,x_n)|>0$$

对应于微分方程(B2.1)，我们考虑一个对称形式的常微分方程组

$$\frac{\mathrm{d}x_1}{A_1(x_1,x_2,\cdots,x_n)}=\frac{\mathrm{d}x_2}{A_2(x_1,x_2,\cdots,x_n)}=\cdots=\frac{\mathrm{d}x_n}{A_n(x_1,x_2,\cdots,x_n)} \tag{B2.2}$$

将它称为式(B2.1)的特征方程。注意特征方程(B2.2)是一个 $n-1$ 阶的常微分方程，所以它有 $n-1$ 个首次积分

$$\varphi_i(x_1,x_2,\cdots,x_n)=C_i,\quad i=1,2,\cdots,n-1 \tag{B2.3}$$

方程(B2.1)的解与方程(B2.2)的首次积分有如下的定理。

定理 B2.1 假设已经得到特征方程组(B2.2)的 $n-1$ 个首次积分(B2.3)，则(B2.1)的通解为

$$u(x_1,x_2,\cdots,x_n)=\Phi(\varphi_1(x_1,x_2,\cdots x_n),\varphi_2(x_1,x_2,\cdots,x_n),\cdots,\varphi_{n-1}(x_1,x_2,\cdots,x_n)) \tag{B2.4}$$

其中，Φ 是一个任意的 $n-1$ 元连续可微函数。

证明 设

$$\varphi(x_1,x_2,\cdots,x_n)=C \tag{B2.5}$$

是方程(B2.2)的一个首次积分。因为函数 $A_1,A_2,\cdots,A_n$ 不同时为零，所以在局部邻域内不妨设 $A_n(x_1,x_2,\cdots,x_n)\neq 0$，这样特征方程(B2.2)等价于下面标准形式的微分方程组

$$\begin{cases}\dfrac{\mathrm{d}x_1}{\mathrm{d}x_n}=\dfrac{A_1(x_1,\cdots,x_n)}{A_n(x_1,\cdots,x_n)}\\ \quad\vdots\\ \dfrac{\mathrm{d}x_{n-1}}{\mathrm{d}x_n}=\dfrac{A_{n-1}(x_1,\cdots,x_n)}{A_n(x_1,\cdots,x_n)}\end{cases}\tag{B2.6}$$

因此式(B2.5)也是式(B2.6)的一个首次积分，从而有恒等式

$$\frac{\partial\varphi}{\partial x_n}+\sum_{i=1}^{n-1}\frac{A_i}{A_n}\frac{\partial\varphi}{\partial x_i}=0$$

亦即恒有

$$\sum_{i=1}^{n}A_i(x_1,\cdots,x_n)\frac{\partial\varphi}{\partial x_i}=0\tag{B2.7}$$

这就证明了(非常数)函数 $\varphi(x_1,x_2,\cdots,x_n)$ 为方程(B2.2)的一个首次积分的充要条件为恒等式(B2.7)成立。换言之，$\varphi(x_1,x_2,\cdots,x_n)$ 为方程(B2.2)的一个首次积分的充要条件是 $u=\varphi(x_1,x_2,\cdots,x_n)$ 为偏微分方程(B2.1)的一个(非常数)解。

因为式(B2.3)是微分方程(B2.2)的 $n-1$ 个独立的首次积分，所以由首次积分的理论可知，对于任意连续可微的(非常数)$n-1$ 元函数 Φ，

$$\Phi[\varphi_1(x_1,x_2,\cdots,x_n),\cdots,\varphi_{n-1}(x_1,x_2,\cdots,x_n)]=C$$

就是式(B2.2)的一个首次积分。因此，相应的函数(B2.4)是偏微分方程(B2.1)的一个解。

反之，设 $u=u(x_1,x_2,\cdots,x_n)$ 是偏微分方程(B2.1)的一个(非常数)解，则 $u(x_1,x_2,\cdots,x_n)=C$ 是特征方程(B2.2)的一个首次积分，因此，由首次积分的理论可知，存在连续可微函数 $\Phi(\varphi_1,\cdots,\varphi_{n-1})$，使恒等式

$$u(x_1,x_2,\cdots,x_n)\equiv\Phi[\varphi_1(x_1,x_2,\cdots,x_n),\cdots,\varphi_{n-1}(x_1,x_2,\cdots,x_n)]$$

成立，即偏微分方程(B2.1)的任何非常数解可以表示成式(B2.4)的形式。

另外，如果允许 Φ 是常数，则式(B2.4)显然包括了方程(B2.1)的常数解。

因此，式(B2.4)表达了偏微分方程组(B2.1)的所有解，也就是它的通解。

例 B2.1 求解偏微分方程

$$(x+y)\frac{\partial z}{\partial x}-(x-y)\frac{\partial z}{\partial x}=0,\quad x^2+y^2>0\tag{B2.8}$$

解 这个偏微分方程(B2.8)的特征方程为

$$\frac{\mathrm{d}x}{x+y}=-\frac{\mathrm{d}y}{x-y}$$

解得首次积分为

$$\sqrt{x^2+y^2}\,\mathrm{e}^{\arctan\frac{y}{x}}=C$$

由定理 $B2.1$ 知，原偏微分方程的通解为

$$z(x,y)=\Phi\left(\sqrt{x^2+y^2}\,\mathrm{e}^{\arctan\frac{y}{x}}\right)$$

其中，Φ 为任意可微的函数。

例 B2.2 求解边值问题

$$\begin{cases}\sqrt{x}\dfrac{\partial f}{\partial x}+\sqrt{y}\dfrac{\partial f}{\partial y}+z\dfrac{\partial f}{\partial z}=0\\ z=1,\quad f=xy\end{cases}\tag{B2.9}$$

解 式(B2.9)中偏微分方程的特征方程为

$$\frac{\mathrm{d}x}{\sqrt{x}}=\frac{\mathrm{d}y}{\sqrt{y}}=\frac{\mathrm{d}z}{z}$$

由

$$\frac{\mathrm{d}x}{\sqrt{x}}=\frac{\mathrm{d}y}{\sqrt{y}}$$

积分得一个首次积分

$$\sqrt{x}-\sqrt{y}=C_1$$

再由

$$\frac{\mathrm{d}y}{\sqrt{y}}=\frac{\mathrm{d}z}{z}$$

积分得另一个首次积分

$$2\sqrt{y}-\ln z=C_2$$

故由定理 B2.1,得到方程的通解为

$$f(x,y,z)=\Phi(\sqrt{x}-\sqrt{y},2\sqrt{y}-\ln z) \tag{B2.10}$$

其中,Φ 为任意二元可微的函数。利用式(B2.9)中的边值条件,我们有

$$\begin{aligned} f(x,y,1)&=\Phi(\sqrt{x}-\sqrt{y},2\sqrt{y}-\ln 1)\\ &=\Phi(\sqrt{x}-\sqrt{y},2\sqrt{y})=xy \end{aligned} \tag{B2.11}$$

令 $\xi=\sqrt{x}-\sqrt{y},\eta=2\sqrt{y}$,则$\sqrt{x}=\xi+\frac{\eta}{2}$,即

$$x=\left(\xi+\frac{\eta}{2}\right)^2,\quad y=\frac{\eta^2}{4}$$

再由式(B2.11),得到

$$\Phi(\xi,\eta)=\left(\xi+\frac{\eta}{2}\right)^2\frac{\eta^2}{4}$$

代入式(B2.10)中,得到

$$\begin{aligned} f(x,y,z)&=\Phi(\sqrt{x}-\sqrt{y},2\sqrt{y}-\ln z)\\ &=\frac{(2\sqrt{y}-\ln z)^2}{4}\left[(\sqrt{x}-\sqrt{y})+\frac{(2\sqrt{y}-\ln z)}{2}\right]^2\\ &=\frac{(2\sqrt{y}-\ln z)^2\,(2\sqrt{x}-\ln z)^2}{16} \end{aligned}$$

B2.2 一阶拟线性偏微分方程

下面讨论一阶拟线性偏微分方程

$$A_1(x_1,x_2,\cdots,x_n,u)\frac{\partial u}{\partial x_1}+A_2(x_1,x_2,\cdots,x_n,u)\frac{\partial u}{\partial x_2}+\cdots+A_n(x_1,x_2,\cdots,x_n,u)\frac{\partial u}{\partial x_n}$$
$$=B(x_1,x_2,\cdots x_n,u) \tag{B2.12}$$

这里所说的“拟线性”是指各个系数 $A_i(x_1,x_2,\cdots x_n,u),i=1,2,\cdots,n$ 中可能含有未知函数 u,但导数都以一次式出现在方程中。

我们将求解式(B2.12)的问题化成求解线性齐次方程的问题,设

$$V(x_1,x_2,\cdots,x_n,u)=C$$

是(B2.12)的隐函数形式的解,且$\frac{\partial V}{\partial u}\neq 0$,则根据隐函数微分法得

$$\frac{\partial u}{\partial x_i}=-\frac{\frac{\partial V}{\partial x_i}}{\frac{\partial V}{\partial u}},\quad i=1,2,\cdots,n \tag{B2.13}$$

将式(B2.13)代入式(B2.12)中,经过整理得

$$A_1(x_1,x_2,\cdots,x_n,u)\frac{\partial V}{\partial x_1}+A_2(x_1,x_2,\cdots,x_n,u)\frac{\partial V}{\partial x_2}+\cdots+$$
$$A_n(x_1,x_2,\cdots,x_n,u)\frac{\partial V}{\partial x_n}+B(x_1,x_2,\cdots,x_n,u)\frac{\partial V}{\partial u}=0 \tag{B2.14}$$

由此,可以将 V 视为关于 $x_1,x_2,\cdots,x_n,u$ 的函数,式(B2.14)变成了关于未知函数 $V(x_1,x_2,\cdots,x_n,u)$的一阶线性齐次偏微分方程。于是函数 $V(x_1,x_2,\cdots,x_n,u)$应是方程(B2.14)的解。

反过来,假设函数 $V(x_1,x_2,\cdots,x_n,u)$是式(B2.14)的解,且$\frac{\partial V}{\partial u}\neq 0$,则由式(B2.14)和式(B2.13)可以推出由方程

$$V(x_1,x_2,\cdots,x_n,u)=0$$

所确定的隐函数 $u=u(x_1,x_2,\cdots,x_n)$是方程(B2.11)的解。这样求解方程(B2.11)的问题就化成了求解式(B2.14)的问题。为了求解式(B2.14),先写出其特征方程组为

$$\frac{\mathrm{d}x_1}{A_1(x_1,x_2,\cdots,x_n,u)}=\frac{\mathrm{d}x_2}{A_2(x_1,x_2,\cdots,x_n,u)}=\cdots=\frac{\mathrm{d}x_n}{A_n(x_1,x_2,\cdots,x_n,u)}$$
$$=\frac{\mathrm{d}u}{B(x_1,x_2,\cdots,x_n,u)} \tag{B2.15}$$

式(B2.15)可以化为 n 个常微分方程,求得它的 n 个首次积分为

$$\varphi_i(x_1,x_2,\cdots,x_n,u)=C_i,\quad i=1,2,\cdots,n$$

就得到式(B2.14)的通解为

$$V(x_1,x_2,\cdots,x_n,u)=\Phi(\varphi_1(x_1,x_2,\cdots x_n,u),\varphi_2(x_1,x_2,\cdots,x_n,u),\cdots,\varphi_n(x_1,x_2,\cdots,x_n,u)) \tag{B2.16}$$

其中,Φ 是所有变元的连续可微函数。我们将式(B2.15)称为方程(B2.11)的特征方程组。上述过程可写成如下定理。

定理 B2.2 设函数 $A_i(x_1,x_2,\cdots x_n;u)i=1,2\cdots,n$ 和 $B(x_1,x_2,\cdots x_n;u)$在区域 $G\subset\mathbf{R}^{n+1}$内连续可微,$A_1,A_2,\cdots,A_n$ 在 G 内不同时为零,设 $V=V_0(x_1,x_2,\cdots,x_n;u)$是式(B2.14)的一个解,且$\frac{\partial V_0}{\partial u}\neq 0$,则 $V_0(x_1,x_2,\cdots,x_n;u)=0$ 必是方程(B2.11)的一个隐式解。反之 $\varphi(x_1,x_2,\cdots,x_n;u)$是式(B2.11)的一个隐式解,并且$\frac{\partial\varphi}{\partial u}\neq 0$,则从它确定的函数 $u=u(x_1,x_2,\cdots,x_n)$,必是式(B2.14)的某个解 $V=V_0(x_1,x_2,\cdots,x_n;u)$,使

$$V_0(x_1,x_2,\cdots,x_n;u(x_1,x_2,\cdots,x_n))\equiv 0$$

不难看出,一阶线性非齐次偏微分方程

$$\sum_{i=1}^{n} A_i(x_1, x_2, \cdots, x_n)\frac{\partial u}{\partial x_i} = B_0(x_1, x_2, \cdots, x_n) + B_1(x_1, x_2, \cdots, x_n)u \qquad \text{(B2.17)}$$

是一阶拟线性偏微分方程(B2.12)的特殊情况,因此其解法完全与求解方程(B2.12)的解法相同。

例 B2.3 求解

$$(1+\sqrt{z-x-y})\frac{\partial z}{\partial x}+\frac{\partial z}{\partial y}=2 \qquad \text{(B2.18)}$$

解 原一阶拟线性非齐次偏微分方程(B2.18)的特征方程为

$$\frac{\mathrm{d}x}{1+\sqrt{z-x-y}}=\frac{\mathrm{d}y}{1}=\frac{\mathrm{d}z}{2}$$

故由$\frac{\mathrm{d}y}{1}=\frac{\mathrm{d}z}{2}$,积分后得 $2y-z=C_1$,即得到一个首次积分 $\varphi_1=2y-z$;再利用合比定理,有

$$\frac{\mathrm{d}z-\mathrm{d}x-\mathrm{d}y}{-\sqrt{z-x-y}}=\frac{\mathrm{d}y}{1}$$

积分后得 $y+2\sqrt{z-x-y}=C_2$,故求得另一个首次积分为

$$\varphi_2=y+2\sqrt{z-x-y}$$

所以式(B2.18)的通解为

$$\Phi(z-2y, y+2\sqrt{z-x-y})=0 \qquad \text{(B2.19)}$$

例 B2.4 求解

$$x_1\frac{\partial u}{\partial x_1}+x_2\frac{\partial u}{\partial x_2}+\cdots+x_n\frac{\partial u}{\partial x_n}=mu,\quad m\neq 0 \qquad \text{(B2.20)}$$

解 方程(B2.20)是线性非齐次偏微分方程,是拟线性偏微分方程的特例,其特征方程为

$$\frac{\mathrm{d}x_1}{x_1}=\frac{\mathrm{d}x_2}{x_2}=\cdots=\frac{\mathrm{d}x_n}{x_n}=\frac{\mathrm{d}u}{mu} \qquad \text{(B2.21)}$$

分别积分,得到式(B2.21)的 n 个首次积分

$$\varphi_1=\frac{x_2}{x_1}, \varphi_2=\frac{x_3}{x_1}, \cdots, \varphi_{n-1}=\frac{x_n}{x_1}, \varphi_n=\frac{u}{x_1^m}$$

故原线性非齐次偏微分方程的隐式通解为

$$\Phi\left(\frac{x_2}{x_1}, \frac{x_3}{x_1}, \cdots, \frac{x_n}{x_1}, \frac{u}{x_1^m}\right)=0$$

其中,Φ 是各个自变量的连续可微函数。解出 u 的显式通解

$$u(x_1, x_2, \cdots, x_n)=x_1^m F\left(\frac{x_2}{x_1}, \frac{x_3}{x_1}, \cdots, \frac{x_n}{x_1}\right)$$

附录C　与波动相关的概念和术语

由于许多非线性偏微分方程都描写波动现象，为了使读者，特别是数学专业的读者朋友，能够更好地阅读本书，特在本附录中介绍一些与波动有关的基本概念和术语。它们对讨论由非线性偏方程描述的波动现象的理解是有帮助的。

C1　基本概念

首先从最典型的波动方程

$$u_{tt}-a^2u_{xx}=0 \tag{C1.1}$$

出发。由数理方程课程，我们知道，方程(C1.1)有如下形式的解

$$u(x,t)=f(x-at)+g(x+at) \tag{C1.2}$$

其中，f 与 g 都是二次连续可微的函数。式(C1.2)的右端第一项表示以常速 a 向右(x 轴的正向)传播的右行波(Right Traveling Wave)；而第二项表示以相同速度向左(x 轴的负向)传播的左行波(Left Traveling Wave)。

f-波中的变量 $x-at=\xi$ 称为 f-波的相(phase)；同样 g-波中的变量 $x+at=\eta$ 称为 g-波的相。显然，如果 $\frac{\mathrm{d}x}{\mathrm{d}t}=a$，则 $\frac{\mathrm{d}\xi}{\mathrm{d}t}=0$(由于 $\frac{\mathrm{d}\xi}{\mathrm{d}t}=\frac{\partial\xi}{\partial x}\frac{\mathrm{d}x}{\mathrm{d}t}+\frac{\partial\xi}{\partial t}=\frac{\mathrm{d}x}{\mathrm{d}t}-a$)，即 $\xi=\text{const}$。于是，如果一个观察者以 f-波的速度 a 移动，他看到的总是 f-波的同一个相，因而他看到的 f-波波形，总是 f-波在初始时刻的波形。同样，一个观察者以 g-波的速度移动，他看到的 g-波的波形也总是 g-波在初始时刻的波形。这是行波最突出的特性。

当 f 是 ξ 的周期函数时，f 的最大值点称为波峰(crest)，f 的最小值点称为波谷(trough)；当 g 是 η 的周期函数时，也有同样说法。

取

$$\begin{cases}f(x-at)=A\sin(kx-at), \quad a=\dfrac{\omega}{k}\\ g(x+at)=0\end{cases} \tag{C1.3}$$

其中，A,k,ω 是常数，则

$$u(x,t)=A\sin(kx-at) \tag{C1.4}$$

表示振幅为 A 的周期行波，其速度 a 为

$$a=\frac{\omega}{k} \tag{C1.5}$$

式(C1.4)是方程(C1.1)满足初始条件

$$u|_{t=0}=A\sin kx, \quad u_t|_{t=0}=-\omega\cos kx \tag{C1.6}$$

的解。对于给定的 t 值，式(C1.4)是 x 的正弦函数，其图形如图 C1.1 所示。在任何时刻 t，

u 在 $x=(4n+1)\cdot\frac{\pi}{2k}+at,(n=0,\pm1,\pm2,\cdots)$,取到最大值或波峰;而在点 $x=(4n+3)\frac{\pi}{2k}+at$,取到最小值或波谷。波峰与波谷的叫法是由图 C1.1 表示的图形的几何形状而得名的。两相邻波峰(或波谷)之间的距离称为波长(Wavelength),以 λ 表示

$$\lambda=\left[(4n+5)\frac{\pi}{2k}+at\right]-\left[(4n+1)\frac{\pi}{2k}+at\right]=\frac{2\pi}{k} \tag{C1.7}$$

由式(C1.7)知,k 显然是 2π 个长度单位内波的数目,称为波数(wave number)。若固定空间坐标 $x=x_1$,则 u 随时间 t 的增加而振动,其周期为

$$p=\frac{2\pi}{\omega} \tag{C1.8}$$

而 $\omega=\frac{2\pi}{p}$ 称为波的角频率,表示在 2π 时间单位内在固定点 $x=x_1$ 通过的波数。

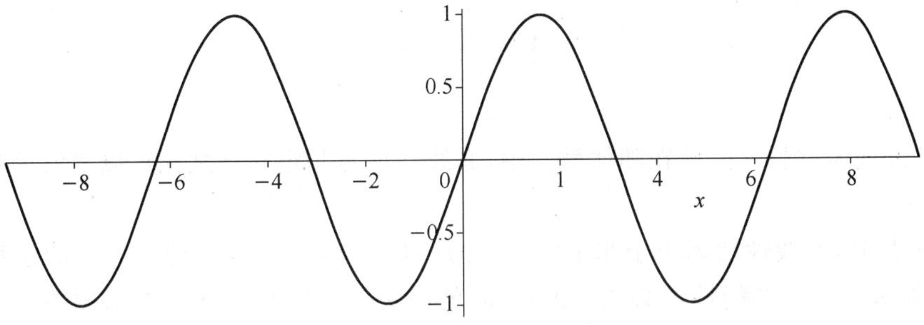

图 C1.1

如果取

$$\begin{cases} f(x-at)=A\sin(kx-\omega t) \\ g(x+at)=A\sin(kx+\omega t) \end{cases} \tag{C1.9}$$

则

$$u(x,t)=f+g=2A\sin\omega t\sin kx \tag{C1.10}$$

函数(C1.10)是方程(C1.1)满足初始条件

$$u|_{t=0}=A\sin kx,\quad u_t|_{t=0}=0 \tag{C1.11}$$

的解,在点 $x=\frac{n\pi}{k}$ 处,在全部时间内,$u(x,t)=0$,这些点称为波的节点(node);而在点 $x=(2n+1)\frac{\pi}{2k}$,u 达到极值,这些点称为反节点(antinode)。这个解是由两个等振幅等波长等频率,但向相反方向运动的正弦波的行波叠加而成的。除节点外,这个解随 t 的增加而以周期 $p=\frac{2\pi}{\omega}$ 振动。在反节点处,振幅最大,等于 $2A$,这显然是 f-波和 g-波的振幅之和。这种具有节点和反节点的波称为驻波(standing wave)。

C2 线性波与非线性波

任意一个物理量,比如速率 V,作为时间和空间变量的函数,即 $V=V(x,y,z,t)$,对时间

的全导数(在物理上称为随体微商)为

$$\frac{\mathrm{d}V}{\mathrm{d}t}=\frac{\partial V}{\partial t}+\frac{\partial V}{\partial x}\frac{\mathrm{d}x}{\mathrm{d}t}+\frac{\partial V}{\partial y}\frac{\mathrm{d}y}{\mathrm{d}t}+\frac{\partial V}{\partial z}\frac{\mathrm{d}z}{\mathrm{d}t}=u\frac{\partial V}{\partial x}+v\frac{\partial V}{\partial y}+w\frac{\partial V}{\partial z} \tag{C2.1}$$

其中,u,v,w 为速度 $\boldsymbol{V}$ 在 x,y,z 方向上的分量。

设时间尺度为 T,空间尺度为 L,速度尺度为 U,式(C2.1)右端非线性项与非定常项之比为

$$\frac{\boldsymbol{V}\cdot\nabla\boldsymbol{V}}{\frac{\partial\boldsymbol{V}}{\partial t}}=\frac{\frac{U^2}{L}}{\frac{U}{T}}=\frac{UT}{L} \tag{C2.2}$$

考虑经典的关于波的概念,它是质点振动的传播,则振动的振幅 a(以距离度量)可以表示为

$$a=UT \tag{C2.3}$$

这样式(C2.2)可以改写成

$$\frac{\boldsymbol{V}\cdot\nabla\boldsymbol{V}}{\frac{\partial\boldsymbol{V}}{\partial t}}=\frac{a}{L} \tag{C2.4}$$

其中,L 可以视为波长。因此在随体微商中,非线性项与非定常项之比可以用波振幅与波长之比来度量。

当 $a\ll L$ 时,非线性项远小于非定常项,非线性项可以忽略,这种条件下的波称为线性波或小振幅波;否则,非线性项必须考虑,此时的波称为非线性波或有限振幅波。通常的长波(其波长 L 大,波数 $k=\frac{2\pi}{L}$小)称为弱线性波。

C3 色散波

线性波通常用线性偏微分方程

$$L\left(\frac{\partial}{\partial t},\frac{\partial}{\partial x},\frac{\partial}{\partial y},\frac{\partial}{\partial z},\cdots\right)u=0 \tag{C3.1}$$

来描述,这里 L 是常系数线性偏微分算子。方程(C3.1)通常存在下列形式的基本波解(也称平面波解)

$$u(\boldsymbol{r},t)=A\mathrm{e}^{\mathrm{i}(\boldsymbol{K}\cdot\boldsymbol{r}-\omega t)} \tag{C3.2}$$

其中,A 为振幅,$\boldsymbol{r}=x\boldsymbol{i}+y\boldsymbol{j}+z\boldsymbol{k}$ 为矢径,$\boldsymbol{K}=k\boldsymbol{i}+l\boldsymbol{j}+m\boldsymbol{k}$ 为波矢(k,l,n 分别为 x,y,z 方向上的波数),ω 为角频率。在基本解(C3.2)中,$A,\boldsymbol{K},\omega$ 均视为常量。

为了使解(C3.2)满足方程(C3.1),必须将式(C3.2)代入方程(C3.1)中,得到 ω 与 $\boldsymbol{K}$ 相联系的一个方程

$$G(\omega,\boldsymbol{K})=0 \tag{C3.3}$$

它称为线性波的色散关系。而应用式(C3.2)求得色散关系的方法称为正交模法。

在平面波解(C3.2)中

$$\xi=\boldsymbol{K}\cdot\boldsymbol{r}-\omega t \tag{C3.4}$$

称为位相,如果从式(C3.4)可以求出

$$\omega=\Omega(\boldsymbol{K}) \tag{C3.5}$$

则定义相速度为

$$\boldsymbol{c}=\frac{\omega}{\boldsymbol{K}}=\frac{\omega}{|\boldsymbol{K}|^{2}}\boldsymbol{K} \tag{C3.6}$$

在(1+1)维问题中，相可以表示为

$$\xi=kx-\omega t \tag{C3.7}$$

如果$\frac{\mathrm{d}x}{\mathrm{d}t}=\frac{\omega}{k}$时，$\frac{\mathrm{d}\xi}{\mathrm{d}t}=0$，即相为常数，或称常相，则当一个观察者以速度$\frac{\mathrm{d}x}{\mathrm{d}t}=\frac{\omega}{k}$运动时，他看到的总是 u 的同一个相，即常相。换言之，观察者与相以同样的速度运动，因而将

$$\frac{\mathrm{d}x}{\mathrm{d}t}=\frac{\omega}{k}$$

称为相的速度，简称相速，高维问题的相速公式就是式(C3.6)。

群速度定义如下：

$$v_g=\frac{\partial\omega}{\partial\mathbf{K}}=\frac{\partial\omega}{\partial k}\mathbf{i}+\frac{\partial\omega}{\partial l}\mathbf{j}+\frac{\partial\omega}{\partial n}\mathbf{k}\quad\left(\text{一维时就是 } \boldsymbol{v}_g=\frac{\partial\omega}{\partial k}\right) \tag{C3.8}$$

而

$$K=|\boldsymbol{K}|=\sqrt{k^2+l^2+n^2} \tag{C3.9}$$

称为全波数。

为了阐明群速度的物理意义，仍以一维波动为例，考虑频率和波数相差很小，而振幅相等的两列谐波

$$u_1=A\cos(kx-\omega t) \tag{C3.10}$$

$$u_2=A\cos[(k+\Delta k)x-(\omega+\Delta\omega)] \tag{C3.11}$$

其中，Δk，$\Delta\omega$ 满足

$$\Delta k\ll 1,\quad \Delta\omega\ll 1 \tag{C3.12}$$

将 u_1 和 u_2 叠加，由三角函数的积化和差公式，有

$$\begin{aligned}u=u_1+u_2&=A\cos(kx-\omega t)+A\cos[(k+\Delta k)x-(\omega+\Delta\omega)t]\\&=2A\cos\left[\frac{1}{2}(x\Delta k-t\Delta\omega)\right]\cdot\cos\left[k\left(1+\frac{\Delta k}{2k}\right)x-\omega\left(1+\frac{\Delta\omega}{2\omega}\right)t\right]\end{aligned} \tag{C3.13}$$

由此可见，叠加后的波，其周期和波长与 u_1 相差很小，而有效振幅是

$$\bar{A}=2A\cos\left[\frac{1}{2}(x\Delta k-t\Delta\omega)\right] \tag{C3.14}$$

式(C3.14)实际上也是谐波，其周期为

$$T=\frac{2\pi}{\frac{\Delta\omega}{2}}=\frac{4\pi}{\Delta\omega} \tag{C3.15}$$

波长为

$$\bar{\lambda}=\frac{2\pi}{\frac{\Delta k}{2}}=\frac{4\pi}{\Delta k} \tag{C3.16}$$

由于 Δk，$\Delta\omega$ 很小，由式(C3.15)和式(C3.16)知 $\bar{A}$ 波的周期和波长都很大。$\bar{A}$ 波的相为 $\xi=x\Delta k-t\Delta\omega$，由常相 $x\Delta k-t\Delta\omega=\text{const}$ 关于 t 求导后，推出

$$\frac{\mathrm{d}x}{\mathrm{d}t}=\frac{\Delta\omega}{\Delta k}\rightarrow\frac{\mathrm{d}\omega}{\mathrm{d}k}\quad(\Delta k\rightarrow 0\text{ 时})\tag{C3.17}$$

故 $\bar{A}$ 波的相速的极限($\Delta k\rightarrow 0$ 时)就是群速。于是 u_1 和 u_2 叠加后的波(C3.13)所表示的波是:周期与波长都很大的波,包络着一群群周期与波长与 u_1 波相差很小(在极限情况下相同)的小波,这些小波(在极限情况下)以群速度 $\boldsymbol{v}_g=\frac{\partial\omega}{\partial k}$前进。故群速度是小波群运动的速度。就波动的整体而言,以群速度前进的包络更具有代表性,其波动的情景如图 C3.1 所示。

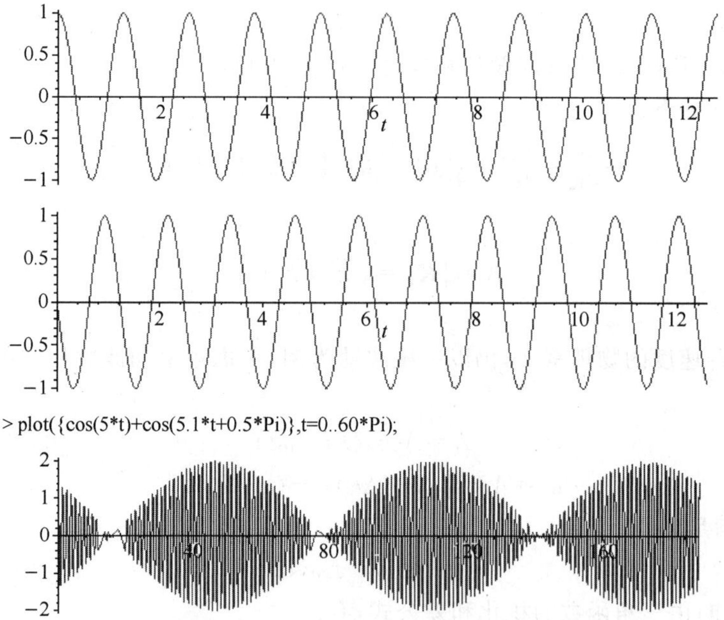
> plot({cos(5*t)+cos(5.1*t+0.5*Pi)},t=0..60*Pi);
t
t

图 C3.1

因为相速度 c 为波的传播速度,而群速度 $\boldsymbol{v}_g$ 为波能量传播的速度,因此只要 ω 是实数而且 $\boldsymbol{v}_g\neq\boldsymbol{c}$,则波在传播过程中能量将重新分布,故称为色散波;否则 $\boldsymbol{v}_g=\boldsymbol{c}$,则波能量跟随波以同样的速度前进,能量不会重新分布,故称为非色散波动。

再看空间一维情况,基本波解 (C3.2) 可以写为

$$u(x,t)=A\mathrm{e}^{i(kx-\omega t)}\tag{C3.18}$$

色散关系可以写成

$$\omega=\Omega(k)\tag{C3.19}$$

由此求得相速度和群速度分别为

$$\boldsymbol{c}=\frac{\omega}{k}\tag{C3.20}$$

$$\boldsymbol{v}_g=\frac{\mathrm{d}\omega}{\mathrm{d}k}\tag{C3.21}$$

而且从式(C3.20)求得 $\omega=k\boldsymbol{c}$,代入式(C3.21)求得

$$\boldsymbol{v}_g=\frac{\mathrm{d}k\boldsymbol{c}}{\mathrm{d}k}=\boldsymbol{c}+k\,\frac{\mathrm{d}\boldsymbol{c}}{\mathrm{d}k}\tag{C3.22}$$

由此可见$\frac{\mathrm{d}\boldsymbol{c}}{\mathrm{d}k}\neq 0$(各种不同波长的波移速不同)为色散波($\boldsymbol{v}_g\neq\boldsymbol{c}$);$\frac{\mathrm{d}\boldsymbol{c}}{\mathrm{d}k}=0$(各种不同波长的波移速相同)为非色散波($\boldsymbol{v}_g=\boldsymbol{c}$)。

事实上,不仅是相速度,而且群速度也经常随$\boldsymbol{K}$变化,例如一维情况

$$\frac{\mathrm{d}\boldsymbol{v}_g}{\mathrm{d}k}=\frac{\mathrm{d}^2\omega}{\mathrm{d}k^2}\neq 0 \tag{C3.23}$$

因此进一步分析还需考虑$\frac{\mathrm{d}\boldsymbol{v}_g}{\mathrm{d}k}$,若在一定的范围内,$\frac{\mathrm{d}\boldsymbol{v}_g}{\mathrm{d}k}\approx 0$,它表示$\boldsymbol{v}_g$几乎不随$k$变,它称为弱色散波,否则称为强色散波。

由于非线性波必须考虑振幅$a=|A|$,可以想象,非线性波的色散关系不仅与$\boldsymbol{K}$有关,而且与a有关,即

$$\omega=\Omega(\boldsymbol{K},a) \tag{C3.24}$$

这是非线性波的重要特色。

C4 线性波和非线性波的色散

C4.1 线性波的色散

下面我们来说明线性波的色散与非线性波的色散的特征。先来说明线性波方程与色散方程的一一对应性。

一般地,对于线性偏微分方程(C3.1),应用正交模方法得到的色散关系与方程是一一对应的。即由确定的线性偏微分方程(C3.1)可以由正交模方法求出相应的色散关系(C3.3)。

反过来,由某个色散关系也能写出与该色散关系相对应的线性偏微分方程。这是因为把基本解(C3.2)代入方程(C3.1)时,每个$\frac{\partial}{\partial t}$将产生一个因子$-\mathrm{i}\omega$,而

$\frac{\partial}{\partial x},\frac{\partial}{\partial y},\frac{\partial}{\partial z}$将分别产生因子$\mathrm{i}k,\mathrm{i}l,\mathrm{i}n$的缘故,即

$$\begin{cases}\frac{\partial}{\partial t}\leftrightarrow -\mathrm{i}\omega\\ \frac{\partial}{\partial x}\leftrightarrow \mathrm{i}k\\ \frac{\partial}{\partial y}\leftrightarrow \mathrm{i}l\\ \frac{\partial}{\partial z}\leftrightarrow \mathrm{i}n\end{cases} \tag{C4.1}$$

例如,线性方程

$$\frac{\partial^2 u}{\partial t^2}-\boldsymbol{v}_0{}^2\frac{\partial^2 u}{\partial x^2}+m^2u=0 \tag{C4.2}$$

的色散关系是

$$-\omega^2+v_0{}^2k^2+m^2=0 \tag{C4.3}$$

即

$$\omega^2 = v_0{}^2 k^2 + m^2 \quad \text{或} \quad \omega = \pm\sqrt{v_0{}^2 k^2 + m^2} \tag{C4.4}$$

又如，如果有色散关系

$$\omega^2 - \gamma^2 k^4 = 0 \tag{C4.5}$$

则相应的波动方程为

$$\frac{\partial^2 u}{\partial t^2} + \gamma^2 \frac{\partial^4 u}{\partial x^4} = 0 \tag{C4.6}$$

对于 KdV 方程（详见第 1 章）

$$\frac{\partial u}{\partial t} + u\frac{\partial u}{\partial x} + \sigma\frac{\partial^3 u}{\partial x^3} = 0 \quad (\sigma \text{为常数}) \tag{C4.7}$$

其线性形式（称为线性 KdV 方程）为

$$\frac{\partial u}{\partial t} + \alpha\frac{\partial u}{\partial x} + \sigma\frac{\partial^3 u}{\partial x^3} = 0 \quad (\alpha,\sigma \text{为常数}) \tag{C4.8}$$

以基本解(C3.2)代入求得其色散关系是

$$\omega = k\alpha - \sigma k^3 \tag{C4.9}$$

反过来根据式(C4.9)，也可以由式(C4.1)导出式(C4.8)。

对三维 Klein-Gordon 方程

$$\frac{\partial^2 u}{\partial t^2} - c_0{}^2\,\nabla^2 u + f_0{}^2 u = 0 \quad (c_0, f_0 \text{为常数}) \tag{C4.10}$$

以基本解(C3.2)代入，可以求出色散关系

$$\omega^2 = c_0{}^2 K^2 + f_0{}^2 \tag{C4.11}$$

当然，根据式(C4.11)也可以推出式(C4.10)。

从上面的几个例子可以看出，实系数的线性偏微分方程，只有当其全部由偶数阶导数构成，或者全部由奇数阶导数构成，才会出现实的色散关系，而且 ω^2 或 ω 分别由波数的偶次多项式或奇次多项式构成。

对于含有复系数的方程，情况就不同了。例如，Schrödinger 方程

$$\mathrm{i}h\frac{\partial u}{\partial t} = -\frac{h^2}{2m}u_{xx} \tag{C4.12}$$

虽然含有奇数阶和偶数阶导数，却有实的色散关系

$$h\omega = \frac{h^2 k^2}{2m} \tag{C4.13}$$

这是因为它具有复系数的缘故。

由以上的分析可知，波动 $u(\boldsymbol{r},t)$ 随 t 的演化性质决定于 $\omega=\Omega(k)$ 的性质，下面进一步说明之。

i 在式(C3.24)中，若 $\omega=\Omega(k)$ 是复值的，则称相应的波动是扩散波动(diffusive wave)。

ii 若 $\omega=\Omega(k)$ 是实的 $(0\leqslant k<\infty)$，则称相应的波动是非扩散波动。对于非扩散波动，如果

$$\frac{\partial^2 \omega(k)}{\partial k^2} = \omega''(k) \neq 0 \tag{C4.14}$$

即 $\omega(k)$ 是 k 的非线性实函数，则称这种非扩散波动是色散波动(dispersive wave)；如果

$$\frac{\partial^2 \omega(k)}{\partial k^2} = \omega''(k) = 0 \tag{C4.15}$$

即 $\omega(k)$ 是 k 的线性实函数，则称这种非扩散波动是非色散波动。

色散波动的例子很多，如弹性棒中的纵波方程

$$u_{tt} - \alpha^2 u_{xx} = \beta^2 u_{xxt} \tag{C4.16}$$

(这个方程也描述水波，等离子体波)的色散关系是

$$(-\mathrm{i}\omega)^2 - \alpha^2 (\mathrm{i}k)^2 = \beta^2 (-\mathrm{i}\omega)^2 (\mathrm{i}k)^2$$

或

$$\omega = \pm \frac{\alpha k}{\sqrt{1+\beta^2 k^2}} \tag{C4.17}$$

ω 是实的，且 $\omega''(k) \neq 0$，故方程是色散方程，相应的解是色散波动。

线性 KdV 方程

$$u_t + \alpha u_x + \sigma u_{xxx} = 0 \tag{C4.18}$$

的色散关系是

$$\omega = \alpha k - \sigma k^2 \tag{C4.19}$$

ω 是实的，且 $\omega''(k) = -6\beta k \neq 0$，故方程也是色散方程，相应的解也是色散波动。

但热传导方程

$$u_t - \alpha u_{xx} = 0, \quad \alpha > 0 \tag{C4.20}$$

的色散关系是

$$\omega = \mathrm{i}\alpha k^2 \tag{C4.21}$$

故它是扩散方程，其解是扩散波动。

而线性方程

$$u_t + \beta u_x = 0 \tag{C4.22}$$

的色散关系是 $\omega = \beta k$，故它是非扩散，非色散方程。

Klein-Gordon 方程(C4.10)的色散关系(C4.11)在一维情况下化为

$$\omega = \pm \sqrt{k^2 c_0^2 + f_0^2} \tag{C4.23}$$

它表示惯性-重力外波。由此可以求出相速度和群速度分别为

$$\boldsymbol{c} = \pm \sqrt{\boldsymbol{c}_0^2 + \frac{\boldsymbol{f}_0^2}{k^2}} \tag{C4.24}$$

$$\boldsymbol{v}_g = \pm \frac{k\boldsymbol{c}_0^2}{\sqrt{k^2 \boldsymbol{c}_0^2 + \boldsymbol{f}_0^2}} \tag{C4.25}$$

因为 $\boldsymbol{c} \neq \boldsymbol{v}_g$，所以是色散波，而且由于

$$\frac{\mathrm{d}\boldsymbol{v}_g}{\mathrm{d}k} = \pm \frac{\boldsymbol{f}_0^2 \boldsymbol{c}_0^2}{(k^2 \boldsymbol{c}_0^2 + \boldsymbol{f}_0^2)^{\frac{3}{2}}} \tag{C4.26}$$

它在长波近似($k \to 0$)的条件下可以化为

$$\frac{\mathrm{d}\boldsymbol{v}_g}{\mathrm{d}k} = \pm \frac{\boldsymbol{f}_0^2 \boldsymbol{c}_0^2}{\boldsymbol{f}_0^3 \left(1 + \frac{k^2 \boldsymbol{c}_0^2}{\boldsymbol{f}_0^2}\right)^{\frac{3}{2}}} \approx \frac{\boldsymbol{c}_0^2}{\boldsymbol{f}_0}\left(1 - \frac{3k^2 \boldsymbol{c}_0^2}{4\boldsymbol{f}_0^2}\right) \approx \frac{\boldsymbol{c}_0^2}{\boldsymbol{f}_0} \tag{C4.27}$$

因此，在长波假设下，惯性-重力外波是一种强色散波。

但对线性 KdV 方程的色散关系(C4.9),求得相速度和群速度分别为

$$\boldsymbol{c}=\alpha-\sigma k^2 \tag{C4.28}$$

$$\boldsymbol{v}_g=\alpha-3\sigma k^2 \tag{C4.29}$$

而且

$$\frac{\mathrm{d}\boldsymbol{v}_g}{\mathrm{d}k}=-6\sigma k \tag{C4.30}$$

在长波近似($k\to0$)的条件下

$$\frac{\mathrm{d}\boldsymbol{v}_g}{\mathrm{d}k}\approx0 \tag{C4.31}$$

因此通常认为 KdV 方程是一种弱色散波。

对于 ω^2 或 ω 是 k 的多项式的情况,我们能较容易地反过来求他所对应的偏微分方程。但若存在更一般的色散关系

$$\omega=k\boldsymbol{c}_0+kF(k) \tag{C4.32}$$

如何确定与它对应的偏微分方程呢?我们可以假设在式(C4.32)中的 $F(k)$ 是函数 $f(x)$ 的傅里叶变换,即

$$F(k)=\int_{-\infty}^{\infty}f(x)\mathrm{e}^{-\mathrm{i}kx}\,\mathrm{d}x \tag{C4.33}$$

这样就有

$$f(x)=\frac{1}{2\pi}\int_{-\infty}^{\infty}F(k)\mathrm{e}^{\mathrm{i}kx}\,\mathrm{d}k \tag{C4.34}$$

因为

$$f(x-\xi)=\frac{1}{2\pi}\int_{-\infty}^{\infty}F(k)\mathrm{e}^{\mathrm{i}k(x-\xi)}\,\mathrm{d}k \tag{C4.35}$$

所以

$$\frac{\partial}{\partial\xi}f(x-\xi)=-\mathrm{i}k\left\{\frac{1}{2\pi}\int_{-\infty}^{\infty}F(k)\mathrm{e}^{\mathrm{i}k(x-\xi)}\,\mathrm{d}k\right\}=-\mathrm{i}kf(x-\xi) \tag{C4.36}$$

则只要 $x\to\pm\infty$ 时,$u(x,t)\to0$,就有

$$\int_{-\infty}^{\infty}f(x-\xi)\frac{\partial u(\xi,t)}{\partial\xi}\mathrm{d}\xi=\int_{-\infty}^{\infty}u(\xi,t)\frac{\partial f(x-\xi)}{\partial\xi}\mathrm{d}\xi=\mathrm{i}k\int_{-\infty}^{\infty}u(\xi,t)f(x-\xi)\mathrm{d}\xi \tag{C4.37}$$

因此,与色散关系(C4.32)对应的偏微分方程可以写成

$$\frac{\partial u}{\partial t}+\boldsymbol{c}_0\frac{\partial u}{\partial x}+\int_{-\infty}^{\infty}f(x-\xi)\frac{\partial u(\xi,t)}{\partial\xi}\mathrm{d}\xi=0 \tag{C4.38}$$

C4.2 非线性波的色散

非线性波的色散主要体现在其角频率 ω 不仅与波数 k 有关,而且与振幅 a 有关。这一点可以通过非线性 Schrödinger 方程来说明。非线性 Schrödinger 方程描写调制波,它的形式为

$$\mathrm{i}\frac{\partial u}{\partial t}+\alpha\frac{\partial^2u}{\partial x^2}+\beta u\,|u|^2=0\quad(i\equiv\sqrt{-1},\alpha\text{ 和 }\beta\text{ 为常数}) \tag{C4.39}$$

尽管方程是非线性的，但作为初级近似，仍可以应用正交模方法，而且也能求出它的色散关系。

将基本解(C3.2)代入式(C4.39)，求得

$$\omega=\alpha k^2-\beta|A|^2=\alpha k^2-\beta a^2 \quad (a=|A|) \tag{C4.40}$$

这个例子充分说明非线性波的色散关系不仅与振幅 a 有关，而且通常是与 a^2 有关。

由式(C4.40)求得非线性 Schrödinger 方程初级近似的相速度和群速度分别为

$$\boldsymbol{c}=\alpha k-\frac{\beta a^2}{k} \tag{C4.41}$$

$$\boldsymbol{v}_g=2\alpha k \tag{C4.42}$$

$\boldsymbol{c}\neq\boldsymbol{v}_g$，它也表示色散波，而且因为

$$\frac{\mathrm{d}\boldsymbol{v}_g}{\mathrm{d}k}=2\alpha \tag{C4.43}$$

因此只要 α 不很小，则由色散关系(C4.40)表示的是强色散波。

对于弱非线性波，可以选取与振幅 a 有关的一个无量纲参数(称为无量纲振幅)作为小参数，而将 $\Omega(k,a)$ 展开为 ε 的幂级数，即

$$\omega=\omega_0(k)+\varepsilon\omega_1(k)+\varepsilon^2\omega_2(k)+\cdots \tag{C4.44}$$

其中，$\omega_0(k)$，$\omega_1(k)$，$\omega_2(k)$ 分别称为 ω 关于振幅的零级近似、一级近似和二级近似。

显然，色散波动的定义还是具有很多的局限性，只限于常系数线性方程等情形，甚至对线性变系数方程的情形都不适合，因为 $u(x,t)=A\exp[\mathrm{i}(kx-\omega t)]$ 不是方程的解。因此在一般的情形必须加以推广。如对变系数线性方程

$$u_{tt}+\gamma^2(x)u_{xxxx}=0 \tag{C4.45}$$

考虑它的分离变量形式的解

$$u(x,t)=X(kx)\mathrm{e}^{-\mathrm{i}\omega t},\quad \omega=W(k)$$

这里 X 是振动函数，比如 Bessel 函数等，我们可称这种解是色散波，相应的方程是色散方程。

参考文献

[1] 王明亮. 非线性发展方程与孤立子[M]. 兰州：兰州大学出版社. 1990.

[2] 刘式适，刘式达. 物理学中的非线性方程[M]. 北京：北京大学出版社，2000.

[3] 陆同兴. 非线性物理概论[M]. 安徽：中国科学技术大学出版社，2002.

[4] 谷超豪，李大潜，沈玮熙. 应用偏微分方程[M]. 北京：高等教育出版社，1994.

[5] Ablowitz M J, Clarkson P A. Solitons, Nonlinear Evolution Equations and Inverse Scattering[M]. London: Cambridge University Press, 1991.

[6] Ablowitz M J, Kaup D J, Newell A C, et al. The Inverse Scattering Transform-Fourier Analysis for Nonlinear Problems[J]. Stud. in Appl. Math, 1974, 53: 249-315.

[7] Ablowitz M J, Kaup D J, Newell A C, et al. Method for solving the sine-Gordon equation[J]. Phys. Rev. Lett., 1973, 30 : 1262-1264.

[8] Ablowitz M J, Kaup D J, Newell A C, et al. Nonlinear evolution equations of physical significance[J]. Phys. Rev. Lett., 1973, 31: 125-127.

[9] 李翊神. 一类发展方程和谱的变形[J]. 中国科学 A 辑，1985，5 ：385-390.

[10] Satsuma J. N-soliton solution of the two-dimensional Korteweg-de Vries equation [J]. J. Phys. Soc. Japan, 1976, 40 : 286-290.

[11] Gardner C S, Greene J M, Kruskal M D. Method for solving the KdV equation[J]. Phys. Rev. Lett., 1967, 19: 1095-1097.

[12] Landau L, Lifschitz M. Quantum Mechanics Non-relative Theory[M]. New York: Pergamon Press. 1958.

[13] Gel'fand I M, Levitan B M. On the determination of a differential equation from its spectral function[J]. Am. Math. Soc. Transl, 1955, Series 2(1): 253-304.

[14] kay I, Moses H E. Reflectionless transmission through dielectrics and scattering potentials[J]. J. Appl. Phys, 1956, 27: 1503-1508.

[15] kay I, Moses H E. The determination of the scattering potential from the spectral measure function[J]. Nuovo Cimento, 1956, 10 (3) :276-304.

[16] Faddeev L D. The inverse problem in the quantum theory of scattering[J]. J. Math. Phys, 1963,4 : 72-104.

[17] 谷超豪，等. 孤立子理论及其应用[M]. 杭州：浙江科学技术出版社，1990.

[18] 李翊神. 孤子与可积系统[M]. 上海：上海科技教育出版，1999.

[19] 郭柏灵，庞小峰. 孤立子[M]，北京：科学出版社，1987.

[20] 谷超豪，胡和生，周子翔. 孤立子理论中的达布变换及其几何应用[M]. 上海：上海

科学技术出版社，1999.
[21] 黄念宁．孤子理论和微扰方法[M]．上海：上海科学技术出版社，1996.
[22] Lax P D. Integrals of nonlinear equations and solitary waves[J]. Commun. Pure Appl Math.，1968，21：467-490.
[23] Govind P. Agrawal. 非线性光纤光学原理及应用[M]. 贾东方，等，译. 北京：电子工业出版社，2002.
[24] 杨祥林，温杨敬. 光纤孤子通信理论[M]. 北京：国防工业出版社，2000.
[25] 陈陆军，等. 孤子理论及其应用-光孤子理论及光孤子通信[M]. 西安：西安电子科技大学出版社，1997.
[26] 郭柏灵. 非线性演化方程[M]. 上海：上海科技教育出版社，1995.
[27] Zakharov V E，Shabat A B. Exact theory of two-dimensional self-focusing and one-dimensional self-modulation of waves in nonlinear media[J]. Sov. Phys JETP，1972，34：62-69.
[28] 陈登远. 孤子引论[M]. 北京：科学出版社，2006.
[29] Ablowitz M J，Segur H. Solitons and the inverse scattering transformation[M]. SIAM：Philadelphia，1981.
[30] Bullorgh R，Cardey P. Soliton[J]. Topics in current physics，1980，17.
[31] Michel Remoissenet. Waves Called Solitons(Concepts and Experiments)[M]. Berlin：Springer-Verlag，1994.
[32] Li Y S，Zhang J E. Darboux Transformation of Classical Boussinesq System and its Multi-Solition Solutions[J]. Phys. Lett. A . 2001，284：253-258.
[33] Hu X B. Nonlinear superposition formulae for the differential-difference analogue of the KdV equation and two-dimensional Toda equation[J]. J. Phys. A，1994，27：201-212.
[34] Matveev V B，Salle M A. Darboux transformations and solitons[M]. Berlin：Springe，1991.
[35] Weiss J，Tabor M. The Painleve Property for Partial Differential Equations[J]. J. Math. Phys.，1983，17：13-27.
[36] Hereman W，Yakako M. Solitary wave solutions of nonlinear evolution and wave equation using a direct method and MACSYMA[J]. J. Phys. A，1990，23：4805-4816.
[37] Olver P J. Applications of Lie Groups to Differential Equations[M]. New York：Springer，1993.
[38] Rogers C，Schief W K. Backlund and Darboux Transformations Geometry and Modern Applications in solitons theory. Cambridge：Cambridge University Press，2002.
[39] Gu C H，Hu H S. The unified explicit form of Backlund transformations for generalized hierarchies of the KdV equation[J]. Lett. Math. Phys.，1986，11：325-337.

[40] Hirota R. Exact solution of the KdV equation formultiple collisions of solitons[J]. Phys. Rev. Lett., 1971, 27: 1192-1194.

[41] Hirota R. A new form of Backlund transformation transformations and its relation to inverse scattering problem[J]. Progr. Theor. Phys., 1974, 52:1498-1512.

[42] Hirota R, Ito M. A direct approach to multi-periodic wave solutions to nonlinear evolution equations[J]. J. Phys. Soc. Japan, 1981, 50 : 338-342.

[43] Hirota R. Bilinearization of soliton equations[J]. J. Phys. Soc. Japan, 1982, 51: 323-331.

[44] Matsuno Y. Bilinear transformation method[M]. Academic Press, 1984.

[45] Musette M, Conto R. Algorithmic method for deriving Lax pairs from the invariant Painlevé analysis of nonlinear partial differential equations[J]. J. Math. Phys, 1991, 32: 1450-1457.

[46] Cheng Y, Li Y S. The constraint of the Kadomtsev-Petviashvili equation and its special solutions[J]. Phys. Lett. A, 1991, 157: 22-26.

[47] Zeng Y B, et AL. Canonical Explicit Bäcklund Transformation with Spectrality for Constrained Flows of the Soliton Hierarchies[J]. Phys. A, 2002, 303: 321-338.

[48] Ovsiannikov L V. Group Properties of Differential Equations[M]. Novosibirsk. 1962.

[49] Ovsiannikov L V. Group Analysis of Differential Equations[M]. Moscow :Nauka. 1978. [English Translation] New York : Academic Press, 1982.

[50] Venikov V A. Theory of Similarity and Simulation[M]. London: Mac Donald Technical and Scientific, 1969.

[51] Blumanand G W, Cole J D. The general similarity solution of the heat equation[J]. J. Math. Mech., 1969, 18: 1025-1042.

[52] Blumanand G W, Cole J D. Similarity Methods for Differential Equations[M]. New York: Springer-Veriag, 1974.

[53] Levi D, Winternitz P. Non-classical symmetry reduction: example of the Boussi nesq equation[J]. J. Phys. A, 1989, 22: 2915-2924.

[54] Clarkson P A, Kruskal M D. New Similarity reductions of the Boussinesq Equation [J]. J. Math. Phys., 1989, 30(10): 2201-2213.

[55] Clarkson P A, Kruskal M D. The trace identity, a powerful tool for constructing the Hamiltonian structure of integrable system[J]. J. Math. Phys, 1989, 30: 220-241.

[56] Clarkson P A. New Similarity Reductions and Painleve Analysis for the Symmetric Regularised Long Wave and Modified Benjamin-Bona-Mahoney Equations [J]. J. Phys. A: Math. Gen., 1989, 22: 3821-3848.

[57] Clarkson P A, Ludlow D K. Symmetry reductions, exact solutions and Painlevé analysis of a generalized Boussinesq equation[J]. J. Math. Analysis and Applications, 1994, 186 :132-155.

[58] Quispel G R W, Nijhoff F W, Caple H W. Linearization of the Boussinesq equation and modified Boussinesq equation[J]. Phys. Latt. A, 1982, 91: 143-145.

[59] Clarkson P A, Mansfield E L. Symmetry reductions and exact solutions of shallow water wave equations. Proceedings of the Conference on Nonlinear Coherent Structures in Physics and Biology[EB/OL]. (1995-12-06)[2017-06-08]. http://www.ma.hw.ac.uk/solitons/procs/.

[60] Clarkson P A. Nonclassical symmetry reductions of the Boussinesq equation[J]. Chaos. Solitons & Fractals, 1995, 5: 2261-2301.

[61] Clarkson P A, Mansfld E L, Priestley T J. Symmetries of a class of nonlinear third-order partial differential equations[J]. Math. Comput. Modeling. 1997, 25: 195-212.

[62] Gandarias M L, Venero P, Ramirez J. Similarity reductions for a nonlinear diffusion equation[J]. J. Nonlinear Math. Phys, 1998, 5:234-244.

[63] Lou S Y. A note on the new similarity reductions of the Boussinesq equation[J]. Phys. Lett. , A, 1990, 151: 133-135.

[64] Clarkson P A. New similarity solutions for the modified Boussinesq equation[J]. J. Phys. A, 1989, 22: 2355-2369.

[65] Yang L, Zhu Z G, Wang Y H. Exact solutions of nonlinear equations[J]. Phys. Lett. A, 1999, 260: 55-59.

[66] Wang M L. Solitary wave solutions for variant Boussinesq equations[J]. Phys. Lett . A, 1995, 199: 169-172.

[67] 范恩贵,张鸿庆. 非线性孤子方程的齐次平衡法[J]. 物理学报, 1998, 47: 353-362.

[68] Wang M L, Zhou Y B. Exact solutions of a compound KdV-Burgers equation[J]. Phys. Lett. A, 1996, 213 : 279-287.

[69] Wang M L, Zhou Y B. Application of a homogeneous balance method to exact solutions of nonlinear equations in mathematical physics[J]. Phys. Lett. A, 1996, 216: 67-75.

[70] Fan E G. Traveling wave solutions for nonlinear equations using symbolic computation[J]. Comput. Math. Appl. 2002, 43: 671-680.

[71] 范恩贵, 张鸿庆. 非线性波动方程的孤波解. 物理学报. 1997, 46(7): 1254-1258.

[72] Fan E G. Soliton solutions for the new complex version of a coupled KdV equation and a coupled MKdV equation[J]. Phys. Lett . A, 2001, 85:373-376

[73] 范恩贵. 可积系统与计算机代数[M]. 北京:科学出版社,2003.

[74] Fan E G, Zhang J. Applications of the Jacobi elliptic function method to special-type nonlinear equations[J]. Phys . Lett . A, 2002, 305: 383-392.

[75] Malfliet W. Solitary wave solutions of nonlinear wave equations[J]. Am. J. Phys . 1992, 60(7): 650-654.

[76] 张玉峰，张鸿庆. Burgers-KdV 方程的二类行波解[J]. 应用数学和力学，2000，21(10)：1009-1012.

[77] Fan E G，Zhang H Q. Note on the homogeneous balance method[J]. Phys. Lett. A，1998，246：403-406.

[78] Fan E G. Soliton solutions for a generalized Hirota Satsuma coupled KdV equation and a coupled MKdV equation[J]. Phys. Lett. A，2001，282：18-22.

[79] Fan E G，Zhang J，Hon Y C. Benny. A new complex line soliton for the two-dimensional KdV-Burgers equation[J]. Phys. Lett. A，2001，291:376-380.

[80] Yan Z Y，Zhang H Q. New explicit solitary wave solutions and peiodic wave solutions for Whitham-Broer-Kaup equation in shallow water[J]. Phys. Lett. A，2001，285：355-362.

[81] Chen Y，Yan Z Y，Li B. New explicit solitary wave solutions and periodic wave solutions for the generalized coupled Hirota-Satsuma KdV system[J]. Commun. Theor. Phys. 2002，38(3)：261-266.

[82] Chen Y，Yan Z Y. New explicit exact solutions for a generalized Hirota-Satsuma coupled KdV system and a coupled MKdV equation[J]. Chinese Physics. 2003，12(1) ：1-10.

[83] Yao R X，Li Z B. New solitary wave solutions for nonlinear evolution equations [J]. Chinese Physics. 2002，11(9)：864-868.

[84] Fan E G. Extended tanh-function method and its applications to nonlinear Equations[J]. Phys. Lett. A，2000，277：212-218.

[85] Parkes E J，Duffy B R. Travelling solitary wave solutions to a compound KdV-Burgers equation[J]. Phys. Lett. A，1997. 229：217-220.

[86] Zhang Y F，Zhang H Q. An extension of the direct method and similarity reductions of a generalized Burgers equation with an arbitrary derivative function[J]. Chinese Physics. 2002，11(4) ：319-322.

[87] Liu S K，Fu Z T，Liu S D. etc Jacobi elliptic function expansion method and peri odic wave solutions of nonlinear wave equations[J]. Phys. Lett. A，2001，289 :69-74.

[88] Fu Z T，Liu S K，Liu S. D. etc New Jacobi elliptic function expansion and new periodic solutions of nonlinear wave equations[J]. Phys. Lett. A，2001，290 ：72-79.

[89] 刘式达，傅遵涛，刘式适. 求某些非线性偏微分方程特解的一个简洁方法[J]. 应用数学和力学，2001，22(3)：281-286.

[90] 黄景宁，徐济仲，熊吟涛. 孤子概念、原理和应用[M]. 北京：高等教育出版社，2004.

[91] Fu Z T，et al. New solutions to generalized mkdv eqution. Commun[J]. Theor. Phys，2004，41 :25-28.

[92] Weiss J. et al. The Painleve property for partial differential equations. I. Backlund transformation. Lax pairs. and the Schwarzian derivative[J]. J. Math. Phys.，

1983, 24: 522-529.

[93] Ablowitz M J, et al. A connnection between nonlinear evolution equations and ordinary differential equations of P-type[J]. J. Math. Phys, 1980, 21: 715-732.

[94] Weiss J. et al. The Painleve property for partial differential equations. II. Backlund transformation. Lax pairs. and the Schwarzian derivative[J]. J . Math . Phys, 1983, 24 : 1405-1419.

[95] Jimbo M, et al. Painleve test for the self-dual Yang-Mills equation[J]. Phys. Lett. A. 1982, 92: 59-67.

[96] Clarkson P A. Painleve analysis and the complete integrability of a generalized variable coefficient Kadomtsev-Petviashvili equation[J]. SIMA J. Appl. Math. , 1990, 44 : 27-43.

[97] KruskalJoshi M D. Soliton theory. Painleve property and integrability[M]. Austrualia: University of New South Wales, 1991.

[98] Ablowitz M J, Clarkson P A. Soliton. Nonlinear Evolution Equations and Inverse Scattering[M]. Cambridge University Press. 2000.

[99] Appert K, Vaclavik J. Dynamics of Coupled Solitona[J]. Phys. Fluid , 1977,20: 1845-1849.

[100] Gu C H. Soliton Theroy and Its Application[M]. Hangzhou: J. Zhejiang Publishing House of Science and Tech. ,1989.

[101] 郭玉翠,徐淑奖. 描述顺流方向上可变剪切流动的一类变系数 Boussinesq 方程的 Painleve 分析和相似约化[J]. 应用数学学报, 2006, 20(6): 1054-1062.

[102] 徐淑奖,郭玉翠. 非线性弦振动方程的相似约化[J]. 工程数学学报, 2007,24(3): 494-501.

[103] Wang S, Tang X Y, Lou S Y. Soliton fission and fusion: Burgers equation and Sharma-Tasso-Olver equation [J]. Chaos Solitons and Fractals, 2004, 21 : 231-237.

[104] Zhang D J. The N-soliton solutions for the modified KdV equation with self-consistent sources[J]. J . Phys . Soc. Japan, 2002, 71 : 2649-2656.

[105] Zhang D J. The N-soliton solutions for the Sine-Gordon equation with selfconsistent sources[J]. Phys. Lett. A, 2002, 321: 467-481.

[106] Zhang D J, Chen D Y. The N-solutions of some soliton equations with self-consistent sources[J]. Chaos Soliton Fractals, 2003, 18: 31-43.

[107] Deng S F, Chen D Y, Zhang D J. The multisoliton solutions of the KP equation with self-consistent sources[J]. J. Phys. Soc. Japan, 2003, 72: 2184-2192.

[108] Newell A C. soliton in mathematics and physics. CBMS-NSF Regional conference series in applied mathematical society lecture note series. 149 Cambridge New York, 1991.

[109] Hu X B. Nonlinear superposition formulae of the Boussinesq hierarchy[J]. Acta Math. Appl. Sinica, 1993, 9: 17-27.

[110] Hu X B, Bullough R. A Backlund transformation and nonlinear superposition formulae of the Caudrey-Dodd-Gibbon-Kotera-Sawada hierarchy[J]. J. Phys . Soc. Japan, 1998, 67 :772-777.

[111] Hirota R. Nonlinear partial difference equation. I. A difference analogues of the KdV equation[J]. J. Phys. Soc. Japan, 1977, 43: 1424-1433.

[112] Hirota R. Nonlinear partial difference equation. II. Discrete-time Toda equation [J]. J. Phys. Soc. Japan, 1977, 43: 2074-2078.

[113] Hirota R. Nonlinear partial difference equation. III. Discrete Sine-Gordon equation [J]. J . Phys. Soc. Japan, 1977, 43: 2079-2086.

[114] Hirota R. Nonlinear partial difference equation. IV. Backlund transformations for the discrete-time Toda equation[J]. J . Phys. Soc. Japan, 1977, 45: 321-332.

[115] Oishi S. A method of constructing generalized solutions for certain bilinear soliton equations[J]. J. Phys. Soc. Japan, 1979, 47:1341-1346.

[116] Nakamura A. Decay mode solution of the two-dimensional KdV equation and the generalized Backlund Transformation[J]. J. Math. Phys, 1981, 22 : 2456-2462.

[117] Nakamura A, Hirota R. A new example of explode-decay solitary wave in one-dimension[J]. J. Phys. Soc. Japan, 1985, 54: 751-753.

[118] Nakamura A. A direct method of calculating periodic wave solutions to nonlinear evolutions. I. Exact two-periodic wave solution[J]. J. Phys. Soc. Japan, 1979, 47: 1701-1705.

[119] Jaworski M, Zagrodzinski J. Positon solutions of the Sine-Gordon equation[J]. Chaos Solitons Fractals, 1995, 5: 2229-2234.

[120] Deng S F, Chen D Y. the novel multisoliton solutions of the KP equation[J]. J . Phys. Soc. Japan, 2001, 70: 31-37.

[121] Chen D Y, Zhang D J, Deng S F. The novel multisoliton solutions of MKdV-sine-Gordon equation[J]. J. Phys. Soc. Japan, 2002, 71: 658-659.

[122] Zhang Y. New N-soliton solution for the Sawada-Kotera equation[J]. Journal of Shanghai University, 2004, 8: 132-133.

[123] Zhang Y, Chen D Y. The N-soliton-like solution of the Ito equation[J]. Commu. Theor. Phys, 2004, 42: 641-644.

[124] Zhang Y, Chen D Y. Backlund transformation and soliton solutions for the shallow water waves eqution[J]. Chaos Solitons Fractals, 2004, 20: 343-351.

[125] Satsuma J, Ablowitz MJ. Two dimensional lumps in nonlinear dispersive systems [J]. J. Math. Phys, 1979, 20: 1496-1503.

[126] Matsuno Y. A new proof of the rational N-soliton solution for the KP equation

[J]. J . Phys. Soc. Japan, 1989, 58: 67-72.

[127] Gilson C R. Resonant behaviour in the Davey-Stewartson equation[J]. Phys. Lett. A, 1992, 161: 423-428.

[128] Chow K W. Coalescence of ripplons. breathers dromions and dark solitons[J]. J . Phys. Soc. Japan, 2001, 70 : 666-677.

[129] Hietarinta J. Gauge symmetry and the generalization of Hirota's bilinear method [J]. J . Nonlin. Math. Phys. , 1996, 3 : 260-265.

[130] Grammaticos B, Ramani A, Hietarinta J. Multilinear operators: the natural extension of Hirota's bilinear formalism[J]. Phys . Lett. A, 1994, 190 : 65-70.

[131] Kaup D J. On the inverse scattering problem for cubic eigenvalue problems of the class[J]. Stud. Appl. Math, 1980, 62: 189-216.

[132] Satsuma J, Kaup D J. A Bäcklund transformation for a higher order Korteweg-de Vries equation[J]. J. Phys. Soc. Japan, 1977, 43 : 692-697.

[133] 郭柏灵,苏凤秋. 孤立子[M]. 沈阳:辽宁教育出版社, 1998.

[134] Kupershmidt B A. A super Korteweg-de Vries equation: An integrable system [J]. Phys. Lett. A, 1984, 102 : 213-215.

[135] Li H Y, Guo Y C. New exact solutions to the Fitzhugh-Nagumo equation[J]. Appl. Math. And Comp. , 2006, 180: 524-528.

[136] Jiang L, Guo Y C, Xu Sh J. Some new exact solutions to the Burgers-Fisher equations and generalized Burgers-Fisher equation[J]. Chinese Physics, 2007, 16 (9): 2514-2522.

[137] Sawada K, Koteta T. A Method for Finding N-Soliton Solutions of the KdV Equation and of KdV-Like Equations[J]. Prog. Theor. Phys, 1974, 51: 1355-1367.

[138] 陆振球. 经典和现代数学物理方法[M]. 上海:上海科学技术出版社, 1990.

[139] Peregrine D H. Calculations of the Development of an Unduiar Bore[J]. J. Fluid Mech, 1966, 25: 321-330.

[140] Benjamin T B, Bona J L, Mahony J J. Model equations for long waves in nonlinear dispersive systems[J]. Phil. Trans. Roy. Soc. London Ser, 1972, A272: 47-78.

[141] Zhao H J, Xuan B J. Existence and convergence of solutions for the generalized BBM-Burgers equation. with dissipative terms[J]. Nonlinear Anal, 1997, 28 : 1835-1849.

[142] Mickens R E, Gumel A B. Construction and analysis of a nonstandard finite difference scheme for the Burgers-Fisher equation J[J]. Sound and Vibration, 2002, 257: 791-797.

[143] Kaya D, El-Sayed S M. A numerical simulation and explicit solutions of the generalized Burgers-Fisher equation[J]. Appl. Math. Comput, 2004, 152: 403-413.

[144] Debnath L. Nonlinear partial differential equation for Scientists and Engineers

[M]. Boston: Birkhauser, 1997.

[145] Feng Z S. On explicit exact solutions to the compound Burtgers-KdV equation[J]. Phys. Lett. A, 2002, 293: 57-66.

[146] Feng J M. Burgers. A Mathematical Model Illustrating the Theory of Turbulence [J]. Advances in Applied Mechanics, 1948, 1:171-199.

[147] Wang S, Tang X Y, Lou S Y. Soliton fission and fusion: Burgers equation and Sharma-Tasso-Olver equation[J]. Chaos Solitons & Fractals, 2004, 21:231-237.

[148] Feng Z S. The first-integral method to study the Burgers-Korteweg-de Vries equation[J]. J. Phys. A: Math. Gen., 2002, 35:343-349 .

[149] Feng Z S. On explicit exact solutions to the compound Burgers-KdV equation[J]. Phys. Lett. A, 2002, 293:57-66.

[150] Feng Z S. Exact solution to an approximate sine-Gordon equation in (n+1)-dimensional space[J]. Phys. Lett. A, 2002, 302:64-76.

[151] Feng Z S, Wang X H. The first integral method to the two-dimensional Burgers-Korteweg-de Vries equation[J]. Phys. Lett. A, 2003, 308:173-178.

[152] Naranmandula, Wang K X. New explicit exact solutions to a nonlinear dispersive-dissipative equation[J]. Chinese Physics, 2004, 13 (2): 139-143.

[153] 丁同仁,李秉志.常微分方程教程[M].北京:高等教育出版社,1991.

[154] Fitzhugh R. Impulse and physiological states in models of nerve membrane[J]. J. Biophys., 1961, 1: 445-466.

[155] Nagumo J S, Arimoto S, Yoshizawa S. An active pulse transmission line simulating nerve axon[J]. Proc. IRE, 1962, 50: 2061-2070.

[156] Aronson D G, Weinberger H F. Multidimensional nonlinear diffusion arising in population genetics[J]. Adv. Math., 1978, 30: 33-76.

[157] Kawahara T, Tanaka M. Interaction of travelling fronts: An exact solution of a nonlinear diffusion equation[J]. Phys. Lett. A, 1983, 97:311-314.

[158] Nucci M C. Clarkson P A. The nonclassical method is more general than the direct method for symmetry reductions: An example of the Fitzhugh-Nagumo equation[J]. Phys. Lett. A, 1992, 164: 49-56.

[159] Chen D Y, Gu Y. Cole-Hopf quotient and exact solutions of the generalized Fitzhugh-Nagumo equations[J]. Acta Mathematica Scientia, 1999, 19 (1). 7-14.

[160] Shih M, Momoniat E. Mahomed F M. Approximate conditional symmetries and approximate solutions of the perturbed Fitzhugh-Nagumo equation[J]. J. Math. Phys., 2005, 46: 023503-023511.

[161] Wang X Y. On solitary wave solutions for the Fisher equation[J]. Chinese Science Bulletin, 1991, 36 (17): 1491-1491.

[162] Guo B Y, Kuo P Y, Chen Z X. Analytic solutions of the Fisher equation[J].

Journal of Physics A-Mathematical and General, 1991, 24(3): 645-650.

[163] Cherniha R, Dutka V. Exact and numerical solutions of the generalized Fisher equation[J]. Reports on Mathematical Physics, 2001, 47 (3): 393-411.

[164] Kakutani T, Kawahara T. Weak Ion-Acoustic Shock Waves[J]. J. Phys. Soc. Japan, 1970, 29 (4):1068-1073.

[165] Isidore N. Exact Solutions of a Nonlinear Dispersive-Dissipative Equation[J]. J. Phys. A: Math. Gen,. 1996, 29: 3679-3682.

[166] Weiss J. Backlund transformation and the Painleve property[J]. J. Math. Phys. , 1986, 27: 1293-1305.

[167] Jimbo M, Kruskal M D, Miwa T. Painleve Test for the Self-dual Yang-Mills Equation[J]. Phys. Lett. , 1982, 92 (A):59-60.

[168] 杨伯君,赵玉芳. 高等数学物理方法[M]. 北京:北京邮电大学出版社,2003.

[169] 李志斌. 非线性数学物理方程的行波解[M]. 北京:科学出版社, 2007.

[170] 楼森岳,唐晓艳. 非线性数学物理方法[M]. 北京:科学出版社, 2007.

[171] Shchesnovich S, Yang J, Higher-order solitons in the N-wave system[J], Stud. Appl. Math, 2003, 110: 297-332.